中国农业标准经典收藏系列

中国农业行业标准汇编

（2018）

畜牧兽医分册

农业标准出版分社　编

中国农业出版社

主　　编：刘　伟

副　主　编：诸复祈　冀　刚

编写人员（按姓氏笔画排序）：

刘　伟　杨晓改　诸复祈

廖　宁　冀　刚

出 版 说 明

　　近年来，农业标准出版分社陆续出版了《中国农业标准经典收藏系列·最新中国农业行业标准》，将 2004—2015 年由我社出版的 3 600 多项标准汇编成册，共出版了十二辑，得到了广大读者的一致好评。无论从阅读方式还是从参考使用上，都给读者带来了很大方便。为了加大农业标准的宣贯力度，扩大标准汇编本的影响，满足和方便读者的需要，我们在总结以往出版经验的基础上策划了《中国农业行业标准汇编（2018）》。

　　本次汇编对 2016 年发布的 496 项农业标准进行了专业细分与组合，根据专业不同分为种植业、畜牧兽医、植保、农机、综合和水产 6 个分册。

　　本书收录了饲养管理技术规范、遗传资源濒危等级评定、畜禽卫生防疫准则、畜禽病害诊断技术、饲料中物质的测定等方面的国家标准和农业行业标准 53 项。并在书后附有 2016 年发布的 8 个标准公告供参考。

　　特别声明：

　　1. 汇编本着尊重原著的原则，除明显差错外，对标准中所涉及的有关量、符号、单位和编写体例均未做统一改动。

　　2. 从印制工艺的角度考虑，原标准中的彩色部分在此只给出黑白图片。

　　3. 本辑所收录的个别标准，由于专业交叉特性，故同时归于不同分册当中。

　　本书可供农业生产人员、标准管理干部和科研人员使用，也可供有关农业院校师生参考。

农业标准出版分社

2017 年 11 月

目 录

第三部分　饲料类标准

附录

第一部分
畜牧类标准

ICS 65.140
B 47

中华人民共和国农业行业标准

NY/T 638—2016
代替 NY/T 638—2002

蜂王浆生产技术规范

Technical specification for royal jelly producing

2016-05-23 发布

2016-10-01 实施

中华人民共和国农业部 发布

NY/T 638—2016

前　言

本标准按照 GB/T 1.1—2009 给出的规则起草。

本标准代替 NY/T 638—2002《蜂王浆生产技术规范》。与 NY/T 638—2002 相比,除编辑性修改外,主要技术变化如下:

——增加了规范性引用文件(见第 2 章);

——修改了术语和定义(见第 3 章);

——增加了生产环境和生产场地要求(见第 4 章);

——修改了蜂王浆生产的蜂群要求(见 5.1.1);

——增加了蜂群安全管理(见 6.3);

——增加了蜂场、蜂机具和蜂王浆生产工具的卫生消毒(见第 7 章);

——增加了记录和标识(见第 9 章)。

本标准由农业部畜牧业司提出。

本标准由全国畜牧业标准化技术委员会(SAC/TC 274)归口。

本标准起草单位:中国农业科学院蜜蜂研究所、中国养蜂学会。

本标准主要起草人:何薇莉、韩胜明、陈黎红、谢文闻、杨磊、刘建平。

本标准的历次版本发布情况为:

——NY/T 638—2002。

蜂王浆生产技术规范

1 范围

本标准规定了蜂王浆生产环境和生产场地要求,生产的条件,生产蜂群的管理,蜂场、蜂机具和蜂王浆生产工具的卫生消毒,生产的工序,记录和标识,包装、储存和运输等内容。

本标准适用于蜂王浆的生产。

2 规范性引用文件

下列文件对于本文件的应用是必不可少的。凡是注日期的引用文件,仅注日期的版本适用于本文件。凡是不注日期的引用文件,其最新版本(包括所有的修改单)适用于本文件。

GB/T 19168 蜜蜂病虫害综合防治规范

3 术语和定义

下列术语和定义适用于本文件。

3.1

蜂王浆 royal jelly

工蜂咽下腺和上颚腺分泌的,主要用于饲喂蜂王和蜜蜂幼虫的乳白色、淡黄色或浅橙色浆状物质。

3.2

台基 queen cups

蜂王尚未在其中产卵的空王台。形如杯状,经蜂王产卵后成为王台。

3.3

台基条 bar of queen cups

生产蜂王浆和人工培育蜂王的一种养蜂用具,主要由载台条和若干个台基两部分组合而成。

4 生产环境和生产场地要求

4.1 生态环境要求

4.1.1 蜂场周围3 km内要有丰富的、正常开花的蜜粉源植物,以保证蜂群有良好的营养条件。

4.1.2 有良好的水源,供蜜蜂采集。

4.1.3 放蜂场地应选择地势高燥、冬天向阳背风、夏天通风阴凉、排水良好、小气候适宜的环境,远离铁路、公路和大型公共场所。

4.1.4 蜂场周边无污染源,空气清新。蜂场间距1 km以上,蜂场周围3 km内不应有以蜜、糖为生产原料的食品厂,远离化工区、矿区、农药厂库、垃圾处理场及经常喷施农药的果园和菜地。

4.2 生产场地环境要求

4.2.1 保持蜂场清洁卫生,按照GB/T 19168的规定执行。

4.2.2 在蜜蜂传染病发病期间,及时隔离患病蜂群,清理蜂尸、杂物,将清扫物深埋或焚烧,并在蜂场地面撒生石灰消毒。疑似病群也应进行隔离观察,远离健康蜂群,确认无病后方可回场参加蜂王浆生产。隔离的患病蜂群不应参加蜂王浆生产。

4.2.3 带病菌的蜂产品、蜂具等不应带回健康蜂场。

4.2.4 蜂场的生产区和生活区要分开,并保持清洁。

4.3 蜂王浆生产的场地环境要求

4.3.1 定地蜂王浆生产的场地环境要求

要有单独的蜂王浆生产工作间。工作间中要有工作台和紫外灯等消毒设备。每次蜂王浆生产前，应对工作间进行消毒。

4.3.2 转地蜂王浆生产的场地环境要求

帐篷中应将生产区和生活区隔离，生产区中要有工作台和紫外灯等消毒设备。每次蜂王浆生产前，应对工作区进行消毒。

4.4 生产人员要求

4.4.1 从事生产的养蜂人员要求身体健康，无传染病，每年应进行一次体检，具有良好的个人卫生意识。

4.4.2 蜂王浆生产人员要求穿戴洁净的工作服、工作帽和口罩。

5 蜂王浆生产的条件

5.1 生产蜂群

5.1.1 蜂群健康，群势达8框蜂以上，蜜粉饲料充足，有大量的青壮年工蜂。

5.1.2 蜂王浆生产蜂群不应使用未经国家批准的药物，不应使用被蜜蜂病原体和抗生素污染、含有药物残留的饲料喂蜂。

5.2 温度

外界气温达15℃以上。

5.3 设备和工具

5.3.1 采浆框

外围尺寸与巢框一致，长448 mm，高232 mm。上梁长480 mm，宽13 mm，厚20 mm；边条宽13 mm，厚10 mm。台基板条宽13 mm，厚8 mm。根据群势确定台基条数量，一般每框宜安装3条~6条台基条。

5.3.2 台基条

用符合食品卫生和食品安全的塑料制造，每条宜放33个杯形台基。

5.3.3 台基

用符合国家食品安全标准的塑料制造，台基高12 mm，台口内径为9 mm~11 mm。

5.3.4 移虫针

采用牛角或符合食品卫生和食品安全的塑料舌片制成。

5.3.5 取浆器具

用符合食品卫生和食品安全的材料制作，也可采用取浆机取浆。

5.3.6 其他用具及设备

镊子、刀片、盛浆瓶、冰箱或冰柜、纱布、毛巾、消毒酒精、浆框盛放箱、巢脾承托盘等。

6 生产蜂群的管理

6.1 生产蜂群的组织

6.1.1 原群组织法

在组织产浆群前，用隔王板将蜂群隔成繁殖区和生产区。生产区内放1张~2张蜜粉脾、2张幼虫脾，其余为封盖子脾，采浆框插在2张幼虫脾之间。繁殖区放空脾、即将或开始出房的蛹脾、蜜粉脾，使生产群蜂多于脾。

6.1.2 多群拼组法

如外界气候、蜜源条件良好,而蜂群群势尚不足,可采用多群拼组法,提前生产蜂王浆。即于蜂王浆生产前1周,将数群非生产群中的正在出房的老熟子脾及刚出房的幼蜂提入预定的生产群。1周后,生产蜂群群势达8框以上。在巢、继箱之间加隔王板,使继箱为无王生产区。巢脾摆放同原群组织法。

6.2 生产蜂群的管理

6.2.1
刚开始蜂王浆生产,台基数量要适当,做到量蜂定台。蜂数密集,蜂多于脾。炎热季节,注意给蜂群遮阳或将蜂群放在树荫下,扩大巢门,打开箱底纱窗。高温干旱时,要在每天10:00和14:00,用湿的覆布或毛巾盖在铁纱副盖上,或在巢内加饲喂器喂水,便于蜜蜂吸水降温和保持巢内湿度。

6.2.2 检查调整群势

每隔5 d~7 d检查调整一次蜂群,保证繁殖区有充足的蜂王产卵空间。检查调整时,将繁殖区的新封盖子脾和大幼虫脾调到生产区,将生产区内的正在出房子脾和空脾调到繁殖区。检查时,注意清除自然王台,以免影响王台接受率和蜂群发生自然分蜂。流蜜期可不进行上下调整。

6.3 蜂群安全管理

蜜蜂用药应参照GB/T 19168的规定执行,且应符合现行国家及农业部相关法律、法规的要求。

7 蜂场、蜂机具和蜂王浆生产工具的卫生消毒

7.1 蜂场、蜂机具的卫生消毒

按照GB/T 19168的要求执行。

7.2 蜂王浆生产工具的卫生消毒

用75%的食用酒精进行消毒。

8 蜂王浆生产的工序

8.1 安装台基

将台基条固定在采浆框上。

8.2 清扫台基

蜂王浆生产前,将新组装好的采浆框插入生产群内,让工蜂清理12 h左右。

8.3 点浆

新台基经过工蜂清扫后,应在王台中点少许新鲜蜂王浆。

8.4 移虫

用移虫针把1日龄内的幼虫从巢脾的蜂房中移出,放在台基底部的中央,每个台基1条。

8.5 补虫

在第一次移虫时,将移虫后采浆框插入蜂群后,过3 h~5 h提出,对未接受的台基补移幼虫。

8.6 提框

移虫后48 h或72 h取浆,将采浆框从蜂群中提出。采浆框台口朝上方抖落框上蜜蜂,然后用蜂刷把框上的余下蜜蜂扫落到原巢箱门口,及时送到取浆室。

8.7 割台

用锋利削刀将台基加高的部分割去;也可采用机械割台。割台时,要使台口平整,不要将幼虫割破。

8.8 取虫

用镊子将幼虫取出,虫体受损的要把台内的蜂王浆取出另装。

8.9 取浆

人工或机械取浆均可。取净王台内的蜂王浆。

8.10 清台

及时清理台基内的赘蜡。

8.11 保存

蜂王浆采收完成后立即密封,在外包装上做好标识,尽快放到冰箱或冰柜中冷冻保存。

9 记录和标识

9.1 记录

生产人员应记好生产日志,养蜂日志见表 A.1,内容包括蜂场地点、气候条件、蜂群情况、蜜源种类、饲喂情况、发病时间和症状、用药情况、蜂具清洁、消毒以及生产、交付等情况。

9.2 标识

采集的蜂王浆应做好标识,标识见表 A.2,内容包括产品名称、毛重、净重、主要蜜源名称、蜂种名称、采集地点、采集时间、采集人姓名和电话等信息,相关记录至少应保存 2 年。

10 包装、储存和运输

10.1 包装

容器应采用符合食品卫生和食品安全要求的瓶或桶。使用前,要清洗干净,并用 75% 的食用酒精消毒,晾干再用。

10.2 储存

10.2.1 蜂王浆采收后,应及时储存在—18℃的条件下。产品应按生产日期、主要蜜源名称、产地分别码放。

10.2.2 产品不得与有异味、有毒、有腐蚀性和可能产生污染的物品同库存放。

10.3 运输

10.3.1 运输工具应清洁干净,产品应低温运输,不得与有异味、有毒、有腐蚀性、放射性和可能发生污染的物品同装混运。

10.3.2 发运前对包装箱进行检查,转运过程中要避免高温、日晒和雨淋。

附 录 A

（规范性附录）

记 录 和 表 格

A.1 生产日志

生产日志格式见表 A.1。

表 A.1 生产日志

年　　月　　日

生产人员姓名或编号：

蜂场地点				气候条件		蜂群情况	蜜源种类	饲喂情况
省	县	乡	村	温度	湿度			

生产及消毒情况：

发病时间			症状				
用药名称	用量	用法	疗程	用药时间	用药地点	治疗效果	
交付时间		交付地点		交付数量		接收人	

A.2 标识表格

标识表格格式见表 A.2。

表 A.2 标识表格

年　　月　　日

记录人：

产品名称	毛重	净重	主要蜜源名称	蜂种名称	采集时间	采集地点	采集人	电话

ICS 67.050
X 04

中华人民共和国农业行业标准

NY/T 939—2016
代替 NY/T 939—2005

巴氏杀菌乳和UHT灭菌乳中复原乳的鉴定

Identification of reconstituted milk in pasteurized and UHT milk

2016-03-23 发布

2016-04-01 实施

中华人民共和国农业部 发布

前　言

本标准按照 GB/T 1.1—2009 给出的规则起草。

本标准代替 NY/T 939—2005《巴氏杀菌乳和 UHT 灭菌乳中复原乳的鉴定》。与 NY/T 939—2005 相比,除编辑性修改外,主要技术变化如下:

——修改了巴氏杀菌乳中复原乳鉴定的指标值;

——修改了 UHT 灭菌乳中复原乳鉴定的指标值;

——修改了糠氨酸测定前处理方法;

——增加了糠氨酸的 UPLC 测定方法;

——修改了乳果糖的测定方法。

本标准由农业部畜牧业司提出。

本标准由全国畜牧业标准化技术委员会(SAC/TC 274)归口。

本标准起草单位:中国农业科学院北京畜牧兽医研究所、农业部奶产品质量安全风险评估实验室(北京)、农业部奶及奶制品质量监督检验测试中心(北京)。

本标准主要起草人:郑楠、文芳、王加启、李松励、张养东、赵圣国、李明、杨晋辉、陈冲冲、王晓晴、陈美霞、汪慧、兰欣怡、黄萌萌、卜登攀、魏宏阳、李树聪、于建国、周凌云。

巴氏杀菌乳和 UHT 灭菌乳中复原乳的鉴定

1 范围

本标准规定了巴氏杀菌乳和 UHT 灭菌乳中复原乳的鉴定方法。

本标准适用于巴氏杀菌乳和 UHT 灭菌乳。

2 规范性引用文件

下列文件对于本文件的应用是必不可少的。凡是注日期的引用文件,仅注日期的版本适用于本文件。凡是不注日期的引用文件,其最新版本(包括所有的修改单)适用于本文件。

GB 5009.5 食品安全国家标准 食品中蛋白质的测定

GB/T 6682 分析实验室用水规格和试验方法

GB/T 10111 随机数的产生及其在产品质量抽样检验中的应用程序

3 术语和定义

下列术语和定义适用于本文件。

3.1

生乳 raw milk

从符合国家有关要求的健康奶畜乳房中,挤出的无任何成分改变的常乳。

3.2

复原乳 reconstituted milk

将干燥的或者浓缩的乳制品与水按比例混匀后获得的乳液。

3.3

热处理 heat treatment

采用加热技术且强度不低于巴氏杀菌,抑制微生物生长或杀灭微生物,同时控制受热对象物理化学性状只发生有限变化的操作。

3.4

巴氏杀菌 pasteurization

为有效杀灭病原性微生物而采用的加工方法,即经低温长时间(63℃~65℃,保持 30 min)或经高温短时间(72℃~76℃,保持 15 s;或 80℃~85℃,保持 10 s~15 s)的处理方式。

3.5

巴氏杀菌乳 pasteurized milk

仅以生牛乳为原料,经巴氏杀菌等工序制得的液体产品,其乳果糖含量应小于 100 mg/L。

3.6

超高温瞬时灭菌 ultra high-temperature,UHT

为有效杀灭微生物和抑制耐热芽孢而采用的加工方法,即在连续流动状态下加热到至少 132℃并保持很短时间的热处理方式。

3.7

超高温瞬时灭菌乳(UHT 灭菌乳) ultra high-temperature milk

以生牛乳为原料,添加或不添加复原乳,经超高温瞬时灭菌,再经无菌灌装等工序制成的液体产品。

生牛乳经 UHT 灭菌处理后,乳果糖含量应小于 600 mg/L。

3.8

糠氨酸 furosine

牛乳在加热过程中,氨基酸、蛋白质与乳糖通过美拉德反应生成 ε-N-脱氧乳果糖基-L-赖氨酸(ε-N-deoxylactolusyl-L-lysine),经酸水解转换成更稳定的糠氨酸(ε-N-2-furoylmethyl-L-lysine,ε-N-2-呋喃甲基-L-赖氨酸)。

3.9

乳果糖 lactulose

牛乳在加热过程中,乳糖在酪蛋白游离氨基的催化下,碱基异构而形成的一种双糖。其化学名称为 4-o-β-D-吡喃半乳糖基-D-果糖,可作为评价牛奶热处理效应的指标。

4 试验方法

4.1 糠氨酸含量的测定

4.1.1 原理

试样经盐酸水解后测定蛋白质含量,水解液经稀释后用高效液相色谱(HPLC)或超高效液相色谱(UPLC)在紫外(波长 280 nm)检测器下进行分析,外标法定量。

4.1.2 试剂和材料

除非另有说明,本方法所用试剂均为分析纯,水为 GB/T 6682 规定的实验室一级水。

4.1.2.1 甲醇(CH_3OH):色谱纯。

4.1.2.2 浓盐酸(HCl,密度为 1.19 g/mL)。

4.1.2.3 三氟乙酸:色谱纯。

4.1.2.4 乙酸铵。

4.1.2.5 糠氨酸:$C_{12}H_{17}N_2O_4 \cdot xHCl$。

4.1.2.6 盐酸溶液(3 mol/L):在 7.5 mL 水中加入 2.5 mL 浓盐酸,混匀。

4.1.2.7 盐酸溶液(10.6 mol/L):在 12 mL 水中加入 88 mL 浓盐酸,混匀。

4.1.2.8 乙酸铵溶液(6 g/L):准确称量 6 g 乙酸铵溶于水中,定容至 1 L,过 0.22 μm 水相滤膜,超声脱气 10 min。

4.1.2.9 乙酸铵(6 g/L)含 0.1% 三氟乙酸溶液:准确称量 6 g 乙酸铵溶于部分水中,加入 1 mL 三氟乙酸,定容至 1 L,过 0.22 μm 水相滤膜,超声脱气 10 min。

4.1.2.10 糠氨酸标准储备溶液(500.0 mg/L):将糠氨酸标准品按标准品证书提供的肽纯度系数(Net Peptide Content)换算后,用 3 mol/L 盐酸溶液配制成标准储备溶液。−20℃ 条件下可储存 24 个月。

示例:

糠氨酸标准品证书上标注肽纯度系数为 69.1%,则称取 7.24 mg 糠氨酸标准品,用 3 mol/L 盐酸溶液溶解并定容至 10 mL,标准储备溶液的浓度为 500.0 mg/L。

4.1.2.11 糠氨酸标准工作溶液(2.0 mg/L):移取 100 μL 糠氨酸标准储备溶液于 25 mL 容量瓶,以 3 mol/L 盐酸溶液定容。此标准工作溶液浓度即为 2.0 mg/L。

4.1.2.12 水相滤膜:0.22 μm。

4.1.3 仪器

4.1.3.1 高效液相色谱仪:配有紫外检测器或二极管阵列检测器。

4.1.3.2 超高效液相色谱仪:配有紫外检测器或二极管阵列检测器。

4.1.3.3 干燥箱:(110±2)℃。

4.1.3.4 密封耐热试管:容积为 20 mL。

4.1.3.5 天平:感量为 0.01 mg,1 mg。

4.1.3.6 凯氏定氮仪。

4.1.4 采样

用于检测的巴氏杀菌乳储存和运输温度为 2℃~6℃,UHT 灭菌乳储存和运输温度不高于 25℃。

按 GB/T 10111 的规定取不少于 250 mL 样品,样品不应受到破坏或者在转运和储藏期间发生变化。监督抽检或仲裁检验等采样应到加工厂抽取成品库的待销产品,1 周内测定。

4.1.5 分析步骤

4.1.5.1 试样水解液的制备

吸取 2.00 mL 试样,置于密闭耐热试管中,加入 6.00 mL 10.6 mol/L 盐酸溶液,混匀。密闭试管,置于干燥箱,在 110℃下加热水解 12 h~23 h。加热约 1 h 后,轻轻摇动试管。加热结束后,将试管从干燥箱中取出,冷却后用滤纸过滤,滤液供测定。

4.1.5.2 试样水解液中蛋白质含量的测定

移取 2.00 mL 试样水解液,按 GB 5009.5 的规定测定试样溶液中的蛋白质含量。

4.1.5.3 试样水解液中糠氨酸含量的测定

移取 1.00 mL 试样水解液,加入 5.00 mL 的 6 g/L 乙酸铵溶液,混匀,过 0.22 μm 水相滤膜,滤液供上机测定。根据实验室配备的液相色谱仪器,按以下两种方法之一测定:

a) HPLC 法测定

　　1) 色谱参考条件

　　　　色谱柱:C_{18}硅胶色谱柱,250 mm×4.6 mm,5 μm 粒径,或相当者。

　　　　柱温:32℃。

　　　　流动相:0.1% 三氟乙酸溶液为流动相 A,甲醇为流动相 B。

　　　　洗脱梯度:见表 1。

表 1 洗脱梯度

序号	时间 min	流速 mL/min	流动相 A %	流动相 B %
1	—	1.00	100.0	0.0
2	16.00	1.00	86.8	13.2
3	16.50	1.00	0.0	100.0
4	25.00	1.00	100.0	0.0
5	30.00	1.00	100.0	0.0

　　2) 测定

　　　　利用流动相 A 和流动相 B 的混合液(50:50)以 1 mL/min 的流速平衡色谱系统。然后,用初始流动相平衡系统直至基线平稳。注入 10 μL 3 mol/L 盐酸溶液,以检测溶剂的纯度。注入 10 μL 待测溶液测定糠氨酸含量。色谱图参见附录 A。

b) UPLC 法测定

　　1) 色谱参考条件

　　　　色谱柱:HSS T3 高强度硅胶颗粒色谱柱,100 mm×2.1 mm,1.8 μm 粒径,或相当者。

　　　　柱温:35℃。

　　　　流动相:6 g/L 乙酸铵含 0.1% 三氟乙酸水溶液为流动相 A,甲醇为流动相 B,纯水为流动相 C。

　　　　洗脱条件:流动相 A,等度洗脱,0.4 mL/min。

　　2) 测定

宜使用流动相纯水和甲醇,依次冲洗色谱系统;仪器使用前,使用流动相纯水过渡,用流动相 A 以 0.4 mL/min 的流速平衡色谱柱。注入 0.5 μL 3 mol/L 盐酸溶液,以检测溶剂的纯度。注入 0.5 μL 待测溶液测定糠氨酸含量。色谱图参见附录 A。

4.1.6 结果计算

4.1.6.1 试样中糠氨酸含量

糠氨酸含量以质量分数 F 计,数值以毫克每百克蛋白质(mg/100 g 蛋白质)表示,按式(1)计算。

$$F = \frac{A_t \times C_{std} \times D \times 100}{A_{std} \times m} \quad\cdots\cdots(1)$$

式中:

A_t ——测试样品中糠氨酸峰面积的数值;

A_{std} ——糠氨酸标准溶液中糠氨酸峰面积的数值;

C_{std} ——糠氨酸标准溶液的浓度,单位为毫克每升(mg/L);

D ——测定时稀释倍数($D=6$);

m ——样品水解液中蛋白质浓度,单位为克每升(g/L)。

计算结果保留至小数点后一位。

4.1.6.2 巴氏杀菌乳杀菌结束时糠氨酸含量

巴氏杀菌乳杀菌结束时,糠氨酸含量以 FT 计,数值以毫克每百克蛋白质(mg/100 g 蛋白质)表示,按式(2)计算。

$$FT = F \quad\cdots\cdots(2)$$

计算结果保留至小数点后一位。

4.1.6.3 UHT 灭菌乳灭菌结束时糠氨酸含量

UHT 灭菌乳灭菌结束时,糠氨酸含量以 FT 计,数值以毫克每百克蛋白质(mg/100 g 蛋白质)表示,按式(3)计算。

$$FT = F - 0.7 \times t \quad\cdots\cdots(3)$$

式中:

0.7——常温下样品每储存一天产生的糠氨酸含量,单位为毫克每百克蛋白质(mg/100 g 蛋白质);

t ——样品在常温下储存天数。

计算结果保留至小数点后一位。

4.1.7 精密度

在重复性条件下获得的两次独立测试结果的绝对差值不大于算术平均值的 10%。

在重现性条件下获得的两次独立测试结果的绝对差值不大于算术平均值的 20%。

4.1.8 检出限

HPLC 法和 UPLC 法的检出限均为 1.0 mg/100 g 蛋白质。

4.2 乳果糖含量的测定

4.2.1 原理

试样经 β-D-半乳糖苷酶(β-D-galactosidase)水解后产生半乳糖(galactose)和果糖(fructose),通过酶法测定产生的果糖量计算乳果糖含量。

试样中加入硫酸锌和亚铁氰化钾溶液,沉淀脂肪和蛋白质。滤液中加入 β-D-半乳糖苷酶,在 β-D-半乳糖苷酶作用下乳糖水解为半乳糖和葡萄糖(glucose),乳果糖水解为半乳糖和果糖:

$$乳糖 + H_2O \xrightarrow{\beta\text{-}D\text{-}半乳糖苷酶} 半乳糖 + 葡萄糖$$

$$乳果糖 + H_2O \xrightarrow{\beta\text{-}D\text{-}半乳糖苷酶} 半乳糖 + 果糖$$

再加入葡萄糖氧化酶(glucose oxidase,GOD),将大部分葡萄糖氧化为葡萄糖酸:

$$葡萄糖 + H_2O + O_2 \xrightarrow{葡萄糖氧化酶} 葡萄糖酸 + H_2O_2$$

上述反应生成的过氧化氢,可以加入过氧化氢酶除去:

$$2H_2O_2 \xrightarrow{过氧化氢酶} 2H_2O + O_2$$

少量未被氧化的葡萄糖和乳果糖水解生成的果糖,在己糖激酶(hexokinase,HK)的催化作用下与腺苷三磷酸酯(Adenosine Trihosphate,ATP)反应,分别生成葡萄糖-6-磷酸酯(glucose-6-phosphate)和果糖-6-磷酸酯(fructose-6-phosphate):

$$葡萄糖 + ATP \xrightarrow{己糖激酶} 葡萄糖-6-磷酸酯 + ADP$$

$$果糖 + ATP \xrightarrow{己糖激酶} 果糖-6-磷酸酯 + ADP$$

反应生成的葡萄糖-6-磷酸酯在葡萄糖-6-磷酸脱氢酶(glucose-6-phosphate dehydrogenase,G-6-PD)催化作用下,与氧化型辅酶Ⅱ,即烟酰胺腺嘌呤二核苷酸磷酸(nicotinamide adenine dinucleotide phosphate,NADP$^+$)反应生成还原型辅酶Ⅱ,即还原型烟酰胺腺嘌呤二核苷酸磷酸(NADPH):

$$葡萄糖-6-磷酸酯 + NADP^+ \xrightarrow{葡萄糖-6-磷酸脱氢酶} 6-磷酸葡萄糖酸盐 + NADPH + H^+$$

反应生成的 NADPH 可在波长 340 nm 处测定。但是,果糖-6-磷酸酯需用磷酸葡萄糖异构酶(phosphoglucose isomerase,PGI)转化为葡萄糖-6-磷酸酯:

$$果糖-6-磷酸酯 \xrightarrow{磷酸葡萄糖异构酶} 葡萄糖-6-磷酸酯$$

生成的葡萄糖-6-磷酸酯再与 NADP$^+$ 反应,并于波长 340 nm 处测定吸光值。通过两次测定结果之差计算乳果糖含量。样品原有的果糖,可通过空白样品的测定扣除。空白样品的测定与样品测定步骤完全相同,只是不加 β-D-半乳糖苷酶。

4.2.2 试剂和材料

除非另有说明,本方法所用试剂均为分析纯,水为 GB/T 6682 规定的实验室一级水。

4.2.2.1 灭菌水。

4.2.2.2 过氧化氢 (H_2O_2,质量分数为 30%)。

4.2.2.3 辛醇 ($C_8H_{18}O$)。

4.2.2.4 碳酸氢钠($NaHCO_3$)。

4.2.2.5 硫酸锌($ZnSO_4 \cdot 7H_2O$)。

4.2.2.6 亚铁氰化钾$\{K_4[Fe(CN)_6] \cdot 3H_2O\}$。

4.2.2.7 氢氧化钠($NaOH$)。

4.2.2.8 硫酸铵$[(NH_4)_2SO_4]$。

4.2.2.9 磷酸氢二钠(Na_2HPO_4)。

4.2.2.10 磷酸二氢钠($NaH_2PO_4 \cdot H_2O$)。

4.2.2.11 硫酸镁($MgSO_4 \cdot 7H_2O$)。

4.2.2.12 三乙醇胺盐酸盐$[N(CH_2CH_2OH)_3HCl]$。

4.2.2.13 β-D-半乳糖苷酶(EC 3.2.1.23):from Aspergillus oryzae,活性为 12.6 IU/mg。

4.2.2.14 葡萄糖氧化酶(EC 1.1.3.4):from Aspergillus niger,活性为 200 IU/mg。

4.2.2.15 过氧化氢酶(EC 1.11.1.6):from beef liver,活性为 65 000 IU/mg。

4.2.2.16 己糖激酶(EC 2.7.1.1):from baker's yeast,活性为 140 IU/mg。

4.2.2.17 葡萄糖-6-磷酸脱氢酶(EC 1.1.1.49):from baker's yeast,活性为 140 IU/mg。

4.2.2.18 磷酸葡萄糖异构酶(EC 5.3.1.9):from yeast,活性为 350 IU/mg。

4.2.2.19　5′-腺苷三磷酸二钠盐(5′-ATP—Na₂)。

4.2.2.20　烟酰胺腺嘌呤二核苷酸磷酸二钠盐(β-NADP-Na₂)。

4.2.2.21　硫酸锌溶液(168 g/L):称取 300 g 硫酸锌溶于 800 mL 水中,定容至 1 L。

4.2.2.22　亚铁氰化钾溶液(130 g/L):称取 150 g 亚铁氰化钾溶于 800 mL 水中,定容至 1 L。

4.2.2.23　氢氧化钠溶液(0.33 mol/L):将 1.32 g 氢氧化钠溶于 100 mL 水中。

4.2.2.24　氢氧化钠溶液(1 mol/L):将 4 g 氢氧化钠溶于 100 mL 水中。

4.2.2.25　硫酸铵溶液(3.2 mol/L):将 42.24 g 硫酸铵溶于 100 mL 水中。

4.2.2.26　缓冲液 A(pH 为 7.5):称 4.8 g 磷酸氢二钠、0.86 g 磷酸二氢钠和 0.1 g 硫酸镁溶解于 80 mL 水中,用 1 mol/L 氢氧化钠溶液调整 pH 到 7.5±0.1(20℃),定容到 100 mL。

4.2.2.27　缓冲液 B(pH 为 7.6):称取 14.00 g 三乙醇胺盐酸盐和 0.25 g 硫酸镁溶解于 80 mL 水中,用 1 mol/L 氢氧化钠溶液调整 pH 到 7.6±0.1(20℃),定容到 100 mL。

4.2.2.28　缓冲液 C:量取 40.0 mL 缓冲液 B,用水定容到 100 mL,摇匀。

4.2.2.29　β-D-半乳糖苷酶悬浮液(150 mg/mL):用 3.2 mol/L 硫酸铵溶液将活性为 12.6 IU/mg 的 β-D-半乳糖苷酶制备成浓度为 150 mg/mL 的悬浮液。现用现配,配制时切勿振荡。

4.2.2.30　葡萄糖氧化酶悬浮液(20 mg/mL):用灭菌水将活性为 200 IU/mg 的葡萄糖氧化酶制备成浓度为 20 mg/mL 的悬浮溶液。现用现配。

4.2.2.31　过氧化氢酶悬浮液(20 mg/mL):用灭菌水将活性为 65 000 IU/mg 的过氧化氢酶制备成浓度为 20 mg/mL 的悬浮液。4℃保存,用前振荡使之均匀。

4.2.2.32　己糖激酶/葡萄糖-6-磷酸脱氢酶悬浮液:在 1 mL 3.2 mol/L 硫酸铵溶液中加入 2 mg 活性为 140 IU/mg 的己糖激酶和 1 mg 活性为 140 IU/mg 的葡萄糖-6-磷酸脱氢酶,轻轻摇动成悬浮液。-20℃保存。

4.2.2.33　磷酸葡萄糖异构酶悬浮液(2 mg/mL):用 3.2 mol/L 硫酸铵溶液将活性为 350 IU/mg 的磷酸葡萄糖异构酶制备成浓度为 2 mg/mL 的悬浮液。4℃保存。

4.2.2.34　5′-腺苷三磷酸(ATP)溶液:将 50 mg 5′-腺苷三磷酸二钠盐和 50 mg 碳酸氢钠溶于 1 mL 水中。-20℃保存。

4.2.2.35　烟酰胺腺嘌呤二核苷酸磷酸(NADP)溶液:将 10 mg 烟酰胺腺嘌呤二核苷酸磷酸二钠盐溶于 1 mL 水中。-20℃保存。

4.2.3　仪器

4.2.3.1　恒温培养箱:(40±2)℃,(50±2)℃。

4.2.3.2　分光光度计:340 nm。

4.2.4　采样

同 4.1.4。

4.2.5　分析步骤

4.2.5.1　纯化

量取 20.0 mL 样品到 200 mL 锥形瓶,依次加入 20.0 mL 水、7.0 mL 亚铁氰化钾溶液、7.0 mL 硫酸锌溶液和 26.0 mL 缓冲液 A。每加入一种溶液后,充分振荡均匀。全部溶液加完后,静置 10 min,过滤,弃去最初的 1 mL~2 mL 滤液,收集滤液。

4.2.5.2　水解乳糖和乳果糖

吸取 5.00 mL 滤液置于 10 mL 容量瓶中,加 200 μL 的 β-D-半乳糖苷酶悬浮液。混匀后加盖,在 50℃恒温培养箱中培养 1 h。

18

4.2.5.3 葡萄糖氧化

在水解后的试液中依次加入 2.0 mL 缓冲液 C,100 μL 葡萄糖氧化酶悬浮液,1 滴辛醇,0.5 mL 0.33 mol/L 氢氧化钠溶液,50 μL 过氧化氢和 50 μL 过氧化氢酶悬浮液。每加一种试剂后,应轻轻摇匀。全部溶液加完后,在 40℃恒温培养箱中培养 3 h。冷却后用水定容至 10 mL,过滤。弃去最初的 1 mL~2 mL 滤液,收集滤液。

4.2.5.4 空白

依照 4.2.5.2 到 4.2.5.3 步骤处理空白溶液,但不加 β-D-半乳糖苷酶悬浮液。

4.2.5.5 测定

见表 2。

表 2 测定步骤

步 骤	空白	样品
比色皿中依次加入		
缓冲液 B	1.00 mL	1.00 mL
ATP 溶液	0.100 mL	0.100 mL
NADP 溶液	0.100 mL	0.100 mL
滤液	1.00 mL	1.00 mL
水	1.00 mL	1.00 mL
混合均匀后,静置 3 min		
加入己糖激酶/葡萄糖-6-磷酸脱氢酶悬浮液	20 μL	20 μL
混合均匀,等反应停止后(约 10 min),记录吸光值	A_{b1}	A_{s1}
加入磷酸葡萄糖异构酶悬浮液	20 μL	20 μL
混合均匀,等反应停止后(10 min~15 min),记录吸光值	A_{b2}	A_{s2}
注 1:以上反应均在同一比色皿中完成。		
注 2:如果吸光值超过 1.3,则减少滤液体积,增加水体积以保持总体积不变。		

4.2.6 结果计算

4.2.6.1 吸光值差

样品吸光值差 ΔA_s 按式(4)计算。

$$\Delta A_s = A_{s2} - A_{s1} \quad \cdots\cdots\cdots\cdots\cdots\cdots\cdots\cdots\cdots\cdots\cdots\cdots (4)$$

空白吸光值差 ΔA_b 按式(5)计算。

$$\Delta A_b = A_{b2} - A_{b1} \quad \cdots\cdots\cdots\cdots\cdots\cdots\cdots\cdots\cdots\cdots\cdots\cdots (5)$$

样品净吸光值差 ΔA_L 按式(6)计算。

$$\Delta A_L = \Delta A_s - \Delta A_b \quad \cdots\cdots\cdots\cdots\cdots\cdots\cdots\cdots\cdots\cdots\cdots\cdots (6)$$

4.2.6.2 乳果糖含量

乳果糖的含量以质量浓度 L 计,数值以毫克每升(mg/L)表示,按式(7)计算。

$$L = \frac{M_L \times V_1 \times 8}{\varepsilon \times d \times V_2} \times \Delta A_L \quad \cdots\cdots\cdots\cdots\cdots\cdots\cdots\cdots (7)$$

式中:

ΔA_L——样品净吸光值差;

M_L ——乳果糖的摩尔质量(342.3 g/mol);

ε ——NADPH 在 340 nm 处的摩尔吸光值(6.3 L·mmol^{-1}·cm^{-1});

V_1 ——比色皿液体总体积(3.240 mL);

V_2 ——比色皿中滤液的体积,单位为毫升(mL);

d ——比色皿光通路长度(1.00 cm);

8 ——稀释倍数。

计算结果保留至小数点后一位。

4.2.7 精密度

在重复性条件下获得的两次独立测试结果的绝对差值不大于算术平均值的10%。

在重现性条件下获得的两次独立测试结果的绝对差值不大于算术平均值的20%。

4.2.8 检出限

检出限为4.2 mg/L。

4.3 乳果糖/糠氨酸比值的计算

样品中乳果糖/糠氨酸比值以R计,按式(8)计算。

$$R = \frac{L}{FT} \quad\quad\quad\quad\quad\quad\quad\quad\quad\quad\quad (8)$$

计算结果保留至小数点后两位。

5 复原乳的鉴定

5.1 巴氏杀菌乳

当$L<100.0$ mg/L时,判定如下:

a) 当12.0 mg/100 g 蛋白质$<FT\leqslant25.0$ mg/100 g 蛋白质时,若$R<0.50$,则判定为含有复原乳。

b) 当$FT>25.0$ mg/100 g 蛋白质时,若$R<1.00$,则判定为含有复原乳。

5.2 UHT灭菌乳

当$L<600.0$ mg/L、$FT>190.0$ mg/100 g 蛋白质时,若$R<1.80$,则判定为含有复原乳。

附 录 A
（资料性附录）
糠氨酸液相色谱图

A. 1 高效液相色谱法（HPLC）色谱图

见图 A. 1～图 A. 2。

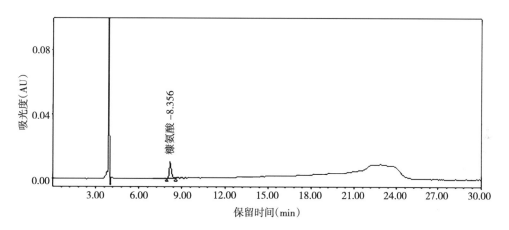

图 A. 1 2 mg/L 糠氨酸标准溶液 HPLC 色谱图

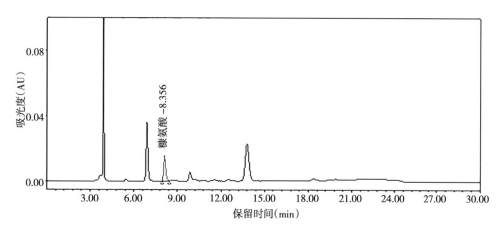

图 A. 2 UHT 灭菌乳中糠氨酸测定 HPLC 色谱图

A. 2 超高效液相色谱法（UPLC）色谱图

见图 A. 3～图 A. 4。

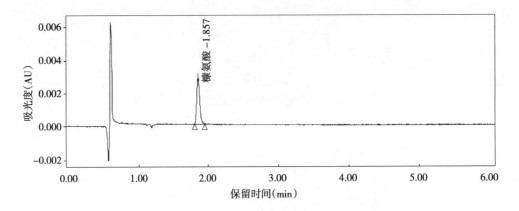

图 A.3　2 mg/L 糠氨酸标准溶液 UPLC 色谱图

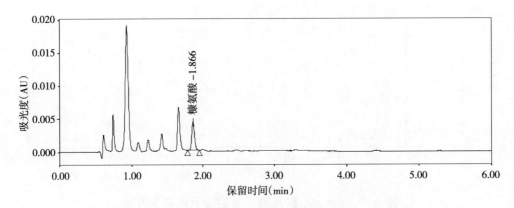

图 A.4　UHT 灭菌乳中糠氨酸测定 UPLC 色谱图

ICS 65.020.20
B 21

中华人民共和国农业行业标准

NY/T 2891—2016

禾本科草种子生产技术规程
老芒麦和披碱草

Technical code of seed production for grasses—
Elymus sibiricus L. and *Elymus dahuricus* Turcz.

2016-05-23 发布   2016-10-01 实施

中华人民共和国农业部 发布

前　言

本标准按照 GB/T 1.1—2009 给出的规则起草。

本标准由农业部畜牧业司提出。

本标准由全国畜牧业标准化技术委员会(SAC/TC 274)归口。

本标准起草单位：中国农业大学、四川省草原科学研究院、青海省畜牧兽医科学院、河北省承德市国营鱼儿山牧场。

本标准主要起草人：毛培胜、孙彦、王显国、王赟文、黄莺、游明鸿、刘文辉、孙瑞臣。

禾本科草种子生产技术规程 老芒麦和披碱草

1 范围

本标准规定了老芒麦(*Elymus sibiricus* L.)、披碱草(*Elymus dahuricus* Turcz.)种子生产中对环境条件、土地整理和播种材料的要求,以及播种、田间管理、收获、清选、分级和包装的生产与技术。

本标准适用于老芒麦和披碱草的种子生产。

2 规范性引用文件

下列文件对于本文件的应用是必不可少的。凡是注日期的引用文件,仅注日期的版本适用于本文件。凡是不注日期的引用文件,其最新版本(包括所有的修改单)适用于本文件。

GB/T 2930.1 牧草种子检验规程 扦样

GB/T 2930.2 牧草种子检验规程 净度分析

GB/T 2930.3 牧草种子检验规程 其他植物种子数测定

GB/T 2930.4 牧草种子检验规程 发芽试验

GB/T 2930.8 牧草种子检验规程 水分测定

GB 4285 农药安全使用标准

GB/T 6142 禾本科草种子质量分级

NY/T 1210 牧草与草坪草种子认证规程

NY/T 1235 牧草与草坪草种子清选技术规程

NY/T 1577 草籽包装标准

3 环境条件要求

3.1 温度

老芒麦与披碱草生长发育适宜温度为15℃～25℃,全年≥10℃积温达到700℃的地区均可进行种子生产。

3.2 降水量

在无灌溉条件下,老芒麦、披碱草种子生产需要的年降水量应在350 mm以上,种子成熟期要求干燥、无风、晴朗的天气。

3.3 光照

应有充足的长日照条件,年日照时数不少于2 200 h。

4 种子田的准备

4.1 土地的选择

种子田选择地形开阔通风,地势平坦(坡度<10°),灌排水良好,病害、虫害、草害、鼠害、鸟害轻,便于隔离的地块,前茬近4年没有种植过其他的披碱草属植物。土壤质地以壤土为宜,要求土层厚度在30 cm以上、有机质丰富、肥力中等、pH 5.5～8.5。

4.2 隔离

按照NY/T 1210的规定执行。

4.3 整地措施

4.3.1 土壤耕作前,清除地面的石块等杂物。天气晴朗无风时,喷施灭生性除草剂(注意按照各类除草剂残留时间确定喷施时间)。待杂草枯黄死亡后,根据土壤肥力状况施用基肥。

4.3.2 翻耕深度 20 cm～25 cm。耙地达到地表平整,土壤粗细均匀、疏松。

5 播种材料的准备

播种材料的种用质量应符合 GB/T 6142 中一级以上质量要求。

6 播种技术

6.1 播种期

种子生产田的适宜播种时间为 6 月上旬至 7 月中旬。

6.2 播种方式

播种宜采用条播,行距 30 cm～45 cm,覆土深度不超过 2 cm。

6.3 播种量

播种量按式(1)计算。

$$Y = \frac{Y_0}{G \cdot P} \quad \cdots\cdots\cdots\cdots\cdots\cdots\cdots\cdots\cdots\cdots\cdots\cdots\cdots\cdots\cdots \quad (1)$$

式中:

Y ——实际播种量,单位为千克每公顷(kg/hm²);

Y_0 ——理论播种量,理论种子用量为 15 kg/hm²～22.5 kg/hm²,单位为千克每公顷(kg/hm²);

G ——种子发芽率,单位为百分率(%);

P ——种子净度,单位为百分率(%)。

7 田间管理

7.1 杂草防除

在整个生育期内,注意控制杂草,尤其是与所生产种子同期成熟的杂草。杂草防除中使用的农药应当符合 GB 4285 的有关规定。

7.2 虫鼠害防治

定期进行病虫鼠害调查,监测主要病虫鼠害种群动态,达到防治指标时进行防治。主要害虫有黏虫、小地老虎、蛴螬、根蛆虫等,在返青期—拔节期施用高效氯氟氰菊酯 1 次～2 次。在播种前,对播区及周边地区进行鼠害防治,防止害鼠啃噬幼苗,造成缺苗。在鼠害防治过程中所使用的农药按 GB 4285 的规定执行。

7.3 施肥与灌溉

7.3.1 整地时施加适量基肥。根据土壤肥力状况施入适量的肥料,施磷酸二铵 75 kg/hm²～100 kg/hm² 或农家肥 22 500 kg/hm²～30 000 kg/hm² 作基肥。在种子生产过程中,根据生长发育需要追施适量肥料。

7.3.2 根据地区降雨情况、牧草生长发育需要适时灌溉。地势低洼易积水的地方,应注意排水。在播种前、返青期、抽穗灌浆期、收获刈割后及入冬前应分别进行灌溉。

8 收获

8.1 收获时间

当种子田中 60%～70% 的种子达到成熟时,即可全部收获。收获时间视种子含水量和生殖枝颜色而定,一般当种子含水量降至 39%～46%、生殖枝顶端茎秆颜色变黄可进行收获。

8.2 收获方式

采用机械收获。

8.3 种子干燥

收获后及时干燥处理,含水量不超过12%。种子干燥可采用自然干燥和人工干燥。自然干燥是利用日光晾晒的方法。晾晒时要清扫干净晒场。人工干燥采用干燥设备风干或烘干。注意防止温度过高,造成种子死亡。

9 收获后田间管理

种子收获后应处理植株残茬,并及时灌溉和施肥。在植株枯黄越冬前及时灌溉,以保证牧草的越冬和返青。

10 清选、分级、包装

10.1 清选

老芒麦和披碱草种子的清选应按照 NY/T 1235 的规定进行。

10.2 分级

依据 GB/T 2930.1～GB/T 2930.4、GB/T 2930.8 的规定进行种子质量检验,按照 GB 6142 的规定进行种子质量分级。

10.3 包装

合格种子应进行包装,包装标识应按照 NY/T 1577 的规定执行。

––––––––––––––––

ICS 65.020.20
B 21

中华人民共和国农业行业标准

NY/T 2892—2016

禾本科草种子生产技术规程
多花黑麦草

Technical code of seed production for grasses—
Lolium multiflorum Lam.

2016-05-23 发布　　　　　　　　　　　2016-10-01 实施

中华人民共和国农业部 发布

前　言

本标准按照 GB/T 1.1—2009 给出的规则起草。

本标准由农业部畜牧业司提出。

本标准由全国畜牧业标准化技术委员会(SAC/TC 274)归口。

本标准起草单位：中国农业大学、四川农业大学、江苏省农业科学院、江苏省盐城市海缘种业有限公司、兰州大学、河北省农林科学院。

本标准主要起草人：王显国、毛培胜、张新全、顾洪如、孙彦、杨和宏、韩云华、刘忠宽、黄琳凯、李曼莉、宁亚明、黄莺、吴菲菲。

禾本科草种子生产技术规程　多花黑麦草

1　范围

本标准规定了多花黑麦草($Lolium\ multiflorum$ Lam.)种子生产对环境条件、种子田建植、田间管理、收获与加工、种子包装的技术要求。

本标准适用于多花黑麦草种子生产。

2　规范性引用文件

下列文件对于本文件的应用是必不可少的。凡是注日期的引用文件,仅注日期的版本适用于本文件。凡是不注日期的引用文件,其最新版本(包括所有的修改单)适用于本文件。

GB 6142　禾本科草种子质量分级

GB/T 2930.1　牧草种子检验规程　扦样

GB/T 2930.2　牧草种子检验规程　净度分析

GB/T 2930.3　牧草种子检验规程　其他植物种子数测定

GB/T 2930.4　牧草种子检验规程　发芽试验

GB/T 2930.8　牧草种子检验规程　水分测定

NY/T 1210　牧草与草坪草种子认证规程

NY/T 1235　牧草与草坪草种子清选技术规程

NY/T 1577　草籽包装与标识

3　环境要求

3.1　温度

多花黑麦草最适生长温度20℃～25℃,耐－10℃左右的低温,35℃以上生长受阻。

3.2　降水量

无灌溉条件下,年降水量750 mm～1 500 mm 的地区适宜多花黑麦草种子生产。开花期需要较低的空气相对湿度,种子成熟期要求干燥、无风、晴朗的天气。

3.3　土壤条件

宜选择土层深厚、排水良好、肥力较高、具有良好团粒结构的壤土或黏壤土。适宜土壤 pH 为 5.0～8.0,最适土壤 pH 为 6.0～7.0。

4　种子田建植

4.1　播前准备

4.1.1　地块选择与隔离要求

种子田宜选择地势开阔平坦、通风良好、集中连片、光照充足的地块,坡地应选择阳坡或半阳坡,坡度小于15°;联合收割机收获时,坡度小于10°。病害、虫害、草害、鼠害、鸟害轻。种子田的隔离距离应达到 NY/T 1210 的要求。

4.1.2　施基肥

施腐熟有机肥15 000 kg/hm²～30 000kg/hm²。根据土壤肥力状况施化肥,一般以氮磷钾复合肥为基肥。偏酸性土壤,可施适量钙镁磷肥。

4.1.3 整地

耕翻土地,深度不少于 20 cm;精细整地,使土地平整,土粒细小。根据当地降水量设置适宜规格的排水沟。

4.2 播种

4.2.1 种子质量与种子处理

种子的质量应达到 GB 6142 中的一级种子的要求。为预防黑穗病,可用 1‰的石灰水浸种 1 h～2 h,或采用萎锈灵、福美双拌种。

4.2.2 播种期

秋播适宜期为 9 月中旬至 10 月中旬,气温在 20℃左右的湿润天气进行播种为宜。

4.2.3 播种量

播种量按式(1)计算。

$$Y = \frac{Y_0}{G \cdot P} \quad\text{……………………………………………} (1)$$

式中:

Y ——实际播种量,单位为千克每公顷(kg/hm²);

Y_0——理论播种量,理论种子用量为 7.5 kg/hm²～15 kg/hm²,单位为千克每公顷(kg/hm²);

G ——种子发芽率,单位为百分率(%);

P ——种子净度,单位为百分率(%)。

4.2.4 播种方式

采用单播方式,条播,行距 30 cm～50 cm,播种深度 1.5 cm～2.0 cm;土壤较干燥时播后应镇压。

4.2.5 种肥

播种时施入磷酸二铵 45 kg/hm²～90 kg/hm²。

5 田间管理

5.1 松土、灌溉与排涝

播后遇雨土壤板结时,应及时松土;生长季如遇长时间干旱应适时灌溉;雨季要及时排涝。

5.2 追肥

3 叶期前后追施尿素 120 kg/hm²～150 kg/hm²,拔节前施尿素 120 kg/hm²～150 kg/hm²;拔节时宜施钾肥;缺磷地块,春季施磷肥。

5.3 杂草防除

生长季节应定期防除杂草,清除能导致多花黑麦草品种基因污染的植物。收种前要清除田间地头杂草。

5.4 病虫害防治

定期进行病虫害调查,监测主要病虫害种群动态,达到防治指标时进行防治。施用三唑酮、多菌灵等杀菌剂防治锈病、黑穗病。

黏虫的防治指标为幼虫密度 10 头/m²～15 头/m²,宜在虫龄 2 龄～3 龄用杀虫剂防治。

5.5 田间检查

分别于苗期和抽穗期进行至少 1 次的田间检查,主要对污染植物、病虫杂草为害状况进行检查,具体技术按照 NY/T 1210 的规定执行。

6 收获与加工

6.1 种子收获

6.1.1 收获方式

通常在盛花期后的 28 d~32 d,约 80%的小穗变黄,或种子含水量为 37%~40%时,直接用联合收割机收获种子。收获作业宜在天气晴朗、早晨露水未干时进行。

收获期间连续多日晴朗无雨的地区,在种子含水量达到 40%~45%收割,收割下来的植株放置原地排成草垄,经过数日晾晒,待种子含水量降低至 10%~14%时,使用联合收割机脱粒。

6.1.2 机械检查与调整

收获前必须对联合收割机进行检查,清除杂质和其他植物及杂草种子。为提高收获效率,还需对联合联合机的滚筒转速及其与凹板的间距等参数进行调整,使粗选物料的种子净度至 90%以上。

6.2 种子干燥

及时晾晒或机械干燥处理,种子含水量降至 11%以下,进入加工车间进行清选加工。

6.3 种子清选

种子的清选应按照 NY/T 1235 的规定执行。应使用除芒机除芒。

6.4 种子质量检验与分级

6.4.1 种子质量检验

种子扦样按照 GB/T 2930.1 的规定执行,净度分析按照 GB/T 2930.2 的规定执行,其他植物种子数测定按照 GB/T 2930.3 的规定执行,发芽率测定按照 GB/T 2930.4 的规定执行,含水量测定按照 GB/T 2930.8 的规定执行。

6.4.2 种子质量分级

种子质量分级按照 GB 6142—2008 的规定执行。

7 种子包装

种子包装与标识按照 NY/T 1577 的规定执行。

ICS 65.020.30
B 43

中华人民共和国农业行业标准

NY/T 2893—2016

绒山羊饲养管理技术规范

Technical specification for feeding and management of cashmere goat

2016-05-23 发布

2016-10-01 实施

中华人民共和国农业部 发布

前　言

本标准按照 GB/T 1.1—2009 给出的规则起草。

本标准由农业部畜牧业司提出。

本标准由全国畜牧业标准化技术委员会(SAC/TC 274)归口。

本标准起草单位:辽宁省畜牧科学研究院。

本标准主要起草人:张世伟、杨术环、宋先忱、刘兴伟、张晓鹰、周孝峰、杨秋凤。

绒山羊饲养管理技术规范

1 范围

本标准规定了绒山羊饲养管理基本要求、各类羊群管理、梳剪绒操作、日常管理等技术内容。

本标准适用于绒山羊饲养管理。

2 规范性引用文件

下列文件对于本文件的应用是必不可少的。凡是注日期的引用文件,仅注日期的版本适用于本文件。凡是不注日期的引用文件,其最新版本(包括所有的修改单)适用于本文件。

GB 16548 畜禽病害肉尸及其产品无害化处理规程

GB 16549 畜禽产地检疫规范

GB 16567 种畜禽调运检疫技术规范

GB/T 16569 畜禽产品消毒规范

GB 18596 畜禽养殖业污染物排放标准

HJ/T 81 畜禽养殖业污染防治技术规范

NY/T 682 畜禽场场区设计技术规范

NY/T 1167 畜禽场环境质量及卫生控制规范

NY/T 5339 无公害食品 畜禽饲养兽医防疫准则

中华人民共和国农业部令 2006 年第 67 号 畜禽标识和养殖档案管理办法

中华人民共和国农业部公告 2010 年第 1519 号 禁止在饲料和动物饮水中使用的物质

3 术语和定义

下列术语和定义适用于本文件。

3.1

梳绒 carding cashmere

羊绒即将脱离体表时使用专用工具梳取绒山羊的绒毛。

3.2

剪绒 shearing cashmere

使用专用工具剪取绒山羊体表的绒毛。

3.3

基础羊群 basic flock

是以一个相对恒定的公母羊数量为基础进行生产的群体,主要由种公羊和成年母羊组成,也包括育成羊和后备羊。

4 基本要求

4.1 场址选择

羊场场区选择和规划设计应符合 NY/T 682 的规定。

4.2 环境控制

4.2.1 场区周边环境应符合 NY/T 1167 的规定。

4.2.2 饲养场污染物排放应符合 GB 18596 和 HJ/T 81 的规定。

4.2.3 羊只防疫应符合 NY/T 5339 的规定。

4.2.4 羊只调运应符合 GB 16549 和 GB 16567 的规定。

4.2.5 病死羊只及其产品处理应符合 GB 16548 的规定。

4.3 饲料质量

4.3.1 饲料品质合格,无发霉、变质现象。饲料原料要符合质量要求。

4.3.2 饲料中不得使用中华人民共和国农业部公告 2010 年第 1519 号中的物质。

4.4 羊群结构

4.4.1 可繁殖母羊比例应占整个基础羊群数量的 70% 以上;本交配种羊群,公羊与母羊比例为 1∶30～1∶50;鲜精人工授精配种的羊群,公羊与母羊比例为 1∶200。

4.4.2 基础羊群年更新率为 15%～20%。

4.5 饲养密度

饲养密度要兼顾成本和羊群生产的需要。根据品种个体大小,每只羊占舍面积:成年公羊 2.0 m²～4.0 m²,育成公羊 1.0 m²～1.5 m²,成年母羊 1.0 m²～1.8 m²,育成母羊 0.4 m²～0.8 m²,羔羊 0.3 m²～0.4 m²。

5 各类羊群管理

5.1 种公羊

5.1.1 非配种期

5.1.1.1 单独组群,集中饲养。

5.1.1.2 放牧饲养自由采食,舍饲饲养每天饲喂 3 次,自由饮水。

5.1.1.3 舍饲时,每天保持运动 2 h。

5.1.1.4 日粮以青粗饲料为主,精粗饲料比以 2∶8 为宜。配种前一个半月逐步调整为配种日粮。

5.1.2 配种期

5.1.2.1 选择适口性好的优质青粗饲料为主,混合精料中粗蛋白含量以 16%～18% 为宜。

5.1.2.2 每天饲喂 3 次,自由饮水,运动 2 h。

5.1.2.3 公羊配种前 2 周开始排精。每天配种或采精 1 次～2 次,每周不超过 5 d。

5.2 母羊

5.2.1 空怀母羊

5.2.1.1 配种前 1 个月实行短期优饲,增加优质干草和精料,膘情达到中上等水平,不宜过肥。

5.2.1.2 母羊鲜精配种时,输精 1 次～2 次;冻精配种时,输精 2 次。输精间隔时间为 6 h～10 h。

5.2.2 妊娠母羊

5.2.2.1 妊娠前期不能剧烈运动,营养需求以保持配种时体况即可。

5.2.2.2 产前 2 个月,增加精料量,但不宜过肥。适当运动,避免顶撞、惊吓,不饮冰碴水。产前 1 周,组织接产人员,备好接产用品,待产圈舍进行彻底消毒。

5.2.2.3 分娩前,做好产前检查和接产准备工作。接产人员在接产过程中,要做好自身防护及卫生消毒工作。

5.2.3 哺乳母羊

5.2.3.1 产后 1 周内,饲喂优质青干草,补饲少量精饲料和多汁饲料,每天饲喂 4 次～5 次。

5.2.3.2 产羔 1 周后,逐渐增加精料饲喂量到 0.5 kg～0.75 kg,定时饲喂。

5.2.3.3 羔羊断奶后,适当减少精饲料供给。

5.3 羔羊

5.3.1 羔羊出生后,及时清除口鼻腔的黏液,让母羊自行舔干羔羊身体黏液。在脐部 3 cm～5 cm 处断脐,用 5%碘酊对断脐处消毒。羔羊断脐后,宜注射破伤风抗毒素。

5.3.2 产后 2 h 内保证吃到初乳。

5.3.3 圈舍温度宜在 10℃以上。

5.3.4 10 日龄训练采食,45 日龄～90 日龄可断奶分群。

5.4 育成羊

5.4.1 公母羊分群饲养。

5.4.2 日粮以优质青粗饲料为主,逐渐增加精料喂量,每日每只喂量 0.2 kg～0.5 kg。

5.4.3 放牧羊要预防毒草中毒,不到低洼潮湿的地方放牧。

5.4.4 公、母羊体重达成年时体重 70%以上,可以进行初次配种。

6 梳绒和剪绒

6.1 时间

3 月下旬至 5 月初,羊绒即将脱离皮肤表面时进行梳剪绒。

6.2 设备、设施

6.2.1 梳绒宜用专用梳耙,剪绒宜用电剪。

6.2.2 梳剪绒时,应在室内进行。要求水泥地面,光线良好。

6.2.3 宜用专用操作台,也可直接在水泥地面进行。要求有羊头、前肢固定或拴系装置。

6.3 方法

6.3.1 剪绒前禁食 12 h～18 h,少量饮水。

6.3.2 将羊只以侧卧方式放置在操作台上,将头部固定,同侧的两条腿绑在一起置于底部,另一侧的两条腿散开置于上部。亦可只固定前肢和头部。

6.3.3 剪绒时,用专用工具从后腿部沿腹部和背部的分界线约 30°角前推到头颈部;然后,沿此线向腹部、背部扩展。一侧剪完,将羊只翻到另一侧,剪法同上。剪绒剪应贴近皮肤,均匀地把羊绒一次剪下,留茬不得超过 0.5 cm。

6.3.4 梳绒时,将羊横卧,头、四肢固定好。剪掉高于绒层的长毛,顺毛清理掉草屑、粪便等杂物。用专用工具顺毛沿颈、肩、背、腰、股、腹等部位,由上而下梳净为止。

6.3.5 原绒应按羊只性别、年龄、部位分类包装。

7 日常管理

7.1 补盐

通过吊挂盐砖、饲槽内撒盐等方式进行补盐,每只每天补盐量 5 g～10 g。

7.2 饮水

自由饮水,水质应符合 NY/T 1167 的规定。

7.3 去势

非种用公羔,生后 1 周～2 周去势。

7.4 修蹄

放牧羊,每 6 个月修蹄 1 次;舍饲公羊,每 2 个月修蹄 1 次;母羊,每 4 个月修蹄 1 次。

7.5 药浴

药浴前,羊只要充分饮水。应进行小群药浴试验,备好解毒药品。药浴方法为浸浴法和喷淋法。每年在梳剪绒后和入冬前,至少各进行1次药浴,药液温度为20℃~25℃。药浴后,羊只及时晾干,防止暴晒或受凉。

7.6 驱虫

每年进行春、冬两季驱虫,根据虫体、虫卵检测结果进行有针对性的防治。

7.7 免疫

每年定时进行羊群免疫。免疫程序参见附录A。

7.8 标识和养殖档案

按照中华人民共和国农业部令2006年第67号的规定执行。

附　录　A

（资料性附录）

绒山羊免疫程序

绒山羊免疫程序见表 A.1。

表 A.1　绒山羊免疫程序

羊别	生理阶段	疫　苗	免疫间隔	备注
种公羊	—	三联四防	6 个月	参照产品说明书使用
		口蹄疫亚洲 I-O 型双价灭活疫苗	6 个月	
		羊痘鸡胚化弱毒苗	12 个月	
繁殖母羊	空怀期	三联四防	6 个月	
		口蹄疫亚洲 I-O 型双价灭活疫苗	6 个月	
		羊痘鸡胚化弱毒苗	12 个月	
	妊娠后 3 个月	三联四防	6 个月	
育成羊	4 月龄	羊痘鸡胚化弱毒苗	12 个月	
	6 月龄	三联四防	6 个月	
	6 月龄	口蹄疫亚洲 I-O 型双价灭活疫苗	6 个月	
	12 月龄	三联四防	6 个月	
	12 月龄	口蹄疫亚洲 I-O 型双价灭活疫苗	6 个月	
羔羊	出生后	破伤风明矾类毒素	—	
	10 日龄	羊痘鸡胚化弱毒苗	12 个月	
	20 日龄	三联四防	6 个月	
	1 月龄	口蹄疫亚洲 I-O 型双价灭活疫苗	6 个月	
各类羊	1 月龄以上	小反刍兽疫疫苗	36 个月	

ICS 65.020.30
B 40

中华人民共和国农业行业标准

NY/T 2894—2016

猪活体背膘厚和眼肌面积的测定
B型超声波法

Measurement of backfat depth and loin muscle area on living pig with
B-mode ultrasound

2016-05-23 发布

2016-10-01 实施

中华人民共和国农业部 发布

前　言

本标准按照 GB/T 1.1—2009 给出的规则起草。

本标准由农业部畜牧业司提出。

本标准由全国畜牧业标准化技术委员会（SAC/TC 274）归口。

本标准起草单位：华中农业大学、农业部种猪质量监督检验测试中心（武汉）、农业部种猪质量监督检验测试中心（重庆）、上海市畜牧技术推广中心、农业部种猪质量监督检验测试中心（广州）、山东省种猪生产性能测定站、河北省种猪生产性能测定站。

本标准主要起草人：倪德斌、刘望宏、吴昊旻、胡军勇、陈主平、陆雪林、陈迎丰、刘展生、倪俊卿、王可甜、刘建营、闫先峰、王贵江、陈四清。

猪活体背膘厚和眼肌面积的测定　B型超声波法

1　范围

本标准规定了用B型超声设备测定猪活体背膘厚和眼肌面积的方法。

本标准适用于瘦肉型猪;其他经济类型猪可参照使用。

2　规范性引用文件

下列文件对于本文件的应用是必不可少的。凡是注日期的引用文件,仅注日期的版本适用于本文件。凡是不注日期的引用文件,其最新版本(包括所有的修改单)适用于本文件。

GB/T 8170　数值修约规则与极限数值的表示和判定

3　术语和定义

下列术语和定义适用于本文件。

3.1

活体背膘厚　backfat depth on living pig

按照规定的部位和方法测量的活体背部脂肪层(含皮层)扫描断面的深度,单位为毫米(mm)。

3.2

活体眼肌高度　loin muscle depth on living pig

按照规定的部位和方法测量的活体背最长肌扫描断面的深度(含表层筋膜),单位为毫米(mm)。

3.3

活体眼肌面积　loin muscle area on living pig

按照规定的部位和方法测量的活体背最长肌扫描横断面的面积(含表层筋膜),单位为平方厘米(cm²)。

3.4

平行法　parallel method

按照规定的部位,保持B超线阵探头方向与受测猪背中线方向平行的测定方法。适合于活体背膘厚和活体眼肌高度的同时测定。

3.5

垂直法　vertical method

按照规定的部位,保持B超线阵探头方向与受测猪背中线方向垂直的测定方法。适合于活体背膘厚和活体眼肌面积的同时测定。

4　要求

4.1　测定设备

4.1.1　选用的B型超声设备应满足下列条件:

a)　扫描深度应大于或等于170 mm;

b)　测量精度应小于或等于1 mm;

c)　探头应为3.5 MHz线阵探头,其长度应大于120 mm,并配备与之相配套的马鞍型硅胶模;

d)　耦合剂宜使用医用超声耦合剂超声胶,也可用石蜡油或植物油等代替。

4.1.2 宜采用专门设备进行保定,使受测猪保持背腰平直的站立姿势。

4.2 结测体重

宜控制在 85 kg～105 kg 以内。

4.3 测定部位

左侧倒数第 3 根至第 4 根肋骨之间,距背中线 5 cm 处。

4.4 剔毛

若涂抹的耦合剂不能立即渗入被毛,则宜剔除测定部位的被毛。

5 测定方法与操作步骤

5.1 测定前的准备

5.1.1 预热

连接设备各部件,接通电源,开机,确认设备运行正常。设置或调整设备相关参数,按设备要求进行预热。

5.1.2 称重

将受测猪赶入已校准的活体称量设备内,称重并记录。

5.1.3 保定

应满足 4.1.2 的要求。

5.2 平行法

5.2.1 耦合剂涂抹

受测猪保定后,由左侧胸腰结合部、距背中线 5 cm 处向肩部涂抹,长度约 15 cm。

5.2.2 影像获取

将探头置于涂有耦合剂的测定部位,使探头距背中线 5 cm,并保持与背中线平行、密合,且垂直于皮肤,参见图 A.1。边向肩部移动探头边观察 B 超显示的影像,直至倒数第 1 根至第 4 根肋骨均清晰可见(自上而下分别是皮肤脂肪层、筋膜与眼肌层、肋骨)时,冻结影像,参见图 A.2。

5.2.3 信息输入

输入品种代码、个体号、影像编号等信息。

5.2.4 测量起止点确定

5.2.4.1 活体背膘厚测量起止点位于影像中垂直于倒数第 3 根至第 4 根肋骨之间的纵线上,起点是皮肤层上缘与耦合剂形成的灰线,止点是眼肌上缘筋膜层形成的白色亮带中间点,参见图 A.3。

5.2.4.2 活体眼肌高度测量起止点位于影像中垂直于倒数第 3 根至第 4 根肋骨间的纵线上,起点是活体背膘测量的止点,止点是眼肌下缘筋膜层形成的白色亮带中间点,参见图 A.3。

5.2.5 测量

5.2.5.1 活体背膘厚测量

按照设备操作指南选取"距离测量"功能,弹出测量光标。将光标平移至活体背膘厚测量的起点,按测量键,将光标由起点垂直向下至止点,显示值即为受测猪的活体背膘厚,参见图 A.3。

5.2.5.2 活体眼肌高度测量

按照设备操作指南选取"距离测量"功能,弹出测量光标。将光标定位在活体眼肌高度的测量起点,按测量键,将光标由起点垂直向下至止点,显示值即为受测猪的活体眼肌高度,参见图 A.3。

5.2.6 影像保存

测量完毕,保存所测量的影像。

5.3 垂直法

5.3.1 探头固定

在马鞍型硅胶模内槽涂抹耦合剂,装入探头,确认二者密合并固定。

5.3.2 耦合剂涂抹

受测猪保定后,将耦合剂涂抹于倒数第3根至第4根肋骨处(距胸腰结合部约15 cm,可用触摸肋骨的方式确定),由背中线左侧开始,垂直向下涂抹,长约15 cm。

5.3.3 影像获取

将探头置于涂有耦合剂的测定部位,使探头方向与背中线垂直,参见图A.4。边缓慢向左侧移动,边观察B超显示的影像(自上而下分别是硅胶模、皮肤与脂肪层、筋膜与眼肌层),探头的中部宜保持与背中线约为5cm的距离,至眼肌轮廓完整清晰时,冻结影像,参见图A.5。

5.3.4 信息输入

同5.2.3。

5.3.5 测量起止点确定

5.3.5.1 活体背膘厚测量起止点位于影像中亮白弧线中间点的纵线上,起点为影像中最上端亮白弧线顶部的上缘(通常为弧线的中间),止点为眼肌上缘筋膜层形成的白色亮带中间点,参见图A.6。

5.3.5.2 活体眼肌面积测量起止点位于影像中眼肌筋膜形成的、近似椭圆形的亮白弧线上,此亮白弧线上的任意一点均可作为起点,止点应与起点完全重合,参见图A.6。

5.3.6 测量

5.3.6.1 活体背膘厚测量

按照设备操作指南选取"距离测量"功能,弹出测量光标。将光标平移至活体背膘厚的测量起点,按测量键,将光标由起点垂直向下至止点,显示值即为受测猪的活体背膘厚,参见图A.6。

5.3.6.2 活体眼肌面积测量

按照设备操作指南选取"面积测量"功能,弹出测量光标。将光标移至影像中眼肌筋膜形成的、近似椭圆形的亮白弧线上任意点,按测量键,沿亮白弧线顺时针方向描绘,至与起点完全重合,显示值即为受测猪的活体眼肌面积,参见图A.6。

5.3.7 影像保存

同5.2.6。

5.4 测量误差

活体背膘厚、活体眼肌高度的测量误差应在1 mm(含1 mm)以内;活体眼肌面积的测量误差应在4 cm^2(含4 cm^2)以内。

6 注意事项

6.1 应保持受测猪背腰部平直。剧烈运动时,不宜获取影像。获取影像时,应保持探头与猪体表密合良好,探头垂直于测定部位的皮肤,下压力度适中。

6.2 测量时,移动测量光标应平稳、垂直;背膘厚、眼肌高度的起止点应正确。

6.3 应按照设备要求规范操作,正确使用设备,防止探头与主机遭受碰撞、摔打和污染。

7 结果表述

7.1 原始数据记录时,应与设备显示的有效数值完全一致,不得增减。测定结果保留的小数位数、计量单位应执行7.2~7.4的规定。

7.2 活体背膘厚需校正时,计算值保留1位小数,单位为毫米(mm);校正公式由B.1给出。

7.3 活体眼肌面积需校正时,计算值保留2位小数,单位为平方厘米(cm^2);校正公式由B.2给出。

7.4 活体眼肌高度的结果应保留 1 位小数,单位为毫米(mm)。

7.5 计算值均应按照 GB/T 8170 的规定进行修约。

附　录　A
（资料性附录）
活体测定示意图

A.1　平行法

平行法的测定部位见图 A.1;实测的超声影像见图 A.2;测量起止点见图 A.3。

图 A.1　测定部位

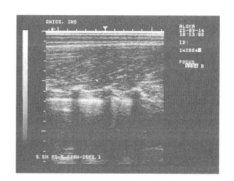

图 A.2　实测的超声影像

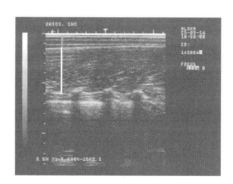

图 A.3　测量起止点

A.2　垂直法

垂直法的测定部位见图 A.4;实测的超声影像见图 A.5;测量起止点见图 A.6。

图 A.4　测定部位

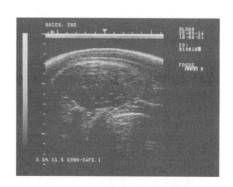

图 A.5　实测的超声影像

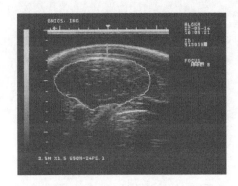

图 A.6　测量起止点

附　录　B

（规范性附录）

达 100 kg 体重活体背膘厚、眼肌面积的校正

B.1　达 100 kg 体重背膘厚的校正

按式（B.1）计算。

校正达 100 kg 体重背膘厚（mm）＝实测背膘厚（mm）×CF　·······························（B.1）

其中，CF 按式（B.2）计算，计算所需的 A 值和 B 值由表 B.1 给出。

$$CF = \frac{A}{A + B \times (实测体重 - 100)}$$　·······························（B.2）

表 B.1　按式（B.2）计算所需的 A 值和 B 值一览表

品　种	公猪		母猪	
	A	B	A	B
大约克夏猪	12.402	0.106 530	13.706	0.119 624
长白猪	12.826	0.114 379	13.983	0.126 014
汉普夏猪	13.113	0.117 620	14.288	0.124 425
杜洛克猪	13.468	0.111 528	15.654	0.156 646
其他类型	根据其性能特征参照以上品种特征执行			

B.2　达 100 kg 体重眼肌面积的校正

按式（B.3）计算。

100 kg 体重眼肌面积（cm²）＝实测眼肌面积（cm²）＋[100−测定当天称量的实际体重（kg）]×

$$\frac{实测眼肌面积}{实测眼肌面积 + 155}$$　·······························（B.3）

式中，155 为所有性别受测个体眼肌面积的换算系数。

ICS 65.020.30
B 43

中华人民共和国农业行业标准

NY/T 2956—2016

民　猪

Min　pig

2016-10-26 发布

2017-04-01 实施

中华人民共和国农业部 发布

前　言

本标准按照 GB/T 1.1—2009 给出的规则起草。

本标准由农业部畜牧业司提出。

本标准由全国畜牧业标准化技术委员会(SAC/TC 274)归口。

本标准起草单位:东北农业大学、兰西县种猪场、辽宁省家畜家禽遗传资源保存利用中心、全国畜牧总站。

本标准主要起草人:王希彪、崔世泉、王亚波、宋恒元、狄生伟、蔡建成、薛明、杨渊。

民　猪

1　范围

本标准规定了民猪的体型外貌、生产性能、测定方法、种猪合格评定与出场条件等。

本标准适用于民猪品种的鉴别。

2　规范性引用文件

下列文件对于本文件的应用是必不可少的。凡是注日期的引用文件,仅注日期的版本适用于本文件。凡是不注日期的引用文件,其最新版本(包括所有的修改单)适用于本文件。

GB 16567　种畜禽调运检疫技术规范

NY/T 820　种猪登记技术规范

NY/T 821　猪肌肉品质测定技术规范

NY/T 822　种猪生产性能测定规程

3　产地与分布

民猪分为大民猪、二民猪、荷包猪 3 种类型,原产于东北,又称"东北民猪"。大民猪已灭绝;二民猪主要分布于黑龙江省和吉林省,中心产区为黑龙江省兰西县和吉林省长岭县、前郭尔罗斯蒙古族自治县;荷包猪主要分布于辽宁省以及河北省青龙县、内蒙古自治区的库伦旗和奈曼旗紧邻辽宁省的部分地区,中心产区为辽阳市、建昌县及周边地区。

4　体型外貌

4.1　外貌特征

4.1.1　二民猪

全身被毛黑色,毛密而长,猪鬃较多,冬季密生绒毛。皮肤厚而有褶。头中等大小,面直、有纵行皱纹;耳大下垂。体躯扁平,四肢粗壮,后腿稍弯,多呈卧系。颈肩结合良好。胸深且发育良好,背腰平直、狭窄,腹大下垂但不拖地,臀部倾斜,尾长下垂。有效乳头 7 对以上,乳腺发达,乳头排列整齐。二民猪体型外貌参见 A.1。

4.1.2　荷包猪

全身被毛黑色,冬季密生黑褐色绒毛,肩胛部多有鬃毛。头较小,嘴筒细长,面直、有纵向皱纹;耳小下垂。公猪身躯扁平,四肢粗壮;母猪身躯短小呈椭圆形,肚大下垂,状似荷包,四肢细短。背腰微凹,臀部倾斜,卧系,尾较细、中等长、下垂。乳头 6 对～7 对,乳腺发达,排列整齐。荷包猪体型外貌参见 A.2。

4.2　体重体尺

4.2.1　二民猪

成年公猪平均体重 139.9 kg、体长 141.6 cm、体高 80.0 cm;成年母猪平均体重 143.1 kg、体长 134.0 cm、体高 70.9 cm。

4.2.2　荷包猪

成年公猪平均体重 93.3 kg、体长 124.5 cm、体高 63.5 cm;成年母猪平均体重 81.8 kg、体长 106.8 cm、体高 59.6 cm。

NY/T 2956—2016

5 生产性能

5.1 繁殖性能

5.1.1 二民猪

母猪初情期为4月龄～5月龄,公猪3月龄精子发育成熟,公母猪初配月龄为6月龄～7月龄。总产仔数:初产11.3头,经产13.0头。初生重:初产1.0 kg,经产1.1 kg。35日龄断奶重:初产6.3 kg,经产6.7 kg。

5.1.2 荷包猪

母猪初情期为3月龄～4月龄,公猪4月龄～5月龄性成熟,公母猪初配月龄为6月龄～7月龄。总产仔数:初产8.5头,经产10.1头。初生重:初产0.9 kg,经产1.0 kg。45日龄断奶重:初产4.9 kg,经产6.7 kg。

5.2 生长发育

5.2.1 二民猪

公猪2月龄体重达14.8 kg,6月龄体重达50.5 kg。母猪2月龄体重达14.3 kg,6月龄体重达55.0 kg。

5.2.2 荷包猪

公猪2月龄体重达9.6 kg,6月龄体重达41.5 kg。母猪2月龄体重达9.4 kg,6月龄体重达47.8 kg。

5.3 肥育性能

5.3.1 二民猪

在可消化能12.9 MJ/kg～13.1 MJ/kg、粗蛋白13%～15%的条件下饲养,20 kg～90 kg育肥猪的日增重为458 g,达90 kg体重日龄为257 d,饲料转化率为4.5∶1。

5.3.2 荷包猪

在可消化能13.1 MJ/kg、粗蛋白16%的条件下饲养,20 kg～80 kg育肥的日增重为420 g,达80 kg体重日龄为254 d,饲料转化率为4.0∶1。

5.4 胴体性能与肌肉品质

5.4.1 二民猪

体重达90 kg时屠宰,屠宰率71.5%、胴体瘦肉率43.5%、平均背膘厚36.2 mm、肌内脂肪含量5.3%。

5.4.2 荷包猪

体重达90 kg时屠宰,屠宰率74.7%、胴体瘦肉率44.0%、平均背膘厚40.4 mm、肌内脂肪含量5.1%。

6 测定方法

6.1 生长发育性能、胴体性能测定

按照NY/T 822的规定执行。

6.2 繁殖性能测定

按照NY/T 820的规定执行。

6.3 肌肉品质测定

按照NY/T 821的规定执行。

7 种猪合格评定与出场条件

7.1 体型外貌符合本品种特征。

7.2 生殖器官发育正常。有效乳头数:二民猪不少于7对,荷包猪不少于6对。

7.3 无遗传缺陷和损征。

7.4 来源、血缘和个体标识清楚,系谱记录齐全。

7.5 种猪出场有合格证,并按GB 16567的要求出具检疫合格证。

附　录　A

（资料性附录）

民猪体型外貌照片

A.1 二民猪体型外貌照片

见图 A.1～图 A.6。

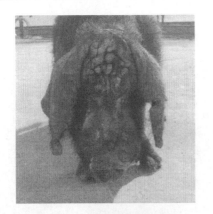

图 A.1　公猪的头部照片

图 A.2　母猪的头部照片

图 A.3　公猪的后躯照片

图 A.4　母猪的后躯照片

图 A.5　公猪的侧面照片

图 A.6　母猪的侧面照片

A.2 荷包猪体型外貌照片

见图 A.7～图 A.12。

图 A.7 公猪的头部照片

图 A.8 母猪的头部照片

图 A.9 公猪的后躯照片

图 A.10 母猪的后躯照片

图 A.11 公猪的侧面照片

图 A.12 母猪的侧面照片

ICS 11.220
B 41

中华人民共和国农业行业标准

NY/T 2958—2016

生猪及产品追溯关键指标规范

Specification of key traceability indicators of quality control
for the whole process of pig and product production

2016-10-26 发布

2017-04-01 实施

中华人民共和国农业部 发布

前　言

本标准按照 GB/T 1.1—2009 给出的规则起草。

本标准由中华人民共和国农业部提出。

本标准由全国动物卫生标准化技术委员会(SAC/TC 181)归口。

本标准起草单位:中国动物疫病预防控制中心。

本标准主要起草人:朱长光、李扬、杨龙波、王芳。

生猪及产品追溯关键指标规范

1 范围

本标准规定了生猪及产品生产全过程中,与场所、标识、免疫、投入品、动物疫病、药物残留、肉品品质和移动轨迹有关的卫生质量控制关键追溯指标的基本要求。

本标准适用于从事生猪养殖、交易、屠宰的单位和个人。

2 术语和定义

下列术语和定义适用于本文件。

2.1

生猪养殖场 pig farms

经当地农业、工商等行政主管部门批准的,具备法人资格且猪年出栏大于或等于500头的养猪场。

2.2

畜禽标识 animal identification

加施在畜禽特定部位,用于证明畜禽身份,承载畜禽个体信息的标志物。编码具有唯一性,由畜禽种类代码、县级行政区域代码、标识顺序号共15位数字及专用二维码组成。

2.3

畜禽养殖代码 livestock and poultry code

县级人民政府畜牧兽医行政主管部门对辖区内畜禽养殖场按照备案顺序统一编号形成的唯一代码,由6位县级行政区域代码和4位顺序号组成,作为养殖档案编号。

3 场所

3.1 生猪养殖、交易、屠宰场所均应具备国务院畜牧兽医行政部门规定的动物防疫条件,对于此类场所应记录其详细信息。

3.2 生猪养殖场应记录其名称、动物防疫条件合格证证号、畜禽养殖代码、养殖规模、详细地址、法定代表人(负责人)姓名与联系方式。生猪养殖户应记录其户主姓名与联系方式、详细地址。

3.3 生猪交易市场应记录其名称、交易规模、详细地址、法定代表人(负责人)姓名与联系电话。

3.4 生猪屠宰场(点)应记录其名称、屠宰规模、详细地址、法定代表人(负责人)姓名与联系电话。

4 标识

4.1 在生猪及其产品生产过程中,均应加施标识,包括养殖环节的畜禽标识、屠宰环节的产品标识。

4.2 生猪应按规定佩戴畜禽标识,并记录标识生猪的畜主、品种、标识佩戴日期。补戴畜禽标识的,应记录补戴标识所对应的原标识号码。

4.3 生猪屠宰、分割时,应对胴体、分割肉品外包装加施产品标识。该标识内容应记录屠宰厂(场)名称、同批次的畜禽标识编码。

5 免疫

养殖生猪按规定实施计划免疫,应记录被免疫生猪的畜禽标识信息,所使用疫苗的名称、生产企业、批次号、免疫注射时间和免疫人员。

6 投入品

6.1 养殖生猪使用饲料及饲料添加剂产品,应记录使用饲料的产品名称、生产企业名称和生产日期。

6.2 养殖生猪使用兽药产品,应记录使用兽药的产品名称、生产企业名称、产品批次号、生产日期、使用量和休药期。

7 检疫监督

7.1 在生猪生产检疫和监督过程中,应记录其各个环节有关疫病的信息。

7.2 在动物检疫过程中,检疫人员应记录4.2的畜禽标识码及有关检疫信息,包括检疫日期、检疫机构名称、检疫人员和检疫结果。

7.3 在动物卫生监督过程中,监督人员应记录4.2的畜禽标识码及有关监督信息,包括监督日期、监督机构名称、监督人员和监督结果。

7.4 感染疫病的生猪进行无害化处理时,监督人员应记录4.2的生猪标识码及畜(货)主名称、处理原因、处理头数、处理方式、实施机构和实施人员,同时在追溯系统中注销其畜禽标识号码。

8 药物残留

生猪屠宰时,对生猪进行的药物残留和违禁物质抽样检测,应记录抽检样品来源生猪4.2的畜禽标识码,并记录该抽检批次生猪的抽检比例、检测日期、检测内容、检测方法和检测结果。

9 肉品品质

生猪屠宰进行肉品品质检验时,应记录4.3的产品标识及肉品品质检验信息,包括注水或者注入其他物质、有害物质、有害腺体、白肌肉(PSE肉)或黑干肉(DFD肉)以及国家规定的其他检验项目。

10 移动轨迹

生猪及其产品在移动时,应记录畜禽标识码、启运地点、道路检查点、目的地、运输工具类型、运输工具识别号码、启运时间与到达时间。

11 记录保存期限

所有记录应保留至少2年以上。

———————————

ICS 65.020.30
B 40

中华人民共和国农业行业标准

NY/T 2967—2016
代替 NYJ/T 01—2005

种牛场建设标准

Construction criterion for seedstock farm of cattle

2016-10-26 发布　　　　　　　　　　　2017-04-01 实施

中华人民共和国农业部 发布

NY/T 2967—2016

目　次

前　言

本建设标准根据农业部《关于下达2013年农业行业标准制定和修订(农产品质量安全和监管)项目资金的通知》(农财发〔2013〕91号)下达的任务,按照《农业工程项目建设标准编制规范》(NY/T 2081—2011)的要求,结合农业行业工程建设发展的需要而编制。

本建设标准是对NYJ/T 01—2005《种牛场建设标准》的修订。

本建设标准共分12章:总则、规范性引用文件、术语和定义、建设规模与项目构成、选址与建设条件、工艺与设备、场区规划布局、建筑与结构、配套工程、粪污无害化处理、防疫设施和主要技术经济指标。

本建设标准与NYJ/T 01—2005相比,主要技术变化如下:

——修改了标准的编写格式(见2005年和2014年版本格式);

——修改了范围、规范性引用文件、术语和定义、建设规模与项目构成、场址与建设条件、工艺与设备、建筑与结构、配套工程、防疫设施、环境保护、主要技术经济指标的内容(见2005年版的1、2、3、4、5、6、7、8、9、10、11、12);

——增加了场区规划布局(见2014年版的7);

——删去了附录A和条文说明(见2005年版的附录A和条文说明)。

本建设标准由农业部发展计划司负责管理,中国农业科学院北京畜牧兽医研究所负责具体技术内容的解释。在标准执行过程中如发现有需要修改和补充之处,请将意见和有关资料寄送农业部工程建设服务中心(地址:北京市海淀区学院南路59号,邮政编码:100081),以供修订时参考。

本标准管理部门:农业部发展计划司。

本标准主持单位:农业部工程建设服务中心。

本标准编制单位:中国农业科学院北京畜牧兽医研究所。

本标准主要起草人:高雪、李俊雅、高会江、张路培、陈燕。

本标准的历次版本发布情况为:

——NYJ/T 01—2005。

种牛场建设标准

1 总则

1.1 制定本标准的目的

为加强种牛场工程项目决策和建设的科学管理,正确掌握建设规范,合理确定建设水平,推动技术进步,全面提高投资效益,特制定本标准。

1.2 本标准所适用的范围

本标准规定了种牛场建设的建设规模与项目构成、选址与建设条件、工艺与设备、场区规划布局、建筑与结构、配套工程、粪污无害化处理、防疫设施和主要技术经济指标。

本标准适用于农区、半农半牧区舍饲、半舍饲模式下,种牛场(站)的建设。

1.3 本标准的共性要求

种牛场建设应遵守国家有关法律、法规,并符合国家和地区畜牧业发展规划;应贯彻执行有关节能、节水、节约用地和环境保护等政策法规;应因地制宜,做到技术先进、经济合理、安全实用。

1.4 执行相关标准的要求

种牛场建设除执行本标准外,应符合国家现行的有关强制性标准、定额或指标的规定。

2 规范性引用文件

下列文件对于本文件的应用是必不可少的。凡是注日期的引用文件,仅注日期的版本适用于本文件。凡是不注日期的引用文件,其最新版本(包括所有的修改单)适用于本文件。

GB 16548 病害动物和病害动物产品生物安全处理规程

GB 18596 畜禽养殖业污染物排放标准

GB 50016 建筑设计防火规范

GB 50039 农村防火规范

GB 50052 供配电系统设计规范

GB 50068 建筑结构可靠度设计统一标准

GB 50223 建筑工程抗震设防分类标准

HJ/T 81 畜禽养殖业污染防治技术规范

NY/T 1168 畜禽粪便无害化处理技术规范

NY 5027 无公害食品 畜禽饮用水水质标准

中华人民共和国农业部令 2010 年第 7 号 动物防疫条件审查办法

3 术语和定义

下列术语和定义适用于本文件。

3.1

种牛场 seedstock farm of cattle

保存、培育或扩繁种牛的场所。

3.2

基础母牛 basic cow

符合品种标准,且已经配种繁育后代的母牛。

3.3

采精种公牛 bull for breeding

符合品种标准,具有种用价值并开始正常采集精液的公牛。

3.4

后备公牛 replacement bull

符合品种标准,被留种后尚未开始配种或采集精液的公牛。

3.5

后备母牛 replacement cow

符合品种标准,被留种后尚未参加配种繁育后代的母牛。

3.6

净道 non-pollution road

牛群周转、饲养员行走、场内运送饲料的专用道路。

3.7

污道 pollution road

粪污等废弃物运送的道路。

4 建设规模与项目构成

4.1 种牛场建设规模

种公牛站建设规模以存栏采精种公牛头数表示,肉牛、奶牛(兼用牛)种牛场建设规模以存栏基础母牛头数表示,种牛场建设规模及种群结构可参考表1执行。

表 1 种牛场建设规模及牛群结构

单位为头

名称	类型	规 模			
种公牛站	采精种公牛	30～50	50～100	100～150	＞150
	后备公牛	6～10	10～20	20～30	＞30
肉牛种牛场	基础母牛	100～200	200～400	400～800	＞800
	后备母牛	29～58	58～116	116～233	＞233
	育成牛	30～62	62～124	124～247	＞247
	犊牛	21～44	44～87	87～175	＞175
奶牛(兼用牛)种牛场	基础母牛	200～400	400～800	800～1 200	＞1 200
	后备母牛	43～87	87～173	173～260	＞260
	育成牛	50～100	100～200	200～300	＞300
	犊牛	40～80	80～160	160～240	＞240

4.2 种牛场建设项目构成

种牛场建设项目包括主要生产设施、辅助生产设施、公用配套设施、管理及生活设施以及无害化处理设施,建设内容见表2。具体工程可根据工艺设计、饲养规模及实际需要建设。

表 2　种牛场建设项目构成

建设项目	主要生产设施	辅助生产设施	公用配套设施	管理及生活设施	无害化处理设施
种公牛站	种公牛舍、后备公牛舍、采精厅、冻精制作间、冻精储存库、液氮生产(或储存)车间、种牛强制运动场	车辆消毒池、更衣消毒室、兽医室、质检与化验室、档案资料室、种牛隔离舍、病牛舍	场区道路、给水、排水、供电、供热、通信工程设施	办公用房、生活用房、围墙、大门、值班室、场区洗手间、储水设施	病死牛无害化处理设施及粪便污水处理场等
肉牛、奶牛(兼用牛)种牛场	种母牛舍、后备母牛舍、分娩牛舍、犊牛舍、种牛运动场、人工授精室、胚胎移植室、挤奶厅及奶品处理间*	装(卸)牛台、地中衡、荫棚、青贮池(窖、塔)、饲料库、干草棚以及饲料加工间			
* 为奶牛(兼用牛)种牛场特有。					

5 选址与建设条件

5.1　场址选择应符合国家相关法律、法规、当地土地利用规划和村镇建设规划。

5.2　场址选择应满足建设工程需要的水文地质和工程地质条件。

5.3　场址应选择在地势高燥、背风、向阳、交通便利、供电方便的地区,附近应有充足的青、粗饲料供应地。

5.4　场址选择应符合动物防疫条件,距离居民区和主要交通要道1 000 m以上;距离偶蹄动物养殖场、动物隔离场所、无害化处理场所、动物屠宰加工场所、动物和动物产品集贸市场、动物诊疗场所3 000 m以上;距离其他畜牧场1 000 m以上。

5.5　场址应根据当地常年主导风向,位于居民区及公共建筑群的下风向处或侧风向处。

5.6　场址应有满足生产条件的水源,水质应符合NY 5027的要求。

6 工艺与设备

6.1 饲养工艺

6.1.1　种牛场宜采用人工授精技术、全混日粮饲喂技术、阶段饲养和分群饲养工艺。

6.1.2　种公牛宜采用单栏舍饲;种母牛宜采用分阶段、分群饲养。

6.1.3　种牛场宜采用饲料搅拌设备,制作全混日粮。

6.1.4　种牛场宜采用集中式给水,应优先采用自动饮水器。

6.1.5　种牛场宜采用干清粪工艺。

6.2 主要设备

6.2.1 饲养设备

颈枷、食槽、饮水槽(器)、卧床等饲养设施。

6.2.2 饲料加工设备

包括铡草机、饲草揉切机、青贮切碎机、粉碎机、饲料混合机、饲料膨化机、制粒机、饲料计量搅拌机和计量秤、TMR饲料运输搅拌车等设备。

6.2.3 输精及胚胎移植设备

人工授精器械、采胚及输胚设备、胚胎冷冻设备、显微镜及显微操作系统等。

6.2.4 采精及冷冻精液生产设备

采精架、牛假阴道外套及内胆、细管冷冻精液自动灌装密封打印设备、冷冻精液储存器、液氮机、液氮生物容器等。

6.2.5 挤奶与运输设备

挤奶设施、储奶罐、鲜奶冷藏运输车等。

6.2.6 实验室分析设备

包括饲料分析检测、牛冷冻精液质量检验理化分析、牛乳成分分析仪以及牛乳中体细胞、细菌、残留物质检测设备、超声波活体测膘仪、牛肉嫩度测定仪等设备。

6.2.7 疫病防治设备

包括高压灭菌器、显微镜、离心机、解剖器具、超净工作台、疫苗冷藏等卫生检验设备。

6.2.8 无害化处理设备

清粪车及手推车、污粪处理系统及焚尸炉等。

7 场区规划布局

7.1 种牛场分区

7.1.1 生活管理区

应位于场区全年主导风向的上风向或侧风向和地势较高地段,并与生产区保持至少100 m的距离。

7.1.2 辅助生产区

应与生活管理区并列或在生活管理区与生产区之间。

7.1.3 生产区

7.1.3.1 应用围墙或隔离绿化带与其他区分开。

7.1.3.2 生产建筑与其他建筑间距应大于50 m;生产区入口应设置消毒设施。

7.1.3.3 牛舍朝向应兼顾通风和采光。一般应以其长轴南向,或南偏东或偏西40°角为宜。每相邻两栋长轴平行的牛舍间距,无舍外运动场时,两平行侧墙的间距控制在12.0 m～15.0 m;有舍外运动场时,相邻运动场栏杆的间距控制在5.0 m～8.0 m。左右相邻两栋牛舍的端墙距离以不小于15 m为宜。

7.1.3.4 由上风向到下风向各类牛舍的排列顺序为种母牛舍、分娩牛舍、犊牛舍、后备牛舍、育成牛舍和隔离舍。

7.1.3.5 运动场应设在牛舍两侧或南侧,且四周设有排水沟。

7.1.4 粪污处理及隔离区

7.1.4.1 应设在场区全年主导风向的下风向处和场区地势最低处,且用围墙或绿化带与其他区分开,与生产区至少保持300 m的卫生间距。

7.1.4.2 粪污处理及隔离区与生产区应通过污道连接。

7.1.5 道路与绿化

7.1.5.1 场区绿化覆盖率应不低于30%,选择的花草树木应适合当地生产,且对人畜无害。

7.1.5.2 种牛场与外界应有专用道路相连,场内道路应分为净道和污道,两者应避免交叉与混用。

7.1.5.3 与场外连接的主干道宽度宜为4.5 m～6 m;通往畜舍、饲料库、草棚等运输支干道宽度宜为3 m～4 m。

8 建筑与结构

8.1 种牛舍为单层建筑,根据牛场所在区域气候特点,牛舍可采用开敞式、半开敞式或有窗式建筑。

8.2 牛舍结构可采用砖混结构、轻钢结构或砖木结构;草棚和荫棚宜采用轻钢结构。

8.3 牛舍檐口高度宜大于3.0 m;舍内地面标高应高于舍外运动场地坪0.2 m～0.5 m,并与场区标高相协调。

8.4 牛舍墙体应保温隔热,内墙面应平整光滑,便于清洗消毒。

8.5 牛舍地面可采用实体地面或漏缝地板;实体地面应坚实、防滑、耐腐蚀、便于清扫,坡度控制在2%～5%。

8.6 牛舍抗震设防类别宜为适度设防类(简称丁类),其他建筑的抗震设防类别应按 GB 50223 的规定执行。

8.7 牛舍结构设计使用年限25年,结构安全等级为二级,其他建筑应按 GB 50068 的规定执行。

8.8 种牛场建筑执行以下耐火等级及防火间距:

    a) 变电所和发电机房的耐火等级不低于二级,其余建筑物的耐火等级不低于三级;

    b) 生产建筑与周边建筑的防火间距可按 GB 50016 戊类厂房的相关规定执行。

8.9 各类牛舍所需建筑面积可参考表3的规定执行;根据工艺设计,确需运动场的牛场,可按照每类牛舍面积的1.5倍～2倍执行。

表3 各类牛舍所需建筑面积

单位为平方米每头

类　　别	建筑面积
种公牛	15.0～20.0
后备公牛	8.0～10.0
种母牛	10.0～12.0
后备母牛	7.0～8.0
育成母牛	5.0～7.0
犊牛	2.5～3.0

9 配套工程

9.1 给水和排水

9.1.1 种牛场用水水质应符合 NY 5027 的规定。

9.1.2 管理及生活建筑的给水、排水按工业与民用建筑的有关规定执行。

9.1.3 场区排水应雨污分流;雨水应采用明沟排放,污水应采用暗沟管道排入污水处理设施。

9.2 环境控制

9.2.1 牛舍应因地制宜设置夏季降温和冬季供暖或保温措施。种牛舍夏季高温时,舍内温度应不高于35℃;冬季应保持在5℃以上,分娩牛舍、断奶犊牛舍内最低温度应不低于10℃。种牛舍空气相对湿度应控制在40%～80%。

9.2.2 牛舍可采用自然通风或机械通风。

9.3 供电

9.3.1 种牛场电力负荷等级为二级。种牛场应设变电室,并根据当地供电情况设置自备发电机组。

9.3.2 牛舍应以自然采光为主、人工照明为辅,光源应采用节能灯,供电系统设计应符合 GB 50052 的规定。

9.4 消防

9.4.1 种牛场应采用经济合理、安全可靠的消防设施,应符合 GB 50039 的规定。

9.4.2 各牛舍的防火间距应大于12 m,草垛与牛舍及其他建筑物的间距应大于30 m,且设在下风向;草棚及饲料加工间20 m 以内应分别设置消火栓、专用消防泵与消防水池及相应的消防设施。

10 粪污无害化处理

10.1 种牛场的粪污处理设施应与生产设施同步设计、同时施工、同时投产使用,其处理能力和处理效率应与生产规模相匹配。

10.2 种牛场粪污处理宜采用固液分离。固态粪便宜采用堆肥发酵方式进行无害化处理,处理结果应符合 NY/T 1168 的要求。

10.3 经无害化处理后,排放的污水应符合 GB 18596 的要求。

11 防疫设施

11.1 种牛场建设应符合《中华人民共和国动物防疫法》和中华人民共和国农业部令 2010 年第 7 号的规定。

11.2 种牛场四周应建围墙,并有绿化隔离带;场区大门及各区域入口处应设置消毒设施。

11.3 种牛场隔离区应设有隔离舍、兽医检验设备、病死牛无害化处理设施;非传染性病死牛尸体、胎盘、死胎等处理与处置应符合 HJ/T 81 的要求;传染性病死牛尸体及器官组织等处理应符合 GB 16548 的规定。

12 主要技术经济指标

12.1 种牛场建设总投资及分项工程建设投资可参考表 4 的规定执行。

表 4 种牛场工程投资估算及分项目投资比例

规模 头		总投资 万元	建筑工程 %	设备及安装 %	其他 %	基本预备费 %
种公牛站	存栏采精种公牛 30 头	380～460	49.6～51.7	38.1～36.0	7.5	4.8
	存栏采精种公牛 50 头	575～680	53.7～56.3	34.0～31.4	7.5	4.8
	存栏采精种公牛 100 头	1 045～1 230	55.4～58.7	32.3～29.0	7.5	4.8
	存栏采精种公牛 150 头	1 500～1 750	56.5～60.9	31.2～26.8	7.5	4.8
肉牛种牛场	存栏基础母牛 100 头	310～400	69.0～70.8	18.7～16.9	7.5	4.8
	存栏基础母牛 200 头	615～770	73.8～75.6	13.9～12.1	7.5	4.8
	存栏基础母牛 400 头	1 060～1 310	74.6～76.0	13.1～11.7	7.5	4.8
	存栏基础母牛 800 头	1 900～2 340	74.6～76.5	13.1～11.2	7.5	4.8
奶牛(兼用牛)种牛场	存栏基础母牛 200 头	745～915	66.4～67.5	21.3～20.2	7.5	4.8
	存栏基础母牛 400 头	1 190～1 465	68.6～71.0	19.1～16.7	7.5	4.8
	存栏基础母牛 800 头	2 120～2 615	69.2～72.1	18.5～15.6	7.5	4.8
	存栏基础母牛 1 200 头	3 085～3 740	70.7～72.9	17.0～14.8	7.5	4.8
注:表中总投资下限为开敞式牛舍,上限为有窗式牛舍。						

12.2 种牛场占地面积及建筑面积指标可参考表 5 的规定执行。

表 5 种牛场各类设施建筑面积表

名称	规模 头	占地面积 hm²	总建筑面积 m²	生产建筑面积 m²	其他建筑面积 m²
种公牛站	30～50	0.75～1.25	2 480～4 030	1 880～3 030	600～1 000
	50～100	1.25～2.50	4 030～7 790	3 030～5 790	1 000～2 000
	100～150	2.50～3.75	7 790～11 550	5 790～8 550	2 000～3 000
肉牛种牛场	100～200	1.50～3.00	3 580～6 410	2 780～5 210	800～1 200
	200～400	3.00～6.00	6 410～11 810	5 210～10 210	1 200～1 600
	400～800	6.00～22.00	11 810～22 380	10 210～19 980	1 600～2 400
奶牛(兼用牛)种牛场	200～400	3.60～7.20	6 600～12 070	5 400～10 470	1 200～1 600
	400～800	7.20～14.00	12 070～22 860	10 470～20 460	1 600～2 400
	800～1 200	14.00～21.00	22 860～34 120	20 460～30 520	2 400～3 600

12.3 种牛场主要生产消耗定额平均至每头种公(母)牛,每年消耗指标可参考表 6 的规定执行。

表 6　种牛场主要生产消耗指标

种类	用水量 m³	用电量 kW·h	精饲料用量 kg	青贮饲料用量 kg	干草用量 kg
种公牛	50～100	90～100	1 100～2 300	2 000～5 000	1 500～2 500
种母牛	60～150	80～110	1 000～1 800	3 000～5 000	1 800～3 000

12.4　种牛场劳动定员可参考表 7 的规定执行。具体可根据牛场工艺设计、饲养规模、机械化程度和管理水平适度调整劳动定额。

表 7　种牛场劳动定员指标

类别及规模 头	种公牛站			肉用种牛场			奶牛(兼用牛)种牛场		
	30～50	50～100	100～150	100～200	200～400	400～800	200～400	400～800	800～1 200
劳动定员 人	15～20	20～30	30～40	10～15	15～25	25～35	15～25	25～40	40～50

ICS 65.020.30
B 40

中华人民共和国农业行业标准

NY/T 2968—2016
代替 NYJ/T 03—2005

种猪场建设标准

Construction criterion for breeding pig farm

2016-10-26 发布

2017-04-01 实施

中华人民共和国农业部 发布

NY/T 2968—2016

目　次

前　言

　　本建设标准根据农业部《关于下达 2013 年农业行业标准制定和修订(农产品质量安全和监管)项目资金的通知》(农财发〔2013〕91 号)下达的任务,按照《农业工程项目建设标准编制规范》(NY/T 2081—2011)的要求,结合农业行业工程建设发展的需要而编制。

　　本建设标准是对 NYJ/T 03—2005《种猪场建设标准》的修订。

　　本建设标准共分 12 章:总则、规范性引用文件、术语和定义、建设规模与项目构成、场址与建设条件、工艺与设备、建设用地与规划布局、建筑工程及附属设施、防疫隔离设施、无害化处理、节能节水与环境保护和主要技术及经济指标。

　　本建设标准与 NYJ/T 03—2005 相比,主要技术变化如下:

　　——修改了规范性引用文件章节,将已废除的引用标准修改为现行标准;

　　——修改了术语和定义章节,新增 1 个术语;

　　——修改了建设规模与项目构成章节,重新划分建设规模,新增建设内容表;

　　——修改了选址与建设条件章节中关于选址防疫距离的相关内容;

　　——修改了工艺与设备章节,调整饲养工艺内容,新增设备选用范围表;

　　——新增了原建筑与建设用地章节中占地及建筑面积表;

　　——新增了无害化处理章节;

　　——将原标准中建筑与建设用地章节中建构与结构内容和配套工程章节合并;

　　——修改了饲养密度指标表,修改了饲料加工配套生产能力表;

　　——修改了环境保护章节中日污水量估算指标表;

　　——合并了劳动定员和主要技术经济指标 2 章节;

　　——修改了劳动定员表、投资估算指标表,删除了建设工期表和建筑材料消耗控制表,修改了生产消耗指标表。

　　本建设标准由农业部发展计划司负责管理,农业部规划设计研究院负责具体技术内容的解释。在标准执行过程中如发现有需要修改和补充之处,请将意见和有关资料寄送农业部工程建设服务中心(地址:北京市海淀区学院南路 59 号,邮政编码:100081),以供修订时参考。

　　本标准管理部门:农业部发展计划司。

　　本标准主持单位:农业部工程建设服务中心。

　　本标准起草单位:农业部规划设计研究院。

　　本标准主要起草人:耿如林、穆钰、张庆东、曹楠、陈林、邹永杰、张秋生。

　　本标准的历次版本发布情况为:

　　——NYJ/T 03—2005。

NY/T 2968—2016

种猪场建设标准

1 总则

1.1 为加强对种猪场工程项目决策和建设的科学管理,规范种猪场建设,合理确定建设水平,特制定本标准。

1.2 本标准是编制、评估和审批种猪场工程项目可行性研究报告的重要依据,也是有关部门审查工程项目初步设计和监督、检查项目建设过程的尺度。

1.3 本标准适用于种猪场新建工程,改(扩)建工程可参照执行。本建设标准不适用于无特定病原体(SPF)猪场。

1.4 种猪场建设应遵循下列基本原则:

    a) 遵守国家相关法律、法令;

    b) 贯彻执行节能、节水、节约用地和环境保护等相关政策法规;

    c) 符合国家和地区畜牧业的发展规划;

    d) 增加动物福利,提高设备自动化程度。

1.5 种猪场建设除执行本标准外,尚应符合国家现行的有关强制性标准、定额或指标的规定。

2 规范性引用文件

下列文件对于本文件的应用是必不可少的。凡是注日期的引用文件,仅注日期的版本适用于本文件。凡是不注日期的引用文件,其最新版本(包括所有的修改单)适用于本文件。

GB/T 17824.1 规模猪场建设

GB/T 17824.3 规模猪场环境参数及环境管理

GB 18596 畜禽养殖业污染物排放标准

GB 50016 建筑设计防火规范

GB 50068 建筑结构可靠度设计统一标准

GB 50223 建筑工程抗震设防分类标准

NY/T 1168 畜禽粪便无害化处理技术规范

NY/T 2077 种公猪站建设技术规范

NY 5027 无公害食品 畜禽饮用水水质

3 术语和定义

下列术语和定义适用于本文件。

3.1

种猪场 breeding pig farm

从事猪的品种培育、选育、资源保护和生产经营种猪及其遗传材料,并取得畜牧行政主管部门颁发的种畜禽生产经营许可证的养猪场。

3.2

测定猪舍 performance testing house

专门用于测定猪的品种特性和生产性能的猪舍。

3.3

78

种猪待售舍 house for breeding pig selling

专门用于饲养待出售种猪的场所,除具备猪舍正常饲养管理功能外,还有供猪群进出的专用通道和方便购猪者直观选猪的防疫隔离设施。

3.4

舍饲散养 loose housing breeding

种猪采用分阶段分群饲养,定点自动饲喂、饮水,舍内自由活动,自动发情鉴定的饲养工艺。

3.5

多点布局 multi-site layout of pig farm

从工程措施入手提高猪群防疫水平的一种猪场布局生产系统,即将种猪繁育舍(配种、妊娠、分娩猪舍)与断奶仔猪舍、后备种猪培育舍分别安排在 2 个或 3 个场点饲养,各场点之间应保持足够的卫生防疫间距,由这 2 个或 3 个场点共同完成种猪生产的全过程。

3.6

连栋猪舍 multi-span piggery

两跨及两跨以上,通过分隔墙连接,每栋相互独立的单元式猪舍。

4 建设规模与项目构成

4.1 种猪场的建设规模,以饲养基础母猪数量表示。种猪场的猪群结构应参考表 1 的规定。规模较大种猪场宜建设种公猪站,建设标准应符合 NY/T 2077 的规定。

表 1 种猪场建设规模

单位为头

猪群类别	300 头规模	600 头规模	1 200 头规模	2 400 头规模	4 800 头规模
种公猪	12～15	24～30	48～60	100～120	200～240
后备公猪	3～4	6～8	12～15	25～30	50～60
后备母猪	36～45	72～90	145～180	288～360	575～720
空怀妊娠母猪	248～252	498～504	996～1 008	1 992～2 016	3 984～4 032
哺乳母猪	48～52	96～102	192～204	384～408	768～816
哺乳仔猪	480～540	960～1 060	1 920～2 120	3 840～4 230	7 680～8 470
保育猪	670～690	1 300～1 400	2 650～2 750	5 400～5 500	10 800～10 900
生长育成猪	700～750	1 450～1 500	2 900～3 000	5 900～6 000	11 800～12 000
生长育肥猪	800～850	1 650～1 700	3 350～3 400	6 700～6 800	13 400～13 500
合计	3 000～3 200	6 050～6 400	12 200～12 700	24 650～25 400	49 300～57 700

4.2 种猪场建设项目包括生产设施、辅助生产设施、公用配套设施及生活管理设施,建设内容可参考表2。具体工程应根据工艺设计、饲养规模及实际需要建设。

表 2 种猪场建设内容

	生产设施	辅助生产设施	公用配套设施	生活管理设施
建设内容	种公猪舍(含采精间、精液处理间)、配种舍、妊娠舍、分娩哺乳舍(含母猪洗淋间)、保育舍、测定舍、生长育成舍、种猪待售舍或销售展示间、隔离猪舍和装猪台等	饲料(加工)间、淋浴消毒室、兽医化验室、车辆消毒池、病死猪处理设施及粪便污水处理场等	水泵房、锅炉房、变配电室及发电机房、地磅房、车库、机修车间、蓄水构筑物、场区厕所、场区工程等	办公室、档案资料室、监控参观室、宿舍、食堂、门卫等

5 场址与建设条件

5.1 场址选择必须符合国家和地方畜牧主管部门制定的生猪产业规划布局要求;符合当地土地利用发

展规划和城乡建设发展规划的要求。

5.2 场址应选择在交通便利、水源充足、电源可靠的地区,并具备就地处理或消纳排出粪污的条件。水质应符合 NY 5027 的规定。

5.3 场址应选择在地势高燥、平坦处。在丘陵山地建场时,应尽量选择阳坡,坡度不宜超过 20°。

5.4 场址应具备满足工程建设需求的水文地质和工程地质条件。

5.5 根据当地常年主导风向,场址应设于居民区及公共建筑群的下风向处。

5.6 场址距离水源地、养殖场(小区)、主要交通干线 1 000 m 以上;距离动物隔离场、无害化处理场、屠宰加工场、集贸市场、动物诊疗场所 3 000 m 以上。

5.7 以下地段或地区不得建场:

    a) 生活饮用水的水源保护区、风景名胜区,以及自然保护区的核心区和缓冲区;

    b) 城镇居民区、文化教育科学研究区等人口集中区域;

    c) 受洪水或山洪威胁及泥石流、滑坡等自然灾害多发地带;

    d) 法律、法规规定的其他禁养区域。

6 工艺与设备

6.1 种猪场应采用四阶段饲养工艺或五阶段饲养工艺。各饲养阶段宜实行全进全出制,分群饲养,全年均衡生产。猪舍外设储料塔,机械上料,自动下料,环境自动控制,自动饮水,自动清粪。有条件的种猪场宜采用机械刮粪工艺。

6.1.1 种公猪应单独建舍、单栏饲养,可设室外运动场。后备公猪可单栏或小群饲养。

6.1.2 空怀、妊娠后期、后备母猪宜小群舍饲或大群舍饲散养,有条件宜采用智能化母猪管理系统,精确喂料,发情监测,自动分群,智能管理。妊娠前期母猪小群或限位栏饲养。

6.1.3 分娩母猪宜高床网上单体限位饲养。断奶仔猪、育成猪宜小群饲养或大群舍饲散养。

6.2 有条件的大型种猪场可采取多点布局,基础母猪、断奶仔猪、生长育成猪分别布点饲养。各饲养点之间宜保持 500 m 以上的防疫间距。

6.3 种猪场设备应与饲养规模和工艺配套,主要包括饲养、环境控制、实验室、性能测定等设备。设备选用范围参照表 3 的规定。

表 3 设备选用范围

分类	设备选用
饲养设备	猪栏、食槽、饮水器和漏粪地板等(规格型号、参数等应符合 GB/T 17824.1 的规定);如采用智能化母猪管理系统,还包括自动饲喂站、自动分隔器、发情诊断器和分隔栏等
机械供料设备	舍外储料塔、饲料输送系统、下料系统等
环境控制设备	哺乳仔猪用的保育箱、电热板、红外线灯、集中供暖锅炉、散热器、热风采暖系统等供暖设备;轴流风机、风扇等通风设备;湿帘风机系统、滴水降温系统、喷雾降温系统等降温设备
实验室设备	人工授精、兽医化验、营养分析、环境监测等
育种设备	超声波诊断仪、测膘仪、电子体重秤、全自动种猪生产性能测定系统等
其他设备	饲料加工设备、供水设备、清粪设备、清洗消毒设备、粪污处理设备、病死猪处理设备等

7 建设用地与规划布局

7.1 种猪场场区总体布局应按使用功能要求,划分为生活管理区、生产区、辅助生产区和隔离区。应分区布置,各功能区之间应严格防疫。

    a) 生活管理区和辅助生产区应选择在生产区常年主导风向的上风向或侧风向及地势较高处,保持 30 m~50 m 距离;隔离区应布置在生产区常年主导风向的下风或侧风方向及全场地势最低处,间距宜为 50 m～100 m。

　　b) 隔离区包括兽医室、隔离猪舍、病死猪处理设施及粪便污水处理场等。隔离区内的粪污处理场应布置在距生产区最远处,并与兽医室、隔离猪舍保持防疫间距。

7.2　场内道路宜为混凝土路面,净道与污道应严格分开,不得交叉。净道路面:主干道宽 4 m～5 m,支干道宽 3 m～3.5 m。场区内道路纵坡一般控制在 2.5% 以内。

7.3　猪舍朝向和间距应满足日照、通风、防火和排污的要求。一般猪舍长轴的朝向以南向或南偏东(西)30°以内为宜;相邻两猪舍纵墙间距应在 9 m～12 m,端墙间距应在 6 m～10 m,端墙距围墙间距应大于 10 m。

7.4　种猪场绿化覆盖率应不低于 30%。场区绿化应与种猪场建设同步进行。

7.5　种猪场的占地面积、建筑面积指标应参考表 4 的规定。

表4　种猪场占地及建筑面积

基础母猪存栏量,头	生产建筑面积 m²	辅助生产建筑面积 m²	公用配套建筑面积 m²	生活管理建筑面积 m²	总建筑面积 m²	占地指标面积 m²
300	3 800～4 000	800～900	100～150	200～250	4 900～5 300	25 000～28 000
600	7 500～7 800	1 300～1 500	150～200	300～350	9 300～9 800	46 000～50 000
1 200	14 500～15 000	1 800～2 100	200～300	500～600	17 000～18 000	86 000～90 000
2 400	28 000～30 000	3 200～3 600	300～400	800～1 000	32 300～35 000	180 000～190 000
4 800	55 000～58 000	5000～6 000	500～600	1 000～1 500	61 500～66 000	350 000～370 000

8　建筑工程及附属设施

8.1　猪舍宜采用半开敞式或有窗式建筑;屋顶宜采用单坡式或双坡式;舍内猪栏配置宜采用单列式、双列式或多列式,分娩哺乳猪舍和保育猪舍应采用单元式猪舍。

8.2　规模较大、建设用地较紧张的地区,相同饲养阶段种猪建筑宜采用连栋猪舍。

8.3　猪舍内净高宜为 2.4 m～2.7 m。自然通风的猪舍跨度宜小于 9 m,机械通风的猪舍跨度宜为 12 m～15 m,不宜大于 18 m。

8.4　各类猪群的饲养密度,应参考表 5 的规定。

表5　各类猪群的饲养密度指标

猪群类别	每栏饲养头数,头	每头猪占栏面积,m²
种公猪	1	7.5～9.0
后备公猪	1～2	4.0～5.0
空怀母猪、妊娠母猪	1	1.3～1.5
	3～5	2.0～2.5
后备母猪	4～6	1.5～2.0
大群饲养/舍饲散养母猪	50～300	2.5～3.0
哺乳母猪	1窝	3.8～5.0
断奶仔猪	8～20	0.3～0.4
生长育成猪	8～20	0.5～0.7
测定后备猪	12～15	1.8～2.2

8.5　种猪场建筑的耐火等级按照 GB 50016 的规定设计:

　　a) 生产、辅助生产、公用配套、管理及生活建筑耐火等级为三级;

　　b) 变电所和发电机房耐火等级为二级;

　　c) 生产建筑与周边建筑的防火间距应按 GB 50016 的相关规定执行。

8.6　种猪场各类建筑的结构选型可采用轻钢结构或砖混结构。

8.7 种猪场生产建筑的抗震设防类别应为适度设防类(简称丁类),其他建筑的抗震设防类别应按 GB 50223 的规定设计。

8.8 种猪生产建筑的结构设计使用年限为 25 年,结构的安全等级为二级。其他建筑应按 GB 50068 的规定设计。

8.9 种猪场宜采用无塔恒压给水装置供水,或选用水塔、蓄水池、压力罐供水。

8.10 猪舍应因地制宜设置夏季降温、冬季集中供暖或局部供暖设施。

8.11 基础母猪存栏量 1 200 头以上的种猪场电力负荷等级应为二级。当地不能保证二级供电要求时,应设置自备发电机组。其他类型的种猪场电力负荷等级应为三级。

8.12 种猪场内运输道路应硬化路面,分设净道和污道。场内运输车辆专车专用,不应交叉,不应驶出场外作业。场外车辆一般禁止进入生产区,饲料运输车进入生产区应严格消毒。

8.13 种猪场应配置信息交流、通信联络设备。

8.14 自行加工配合饲料的种猪场其生产能力应参考表 6 的指标,并应配备主料库、副料库、成品库等建筑设施。

表6 饲料加工生产能力

基础母猪存栏量,头	300	600	1 200	1 800	2 400
生产能力,t/h	1.5～4.5	2.5～4.5	4.0～6.0	5.0～7.0	5.5～7.5

9 防疫隔离设施

9.1 种猪场四周应建围墙,并设绿化隔离带。大门入口处应设车辆强制消毒设施。

9.2 生活管理区、生产区、隔离区之间的防疫距离宜大于 30 m,并设围墙或绿化带隔离。在生产区入口处应设人员更衣淋浴消毒室,在猪舍入口处应设鞋靴消毒池或消毒盆。

9.3 在生产区边缘地带设种猪待售舍或展示间及装猪台。种猪待售舍或销售展示间的入口端与猪舍相通,出口端与装猪台的入口端相通。装猪台的出口与生产区外界相通,种猪只能经过待售舍或展示间,从装猪台装车外运。

9.4 饲料库应设在生产区与辅助生产区相邻处。饲料库应分别设置通向生产区外的卸料门和通向生产区内的取料门。取料门与净道相连,场外饲料运输车不可直接进入生产区。当采用散装饲料车供料时,必须经车辆消毒系统严格消毒后方可进入。

9.5 应在猪场外围、猪舍周边设置病媒生物防阻设施,如防鸟网、防鼠沟和纱窗等。猪场内有预防鼠害、鸟害等设施。

10 无害化处理

10.1 粪污处理设施应与生产设施同步设计、同时施工、同时投产使用,其处理能力和处理效率应与生产规模相匹配。

10.2 种猪场应建设病死猪无害化处理设施,其处理能力和处理效率应与生产规模相匹配。无害化处理方式可采用掩埋、焚烧、化制和发酵工艺。建设规模较大的种猪场宜采用焚烧工艺。

11 节能节水与环境保护

11.1 猪舍外墙、屋顶、外窗宜选用节能、保温性能好的材料,以减小猪舍外围护结构的传热系数。新建种猪场应充分利用太阳能和地热能,降低猪场建筑物能耗,减少二氧化碳排放量。

11.2 新建种猪场宜采用机械清粪技术。猪场雨污分离、中水循环利用、使用防漏水设备等措施有利于节约用水。

11.3 新建种猪场应按照国家有关规定进行环境评估,并应获得环保部门批准,确保猪场与周围环境相互无污染。

11.4 种猪场污水应采用生物降解法处理为主的工艺技术,处理后应尽量资源化利用;也可采用分级沉淀等其他方式处理。排放污水达到当地环保要求的水质标准后,方可排出场外。

11.5 固体粪便宜采用堆肥处理,粪便处理应符合 NY/T 1168 的要求。

11.6 种猪场各类猪只日排粪、尿量按表 7 进行估算。

表 7 种猪场粪尿排污量估算指标

群别	每头日排泄量,kg		
	粪	尿	合计
种公猪及后备公猪	2.0~3.0	4.0~7.0	6.0~10.0
空怀及妊娠母猪	2.0~2.5	4.0~7.0	6.0~9.5
哺乳母猪	2.5~4.5	4.0~7.0	6.5~11.5
后备母猪	2.1~2.8	3.0~6.0	5.1~8.8
断奶仔猪	0.5~1.0	1.0~2.0	1.5~2.5
生长育成猪	1.0~2.0	2.0~3.0	2.5~3.5

11.7 采用干清粪工艺的种猪场日污水排放量指标可参考表 8 的规定。

表 8 种猪场日污水量估算指标

基础母猪存栏量,头	300	600	1 200	2 400	4 800
污水排放量,t/d	30~45	60~90	120~190	250~380	500~750

11.8 猪场各功能区均应做好绿化。场区绿化应根据需要布置防风林、行道树和隔离带,较大面积的地块宜种植牧草、饲料等。

12 主要技术及经济指标

12.1 种猪场建设总投资和分项工程建设投资应参考表 9 的规定。

表 9 种猪场建设投资控制额度表

项目名称	基础母猪存栏量,头				
	300	600	1 200	2 400	4 800
总投资指标,万元	680~740	1 250~1 360	2 230~2 400	4 150~4 400	7 700~8 000
生产设施,万元	490~520	950~1 000	1 750~1 850	3 300~3 480	6 200~6 400
辅助生产设施,万元	80~90	120~150	160~180	250~280	450~500
公用配套设施,万元	70~80	110~130	220~250	400~420	750~800
生活管理设施,万元	40~50	70~80	100~120	200~220	300~350

12.2 种猪场劳动定员应参考表 10 的规定。生产人员应进行上岗培训。

表 10 种猪场劳动定员

基础母猪存栏量,头	劳动定员,人		劳动生产率,头/人
	合计	其中,管理、技术人员	
300	10~12	3~5	25~30
600	18~20	5~7	30~33
1 200	33~35	7~8	34~36
2 400	60~64	8~10	40~42
4 800	110~115	8~10	42~45

12.3 种猪场建设工期根据建筑工程的工期、进口或国产物资设备的购置安装工期确定。在保证施工质量的前提下,应力求缩短工期,一次建成投产。不同规模种猪场建设工期应参考表 11 的规定。

表 11　种猪场建设工期表

项目名称	基础母猪存栏量,头				
	300	600	1 200	2 400	4 800
工期,月	4～6	6～8	8～12	12～18	18～24

12.4 种猪场生产消耗定额平均至每头基础母猪,每年消耗指标应参考表 12 的规定。

表 12　种猪场生产消耗指标

项目名称	消耗指标
占地面积,m²/头基础母猪	70～90
建筑面积,m²/头基础母猪	13～17
投资额,万元/头基础母猪	1.6～2.4
年用水量,m³/头基础母猪	55～65
年用电量,kW·h/头基础母猪	120～250
年用饲料量,t/头基础母猪	5.0～6.0

ICS 65.040.01
P 35

中华人民共和国农业行业标准

NY/T 2969—2016
代替 NYJ/T 05—2005

集约化养鸡场建设标准

Construction criterion for intensive chicken farm

2016-10-26 发布　　　　　　　　　　　2017-04-01 实施

中华人民共和国农业部 发布

目　次

前　言

本建设标准根据农业部《关于下达 2013 年农业行业标准制定和修订(农产品质量安全和监管)项目资金的通知》(农财发〔2013〕91 号)下达的任务,按照《农业工程项目建设标准编制规范》(NY/T 2081—2011)的要求,结合农业行业工程建设发展的需要而编制。

本建设标准是对 NYJ/T 05—2005《集约化养鸡场建设标准》的修订。

本建设标准共分 12 章:总则、规范性引用文件、术语和定义、建设规模与项目构成、场址与建设条件、工艺与设备、建设用地与规划布局、建筑工程及附属设施、防疫隔离设施、无害化处理、节能节水与环境保护和主要技术经济指标。

本标准与 NYJ/T 05—2005 相比,除编辑性修改外,主要技术变化如下:

——修改了规范性引用文件章节,将已废除的引用标准修改为现行标准;

——修改了术语与定义章节,删除原章节中 10 个术语,新增 2 个术语;

——修改了建设规模与项目构成章节,重新划分建设规模,新增项目构成表;

——修改了选址与建设条件章节中关于选址防疫距离的相关内容;

——修改了工艺与设备章节,调整饲养工艺内容,修改设备选用范围表;

——修改了原建筑与建设用地章节中占地及建筑面积表;

——将原标准中建筑与建设用地章节中建构与结构内容和配套工程章节合并;

——新增了鸡舍建筑高度表,修改了饲料加工配套生产能力表;

——新增无害化处理章节;

——删除了环境保护章节中每日鸡日排泄量表;

——合并了劳动定员和主要技术经济指标 2 章节;

——修改了劳动定员表、投资估算指标表,删除了建筑材料消耗控制表,新增了生产消耗指标表。

本建设标准由农业部发展计划司负责管理,农业部规划设计研究院负责具体技术内容的解释。在标准执行过程中如发现有需要修改和补充之处,请将意见和有关资料寄送农业部工程建设服务中心(地址:北京市海淀区学院南路 59 号,邮政编码:100081),以供修订时参考。

本标准管理部门:中华人民共和国农业部发展计划司。

本标准主持单位:农业部工程建设服务中心。

本标准起草单位:农业部规划设计研究院。

本标准主要起草人:耿如林、穆钰、曹楠、张庆东、陈林、邹永杰、张秋生。

本标准的历次版本发布情况为:

——NYJ/T 05—2005。

集约化养鸡场建设标准

1 总则

1.1 为加强对集约化养鸡场工程项目决策和建设的科学管理,规范集约化养鸡场建设,合理确定建设水平,推动技术进步,全面提高投资效益,特制定本标准。

1.2 本标准是编制、评估和审批集约化养鸡场工程项目可行性研究报告的重要依据,也是有关部门审查工程项目初步设计和监督、检查项目整个建设过程的尺度。

1.3 本标准适用于集约化商品代肉鸡场和蛋鸡场新建工程,改(扩)建的工程可参照执行。

1.4 集约化养鸡场的建设应贯彻执行国家以经济建设为中心的各项方针,因地制宜,选用科学的生产工艺,做到技术先进、经济合理、安全适用。

1.5 鸡场建设应根据市场预测和良种繁育体系的要求确定其规模和工艺水平。

1.6 贯彻节能、节水、用地和环境保护等有关政策法规。

1.7 鸡场一般应一次建成,如需分期建设,先期工程应形成独立的生产能力,后续工程应不妨碍已建项目的正常生产和防疫。

1.8 集约化养鸡场建设除执行本建设标准外,尚应符合国家现行的有关强制性标准、定额或指标的规定。

2 规范性引用文件

下列文件对本文件的应用是必不可少的。凡是注日期的引用文件,仅注日期的版本适用于本文件。凡是不注日期的引用文件,其最新版本(包括所有的修改单)适用于本文件。

GB 18596　畜禽养殖业污染物排放标准

GB 50016　建筑设计防火规范

GB 50068　建筑结构可靠度设计统一标准

GB 50223　建筑工程抗震设防分类标准

NY/T 388　畜禽环境质量标准

NY 5027　无公害食品　畜禽饮用水水质

3 术语和定义

下列术语和定义适用于本文件。

3.1

集约化养鸡场　intensive chicken farm

在一定规模的场地内,投入较多的生产资料和劳动,采用先进的工艺、技术、设备,进行精细管理的养鸡场所。

3.2

阶段饲养　phase feeding

按照家禽的生长发育特点,将饲养周期按照日龄或生理时期划分为不同的生产阶段,提供相应的营养供给、环境条件的饲养方式。

3.3

全进全出制　all-in and all-out system

相同批次的鸡同时进场同时出同一鸡舍、小区或全场的管理制度。

3.4

阶梯式笼养 step-cage feeding

上下层鸡笼底网在垂直方向无重叠或部分重叠,鸡粪可以直接或经过承粪板落到粪沟里的笼养方式。阶梯式笼养根据上下层鸡笼网底交叉面积分为全阶梯和半阶梯2种。

3.5

叠层笼养 multi-tiers cage feeding

将家禽置于上下层完全重叠的笼中以提高单位面积养殖量的养殖方式。

4 建设规模与项目构成

4.1 集约化养鸡场的建设规模可按表1划分,其中蛋鸡场以产蛋鸡存栏数计算,肉鸡场以年商品肉鸡出栏数表示。

表 1 集约化养鸡场建设规模

单位为万只

类　别	饲养规模			
	小型	中型	大型	超大型
集约化蛋鸡场	5～20	20～50	50～100	100～300
集约化肉鸡场	30～60	60～120	120～240	240～420

4.2 集约化养鸡场建设内容项目构成,按功能要求,由生产设施、辅助生产设施、公用配套设施、生活管理设施等组成,建设内容可参考表2。工程可根据工艺设计、饲养规模及实际需要建设。

表 2 养鸡场项目构成

项目类别	生产设施	辅助生产设施	公用配套设施	生活管理设施
集约化蛋鸡场	育雏育成鸡舍、蛋鸡舍	饲料(加工)间、淋浴消毒室、兽医化验室、死鸡处理设施、暂存蛋库*、垫料库*、粪污处理设施等	水泵房、锅炉房、热风炉机房、变配电室及发电机房、地磅房、车库、机修车间、蓄水构筑物、场区厕所、场区工程等	办公用房、宿舍、食堂、门卫等
集约化肉鸡场	肉鸡舍			
* 为非必要性建筑设施,应根据工艺要求选择建设。				

5 场址与建设条件

5.1 场址应符合当地土地利用发展规划和城乡建设发展规划的要求。

5.2 场址应选择在交通方便的地区,充分利用当地已有的交通条件。

5.3 场址必须有满足生产需求的水源和电源,并便于产品销售及粪污就地消纳。

5.4 场址应在地势高燥、平坦处,不占或少占耕地。在丘陵山地建场时,应尽量选择阳坡,坡度不宜超过20°。

5.5 场址应具备工程建设要求的水文地质和工程地质条件。

5.6 集约化养鸡场距离水源地、养殖场(小区)、屠宰加工场、集贸市场、主要交通干线500 m以上;距离种畜禽场1 000 m以上;距离动物隔离场、无害化处理场3 000 m以上。

5.7 以下地段或地区不得建场:

    a) 生活饮用水的水源保护区、风景名胜区,以及自然保护区的核心区和缓冲区;

    b) 城镇居民区、文化教育科学研究区等人口集中区域;

c) 受洪水或山洪威胁及泥石流、滑坡等自然灾害多发地带；

d) 法律、法规规定的其他禁养区域。

6 工艺与设备

6.1 集约化养鸡场的工艺设计应遵守单栋舍、小区或全场的全进全出制。

6.2 集约化养鸡场目前宜采用的饲养工艺：

　　a) 蛋鸡场：宜采用二阶段或三阶段饲养方式。阶梯笼养或叠层笼养，机械供料，乳头式饮水器供水，人工或机械集蛋，刮板或传送带清粪。

　　b) 肉鸡场：

　　　　1) 白羽肉鸡场宜采用一阶段饲养工艺。地面垫料、网上平养或叠层笼养，机械供料，乳头式饮水器供水，地面垫料或网上平养每个生产周期清粪一次，笼养每日清粪。

　　　　2) 黄羽肉鸡场宜采用二阶段饲养工艺，地面平养、网上平养或阶梯笼养，人工上料或机械供料，饮水槽饮水或乳头式饮水器供水，地面或网上饲养每个生产周期清粪一次、笼养每日清粪。

6.3 集约化养鸡场的饲养设备，应根据所在地区的不同条件和饲养工艺的要求选用性能可靠的定型专用设备。选用范围可按表 3 的规定确定。

表 3　设备选用范围

项目	种类	饲养形式	设备选用范围
集约化蛋鸡场	育雏育成鸡舍	阶梯式笼养或叠层笼养	阶梯笼架、叠层笼架、饮水、喂料、保温、通风、降温、光照及光控、清粪、清洗消毒、通信及控制等设备
	蛋鸡舍	阶梯式笼养或叠层笼养	阶梯笼架、叠层笼架、饮水、喂料、集蛋、通风、降温、光照及光控、清粪、清洗消毒、通信及控制等设备
集约化肉鸡场	肉鸡舍	地面平养或网上平养	床面、喂料、饮水、供热、通风、降温、光照及光控、清洗消毒、通信及控制等设备
		叠层笼养	叠层笼架、喂料、饮水、清粪、供热、通风、降温、光照及光控、清洗消毒、通信及控制等设备

7 建设用地与规划布局

7.1 集约化养鸡场总体布局应严格按功能分区，即生活管理区、辅助生产区、生产区和隔离区。在进行总体布局时，应从人畜安全的角度出发，根据生产工艺流程，建立最佳生产联系和卫生防疫条件，合理安排各区位置。

　　a) 生活管理区应布置在全场上风向和地势较高地段，生产区应布置在生活管理区的下风向和较低处，保持 30 m～50 m 距离。鸡舍距场区围墙距离宜为 15 m～20 m，隔离区应布置在场区的下风向或侧风向，并位于低地势区，与生产区的间距宜大于 50 m。

　　b) 生产区内鸡舍的布局根据生产工艺流程布置。三阶段饲养的蛋鸡场宜按育雏舍、育成舍、产蛋鸡舍的顺序布置鸡舍。

7.2 集约化养鸡场鸡舍的朝向宜采取南北向方位，以南北向偏东或偏西 10°～30° 为宜。

7.3 在各类建筑物之间应保持一定的间距，以满足防火、防疫、排污和日照要求。各类鸡舍间距应符合表 4 的规定。

表4 鸡舍间距

单位为米

种 类	同类鸡舍		不同类鸡舍	
	有窗式	密闭式	有窗式	密闭式
育雏、育成鸡舍	15～20	10～15	30～40	20～30
蛋鸡舍	12～15	9～12	20～25	12～15
肉鸡舍	12～15	9～12	20～25	12～15
注:连栋鸡舍应以同类鸡群为连舍,无论几连体,按连体为一单位,鸡舍间距取表中上限。				

7.4 集约化养鸡场道路宜采用混凝土地面。主要干道宽4 m～6 m,一般道路宽宜为3 m。

7.5 场区净道与污道必须严格分开,避免交叉混用;通往各鸡舍的辅路与净道或污道呈梳状布置。

7.6 集约化养鸡场绿化应与养鸡场建设同步进行,绿化率不宜低于30%。养鸡场不宜种植乔木类高大植物。

7.7 各类集约化养鸡场的占地面积、建筑面积指标应符合表5的规定。其中,蛋鸡场和肉鸡场均以存栏鸡位数量计算。

表5 养鸡场占地及建筑面积

单位为万只每平方米

类别	饲养工艺	占地面积	总建筑面积	生产建筑面积	辅助生产建筑面积	公用配套建筑面积	生活管理建筑面积
集约化蛋鸡场	三层阶梯式笼养	4 000～4 200	1 000～1 100	800～850	150～200	20～30	45～50
	四层阶梯式笼养	2 500～3 000	900～1 050	750～800	100～150	8～15	20～30
	六层叠层养笼	2 000～2 800	350～400	220～280	80～130	8～15	18～25
	八层叠层养笼	1 400～2 500	250～350	200～250	20～30	5～10	10～20
集约化肉鸡场	地面/网上平养	2 500～3 000	900～1 000	850～900	55～75	10～25	15～30
	四层叠层养笼	750～1 000	300～400	250～300	55～75	10～25	10～15

8 建筑工程及附属设施

8.1 集约化养鸡场鸡舍建筑宜为有窗式或密闭式的单层建筑。

8.2 不同饲养工艺鸡舍内净高应符合表6的规定。

表6 鸡舍内净高限值表

单位为米

种类	饲养工艺	舍内净高
蛋鸡舍	三层阶梯式笼养	2.7～3.0
	四层阶梯式笼养	3.3～3.6
	六层叠层笼养	4.0～4.5
	八层叠层笼养	6.5～7.0
肉鸡舍	地面平养	2.4～2.7
	网上平养	2.7～3.0
	四层叠层笼养	3.3～3.6

8.3 养鸡场的耐火等级可按GB 50016的规定执行。

8.3.1 生产、辅助生产、公用配套、管理及生活建筑耐火等级为三级。

8.3.2 变配电室和发电机房耐火等级为二级。

8.4 集约化养鸡场各类建筑的结构可根据建场条件选用轻钢结构或砖混结构。

8.5 集约化养鸡场各类鸡舍建筑的抗震设防类别应为适度设防类(简称丁类),其他建筑的抗震设防类别按 GB 50223 的规定设计。

8.6 集约化养鸡生产设施的结构设计使用年限为 25 年,建筑结构的安全等级为二级。其他建筑应按 GB 50068 的规定设计。地基基础设计安全等级为丙级。

8.7 鸡舍环境应符合 NY/T 388 的要求。

8.8 集约化养鸡场应有可靠的供水水源和完善的供水设施,可采用无塔恒压供水或采用水塔、蓄水池和压力罐等设施供水。水质应符合 NY 5027 的规定。

8.9 场区生产及生活污水应采用暗管排放,雨水可采用明沟排放,两者不得混排。

8.10 集约化养鸡场应根据生产、辅助生产和生活管理建筑负荷统一考虑设置锅炉房,可不设备用锅炉。

8.11 育雏舍应有采暖设施,育成舍除工艺有特殊要求外,可不设采暖。

8.12 密闭鸡舍应设应急窗、机械通风设备及湿帘降温装置。

8.13 有窗式鸡舍应以自然通风方式为主,必要时辅以机械通风。

8.14 集约化养鸡场的电力负荷等级应为二级。若当地满足不了二级供电要求,应设置自备电源。

8.15 集约化养鸡场建设项目如配置饲料加工厂,饲料加工能力应与建设规模相适应,并配以主、副料库、成品库等必要的储存设施。不同类型和规模的集约化养鸡场配套饲料加工能力可按表7的规定确定。

表 7 饲料加工配套生产能力

类别	集约化蛋鸡场				
饲养规模,万只	5	20	50	100	300
饲料加工能力,t/h	2.5~5.0	6.5~10.0	12.0~18.0	18.5~27.0	46.5~65.0
类别	集约化肉鸡场				
饲养规模,万只	30	60	120	240	420
饲料加工能力,t/h	2.0~4.5	2.5~5.0	4.0~6.0	6.5~9.0	9.0~12.5
注:蛋鸡场的规模系存栏产蛋鸡鸡位数,肉鸡场的规模系年出栏商品肉鸡数。					

9 防疫隔离设施

9.1 集约化养鸡场四周应建围墙,并设绿化隔离带,生产区入口处应有车辆消毒设施和人员淋浴消毒间。进入生产区的人员、车辆应严格消毒,并定期对净道与污道进行消毒。

9.2 饲料库的卸料门应位于生产区外,取料门应位于生产区内,严禁场外饲料车进入生产区内卸料。

9.3 污水粪便处理区,病、死鸡无害化处理设施应按夏季主导风向设在生产区下风向或侧风向处,并以围墙或林带与生产区隔离。

9.4 集约化养鸡场如需分期建设时,先期工程应形成独立的生产区域。后续施工区应形成独立的工区,并设置隔离沟、障等有效的防疫措施,以保证生产区的安全生产。

9.5 应在场外围、栋舍设置病媒生物防阻设施,如防鸟网、防鼠沟、纱窗等。鸡场内有预防鼠害、鸟害等设施。

10 无害化处理

10.1 粪污处理设施应与生产设施同步设计、同时施工、同时投产使用,其处理能力和处理效率应与生产规模相匹配。

10.2 集约化养鸡场应建设病死鸡无害化处理设施,其处理能力和处理效率应与生产规模相匹配。无害化处理方式可采用掩埋、焚烧、化制和发酵工艺。

11 节能节水与环境保护

11.1 鸡舍外墙、屋顶、外窗宜选用节能、保温性能好的材料,减小鸡舍外围护结构的传热系数。新建种鸡场应充分利用太阳能、地热能,降低鸡场建筑物能耗,减少二氧化碳排放量。

11.2 适宜的清粪工艺对节水至关重要。在人力成本越来越高的情况下,集约化养鸡场宜采用机械清粪技术。鸡场雨污分离,中水循环利用,使用防漏水设备等措施有利于节约用水。

11.3 新建养鸡场必须进行环境评估,确保鸡场与周围环境互不污染。鸡场各功能区均应做好绿化。

11.4 新建鸡场的粪污处理设施建设应与生产设施同步设计、同时施工、同时投产使用,其处理能力和处理效率应与生产规模相匹配。

11.5 鸡场粪便和污水应及时进行无害化处理和综合利用,处理后的排放应符合 GB 18596 的要求。

11.6 鸡场的空气环境和水质参数应定期进行检测,根据检测结果提出环境改善措施。

11.7 育雏和育成鸡舍的噪声不应超过 60 dB,产蛋鸡舍的噪声不应超过 80 dB。生产中应选用低噪声设备或采取减噪控制措施。

11.8 应选用高效、低阻、节能的采暖锅炉,其烟气排放必须符合国家和地方的排放标准。

11.9 电气设备及其传动部分,必须设置防护罩、接地装置和避雷装置,防止意外事故发生。

12 主要技术经济指标

12.1 集约化蛋鸡场以产蛋鸡存栏数、肉鸡场以商品肉鸡出栏数分别计算建设投资和分项工程建设投资,估算指标可参考表8、表9的规定。

表8 集约化蛋鸡场工程建设投资估算指标

单位为万元

项目名称	产蛋鸡存栏量,万只/年					
	5	20	30	50	100	300
饲养方式	三层全阶梯	四层半阶梯	六叠层	八叠层	八叠层	八叠层
生产设施	750~830	3 200~3 500	3 400~3 800	5 300~5 900	8 600~9 500	23 500~26 000
辅助生产设施	50~60	160~190	170~190	180~200	300~330	800~900
公用配套设施	90~110	200~230	330~360	420~470	480~540	2 900~3 200
生活管理设施	40~50	90~110	100~120	170~190	180~210	200~250
总投资指标	930~1 050	3 650~4 030	4 000~4 470	6 070~6 760	9 560~10 580	27 400~30 350
平均投资额指标: 三层全阶梯:185 万元/万只~210 万元/万只; 四层半阶梯:180 万元/万只~200 万元/万只; 六叠层:130 万元/万只~150 万元/万只; 八叠层:100 万元/万只~120 万元/万只。						

表9 集约化肉鸡场工程建设投资估算指标

单位为万元

项目名称	肉鸡出栏量,万只						
	30	60	120	240	120	240	420
饲养方式	平养	平养	平养	平养	四叠层	四叠层	四叠层
总投资指标	670~760	1 140~1 280	2 200~2 450	4 100~4 580	2 420~2 680	3 860~4 280	4 600~5 100
生产设施	430~480	830~920	1 650~1 850	3 300~3 700	1 870~2 070	3 050~3 370	3 340~3 700
辅助生产设施	50~60	65~80	130~150	260~290	170~190	260~290	460~500

表 9（续）

单位为万元

项目名称	肉鸡出栏量，万只						
	30	60	120	240	120	240	420
公用配套设施	150～170	190～220	330～360	430～470	310～340	450～500	650～700
生活管理设施	40～50	55～60	80～90	110～120	70～80	100～120	150～200
平均投资额指标： 平养：18万元/万只～25万元/万只； 四叠层：12万元/万只～20万元/万只。							

12.2 集约化养鸡场劳动定员应参考表 10 的规定。条件较好，管理水平较高的地区，应尽量减少劳动定额。生产人员应进行上岗培训。

表 10 养鸡场劳动定员

类别	规模，万只	饲养工艺	劳动定员，人		劳动生产率，只/人
			合计	其中，管理、技术人员	
集约化蛋鸡场	5	三层阶梯式笼养	5～10	1～2	5 000～10 000
	20	四层阶梯式笼养	20～25	3～5	8 000～10 000
		六层叠层养笼	15～20	3～5	10 000～12 000
	50	八层叠层养笼	30～40	5～8	11 000～16 000
	100	八层叠层养笼	40～50	8～12	20 000～25 000
	300	八层叠层养笼	85～100	10～15	30 000～35 000
集约化肉鸡场	30	地面/网上平养	18～22	5～8	13 000～16 000
	60	地面/网上平养	25～30	6～9	20 500～25 000
	120	地面/网上平养	35～40	10～12	29 000～36 000
		四层叠层养笼	15～20	4～5	60 000～80 000
	240	地面/网上平养	55～65	12～15	32 000～38 000
		四层叠层养笼	20～25	5～6	84 000～100 000
	420	四层叠层养笼	40～45	6～8	94 000～105 000
注：蛋鸡场的规模系存栏产蛋鸡鸡位数，肉鸡场的规模系年出栏商品肉鸡数。					

12.3 集约化养鸡场生产消耗定额参考表 11 的规定。其中，蛋鸡场以存栏产蛋鸡鸡位数计算，肉鸡场以年出栏量计算。

表 11 集约化养鸡场生产消耗指标

类别	项目名称	消耗指标
集约化蛋鸡场	年用水量，L/只	120～150
	年用电量，kWh/只	10～12
	饲料用量，kg/只	40～45
集约化肉鸡场	年用水量，L/只	100～150
	年用电量，kWh/只	0.5～0.6
	饲料用量，kg/只	25～30

ICS 65.040.01
P 35

中华人民共和国农业行业标准

NY/T 2971—2016

家畜资源保护区建设标准

Construction criterion for conservation zone of domestic animal
resources

2016-10-26 发布

2017-04-01 实施

中华人民共和国农业部 发布

目　次

前　言

　　本建设标准根据农业部《关于下达 2012 年农业行业标准制定和修订(农产品质量安全监管)项目资金的通知》(农财发〔2012〕56 号)下达的任务,按照《农业工程项目建设标准编制规范》(NY/T 2081—2011)的要求,结合农业行业工程建设发展的需要而编制。

　　本建设标准共分 11 章:总则、规范性引用文件、术语和定义、建设规模与项目构成、选址与建设条件、工艺与设备、建设用地与规划布局、建筑工程及附属设施、防疫设施、无害化处理和主要技术经济指标。

　　本建设标准由农业部发展计划司负责管理,农业部工程建设服务中心负责具体技术内容的解释。在标准执行过程中如发现有需要修改和补充之处,请将意见和有关资料寄送农业部工程建设服务中心(地址:北京市海淀区学院南路 59 号,邮政编码:100081),以供修订时参考。

　　本标准管理部门:中华人民共和国农业部发展计划司。

　　本标准主持单位:农业部工程建设服务中心。

　　本标准起草单位:全国畜牧总站、农业部规划设计研究院。

　　本标准主要起草人:郑友民、耿如林、杨红杰、穆钰、薛明、于福清、张庆东。

家畜资源保护区建设标准

1 总则

1.1 为加强对家畜资源保护区项目决策和建设的科学管理,正确执行建设规范,合理确定建设水平,推动技术进步,全面提高投资效益,特制定本标准。

1.2 本标准是编制、评估和审批家畜资源保护区项目可行性研究报告的重要依据,也是有关部门审查工程项目初步设计和监督、检查项目整个建设过程的尺度。

1.3 本标准规定了家畜资源保护区建设的一般规定、建设规模与项目构成、场址选择与建设条件、工艺与设备、建设用地与规划布局、建筑工程及附属设施、防疫设施、无害化处理和主要技术经济指标。

1.4 本标准适用于已由国家级或省级畜牧兽医行政主管部门认定的猪、牛、羊、马、驴、驼等家畜资源保护区的新建、改建及扩建工程。

1.5 保护区应建在国家畜禽品种审定委员会认定的家畜资源原产地中心产区内,范围界限明确。

1.6 保护区建设应符合《畜禽遗传资源保种场保护区和基因库管理办法》相关规定,满足家畜资源保护的基本功能。

2 规范性引用文件

下列文件对本文件的应用是必不可少的。凡是注日期的引用文件,仅注日期的版本适用于本文件。凡是不注日期的引用文件,其最新版本(包括所有的修改单)适用于本文件。

GB 50015　建筑给排水设计规范

GB 50016　建筑设计防火规范

GB 50223　建筑工程抗震设防分类标准

GB 50736　民用建筑供暖通风与空气调节设计规范

NY 5027　无公害食品　畜禽饮用水水质

3 术语和定义

下列术语和定义适用于本文件。

3.1

家畜资源保护区　conservation zone of domestic animal resources

为保护特定家畜活体遗传资源,出于安全保种、多点保种考虑,在其原产地中心产区划定的、予以特殊保护和管理的特定区域。

3.2

管护中心　care-management center

家畜遗传资源保护区内,负责制订并组织实施保种方案,开展种畜鉴定、性能测定和个体登记,进行品种展示和宣传培训,建立并执行质量管理制度和饲养、繁育、免疫等技术规程的管理机构。

3.3

保种场　conservation farm

家畜资源保护区内,有固定场所、设施设备、相应技术人员等基本条件,承担活体保种任务,负责保护、饲养和繁育保护区内配种用的主要血统的种公畜和一定规模的基础母畜,以保护品种内遗传多样性为目的的养殖场。

3.4

监测点 monitoring station

家畜资源保护区内,负责所辖区域内家畜保种群的配种、个体和血统登记以及保种效果动态监测的单位。

4 建设规模与项目构成

保护区建设项目包括管护中心、标识工程、保种场、监测点4个部分,各项目建设内容、建设规模、具体工程可根据功能定位、工艺设计和工程实际需要进行设计。

4.1 管护中心

4.1.1 每个保护区应建设一个管护中心,管护中心建设应与专业技术人员数量、承担的保种任务及管护区域面积相适应。

4.1.2 管护中心应建设办公室、质量检测室、档案资料室、动态监测室、宣教培训室、品种展示间等功能用房。可根据实际用地情况调整,但功能不应减少。

4.2 标识工程

根据保护区的面积、道路与不同保种群的分布位置等实际需要设置保护区标识工程,包括标志碑、标志牌等标志物。标志碑正面应有保护区全称、面积、被保护的物种名称、责任单位,责任人等标志,标志碑背面应有保护区的管理细则等内容。

4.3 保种场

4.3.1 每个保护区至少建设一个保种场。保种场建设规模以存栏基础母畜和种公畜数量表示。建设规模应参考表1所示数量。

表 1 保种场建设规模

项目名称	猪场	牛场	羊场	马(驴)场	驼场
基础母畜,头/只/匹/峰	200～300	50～100	200～300	50～100	50～100
种公畜,头/只/匹/峰	20～25	5～10	20～25	5～8	5～8

4.3.2 保种场建设内容包括生产及辅助生产设施、公用配套及管理设施、防疫和无害化处理设施等,建设内容可参考表2,具体工程可根据工艺设计、饲养规模及实际需要建设。

表 2 保种场建设内容

建设内容	生产及辅助生产设施	公用配套及管理设施	防疫设施	无害化处理设施
建设项目	公畜舍、基础母畜舍、仔畜舍、后备舍、性能测定舍、饲草料储存加工间等	围墙、大门、门卫、宿舍、办公室、资料室、食堂餐厅、锅炉房、变配电室、蓄水构筑物、水泵房、卫生间、水井、地磅房、机修间、场区道路等	(淋浴)消毒间、消毒池、隔离舍、兽医室等	粪污处理设施、填埋井、焚烧间、化制间或发酵间等

4.4 监测点

4.4.1 监测点的数量应根据保护区大小及保种群数量确定,其服务半径宜小于20 km。

4.4.2 监测点的建设规模,以存栏种公畜数量表示,可根据所辖区域内保种群的配种数量和配种方式适当调整。不同畜种保护区内,监测点的建设规模见表3。

表 3 监测点建设规模

项目名称	猪	牛	羊	马(驴)	驼
种公畜,头/只/匹/峰	2～4	2～5	5～10	1～3	2～5

4.4.3 承担配种保种任务的监测点,可存栏一定数量的种母畜。

4.4.4 监测点建设内容包括生产及辅助生产设施、管理设施、防疫设施及无害化处理设施等,建设内容可参考表4,具体工程可根据工艺设计、饲养规模及实际需要建设。

表4 监测点建设内容

建设内容	生产及辅助生产设施	管理设施	防疫设施	无害化处理设施
建设项目	种畜舍、采精间、精液检测制备间、精液储存间、饲料间等	围墙、大门、宿舍、资料室、卫生间等	消毒室、消毒池、兽医室等	粪污处理池等

5 选址与建设条件

5.1 管护中心

管护中心宜在原有管理机构基础上进行扩建。有条件的建设单位可在保护区内设立独立的管护中心办公场所,宜选址于保护区的中心位置,与保种场、各监测点交通便利的地方。在保护区规定范围的主要路口或交界处设置标志碑、标志牌等标识物。

5.2 保种场

保种场应建设在保护区内,每个保种场规模不宜过大,建议采用多点布局。各保种场场址选择应充分考虑动物防疫要求,距离居民点、公路、铁路等主要交通干线1 000 m以上,距离其他畜牧场、畜产品加工厂、无害化处理厂、隔离场、大型工厂等3 000 m以上。应选择在地势高燥、背风、向阳、交通便利、水源电源充足的地方,附近应有或有条件建立充足的青、粗饲料供应地。

5.3 监测点

监测点应建设在保护区内、饲养规模较大、交通较便利的养殖户或保种场。

6 工艺与设备

6.1 管护中心、保种场、监测点的职能划分及相互关系见图1。

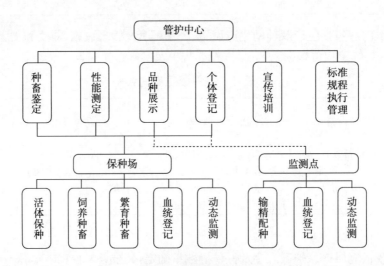

图1 功能分工图

6.2 管护中心应根据保种任务或管护区域面积,配套相应的办公、检测、培训、监控、运输、巡视车辆等设备。

6.3 保种场应根据饲养规模配套相应设备,主要设备包括办公管理、饲养、环境调控、粪污处理、性能测定及饲草料生产加工等设备。设备选型应技术先进、经济实用、性能可靠。

6.4 监测点的设备主要包括饲养、饮水、精液稀释、检测、保存、输精等设备、轻便型交通工具、办公设备、信息录入与储存系统等与服务功能相配套的设备。

7 建设用地与规划布局

7.1 管护中心建设应取得相关建设用地规划许可。

7.2 保种场、监测点应统一规划、合理分区。保种场场区按功能可划分为生活管理区、辅助生产区、生产区和隔离区。

8 建筑工程及附属设施

8.1 管护中心

8.1.1 新建管护中心的建筑可参照公共建筑标准执行。改建、扩建的管护中心建筑形式应与周边建筑物相协调。

8.1.2 建筑物的耐火等级应不低于二级。与周边建筑的防火间距应按 GB 50016 的相关规定执行。

8.1.3 新建管护中心结构类型宜采用砖混结构或框架结构。

8.1.4 建筑抗震设防类别按照 GB 50223 的规定应为标准设防类(简称丙类)。

8.1.5 新建管护中心建筑工程结构设计的使用年限 50 年,结构安全等级为二级。

8.1.6 管护中心及监测点给水、排水按 GB 50015 的有关规定执行。

8.1.7 管护中心供暖和通风按 GB 50836 的有关规定执行。

8.1.8 管护中心供电和通信按工业与民用建筑的相关规范与标准的有关规定执行。

8.2 保种场、监测点

8.2.1 根据当地自然气候条件,生产设施的建筑形式可采用开敞式、半开敞式或有窗式。结构类型可采用砖混结构、轻钢结构或砖木结构。

8.2.2 屋面应采取保温隔热和防水措施。舍内地面应硬化、防滑、耐腐蚀,便于清扫。

8.2.3 建筑外墙应保温隔热,内墙面应平整光滑、便于清洗消毒。

8.2.4 建筑物应执行下列耐火等级:
　　a) 生产建筑、公用配套及管理建筑:不低于三级耐火等级,变配电室不低于二级耐火等级;
　　b) 生产建筑与周边建筑的防火间距应按 GB 50016 戊类厂房的相关规定执行。

8.2.5 生产建筑抗震设防类别宜为适度设防类(简称丁类),其他建筑应按照 GB 50223 的规定执行。

8.2.6 生产建筑的结构设计使用年限 25 年,结构安全等级为二级。其他建筑应按 GB 50068 的规定执行。地基基础设计安全等级为丙级。

8.2.7 供水应采用生活、生产、消防合一的给水系统,由水源、水泵、水塔、供水管网和饮水设备组成。用水水质应符合 NY 5027 的规定。场区排水应采用雨污分流制,雨水宜采用明沟排放,污水应采用暗管排入污水处理设施。

8.2.8 保种场根据畜种饲养日龄、工艺需要及当地气候等确定是否供暖及供暖方式。生产设施供暖措施包括集中供热(锅炉供暖)、局部供热(火炉、红外线灯等)或单独供暖等。生产设施以自然通风方式为主,跨度较大时采用机械通风。夏季应设置降温设施。

8.2.9 监测点应配置冬季保温、夏季防暑降温生产设施。

8.2.10 保种场供电电源宜由当地供电网络引入,供电负荷等级应为Ⅲ级。当不能满足上述要求时,可采用自备电源。鼓励采用新能源作为供电电源。

8.2.11 监测点供电和通信按工业与民用建筑的相关规范与标准的有关规定执行。

9 防疫设施

9.1 保种场四周应设围墙,各功能区之间设绿化隔离带。场区大门口、生产区入口设车辆消毒池及人员消毒间。

9.2　监测点应配套必要的防疫设施设备,门口应设消毒池。

10　无害化处理

10.1　保种场粪污处理设施应与生产设施同步设计、同时施工、同时投产使用,其处理能力和处理效率应与生产规模相匹配。

10.2　监测点粪污处理宜采用堆肥发酵处理方式对固体粪污进行无害化处理,生产污水采用化粪池处理,定期清理。

10.3　动物尸体无害化处理可采用填埋、堆肥、焚烧、高温化制、生物发酵等方式,根据不同处理方式配套建设安全填埋井、堆肥间、焚烧间、化制间或发酵间等设施。

11　主要技术经济指标

11.1　管护中心建设投资包括土建工程费用、设备采购及安装费用和其他费用,管护中心建设投资应参考表5的规定。标识工程单项工程建设投资应参考表6的规定。

表5　管护中心建设投资控制额度表

单位为万元

项目名称	西部地区	中部、东部地区
土建工程费	20～30	20～30
设备及安装工程费	70～80	60～70
其他费	10～15	10～15
建设投资	100～115	90～115

表6　标识工程建设投资控制额度表

单位为万元每个

项目名称	建筑材料	投资指标
标志碑	天然石材	5.0～8.0
	混凝土	1.0～1.5
单悬臂式标志牌	钢材	1.5～2.0

11.2　保种场建设投资包括土建工程费用、设备采购及安装费用和其他费用,保种场建设投资和分项工程建设投资应参考表7的规定。

表7　保种场建设投资控制额度表

项目名称	猪场	牛场	羊场	马(驴、驼)场
基础母畜存栏量,头/只/匹/峰	200～300	50～100	200～300	50～100
生产设施,万元	180～250	80～145	85～120	70～130
公用配套及管理设施,万元	150～180	70～130	65～90	60～110
防疫及无害化处理设施,万元	20～30	5～10	5～10	5～10
其他投资,万元	30～40	15～25	15～25	15～25
建设投资,万元	380～500	170～310	170～250	150～270

11.3　监测点建设投资包括土建工程费用、设备采购及安装费用和其他费用,监测点建设投资应参考表8的规定。

表 8 监测点投资控制额度表

项目名称	猪	牛	羊	马	驴	驼
种公畜存栏量,头/只/匹/峰	2～4	2～5	5～10	1～3	1～3	2～5
土建工程费,万元	10～15	15～20	10～15	10～15	10～15	15～20
设备及安装工程费,万元	3～5	4～5	3～5	4～5	4～5	4～5
其他费,万元	3～5	4～5	3～5	4～5	4～5	4～5
建设投资,万元	16～25	23～30	16～25	18～25	18～25	18～30

11.4 劳动定员应参考以下规定,条件较好、管理水平较高的地区,应尽量减少劳动定额。生产人员应进行上岗培训。

11.4.1 管护中心专业技术人员数量配置应与该中心承担的保种任务或管护区域面积相适应,保护区内的每个乡(镇)至少有一名专业技术人员。

11.4.2 保种场应有与保种规模相适应的畜牧兽医技术人员,每个保种场至少有一名经过专业技术培训的畜牧兽医技术人员。各场劳动定员应参考表 9 的规定。

表 9 保种场劳动定额

项目名称	猪场	牛场	羊场	马(驴、驼)场
基础母畜存栏量,头/只/匹/峰	200～300	50～100	200～300	50～100
劳动定员,人	4～6	3～5	3～5	2～4
劳动生产率,单位母畜/人	40～50	15～20	50～60	20～25

11.5 保种场经济技术指标以存栏基础母畜数量估算,指标平均至每头/只/匹/峰基础母畜,各项指标应参考表 10 的规定。

表 10 保种场单位母畜经济技术指标

项目名称	猪	牛	羊	马/驴/驼
占地面积,m²	70～90	100～130	20～25	80～100
建筑面积,m²	15～20	12～15	3～5	10～13
投资额,万元	1.8～2.0	2.5～3.0	0.6～0.8	2.0～2.5
年用水量,m³	20～25	15～20	1.5～2	10～15
年用电量,kW·h	1 000～1 300	1 000～1 200	300～350	800～1 000
年精饲料用量,kg	6 000～6 500	1 500～1 800	150～200	1 200～1 500
年粗饲料用量,kg		2 500～2 800	1 200～1 500	2 200～2 500

ICS 65.020.30
B 43

中华人民共和国农业行业标准

NY/T 2993—2016

陆 川 猪

Luchuan pig

2016-11-01 发布
2017-04-01 实施

中华人民共和国农业部 发布

NY/T 2993—2016

前　言

本标准按照 GB/T 1.1—2009 给出的规则起草。

本标准由农业部畜牧业司提出。

本标准由全国畜牧业标准化技术委员会(SAC/TC 274)归口。

本标准起草单位:南京农业大学、全国畜牧总站、陆川县水产畜牧兽医局、广西大学、广西神龙王农牧食品集团有限公司、广西陆川县良种猪场、广西扬翔股份有限公司。

本标准主要起草人:黄瑞华、薛明、江永强、丘毅、何若钢、黄俊荣、陈琨飞、梁文全、陈清森、牛清、汪涵、周波、杨渊。

陆 川 猪

1 范围

本标准规定了陆川猪的中心产区与分布、体型外貌、生长发育、繁殖性能、胴体性状、种猪合格判定和种猪出场条件等。

本标准适用于陆川猪的品种鉴别。

2 规范性引用文件

下列文件对于本文件的应用是必不可少的。凡是注日期的引用文件,仅注日期的版本适用于本文件。凡是不注日期的引用文件,其最新版本(包括所有的修改单)适用于本文件。

GB 16567　种畜禽调运检疫技术规范

NY/T 820　种猪登记技术规范

NY/T 821　猪肌肉品质测定技术规范

NY/T 822　种猪生产性能测定规程

3 中心产区与分布

陆川猪是两广小花猪的一个类群,中心产区位于陆川县。主要分布于广西壮族自治区内玉林、贵港、钦州、北海、梧州和贺州等地。

4 体型外貌

4.1 外貌特征

4.1.1 被毛

全身被毛稀、短而细软,毛色为黑白花,头、耳、前颈、背、腰、臀及尾为黑色,其余均为白色。额中间多有白毛,呈倒三角状。在背腰与腹部间的黑白交界处有一条 4 cm～5 cm 宽白毛黑皮的"晕",头颈交接处多有一条 2 cm～3 cm 宽的白带。

4.1.2 体型

头短、颊和下颚肥厚,嘴中等长,鼻梁平直,面微凹或平直,额较宽有"Y"字形或菱形皱纹,耳小直立略向外平伸;颈短,与头肩结合良好;胸深、背腰宽、腹大,体长与胸围基本相等,皱褶多;有效乳头 6 对～7 对;四肢粗短健壮或细长结实,前肢直立、胸较宽,后肢稍弯曲、多呈卧系;臀短,尾根粗高。陆川猪表现为"矮、短、肥、宽、圆"的体型特点,参见附录 A。

4.2 体重体尺

成年公猪平均体重 85 kg、体长 113 cm、体高 56 cm;成年母猪平均体重 82 kg、体长 111 cm、体高 53 cm。

5 生产性能

5.1 繁殖性能

按照 NY/T 820 规定的方法测定,公猪 3 月龄精子发育成熟,6 月龄可初配。母猪初情期 4 月龄,适配期 5 月龄～6 月龄。产活仔数:初产母猪 10 头,经产母猪 12 头。仔猪初生窝重:初产母猪 5 kg,经产母猪 7 kg。40 日龄仔猪断奶窝重:初产母猪 51 kg,经产母猪 69 kg。

5.2 生长发育

后备公猪 2 月龄体重达 9 kg，6 月龄体重达 30 kg。后备母猪 2 月龄体重达 8 kg，6 月龄体重达 35 kg。

5.3 肥育性能

在消化能 13.15 MJ/kg、可消化蛋白质 85 g/kg 日粮条件下，从 10 kg~15 kg 至 75 kg~100 kg 阶段日增重 400 g~430 g。

5.4 胴体性状

育肥猪 60 kg~65 kg 屠宰时，屠宰率为 70% 左右，瘦肉率 38% 左右，眼肌面积 16 cm² 以上，背膘厚 3 cm 以上；90 kg 左右屠宰时，屠宰率 70% 左右，瘦肉率 39%，眼肌面积 20 cm² 左右，背膘厚 5.6 cm 以上。

5.5 肌肉品质

按照 NY/T 821 规定的方法测定，90 kg 左右体重屠宰时，pH 5.8~6.3，肉色评分 3.1 分~4.7 分，肌内脂肪 7.4%~7.3%。

6 种猪合格判定

6.1 体型外貌符合本品种特征。

6.2 按照 NY/T 822 的规定进行测定，生长发育正常，无遗传疾患，健康状况良好。

6.3 按照 NY/T 820 的规定进行登记，来源及血缘清楚，三代内档案系谱记录齐全。

7 种猪出场条件

7.1 符合种用价值要求，有种猪合格证和系谱证书。

7.2 耳号清晰可辨，档案准确齐全。

7.3 按 GB 16567 的规定出具检疫证书，并出具按国家规定进行了相关免疫的证明。

附　录　A
（资料性附录）
陆川猪体型外貌

A.1　种公猪体型外貌

见图 A.1～A.3。

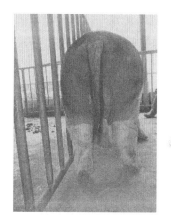

图 A.1　种公猪头部照片　　　图 A.2　种公猪侧面照片　　　图 A.3　种公猪尾部照片

A.2　种母猪体型外貌

见图 A.4～A.6。

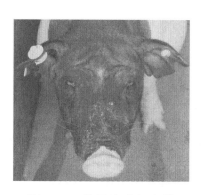

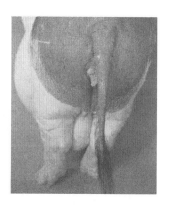

图 A.4　种母猪头部照片　　　图 A.5　种母猪侧面照片　　　图 A.6　种母猪尾部照片

ICS 65.020.30
B 43

中华人民共和国农业行业标准

NY/T 2995—2016

家畜遗传资源濒危等级评定

Evaluation of endangerment for livestock genetic resources

2016-11-01 发布

2017-04-01 实施

中华人民共和国农业部 发布

前　言

本标准按照 GB/T 1.1—2009 给出的规则起草。

本标准由农业部畜牧业司提出。

本标准由全国畜牧业标准化技术委员会(SAC/TC 274)归口。

本标准起草单位:中国农业科学院北京畜牧兽医研究所。

本标准主要起草人:何晓红、马月辉、关伟军、李向臣、赵倩君、浦亚斌、付宝玲。

家畜遗传资源濒危等级评定

1 范围

本标准规定了活体家畜遗传资源濒危等级的划分与评定,以及各濒危等级的群体数量范围。

本标准适用于猪、山羊、绵羊、黄牛、水牛、牦牛、马、驴、骆驼等畜种。

2 术语和定义

下列术语和定义适用于本文件。

2.1

家畜遗传资源 livestock genetic resources

在特定社会经济、技术背景下能用于家畜育种事业,以满足社会物质、文化需求,具有遗传变异的家畜种群。

2.2

世代间隔 generation interval

子代出生时双亲的平均年龄。

2.3

有效群体含量 effective population size

与实际群体有相同基因频率方差或相同杂合度衰减率的理想群体(即群体足够大,群体内雌雄个体数相同并随机交配,每个个体产生的后代数相同,无世代重叠,无选择、突变、迁移等因素影响群体遗传平衡现象发生的群体)含量。

3 濒危等级划分与评定依据

3.1 濒危等级划分

根据 100 年种畜群体近交系数(F_{100})将其划分为灭绝、濒临灭绝、严重危险、危险、较低危险、安全等 6 级,F_{100} 的设定值如下:

 a) 灭绝:只存在单一性别可繁殖个体或者不存在纯种个体;

 b) 濒临灭绝:$F_{100} > 0.2$;

 c) 严重危险:$0.15 < F_{100} \leqslant 0.2$;

 d) 危险:$0.1 < F_{100} \leqslant 0.15$;

 e) 较低危险:$0.05 < F_{100} \leqslant 0.1$;

 f) 安全:$F_{100} \leqslant 0.05$。

3.2 近交系数的计算

近交系数按式(1)计算。

$$F_{100} = 1 - \left(1 - \frac{1}{2N_e}\right)^t \quad\cdots\cdots\cdots\cdots\cdots\cdots\cdots\cdots\cdots\cdots\cdots\cdots \quad (1)$$

式中:

N_e——有效群体含量;

t ——100 年内的世代数,各畜种的世代间隔分别为猪 2.5 年、山羊 3 年、绵羊 3.5 年、黄牛 5 年、水牛 6 年、牦牛 8 年、马 7 年、驴 7 年、骆驼 8 年。

3.3 有效群体含量的计算

a)　随机留种方式有效群体含量按式(2)计算。

$$N_e = \frac{4N_m \times N_f}{N_m + N_f} \quad\text{……………………………………}(2)$$

式中：

N_e——有效群体含量；

N_m——参加繁殖的公畜数量；

N_f——参加繁殖的母畜数量。

b)　家系等量留种方式有效群体含量按式(3)计算。

$$N_e = \frac{16N_m \times N_f}{3N_m + N_f} \quad\text{……………………………………}(3)$$

式中：

N_e——有效群体含量；

N_m——参加繁殖的公畜数量；

N_f——参加繁殖的母畜数量。

4　濒危等级评定方法

可选择如下任一方法进行濒危等级评定：

a)　根据 F_{100} 数值进行评定。计算 F_{100}，按照3.1条款进行等级评定。

b)　根据有效群体含量进行评定。按照不同濒危等级的有效群体含量进行评定,详见表1。

表1　各畜种各濒危等级的有效群体含量

单位为头/只/匹/峰

畜种	濒危等级				
	濒临灭绝	严重危险	危险	较低危险	安全
猪	≤89	90～122	123～189	190～389	≥390
山羊	≤74	75～102	103～157	158～324	≥325
绵羊	≤63	64～87	88～135	136～278	≥279
黄牛	≤44	45～61	62～94	95～194	≥195
水牛	≤37	38～51	52～78	79～162	≥163
牦牛	≤27	28～38	39～59	60～121	≥122
马	≤31	32～43	44～67	68～139	≥140
驴	≤31	32～43	44～67	68～139	≥140
骆驼	≤27	28～38	39～59	60～121	≥122

c)　根据实际群体数量进行评定。

1)　猪:在随机留种方式下,各濒危等级群体数量见表 A.1;在家系等量留种方式下,各濒危等级群体数量见表 A.2。

2)　山羊:在随机留种方式下,各濒危等级群体数量见表 B.1;在家系等量留种方式下,各濒危等级群体数量见表 B.2。

3)　绵羊:在随机留种方式下,各濒危等级群体数量见表 C.1;在家系等量留种方式下,各濒危等级群体数量见表 C.2。

4)　黄牛:在随机留种方式下,各濒危等级群体数量见表 D.1;在家系等量留种方式下,各濒危等级群体数量见表 D.2。

5)　水牛:在随机留种方式下,各濒危等级群体数量见表 E.1;在家系等量留种方式下,各濒危等级群体数量见表 E.2。

6)　牦牛:在随机留种方式下,各濒危等级群体数量见表 F.1;在家系等量留种方式下,各濒危等级群体数量见表F.2。

7) 马:在随机留种方式下,各濒危等级群体数量见表G.1;在家系等量留种方式下,各濒危等级群体数量见表G.2。

8) 驴:在随机留种方式下,各濒危等级群体数量见表H.1;在家系等量留种方式下,各濒危等级群体数量见表H.2。

9) 骆驼:在随机留种方式下,各濒危等级群体数量见表I.1;在家系等量留种方式下,各濒危等级群体数量见表I.2。

附　录　A

（规范性附录）

猪各濒危等级群体数量

A.1　猪随机留种方式下各濒危等级群体数量

见表 A.1。

表 A.1　猪随机留种方式下各濒危等级群体数量

单位为头

公母比例	濒危等级				
	濒临灭绝	严重危险	危险	较低危险	安全
1：1	≤89	90～122	123～189	190～389	≥390
1：2	≤100	101～138	139～213	214～438	≥439
1：3	≤119	120～163	164～252	253～519	≥520
1：4	≤139	140～192	193～296	297～609	≥610
1：5	≤161	162～221	222～341	342～701	≥702
1：6	≤183	184～251	252～387	388～796	≥797
1：7	≤204	205～281	282～433	434～891	≥892
1：8	≤227	228～311	312～480	481～987	≥988
1：9	≤249	250～342	343～527	528～1 083	≥1 084
1：10	≤271	272～372	373～574	575～1 179	≥1 180
1：11	≤293	294～403	404～621	622～1 276	≥1 277
1：12	≤315	315～433	434～668	669～1 373	≥1 374
1：13	≤338	339～464	465～715	716～1 470	≥1 471
1：14	≤360	361～494	450～763	764～1 567	≥1 568
1：15	≤382	383～525	526～810	811～1 664	≥1 665
1：16	≤405	406～556	557～857	858～1 761	≥1 762
1：17	≤427	428～587	588～905	906～1 858	≥1 859
1：18	≤450	451～617	618～952	953～1 955	≥1 956
1：19	≤472	473～648	649～999	1 000～2 052	≥2 053
1：20	≤494	495～679	680～1 047	1 048～2 150	≥2 151
1：21	≤517	518～710	711～1 094	1 095～2 247	≥2 248
1：22	≤539	540～740	741～1 142	1 143～2 344	≥2 345
1：23	≤562	563～771	772～1 189	1 190～2 442	≥2 443
1：24	≤584	585～802	802～1 236	1 237～2 539	≥2 540
1：25	≤607	608～833	834～1 284	1 285～2 637	≥2 638
1：26	≤629	630～863	864～1 331	1 332～2 734	≥2 735
1：27	≤651	652～894	895～1 379	1 380～2 831	≥2 832
1：28	≤674	675～925	926～1 426	1 427～2 929	≥2 930
1：29	≤696	697～956	957～1 474	1 475～3 026	≥3 027
1：30	≤719	720～987	988～1 521	1 522～3 124	≥3 125
1：31	≤741	742～1 017	1 018～1 569	1 570～3 221	≥3 222
1：32	≤764	765～1 048	1 049～1 616	1 617～3 318	≥3 319
1：33	≤786	787～1 079	1 080～1 664	1 665～3 416	≥3 417

表 A.1 （续）

公母比例	濒危等级				
	濒临灭绝	严重危险	危险	较低危险	安全
1:34	≤809	810~1 110	1 111~1 711	1 712~3 513	≥3 514
1:35	≤831	832~1 141	1 142~1 759	1 760~3 611	≥3 612
1:40	≤943	944~1 295	1 296~1 996	1 997~4 098	≥4 099
1:45	≤1 056	1 057~1 449	1 450~2 233	2 234~4 586	≥4 587
1:50	≤1 168	1 169~1 603	1 604~2 471	2 472~5 073	≥5 074

注1：如果公母比例超出本表格所列（包括公母比例不是整数和公母比例大于本表格所列），按照式（2）计算有效群体含量，从表1查询群体所处濒危等级。

注2：本表中"群体数量"指参加繁殖的公母畜之和。

示例：

随机留种方式下，公母猪比例1:20，公猪30只、母猪600只，群体数量630只，群体处于严重危险等级。

A.2 猪家系等量留种方式下各濒危等级群体数量

见表 A.2。

表 A.2 猪家系等量留种方式下各濒危等级群体数量

单位为头

公母比例	濒危等级				
	濒临灭绝	严重危险	危险	较低危险	安全
1:1	≤44	45~61	62~94	95~194	≥195
1:2	≤41	42~57	58~88	89~182	≥183
1:3	≤44	45~61	62~94	95~194	≥195
1:4	≤48	49~66	67~103	104~212	≥213
1:5	≤53	54~73	74~113	114~233	≥234
1:6	≤58	59~80	81~124	125~255	≥256
1:7	≤63	64~87	88~135	136~278	≥279
1:8	≤69	70~94	95~146	147~301	≥302
1:9	≤74	75~102	103~157	158~324	≥325
1:10	≤79	80~109	110~169	170~348	≥349
1:11	≤85	86~117	118~180	181~371	≥372
1:12	≤90	91~124	125~192	193~395	≥396
1:13	≤96	97~132	133~204	205~419	≥420
1:14	≤101	102~139	140~215	216~443	≥444
1:15	≤107	108~147	148~227	228~467	≥468
1:16	≤112	113~155	156~239	240~491	≥492
1:17	≤118	119~162	163~251	252~515	≥516
1:18	≤124	125~170	171~262	263~540	≥541
1:19	≤129	130~177	178~274	275~564	≥565
1:20	≤135	136~185	186~286	287~588	≥589
1:21	≤140	141~193	194~298	299~612	≥613
1:22	≤146	147~200	201~309	310~636	≥637
1:23	≤151	152~208	209~321	322~661	≥662
1:24	≤157	158~216	217~333	334~685	≥686
1:25	≤163	164~223	224~345	346~709	≥710
1:26	≤168	169~231	232~357	358~733	≥734
1:27	≤174	175~239	240~369	370~758	≥759
1:28	≤179	180~246	247~380	381~782	≥783

表 A.2（续）

公母比例	濒危等级				
	濒临灭绝	严重危险	危险	较低危险	安全
1：29	≤185	186～254	255～392	393～806	≥807
1：30	≤191	192～262	263～404	405～831	≥832
1：31	≤196	197～269	270～416	417～855	≥856
1：32	≤202	203～277	278～428	429～879	≥880
1：33	≤207	208～285	286～440	441～903	≥904
1：34	≤213	214～293	294～451	452～928	≥929
1：35	≤219	220～300	301～463	464～952	≥953
1：40	≤247	248～339	340～523	524～1 074	≥1 075
1：45	≤275	276～377	378～582	583～1 196	≥1 197
1：50	≤303	304～416	417～641	642～1 317	≥1 318

注1：如果公母比例超出本表格所列（包括公母比例不是整数和公母比例大于本表格所列），按照式（3）计算有效群体含量，并从表1查询群体所处濒危等级。

注2：本表中"群体数量"指参加繁殖的公母畜之和。

示例：

家系等量留种方式下，公母猪比例1：20，公猪30只、母猪600只，群体数量630只，群体处于安全等级。

附　录　B

（规范性附录）

山羊各濒危等级群体数量

B.1　山羊随机留种方式下各濒危等级群体数量

见表 B.1。

表 B.1　山羊随机留种方式下各濒危等级群体数量

单位为只

公母比例	濒危等级				
	濒临灭绝	严重危险	危险	较低危险	安全
1:1	≤74	75～102	103～157	158～324	≥325
1:2	≤83	84～115	116～177	178～365	≥366
1:3	≤99	100～136	137～210	211～433	≥434
1:4	≤116	117～160	161～247	248～507	≥508
1:5	≤134	135～184	185～284	285～584	≥585
1:6	≤152	153～209	210～322	323～663	≥664
1:7	≤170	171～234	235～361	362～742	≥743
1:8	≤189	190～259	260～400	401～822	≥823
1:9	≤207	208～285	286～439	440～902	≥903
1:10	≤226	227～310	311～478	479～983	≥984
1:11	≤244	245～335	336～518	519～1 063	≥1 064
1:12	≤263	264～361	362～557	558～1 144	≥1 145
1:13	≤281	282～386	387～596	597～1 225	≥1 226
1:14	≤300	301～412	413～636	637～1 306	≥1 307
1:15	≤319	320～438	439～675	676～1 386	≥1 387
1:16	≤337	338～463	464～714	715～1 467	≥1 468
1:17	≤356	357～489	490～754	755～1 548	≥1 549
1:18	≤375	376～514	515～793	794～1 629	≥1 630
1:19	≤393	394～540	541～833	834～1 710	≥1 711
1:20	≤412	413～566	567～872	873～1 792	≥1 793
1:21	≤431	432～591	592～912	913～1 873	≥1 874
1:22	≤449	450～617	618～951	952～1 954	≥1 955
1:23	≤468	469～643	644～991	992～2 035	≥2 036
1:24	≤487	488～668	669～1 030	1 031～2 116	≥2 117
1:25	≤506	507～694	695～1 070	1 071～2 197	≥2 198
1:26	≤524	525～720	721～1 110	1 111～2 278	≥2 279
1:27	≤543	544～745	746～1 149	1 150～2 360	≥2 361
1:28	≤562	563～771	772～1 189	1 190～2 441	≥2 442
1:29	≤580	581～797	798～1 228	1 229～2 522	≥2 523
1:30	≤599	600～822	823～1 268	1 269～2 603	≥2 604
1:31	≤618	619～848	849～1 307	1 308～2 684	≥2 685
1:32	≤637	638～874	875～1 347	1 348～2 766	≥2 767
1:33	≤655	656～899	900～1 387	1 388～2 847	≥2 848

表 B.1 （续）

公母比例	濒危等级				
	濒临灭绝	严重危险	危险	较低危险	安全
1：34	≤674	675~925	926~1 426	1 427~2 928	≥2 929
1：35	≤693	694~951	952~1 466	1 467~3 009	≥3 010
1：40	≤786	787~1 079	1 080~1 664	1 665~3 415	≥3 416
1：45	≤880	881~1 207	1 208~1 862	1 863~3 822	≥3 823
1：50	≤974	975~1 336	1 337~2 059	2 060~4 228	≥4 229

注1：如果公母比例超出本表格所列（包括公母比例不是整数和公母比例大于本表格所列），按照式（2）计算有效群体含量，并从表1查询群体所处濒危等级。

注2：本表中"群体数量"指参加繁殖的公母畜之和。

B.2 山羊家系等量留种方式下各濒危等级群体数量

见表 B.2。

表 B.2 山羊家系等量留种方式下各濒危等级群体数量

单位为只

公母比例	濒危等级				
	濒临灭绝	严重危险	危险	较低危险	安全
1：1	≤36	37~50	51~78	79~162	≥163
1：2	≤34	35~47	48~73	74~151	≥152
1：3	≤36	37~50	51~78	79~162	≥163
1：4	≤40	41~55	56~86	87~177	≥178
1：5	≤44	45~61	62~94	95~194	≥195
1：6	≤48	49~66	67~103	104~212	≥213
1：7	≤53	54~72	73~112	113~231	≥232
1：8	≤57	58~79	80~122	123~251	≥252
1：9	≤61	62~85	86~131	132~270	≥271
1：10	≤66	67~91	92~141	142~290	≥291
1：11	≤71	72~97	98~150	151~309	≥310
1：12	≤75	76~103	104~160	161~329	≥330
1：13	≤80	81~110	111~170	171~349	≥350
1：14	≤84	85~116	117~179	180~369	≥370
1：15	≤89	90~122	123~189	190~389	≥390
1：16	≤94	95~129	130~199	200~409	≥410
1：17	≤98	99~135	136~209	210~429	≥430
1：18	≤103	104~141	142~219	220~450	≥451
1：19	≤107	108~148	149~228	229~470	≥471
1：20	≤112	113~154	155~238	239~490	≥491
1：21	≤117	118~161	162~248	249~510	≥511
1：22	≤121	122~167	168~258	259~530	≥531
1：23	≤126	127~173	174~268	269~550	≥551
1：24	≤131	132~180	181~278	279~571	≥572
1：25	≤135	136~186	187~287	288~591	≥592
1：26	≤140	141~192	193~297	298~611	≥612
1：27	≤145	146~199	200~307	308~631	≥632

表 B.2 （续）

公母比例	濒危等级				
	濒临灭绝	严重危险	危险	较低危险	安全
1：28	≤149	150～205	206～317	318～652	≥653
1：29	≤154	155～212	213～327	328～672	≥673
1：30	≤159	160～218	219～337	338～692	≥693
1：31	≤163	164～225	226～347	348～712	≥713
1：32	≤168	169～231	232～356	357～733	≥734
1：33	≤173	174～237	238～366	367～753	≥754
1：34	≤177	178～244	245～376	377～773	≥774
1：35	≤182	183～250	251～386	387～793	≥794
1：40	≤205	206～282	283～435	436～895	≥896
1：45	≤229	230～314	315～485	486～996	≥997
1：50	≤252	253～346	347～534	535～1 098	≥1 099

注1：如果公母比例超出本表格所列（包括公母比例不是整数和公母比例大于本表格所列），按照式（3）计算有效群体含量，并从表1查询群体所处濒危等级。

注2：本表中"群体数量"指参加繁殖的公母畜之和。

附　录　C

（规范性附录）

绵羊各濒危等级群体数量

C.1　绵羊随机留种方式下各濒危等级群体数量

见表 C.1。

表 C.1　绵羊随机留种方式下各濒危等级群体数量

单位为只

公母比例	濒危等级				
	濒临灭绝	严重危险	危险	较低危险	安全
1：1	≤63	64～87	88～135	136～278	≥279
1：2	≤71	72～98	99～152	153～313	≥314
1：3	≤85	86～117	118～180	181～371	≥372
1：4	≤99	100～137	138～211	212～435	≥436
1：5	≤115	116～158	159～244	245～501	≥502
1：6	≤130	131～179	180～276	277～568	≥569
1：7	≤146	147～200	201～309	310～636	≥637
1：8	≤162	163～222	223～343	344～705	≥706
1：9	≤178	179～244	245～376	377～773	≥774
1：10	≤193	194～266	267～410	411～842	≥843
1：11	≤209	210～287	288～444	445～911	≥912
1：12	≤225	226～309	310～477	478～980	≥981
1：13	≤241	242～331	332～511	512～1 050	≥1 051
1：14	≤257	258～353	354～545	546～1 119	≥1 120
1：15	≤273	274～375	376～579	580～1 188	≥1 189
1：16	≤289	290～397	398～612	613～1 258	≥1 259
1：17	≤305	306～419	420～646	647～1 327	≥1 328
1：18	≤321	322～441	442～680	681～1 397	≥1 398
1：19	≤337	338～463	464～714	715～1 466	≥1 467
1：20	≤353	354～485	486～748	749～1 536	≥1 537
1：21	≤369	370～507	508～782	783～1 605	≥1 606
1：22	≤385	386～529	530～816	817～1 675	≥1 676
1：23	≤401	402～551	552～849	850～1 744	≥1 745
1：24	≤417	418～573	574～883	884～1 814	≥1 815
1：25	≤433	434～595	596～917	918～1 883	≥1 884
1：26	≤450	451～617	618～951	952～1 953	≥1 954
1：27	≤466	467～639	640～985	986～2 023	≥2 024
1：28	≤482	483～661	662～1 019	1 020～2 092	≥2 093
1：29	≤498	499～683	684～1 053	1 054～2 162	≥2 163
1：30	≤514	515～705	706～1 087	1 088～2 231	≥2 232
1：31	≤530	531～727	728～1 121	1 122～2 301	≥2 302
1：32	≤546	547～749	750～1 155	1 156～2 371	≥2 372
1：33	≤562	563～771	772～1 189	1 190～2 440	≥2 441

表 C.1（续）

公母比例	濒危等级				
	濒临灭绝	严重危险	危险	较低危险	安全
1∶34	≤578	579～793	794～1 223	1 224～2 510	≥2 511
1∶35	≤594	595～815	816～1 256	1 257～2 580	≥2 581
1∶40	≤674	675～925	926～1 426	1 427～2 928	≥2 929
1∶45	≤755	756～1 035	1 036～1 596	1 597～3 276	≥3 277
1∶50	≤835	836～1 145	1 146～1 766	1 767～3 624	≥3 625
注1：如果公母比例超出本表格所列（包括公母比例不是整数和公母比例大于本表格所列），按照式（2）计算有效群体含量，并从表1查询群体所处濒危等级。 注2：本表中"群体数量"指参加繁殖的公母畜之和。					

C.2 绵羊家系等量留种方式下各濒危等级群体数量

见表 C.2。

表 C.2 绵羊家系等量留种方式下各濒危等级群体数量

单位为只

公母比例	濒危等级				
	濒临灭绝	严重危险	危险	较低危险	安全
1∶1	≤31	32～43	44～67	68～138	≥139
1∶2	≤29	30～40	41～63	64～130	≥131
1∶3	≤31	32～43	44～67	68～138	≥139
1∶4	≤34	35～47	48～73	74～151	≥152
1∶5	≤38	39～52	53～81	82～166	≥167
1∶6	≤41	42～57	58～88	89～182	≥183
1∶7	≤45	46～62	63～96	97～198	≥199
1∶8	≤49	50～67	68～104	105～215	≥216
1∶9	≤53	54～72	73～112	113～231	≥232
1∶10	≤56	57～78	79～120	121～248	≥249
1∶11	≤60	61～83	84～129	130～265	≥266
1∶12	≤64	65～89	90～137	138～282	≥283
1∶13	≤68	69～94	95～145	146～299	≥300
1∶14	≤72	73～99	100～154	155～316	≥317
1∶15	≤76	77～105	106～162	163～334	≥335
1∶16	≤80	81～110	111～170	171～351	≥352
1∶17	≤84	85～116	117～179	180～368	≥369
1∶18	≤88	89～121	122～187	188～385	≥386
1∶19	≤92	93～127	128～196	197～402	≥403
1∶20	≤96	97～132	133～204	205～420	≥421
1∶21	≤100	101～138	139～212	213～437	≥438
1∶22	≤104	105～143	144～221	222～454	≥455
1∶23	≤108	109～148	149～229	230～472	≥473
1∶24	≤112	113～154	155～238	239～489	≥490
1∶25	≤116	117～159	160～246	247～506	≥507
1∶26	≤120	121～165	166～255	256～524	≥525
1∶27	≤124	125～170	171～263	264～541	≥542
1∶28	≤128	129～176	177～272	273～558	≥559
1∶29	≤132	133～181	182～280	281～576	≥577
1∶30	≤136	137～187	188～289	290～593	≥594

表 C.2（续）

公母比例	濒危等级				
	濒临灭绝	严重危险	危险	较低危险	安全
1：31	≤140	141～192	193～297	298～610	≥611
1：32	≤144	145～198	199～305	306～628	≥629
1：33	≤148	149～203	204～314	315～645	≥646
1：34	≤152	153～209	210～322	323～663	≥664
1：35	≤156	157～214	215～331	332～680	≥681
1：40	≤176	177～242	243～373	374～767	≥768
1：45	≤196	197～269	270～416	417～854	≥855
1：50	≤216	217～297	298～458	459～941	≥942
注 1：如果公母比例超出本表格所列（包括公母比例不是整数和公母比例大于本表格所列），按照式（3）计算有效群体含量，并从表 1 查询群体所处濒危等级。 注 2：本表中"群体数量"指参加繁殖的公母畜之和。					

附　录　D

（规范性附录）

黄牛各濒危等级群体数量

D.1　黄牛随机留种方式下各濒危等级群体数量

见表 D.1。

表 D.1　黄牛随机留种方式下各濒危等级群体数量

单位为头

公母比例	濒危等级				
	濒临灭绝	严重危险	危险	较低危险	安全
1:1	≤44	45~61	62~94	95~194	≥195
1:2	≤50	51~69	70~106	107~219	≥220
1:3	≤59	60~81	82~126	127~259	≥260
1:4	≤69	70~96	97~148	149~304	≥305
1:5	≤80	81~110	111~170	171~350	≥351
1:6	≤91	92~125	126~193	194~398	≥399
1:7	≤102	103~140	141~217	218~445	≥446
1:8	≤113	114~155	156~240	241~493	≥494
1:9	≤124	125~171	172~263	264~541	≥542
1:10	≤135	136~186	187~287	288~590	≥591
1:11	≤146	147~201	202~310	311~638	≥639
1:12	≤158	159~217	218~334	335~686	≥687
1:13	≤169	170~232	233~358	359~735	≥736
1:14	≤180	181~247	248~381	382~783	≥784
1:15	≤191	192~263	264~405	406~832	≥833
1:16	≤202	203~278	279~429	430~880	≥881
1:17	≤214	215~293	294~452	453~929	≥930
1:18	≤225	226~309	310~476	477~978	≥979
1:19	≤236	237~324	325~500	501~1 026	≥1 027
1:20	≤247	248~340	341~524	525~1 075	≥1 076
1:21	≤259	260~355	356~547	548~1 124	≥1 125
1:22	≤270	271~370	371~571	572~1 172	≥1 173
1:23	≤281	282~386	387~595	596~1 221	≥1 222
1:24	≤292	293~401	402~619	620~1 270	≥1 271
1:25	≤304	305~417	418~642	643~1 319	≥1 320
1:26	≤315	316~432	433~666	667~1 367	≥1 368
1:27	≤326	327~447	448~690	691~1 416	≥1 417
1:28	≤337	338~463	464~714	715~1 465	≥1 466
1:29	≤349	350~478	479~737	738~1 514	≥1 515
1:30	≤360	361~494	495~761	762~1 562	≥1 563
1:35	≤416	417~571	572~880	881~1 806	≥1 807
1:40	≤472	473~648	649~999	1 000~2 050	≥2 051
1:45	≤529	530~725	726~1 118	1 119~2 294	≥2 295

表 D.1（续）

公母比例	濒危等级				
	濒临灭绝	严重危险	危险	较低危险	安全
1：50	≤585	586～802	803～1 237	1 238～2 538	≥2 539
1：60	≤698	699～957	958～1 474	1 475～3 026	≥3 027
1：70	≤810	811～1 111	1 112～1 712	1 713～3 513	≥3 514
1：80	≤923	924～1 266	1 267～1 950	1 951～4 001	≥4 002
1：90	≤1 036	1 037～1 420	1 421～2 188	2 189～4 489	≥4 490
1：100	≤1 148	1 149～1 575	1 576～2 426	2 427～4 977	≥4 978

注1：如果公母比例超出本表格所列（包括公母比例不是整数和公母比例大于本表格所列），按照式（2）计算有效群体
含量，并从表1查询群体所处濒危等级。

注2：本表中"群体数量"指参加繁殖的公母畜之和。

D.2 黄牛家系等量留种方式下各濒危等级群体数量

见表 D.2。

表 D.2 黄牛家系等量留种方式下各濒危等级群体数量

单位为头

公母比例	濒危等级				
	濒临灭绝	严重危险	危险	较低危险	安全
1：1	≤22	23～30	31～47	48～97	≥98
1：2	≤20	21～28	29～44	45～91	≥92
1：3	≤22	23～30	31～47	48～97	≥98
1：4	≤24	25～33	34～51	52～106	≥107
1：5	≤26	27～36	37～56	57～116	≥117
1：6	≤29	30～40	41～61	62～127	≥128
1：7	≤31	32～43	44～67	68～138	≥139
1：8	≤34	35～47	48～73	74～150	≥151
1：9	≤37	38～50	51～78	79～162	≥163
1：10	≤39	40～54	55～84	85～173	≥174
1：11	≤42	43～58	59～90	91～185	≥186
1：12	≤45	46～62	63～96	97～197	≥198
1：13	≤48	49～66	67～101	102～209	≥210
1：14	≤50	51～69	70～107	108～221	≥222
1：15	≤53	54～73	74～113	114～233	≥234
1：16	≤56	57～77	78～119	120～245	≥246
1：17	≤59	60～81	82～125	126～257	≥258
1：18	≤61	62～85	86～131	132～269	≥270
1：19	≤64	65～88	89～137	138～282	≥283
1：20	≤67	68～92	93～143	144～294	≥295
1：21	≤70	71～96	97～149	150～306	≥307
1：22	≤73	74～100	101～154	155～318	≥319
1：23	≤75	76～104	105～160	161～330	≥331
1：24	≤78	79～108	109～166	167～342	≥343
1：25	≤81	82～111	112～172	173～354	≥355
1：26	≤84	85～115	116～178	179～366	≥367
1：27	≤87	88～119	120～184	185～379	≥380
1：28	≤89	90～123	124～190	191～391	≥392
1：29	≤92	93～127	128～196	197～403	≥404
1：30	≤95	96～131	132～202	203～415	≥416

表 D.2 （续）

公母比例	濒危等级				
	濒临灭绝	严重危险	危险	较低危险	安全
1：35	≤109	110～150	151～231	232～476	≥477
1：40	≤123	124～169	170～261	262～537	≥538
1：45	≤137	138～188	189～291	292～598	≥599
1：50	≤151	152～208	209～321	322～659	≥660
1：60	≤179	180～246	247～380	381～780	≥781
1：70	≤208	209～285	286～439	440～902	≥903
1：80	≤236	237～323	324～499	500～1 024	≥1 025
1：90	≤264	265～362	363～558	559～1 146	≥1 147
1：100	≤292	293～401	402～618	619～1 268	≥1 269
注1：如果公母比例超出本表格所列（包括公母比例不是整数和公母比例大于本表格所列），按照式（3）计算有效群体含量，并从表1查询群体所处濒危等级。 注2：本表中"群体数量"指参加繁殖的公母畜之和。					

附　录　E
（规范性附录）
水牛各濒危等级群体数量

E.1　水牛随机留种方式下各濒危等级群体数量

见表 E.1。

表 E.1　水牛随机留种方式下各濒危等级群体数量

单位为头

公母比例	濒危等级				
	濒临灭绝	严重危险	危险	较低危险	安全
1∶1	≤37	38～51	52～78	79～162	≥163
1∶2	≤41	42～57	58～88	89～182	≥183
1∶3	≤49	50～68	69～105	106～216	≥217
1∶4	≤58	59～80	81～123	124～253	≥254
1∶5	≤67	68～92	93～142	143～292	≥293
1∶6	≤76	77～104	105～161	162～331	≥332
1∶7	≤85	86～117	118～180	181～371	≥372
1∶8	≤94	95～129	130～200	201～411	≥412
1∶9	≤103	104～142	143～219	220～451	≥452
1∶10	≤113	114～155	156～239	240～491	≥492
1∶11	≤122	123～168	169～259	260～532	≥533
1∶12	≤131	132～180	181～278	279～572	≥573
1∶13	≤141	142～193	194～298	299～612	≥613
1∶14	≤150	151～206	207～318	319～653	≥654
1∶15	≤159	160～219	220～338	339～693	≥694
1∶16	≤169	170～232	233～357	358～734	≥735
1∶17	≤178	179～245	246～377	378～774	≥775
1∶18	≤188	189～257	258～397	398～815	≥816
1∶19	≤197	198～270	271～417	418～855	≥856
1∶20	≤206	207～283	284～436	437～896	≥897
1∶21	≤216	217～296	297～456	457～937	≥938
1∶22	≤225	226～309	310～476	477～977	≥978
1∶23	≤234	235～322	323～496	497～1 018	≥1 019
1∶24	≤244	245～334	335～516	517～1 058	≥1 059
1∶25	≤253	254～347	348～535	536～1 099	≥1 100
1∶26	≤263	264～360	361～555	556～1 140	≥1 141
1∶27	≤272	273～373	374～575	576～1 180	≥1 181
1∶28	≤281	282～386	387～595	596～1 221	≥1 222
1∶29	≤291	292～399	400～615	616～1 261	≥1 262
1∶30	≤300	301～412	413～634	635～1 302	≥1 303
1∶31	≤309	310～425	426～654	655～1 343	≥1 344
1∶32	≤319	320～437	438～674	675～1 383	≥1 384
1∶33	≤328	329～450	451～694	695～1 424	≥1 425

表 E.1（续）

公母比例	濒危等级				
	濒临灭绝	严重危险	危险	较低危险	安全
1：34	≤338	339～463	464～714	715～1 465	≥1 466
1：35	≤347	348～476	477～733	734～1 505	≥1 506
1：40	≤394	395～540	541～833	834～1 709	≥1 710
1：45	≤441	442～605	606～932	933～1 912	≥1 913
1：50	≤488	489～669	670～1 031	1 032～2 115	≥2 116

注1：如果公母比例超出本表格所列（包括公母比例不是整数和公母比例大于本表格所列），按照式(2)计算有效群体含量，并从表1查询群体所处濒危等级。

注2：本表中"群体数量"指参加繁殖的公母畜之和。

E.2 水牛家系等量留种方式下各濒危等级群体数量

见表 E.2。

表 E.2 水牛家系等量留种方式下各濒危等级群体数量

单位为头

公母比例	濒危等级				
	濒临灭绝	严重危险	危险	较低危险	安全
1：1	≤18	19～25	26～39	40～80	≥81
1：2	≤17	18～23	24～36	37～75	≥76
1：3	≤18	19～25	26～39	40～80	≥81
1：4	≤20	21～27	28～42	43～88	≥89
1：5	≤22	23～30	31～47	48～97	≥98
1：6	≤24	25～33	34～51	52～106	≥107
1：7	≤26	27～36	37～56	57～115	≥116
1：8	≤28	29～39	40～60	61～125	≥126
1：9	≤30	31～42	43～65	66～135	≥136
1：10	≤33	34～45	46～70	71～144	≥145
1：11	≤35	36～48	49～75	76～154	≥155
1：12	≤37	38～51	52～80	81～164	≥165
1：13	≤39	40～54	55～84	85～174	≥175
1：14	≤42	43～58	59～89	90～184	≥185
1：15	≤44	45～61	62～94	95～194	≥195
1：16	≤46	47～64	65～99	100～204	≥205
1：17	≤49	50～67	68～104	105～214	≥215
1：18	≤51	52～70	71～109	110～224	≥225
1：19	≤53	54～74	75～114	115～235	≥236
1：20	≤56	57～77	78～119	120～245	≥246
1：21	≤58	59～80	81～124	125～255	≥256
1：22	≤60	61～83	84～129	130～265	≥266
1：23	≤63	64～86	87～134	135～275	≥276
1：24	≤65	66～90	91～138	139～285	≥286
1：25	≤67	68～93	94～143	144～295	≥296
1：26	≤70	71～96	97～148	149～305	≥306
1：27	≤72	73～99	100～153	154～315	≥316
1：28	≤74	75～102	103～158	159～326	≥327
1：29	≤77	78～106	107～163	164～336	≥337
1：30	≤79	80～109	110～168	169～346	≥347
1：31	≤81	82～112	113～173	174～356	≥357

表 E.2（续）

公母比例	濒危等级				
	濒临灭绝	严重危险	危险	较低危险	安全
1∶32	≤84	85～115	116～178	179～366	≥367
1∶33	≤86	87～118	119～183	184～376	≥377
1∶34	≤88	89～122	123～188	189～386	≥387
1∶35	≤91	92～125	126～193	194～396	≥397
1∶40	≤103	104～141	142～218	219～447	≥448
1∶45	≤114	115～157	158～242	243～498	≥499
1∶50	≤126	127～173	174～267	268～549	≥550

注 1:如果公母比例超出本表格所列(包括公母比例不是整数和公母比例大于本表格所列),按照式(3)计算有效群体含量,并从表 1 查询群体所处濒危等级。

注 2:本表中"群体数量"指参加繁殖的公母畜之和。

附　录　F

（规范性附录）

牦牛各濒危等级群体数量

F.1　牦牛随机留种方式下各濒危等级群体数量

见表 F.1。

表 F.1　牦牛随机留种方式下各濒危等级群体数量

单位为头

公母比例	濒危等级				
	濒临灭绝	严重危险	危险	较低危险	安全
1∶1	≤27	28～38	39～59	60～121	≥122
1∶2	≤31	32～43	44～66	67～136	≥137
1∶3	≤37	38～51	52～78	79～162	≥163
1∶4	≤43	44～59	60～92	93～190	≥191
1∶5	≤50	51～69	70～106	107～219	≥220
1∶6	≤57	58～78	79～121	122～248	≥249
1∶7	≤64	65～87	88～135	136～278	≥279
1∶8	≤71	72～97	98～150	151～308	≥309
1∶9	≤77	78～107	108～164	165～338	≥339
1∶10	≤84	85～116	117～179	180～368	≥369
1∶11	≤91	92～126	127～194	195～399	≥400
1∶12	≤98	99～135	136～209	210～429	≥430
1∶13	≤106	107～145	146～224	225～459	≥460
1∶14	≤113	114～155	156～238	239～490	≥491
1∶15	≤120	121～164	165～253	254～520	≥521
1∶16	≤127	128～174	175～268	269～550	≥551
1∶17	≤134	135～183	184～283	284～581	≥582
1∶18	≤141	142～193	194～298	299～611	≥612
1∶19	≤148	149～203	204～313	314～642	≥643
1∶20	≤155	156～212	213～327	328～672	≥673
1∶21	≤162	163～222	223～342	343～703	≥704
1∶22	≤169	170～232	233～357	358～733	≥734
1∶23	≤176	177～241	242～372	373～763	≥764
1∶24	≤183	184～251	252～387	388～794	≥795
1∶25	≤190	191～261	262～402	403～824	≥825
1∶26	≤197	198～270	271～417	418～855	≥856
1∶27	≤204	205～280	281～431	432～885	≥886
1∶28	≤211	212～290	291～446	447～916	≥917
1∶29	≤218	219～299	300～461	462～946	≥947
1∶30	≤225	226～309	310～476	477～977	≥978
1∶31	≤232	233～319	320～491	492～1 007	≥1 008
1∶32	≤239	240～328	329～506	507～1 038	≥1 039
1∶33	≤246	247～338	339～521	522～1 068	≥1 069

表 F.1（续）

公母比例	濒危等级				
	濒临灭绝	严重危险	危险	较低危险	安全
1：34	≤254	255～348	349～536	537～1 099	≥1 100
1：35	≤261	262～357	358～550	551～1 129	≥1 130
1：40	≤296	297～406	407～625	626～1 282	≥1 283
1：45	≤303	304～415	416～640	641～1 312	≥1 313
1：50	≤331	332～454	455～699	700～1 434	≥1 435

注 1：如果公母比例超出本表格所列（包括公母比例不是整数和公母比例大于本表格所列），按照式（2）计算有效群体含量，并从表 1 查询群体所处濒危等级。

注 2：本表中"群体数量"指参加繁殖的公母畜之和。

F.2 牦牛家系等量留种方式下各濒危等级群体数量

见表 F.2。

表 F.2 牦牛家系等量留种方式下各濒危等级群体数量

单位为头

公母比例	濒危等级				
	濒临灭绝	严重危险	危险	较低危险	安全
1：1	≤13	14～18	19～29	30～60	≥61
1：2	≤12	13～17	18～27	28～56	≥57
1：3	≤13	14～18	19～29	30～60	≥61
1：4	≤14	15～20	21～32	33～66	≥67
1：5	≤16	17～22	23～35	36～72	≥73
1：6	≤18	19～24	25～38	39～79	≥80
1：7	≤19	20～27	28～42	43～86	≥87
1：8	≤21	22～29	30～45	46～93	≥94
1：9	≤23	24～31	32～49	50～101	≥102
1：10	≤24	25～34	35～52	53～108	≥109
1：11	≤26	27～36	37～56	57～116	≥117
1：12	≤28	29～38	39～60	61～123	≥124
1：13	≤29	30～41	42～63	64～130	≥131
1：14	≤31	32～43	44～67	68～138	≥139
1：15	≤33	34～45	46～70	71～146	≥147
1：16	≤35	36～48	49～74	75～153	≥154
1：17	≤36	37～50	51～78	79～161	≥162
1：18	≤38	39～53	54～82	83～168	≥169
1：19	≤40	41～55	56～85	86～176	≥177
1：20	≤42	43～57	58～89	90～183	≥184
1：21	≤43	44～60	61～93	94～191	≥192
1：22	≤45	46～62	63～96	97～198	≥199
1：23	≤47	48～65	66～100	101～206	≥207
1：24	≤49	50～67	68～104	105～214	≥215
1：25	≤50	51～69	70～107	108～221	≥222
1：26	≤52	53～72	73～111	112～229	≥230
1：27	≤54	55～74	75～115	116～236	≥237
1：28	≤56	57～77	78～119	120～244	≥245
1：29	≤57	58～79	80～122	123～252	≥253
1：30	≤59	60～81	82～126	127～259	≥260
1：31	≤61	62～84	85～130	131～267	≥268

表 F.2 （续）

公母比例	濒危等级				
	濒临灭绝	严重危险	危险	较低危险	安全
1：32	≤63	64～86	87～133	134～274	≥275
1：33	≤65	66～89	90～137	138～282	≥283
1：34	≤66	67～91	92～141	142～290	≥291
1：35	≤68	69～94	95～145	146～297	≥298
1：40	≤77	78～106	107～163	164～335	≥336
1：45	≤86	87～118	119～182	183～373	≥374
1：50	≤94	95～130	131～200	201～412	≥413

注1：如果公母比例超出本表格所列（包括公母比例不是整数和公母比例大于本表格所列），按照式（3）计算有效群体含量，并从表1查询群体所处濒危等级。

注2：本表中"群体数量"指参加繁殖的公母畜之和。

附 录 G

（规范性附录）

马各濒危等级群体数量

G.1 马随机留种方式下各濒危等级群体数量

见表 G.1。

表 G.1 马随机留种方式下各濒危等级群体数量

单位为匹

公母比例	濒危等级				
	濒临灭绝	严重危险	危险	较低危险	安全
1∶1	≤31	32～43	44～67	68～139	≥140
1∶2	≤35	36～49	50～76	77～156	≥157
1∶3	≤42	43～58	59～90	91～185	≥186
1∶4	≤49	50～68	69～105	106～217	≥218
1∶5	≤57	58～79	80～121	122～250	≥251
1∶6	≤65	66～89	90～138	139～284	≥285
1∶7	≤73	74～100	101～155	156～318	≥319
1∶8	≤81	82～111	112～171	172～352	≥353
1∶9	≤89	90～122	123～188	189～387	≥388
1∶10	≤97	98～133	134～205	206～421	≥422
1∶11	≤105	106～144	145～222	223～456	≥457
1∶12	≤113	114～155	156～239	240～490	≥491
1∶13	≤121	122～166	167～255	256～525	≥526
1∶14	≤129	130～177	178～272	273～560	≥561
1∶15	≤137	138～188	189～289	290～594	≥595
1∶16	≤145	146～199	200～306	307～629	≥630
1∶17	≤153	154～210	211～323	324～664	≥665
1∶18	≤161	162～221	222～340	341～698	≥699
1∶19	≤169	170～232	233～357	358～733	≥734
1∶20	≤177	178～243	244～374	375～768	≥769
1∶25	≤217	218～298	299～459	460～942	≥943
1∶30	≤257	258～353	354～544	545～1 116	≥1 117
1∶35	≤298	299～408	409～629	630～1 290	≥1 291
1∶40	≤338	339～463	464～714	715～1 465	≥1 466
1∶45	≤378	379～519	520～799	800～1 639	≥1 640
1∶50	≤419	420～574	575～884	885～1 813	≥1 814
注1：如果公母比例超出本表格所列（包括公母比例不是整数和公母比例大于本表格所列），按照式（2）计算有效群体 含量，并从表1查询群体所处濒危等级。 注2：本表中"群体数量"指参加繁殖的公母畜之和。					

G.2 马家系等量留种方式下各濒危等级群体数量

见表 G.2。

表 G.2 马家系等量留种方式下各濒危等级群体数量

单位为匹

公母比例	濒危等级				
	濒临灭绝	严重危险	危险	较低危险	安全
1∶1	≤15	16～21	22～33	34～69	≥70
1∶2	≤14	15～20	21～31	32～64	≥65
1∶3	≤15	16～21	22～33	34～69	≥70
1∶4	≤17	18～23	24～36	37～75	≥76
1∶5	≤18	19～26	27～40	41～83	≥84
1∶6	≤20	21～28	29～44	45～91	≥92
1∶7	≤22	23～31	32～48	49～99	≥100
1∶8	≤24	25～33	34～52	53～107	≥108
1∶9	≤26	27～36	37～56	57～115	≥116
1∶10	≤28	29～39	40～60	61～124	≥125
1∶11	≤30	31～41	42～64	65～132	≥133
1∶12	≤32	33～44	45～68	69～141	≥142
1∶13	≤34	35～47	48～72	73～149	≥150
1∶14	≤36	37～49	50～76	77～158	≥159
1∶15	≤38	39～52	53～81	82～166	≥167
1∶16	≤40	41～55	56～85	86～175	≥176
1∶17	≤42	43～58	59～89	90～184	≥185
1∶18	≤44	45～60	61～93	94～192	≥193
1∶19	≤46	47～63	64～97	98～201	≥202
1∶20	≤48	49～66	67～102	103～210	≥211
1∶25	≤58	59～79	80～123	124～253	≥254
1∶30	≤68	69～93	94～144	145～296	≥297
1∶35	≤78	79～107	108～165	166～340	≥341
1∶40	≤88	89～121	122～186	187～383	≥384
1∶45	≤98	99～135	136～208	209～427	≥428
1∶50	≤108	109～148	149～229	230～470	≥471

注1:如果公母比例超出本表格所列(包括公母比例不是整数和公母比例大于本表格所列),按照式(3)计算有效群体含量,并从表1查询群体所处濒危等级。

注2:本表中"群体数量"指参加繁殖的公母畜之和。

附　录　H

（规范性附录）

驴各濒危等级群体数量

H.1　驴随机留种方式下各濒危等级群体数量

见表 H.1。

表 H.1　驴随机留种方式下各濒危等级群体数量

单位为头

公母比例	濒危等级				
	濒临灭绝	严重危险	危险	较低危险	安全
1：1	≤31	32～43	44～67	68～139	≥140
1：2	≤35	36～49	50～76	77～156	≥157
1：3	≤42	43～58	59～90	91～185	≥186
1：4	≤49	50～68	69～105	106～217	≥218
1：5	≤57	58～79	80～121	122～250	≥251
1：6	≤65	66～89	90～138	139～284	≥285
1：7	≤73	74～100	101～155	156～318	≥319
1：8	≤81	82～111	112～171	172～352	≥353
1：9	≤89	90～122	123～188	189～387	≥388
1：10	≤97	98～133	134～205	206～421	≥422
1：11	≤105	106～144	145～222	223～456	≥457
1：12	≤113	114～155	156～239	240～490	≥491
1：13	≤121	122～166	167～255	256～525	≥526
1：14	≤129	130～177	178～272	273～560	≥561
1：15	≤137	138～188	189～289	290～594	≥595
1：16	≤145	146～199	200～306	307～629	≥630
1：17	≤153	154～210	211～323	324～664	≥665
1：18	≤161	162～221	222～340	341～698	≥699
1：19	≤169	170～232	233～357	358～733	≥734
1：20	≤177	178～243	244～374	375～768	≥769
1：25	≤217	218～298	299～459	460～942	≥943
1：30	≤257	258～353	354～544	545～1 116	≥1 117
1：35	≤298	299～408	409～629	630～1 290	≥1 291
1：40	≤338	339～463	464～714	715～1 465	≥1 466
1：45	≤378	379～519	520～799	800～1 639	≥1 640
1：50	≤419	420～574	575～884	885～1 813	≥1 814

注1：如果公母比例超出本表格所列（包括公母比例不是整数和公母比例大于本表格所列），按照式（2）计算有效群体含量，并从表1查询群体所处濒危等级。

注2：本表中"群体数量"指参加繁殖的公母畜之和。

H.2 驴家系等量留种方式下各濒危等级群体数量

见表 H.2。

表 H.2 驴家系等量留种方式下各濒危等级群体数量

单位为头

公母比例	濒危等级				
	濒临灭绝	严重危险	危险	较低危险	安全
1∶1	≤15	16～21	22～33	34～69	≥70
1∶2	≤14	15～20	21～31	32～64	≥65
1∶3	≤15	16～21	22～33	34～69	≥70
1∶4	≤17	18～23	24～36	37～75	≥76
1∶5	≤18	19～26	27～40	41～83	≥84
1∶6	≤20	21～28	29～44	45～91	≥92
1∶7	≤22	23～31	32～48	49～99	≥100
1∶8	≤24	25～33	34～52	53～107	≥108
1∶9	≤26	27～36	37～56	57～115	≥116
1∶10	≤28	29～39	40～60	61～124	≥125
1∶11	≤30	31～41	42～64	65～132	≥133
1∶12	≤32	33～44	45～68	69～141	≥142
1∶13	≤34	35～47	48～72	73～149	≥150
1∶14	≤36	37～49	50～76	77～158	≥159
1∶15	≤38	39～52	53～81	82～166	≥167
1∶16	≤40	41～55	56～85	86～175	≥176
1∶17	≤42	43～58	59～89	90～184	≥185
1∶18	≤44	45～60	61～93	94～192	≥193
1∶19	≤46	47～63	64～97	98～201	≥202
1∶20	≤48	49～66	67～102	103～210	≥211
1∶25	≤58	59～79	80～123	124～253	≥254
1∶30	≤68	69～93	94～144	145～296	≥297
1∶35	≤78	79～107	108～165	166～340	≥341
1∶40	≤88	89～121	122～186	187～383	≥384
1∶45	≤98	99～135	136～208	209～427	≥428
1∶50	≤108	109～148	149～229	230～470	≥471

注1：如果公母比例超出本表格所列（包括公母比例不是整数和公母比例大于本表格所列），按照式（3）计算有效群体含量，并从表1查询群体所处濒危等级。

注2：本表中"群体数量"指参加繁殖的公母畜之和。

附　录　I

（规范性附录）

骆驼各濒危等级群体数量

I.1　骆驼随机留种方式下各濒危等级群体数量

见表I.1。

表I.1　骆驼随机留种方式下各濒危等级群体数量

单位为峰

公母比例	濒危等级				
	濒临灭绝	严重危险	危险	较低危险	安全
1:1	≤27	28～38	39～59	60～121	≥122
1:2	≤31	32～43	44～66	67～136	≥137
1:3	≤37	38～51	52～78	79～162	≥163
1:4	≤43	44～59	60～92	93～190	≥191
1:5	≤50	51～69	70～106	107～219	≥220
1:6	≤57	58～78	79～121	122～248	≥249
1:7	≤64	65～87	88～135	136～278	≥279
1:8	≤71	72～97	98～150	151～308	≥309
1:9	≤77	78～107	108～164	165～338	≥339
1:10	≤84	85～116	117～179	180～368	≥369
1:11	≤91	92～126	127～194	195～399	≥400
1:12	≤98	99～135	136～209	210～429	≥430
1:13	≤106	107～145	146～224	225～459	≥460
1:14	≤113	114～155	156～238	239～490	≥491
1:15	≤120	121～164	165～253	254～520	≥521
1:16	≤127	128～174	175～268	269～550	≥551
1:17	≤134	135～183	184～283	284～581	≥582
1:18	≤141	142～193	194～298	299～611	≥612
1:19	≤148	149～203	204～313	314～642	≥643
1:20	≤155	156～212	213～327	328～672	≥673
1:25	≤190	191～261	262～402	403～824	≥825
1:30	≤225	226～309	310～476	477～977	≥978
1:35	≤261	262～357	358～550	551～1 129	≥1 130
1:40	≤296	297～406	407～625	626～1 282	≥1 283
1:45	≤331	332～454	455～699	700～1 434	≥1 435
1:50	≤367	368～502	503～774	775～1 587	≥1 588

注1：如果公母比例超出本表格所列（包括公母比例不是整数和公母比例大于本表格所列），按照式（2）计算有效群体含量，并从表1查询群体所处濒危等级。

注2：本表中"群体数量"指参加繁殖的公母畜之和。

I.2 骆驼家系等量留种方式下各濒危等级群体数量

见表 I.2。

表 I.2 骆驼家系等量留种方式下各濒危等级群体数量

单位为峰

公母比例	濒危等级				
	濒临灭绝	严重危险	危险	较低危险	安全
1∶1	≤13	14～18	19～29	30～60	≥61
1∶2	≤12	13～17	18～27	28～56	≥57
1∶3	≤13	14～18	19～29	30～60	≥61
1∶4	≤14	15～20	21～32	33～66	≥67
1∶5	≤16	17～22	23～35	36～72	≥73
1∶6	≤18	19～24	25～38	39～79	≥80
1∶7	≤19	20～27	28～42	43～86	≥87
1∶8	≤21	22～29	30～45	46～93	≥94
1∶9	≤23	24～31	32～49	50～101	≥102
1∶10	≤24	25～34	35～52	53～108	≥109
1∶11	≤26	27～36	37～56	57～116	≥117
1∶12	≤28	29～38	39～60	61～123	≥124
1∶13	≤29	30～41	42～63	64～130	≥131
1∶14	≤31	32～43	44～67	68～138	≥139
1∶15	≤33	34～45	46～70	71～146	≥147
1∶16	≤35	36～48	49～74	75～153	≥154
1∶17	≤36	37～50	51～78	79～161	≥162
1∶18	≤38	39～53	54～82	83～168	≥169
1∶19	≤40	41～55	56～85	86～176	≥177
1∶20	≤42	43～57	58～89	90～183	≥184
1∶25	≤50	51～69	70～107	108～221	≥222
1∶30	≤59	60～81	82～126	127～259	≥260
1∶35	≤68	69～94	95～145	146～297	≥298
1∶40	≤77	78～106	107～163	164～335	≥336
1∶45	≤86	87～118	119～182	183～373	≥374
1∶50	≤94	95～130	131～200	201～412	≥413

注1:如果公母比例超出本表格所列(包括公母比例不是整数和公母比例大于本表格所列),按照式(3)计算有效群体含量,并从表1查询群体所处濒危等级。

注2:本表中"群体数量"指参加繁殖的公母畜之和。

ICS 65.020.30
B 43

中华人民共和国农业行业标准

NY/T 2996—2016

家禽遗传资源濒危等级评定

Evaluation of endangerment for poultry genetic resources

2016-11-01 发布

2017-04-01 实施

中华人民共和国农业部 发布

NY/T 2996—2016

前　言

本标准按照 GB/T 1.1—2009 给出的规则起草。

本标准由农业部畜牧业司提出。

本标准由全国畜牧业标准化技术委员会(SAC/TC 274)归口。

本标准起草单位：中国农业科学院北京畜牧兽医研究所。

本标准主要起草人：关伟军、马月辉、何晓红、赵倩君、浦亚斌、李向臣、傅宝玲。

家禽遗传资源濒危等级评定

1 范围

本标准规定了活体家禽遗传资源濒危等级的划分与评定,以及各濒危等级的群体数量范围。

本标准适用于鸡、鸭、鹅等家禽资源。

2 术语和定义

下列术语和定义适用于本文件。

2.1

家禽遗传资源 poultry genetic resources

在特定社会经济、技术背景下能用于家禽育种事业,以满足社会物质、文化需求,具有遗传变异的家禽种群。

2.2

世代间隔 generation interval

子代出生时双亲的平均年龄。

2.3

有效群体含量 effective population size

与实际群体有相同基因频率方差或相同杂合度衰减率的理想群体(群体足够大,群体内雌雄个体数相同并随机交配,每个个体产生的后代数相同,无世代重叠,无选择、突变、迁移等因素影响群体遗传平衡现象发生的群体)含量。

3 濒危等级划分与评定依据

3.1 濒危等级划分

根据 100 年家禽群体近交系数(F_{100})将其划分为灭绝、濒临灭绝、严重危险、危险、较低危险、安全 6 级,F_{100} 的设定值如下:

a) 灭绝:只存在单一性别可繁殖个体或者不存在纯种个体;

b) 濒临灭绝:$F_{100}>0.2$;

c) 严重危险:$0.15<F_{100}\leqslant0.2$;

d) 危险:$0.1<F_{100}\leqslant0.15$;

e) 较低危险:$0.05<F_{100}\leqslant0.1$;

f) 安全:$F_{100}\leqslant0.05$。

3.2 近交系数的计算

近交系数按式(1)计算。

$$F_{100}=1-\left(1-\frac{1}{2N_e}\right)^t \quad\cdots\cdots\cdots\cdots\cdots\cdots\cdots\cdots\cdots\cdots\cdots\cdots\cdots (1)$$

式中:

N_e——有效群体含量;

t ——100 年内的世代数,各类家禽世代间隔分别为鸡 1.5 年、鸭 2 年、鹅 3 年。

3.3 有效群体含量的计算

a) 随机留种方式有效群体含量按式(2)计算。

$$N_e = \frac{4N_m \times N_f}{N_m + N_f} \quad \cdots\cdots\cdots\cdots\cdots\cdots\cdots\cdots\cdots\cdots\cdots\cdots \quad (2)$$

式中：

N_e——有效群体含量；

N_m——参加繁殖的公禽数量；

N_f——参加繁殖的母禽数量。

b）家系等量留种方式有效群体含量按式（3）计算。

$$N_e = \frac{16N_m \times N_f}{3N_m + N_f} \quad \cdots\cdots\cdots\cdots\cdots\cdots\cdots\cdots\cdots\cdots\cdots\cdots \quad (3)$$

式中：

N_e——有效群体含量；

N_m——参加繁殖的公禽数量；

N_f——参加繁殖的母禽数量。

4 濒危等级评定方法

可选择如下任一方法进行濒危等级评定：

a）根据 F_{100} 数值进行评定。计算 F_{100}，按照 3.1 条款进行等级评定。

b）根据有效群体含量进行评定。按照不同濒危等级的有效群体含量进行评定，详见表1。

表 1　家禽各濒危等级有效群体含量

单位为只

家禽种类	濒危等级				
	濒临灭绝	严重危险	危险	较低危险	安全
鸡	≤149	150～204	205～316	317～649	≥650
鸭	≤111	112～153	154～237	238～487	≥488
鹅	≤74	75～102	103～157	158～324	≥325

c）根据实际群体数量进行评定。

1）鸡：在随机留种方式下，各濒危等级群体数量见表 A.1；在家系等量留种方式下，各濒危等级群体数量见表 A.2。

2）鸭：在随机留种方式下，各濒危等级群体数量见表 B.1；在家系等量留种方式下，各濒危等级群体数量见表 B.2。

3）鹅：在随机留种方式下，各濒危等级群体数量见表 C.1；在家系等量留种方式下，各濒危等级群体数量见表 C.2。

附 录 A
（规范性附录）
鸡各濒危等级群体数量

A.1 鸡随机留种方式下各濒危等级群体数量范围

见表 A.1。

表 A.1 鸡随机留种方式下各濒危等级群体数量范围

单位为只

公母比例	濒危等级				
	濒临灭绝	严重危险	危险	较低危险	安全
1∶1	≤149	150～204	205～316	317～649	≥650
1∶2	≤167	168～230	231～355	356～730	≥731
1∶3	≤199	200～273	274～421	422～866	≥867
1∶4	≤233	234～320	321～494	495～1 015	≥1 016
1∶5	≤268	269～369	370～569	570～1 169	≥1 170
1∶6	≤304	305～418	419～645	646～1 326	≥1 327
1∶7	≤341	342～468	469～723	724～1 485	≥1 486
1∶8	≤378	379 ～519	520～800	801～1 645	≥1 646
1∶9	≤415	416～569	570 ～879	880～1 805	≥1 806
1∶10	≤452	453～620	621～957	958～1 966	≥1 967
1∶11	≤489	490～671	672～1 035	1 036～2 127	≥2 128
1∶12	≤526	527～722	723～1 114	1 115～2 288	≥2 289
1∶13	≤563	564～773	774～1 192	1 193～2 449	≥2 450
1∶14	≤600	601～824	825～1 271	1 272～2 611	≥2 612
1∶15	≤637	638～875	876～1 350	1 351～2 773	≥2 774
1∶16	≤675	676～926	927～1 429	1 430～2 935	≥2 936
1∶17	≤712	713～977	978 ～1 508	1 509～3 097	≥3 098
1∶18	≤749	750～1 029	1 030～1 587	1 588～3 259	≥3 260
1∶19	≤787	788～1 080	1 081～1 665	1 666～3 421	≥3 422
1∶20	≤824	825～1 131	1 132～1 744	1 745～3 583	≥3 584
1∶21	≤861	862～1 182	1 183～1 823	1 824～3 745	≥3 746
1∶22	≤898	899～1 233	1 234～1 902	1 903～3 907	≥3 908
1∶23	≤936	937～1 285	1 286～1 981	1 982～4 069	≥4 070
1∶24	≤973	974～1 336	1 337～2 060	2 061～4 231	≥4 232
1∶25	≤1 011	1 012～1 387	1 388～2 139	2 140～4 394	≥4 395
1∶26	≤1 048	1 049～1 438	1 439～2 218	2 219～4 556	≥4 557
1∶27	≤1 085	1 086～1 490	1 491～2 297	2 298～4 718	≥4 719
1∶28	≤1 123	1 124～1 541	1 542～2 377	2 378～4 881	≥4 882
1∶29	≤1 160	1 161～1 592	1 593～2 456	2 457～5 043	≥5 044
1∶30	≤1 197	1 198～1 644	1 645～2 535	2 536～5 205	≥5 206
1∶35	≤1 384	1 385～1 900	1 901～2 930	2 931～6 017	≥6 018
1∶40	≤1 571	1 572～2 157	2 158～3 326	3 327～6 829	≥6 830
1∶45	≤1 758	1 759～2 413	2 414～3 721	3 722～7 641	≥7 642
1∶50	≤1 945	1 946～2 670	2 671～4 117	4 118～8 454	≥8 455

注1:如果公母比例超出本表格所列（包括公母比例不是整数和公母比例大于本表格所列），按照本标准式（2）计算有效群体含量，并从表1查询群体所处濒危等级。

注2:本表中"群体数量"指参加繁殖的公母禽之和。

示例:

随机留种方式下,公母鸡比例1∶20,公鸡30只、母鸡600只,群体数量630只,群体处于濒临灭绝等级。

A.2 鸡等量留种方式下各濒危等级群体数量范围

见表 A.2。

表 A.2 鸡等量留种方式下各濒危等级群体数量范围

单位为只

公母比例	濒危等级				
	濒临灭绝	严重危险	危险	较低危险	安全
1：1	≤74	75~102	103~157	158~324	≥325
1：2	≤69	70~95	96~147	148~304	≥305
1：3	≤74	75~102	103~157	158~324	≥325
1：4	≤81	82~111	112~172	173~355	≥356
1：5	≤89	90~122	123~189	190~389	≥390
1：6	≤97	98~134	135~207	208~426	≥427
1：7	≤106	107~146	147~225	226~463	≥464
1：8	≤115	116~158	159~244	245~502	≥503
1：9	≤124	125~170	171~263	264~541	≥542
1：10	≤133	134~183	184~282	283~580	≥581
1：11	≤142	143~195	196~301	302~620	≥621
1：12	≤151	152~208	209~321	322~659	≥660
1：13	≤160	161~220	221~340	341~699	≥700
1：14	≤169	170~233	234~359	360~739	≥740
1：15	≤179	180~245	246~379	380~779	≥780
1：16	≤188	189~258	259~398	399~819	≥820
1：17	≤197	198~271	272~418	419~859	≥860
1：18	≤206	207~284	285~438	439~900	≥901
1：19	≤216	217~296	297~457	458~940	≥941
1：20	≤225	226~309	310~477	478~980	≥981
1：21	≤234	235~322	323~497	498~1 021	≥1 022
1：22	≤243	244~334	335~516	517~1 061	≥1 062
1：23	≤253	254~347	348~536	537~1 101	≥1 102
1：24	≤262	263~360	361~556	557~1 142	≥1 143
1：25	≤271	272~373	374~575	576~1 182	≥1 183
1：26	≤281	282~386	387~595	596~1 223	≥1 224
1：27	≤290	291~398	399~615	616~1 263	≥1 264
1：28	≤299	300~411	412~634	635~1 304	≥1 305
1：29	≤309	310~424	425~654	655~1 344	≥1 345
1：30	≤318	319~437	438~674	675~1 385	≥1 386
1：35	≤365	366~501	502~772	773~1 587	≥1 588
1：40	≤411	412~565	566~871	872~1 790	≥1 791
1：45	≤458	459~629	630~970	971~1 993	≥1 994
1：50	≤505	506~693	694~1 069	1 070~2 196	≥2 197

注1：如果公母比例超出本表格所列（包括公母比例不是整数和公母比例大于本表格所列），按照本标准式（3）计算有效群体含量，并从表1查询群体所处濒危等级。

注2：本表中"群体数量"指参加繁殖的公母禽之和。

示例：

家系等量留种方式下，公母鸡比例1：20，公鸡30只、母鸡600只，群体数量630只，群体处于较低等级。

附 录 B

（规范性附录）

鸭各濒危等级群体数量

B.1 鸭随机留种方式下各濒危等级群体数量范围

见表 B.1。

表 B.1 鸭随机留种方式下各濒危等级群体数量范围

单位为只

公母比例	濒危等级				
	濒临灭绝	严重危险	危险	较低危险	安全
1：1	≤111	112～153	154～237	238～487	≥488
1：2	≤125	126～172	172～266	266～548	≥549
1：3	≤149	150～204	204～316	316～649	≥650
1：4	≤174	175～240	240～370	370～761	≥762
1：5	≤201	202～276	276～427	427～877	≥878
1：6	≤228	229～314	314～484	484～995	≥996
1：7	≤256	257～351	351～542	542～1 114	≥1 115
1：8	≤283	284～389	389～600	600～1 233	≥1 234
1：9	≤311	312～427	427～659	659～1 354	≥1 355
1：10	≤339	340～465	465～718	718～1 474	≥1 475
1：11	≤366	367～503	503～776	776～1 595	≥1 596
1：12	≤394	395～541	541～835	835～1 716	≥1 717
1：13	≤422	423～580	580～894	894～1 837	≥1 838
1：14	≤450	451～618	618～953	953～1 958	≥1 959
1：15	≤478	479～656	656～1 012	1 012～2 080	≥2 081
1：16	≤506	507～695	695～1 072	1 072～2 201	≥2 202
1：17	≤534	535～733	733～1 131	1 131～2 322	≥2 323
1：18	≤562	563～772	772～1 190	1 190～2 444	≥2 445
1：19	≤590	591～810	810～1 249	1 249～2 566	≥2 567
1：20	≤618	619～848	848～1 308	1 308～2 687	≥2 688
1：21	≤646	647～887	887～1 368	1 368～2 809	≥2 810
1：22	≤674	675～925	925～1 427	1 427～2 930	≥2 931
1：23	≤702	703～964	964～1 486	1 486～3 052	≥3 053
1：24	≤730	731～1 002	1 002～1 545	1 545～3 174	≥3 175
1：25	≤758	759～1 041	1 041～1 605	1 605～3 295	≥3 296
1：26	≤786	787～1 079	1 079～1 664	1 664～3 417	≥3 418
1：27	≤814	815～1 117	1 117～1 723	1 723～3 539	≥3 540
1：28	≤842	843～1 156	1 156～1 783	1 783～3 661	≥3 662
1：29	≤870	871～1 194	1 194～1 842	1 842～3 782	≥3 782
1：30	≤898	899～1 233	1 233～1 901	1 901～3 904	≥3 905
1：35	≤1 038	1 039～1 425	1 425～2 198	2 198～4 513	≥4 514
1：40	≤1 179	1 180～1 618	1 618～2 495	2 495～5 122	≥5 123
1：45	≤1 319	1 320～1 810	1 810～2 791	2 791～5 732	≥5 733
1：50	≤1 459	1 460～2 003	2 003～3 088	3 088～6 431	≥6 342

注 1：如果公母比例超出本表格所列（包括公母比例不是整数和公母比例大于本表格所列），按照本标准式（2）计算有效群体含量，并从表 1 查询群体所处濒危等级。

注 2：本表中"群体数量"指参加繁殖的公母禽之和。

示例：

随机留种方式下，公母鸭比例 1：20，公鸭 30 只、母鸭 600 只，群体数量 630 只，群体处于严重危险等级。

B.2 鸭各濒危等级等量留种方式下群体数量范围

见表 B.2。

表 B.2 鸭各濒危等级等量留种方式下群体数量范围

单位为只

公母比例	濒危等级				
	濒临灭绝	严重危险	危险	较低危险	安全
1:1	≤55	56~76	77~118	119~243	≥244
1:2	≤52	53~71	72~110	111~228	≥229
1:3	≤55	56~76	77~118	119~243	≥244
1:4	≤60	61~83	84~129	130~266	≥267
1:5	≤66	67~91	92~142	143~292	≥293
1:6	≤73	74~100	101~155	156~319	≥320
1:7	≤79	80~109	110~169	170~347	≥348
1:8	≤86	87~118	119~183	184~376	≥377
1:9	≤93	94~127	128~197	198~405	≥406
1:10	≤99	100~137	138~211	212~435	≥436
1:11	≤106	107~146	147~226	227~464	≥465
1:12	≤113	114~155	156~240	241~494	≥495
1:13	≤120	121~165	166~255	256~524	≥525
1:14	≤127	128~174	175~269	270~554	≥555
1:15	≤134	135~184	185~284	285~584	≥585
1:16	≤141	142~193	194~299	300~614	≥615
1:17	≤148	149~203	204~313	314~644	≥645
1:18	≤155	156~212	213~328	329~675	≥676
1:19	≤162	163~222	223~343	344~705	≥706
1:20	≤168	169~232	233~358	359~735	≥736
1:21	≤175	176~241	242~372	373~765	≥766
1:22	≤182	183~251	252~387	388~796	≥797
1:23	≤189	190~260	261~402	403~826	≥827
1:24	≤196	197~270	271~417	418~856	≥857
1:25	≤203	204~279	280~431	432~887	≥888
1:26	≤210	211~289	290~446	447~917	≥918
1:27	≤217	218~299	300~461	462~947	≥948
1:28	≤224	225~308	309~476	477~978	≥979
1:29	≤231	232~318	319~490	491~1 008	≥1 009
1:30	≤238	239~327	328~505	506~1 038	≥1 039
1:35	≤273	274~375	376~579	580~1 190	≥1 191
1:40	≤308	309~423	424~653	654~1 342	≥1 343
1:45	≤343	344~472	473~727	728~1 494	≥1 495
1:50	≤378	379~520	521~802	803~1 647	≥1 648

注1:如果公母比例超出本表格所列(包括公母比例不是整数和公母比例大于本表格所列),按照本标准式(3)计算有效群体含量,并从表1查询群体所处濒危等级。

注2:本表中"群体数量"指参加繁殖的公母禽之和。

示例:

家系等量留种方式下,公母鸭比例1:20,公鸡30只、母鸡600只,群体数量630只,群体处于较低危险等级。

附　录　C

（规范性附录）

鹅各濒危等级群体数量

C.1　鹅随机留种方式下各濒危等级群体数量范围

见表C.1。

表C.1　鹅随机留种方式下各濒危等级群体数量范围

单位为只

公母比例	濒危等级				
	濒临灭绝	严重危险	危险	较低危险	安全
1∶1	74	75～102	103～157	158～324	325
1∶2	83	84～115	116～177	178～365	366
1∶3	99	100～136	137～210	211～433	434
1∶4	116	117～160	161～247	248～507	508
1∶5	134	135～184	185～284	285～584	585
1∶6	152	153～209	210～322	323～663	664
1∶7	170	171～234	235～361	362～742	743
1∶8	189	190～259	260～400	401～822	823
1∶9	207	208～285	286～439	440～902	903
1∶10	226	227～310	311～478	479～983	984
1∶11	244	245～335	336～518	519～1 063	1 064
1∶12	263	264～361	362～557	558～1 144	1 145
1∶13	281	282～386	387～596	597～1 225	1 226
1∶14	300	301～412	413～636	637～1 306	1 307
1∶15	319	320～438	439～675	676～1 386	1 387
1∶16	337	338～463	464～714	715～1 467	1 468
1∶17	356	357～489	490～754	755～1 548	1 549
1∶18	375	376～514	515～793	794～1 629	1 630
1∶19	393	394～540	541～833	834～1 710	1 711
1∶20	412	413～566	567～872	873～1 792	1 793
1∶21	431	432～591	592～912	913～1 873	1 874
1∶22	449	450～617	618～951	952～1 954	1 955
1∶23	468	469～643	644～991	992～2 035	2 036
1∶24	487	488～668	669～1 030	1 031～2 116	2 117
1∶25	506	507～694	695～1 070	1 071～2 197	2 198
1∶26	524	525～720	721～1 110	1 111～2 278	2 279
1∶27	543	544～745	746～1 149	1 150～2 360	2 361
1∶28	562	563～771	772～1 189	1 190～2 441	2 442
1∶29	580	581～797	798～1 228	1 229～2 522	2 523
1∶30	599	600～822	823～1 268	1 269～2 603	2 604
1∶35	693	694～951	952～1 466	1 467～3 009	3 010
1∶40	786	787～1 079	1 080～1 664	1 665～3 415	3 416
1∶45	880	881～1 207	1 208～1 862	1 863～3 822	3 823
1∶50	974	975～1 336	1 337～2 059	2 060～4 228	4 229

注1：如果公母比例超出本表格所列（包括公母比例不是整数和公母比例大于本表格所列），可按照本标准式（2）计算
　　　有效群体含量，并从表1查询群体所处濒危等级。

注2：本表中"群体数量"指参加繁殖的公母禽之和。

示例：

随机留种方式下，公母鹅比例1∶20，公鹅30只、母鹅600只，群体数量630只，群体处于危险等级。

C.2 鹅等量留种方式下各濒危等级群体数量范围

见表 C.2。

表 C.2 鹅等量留种方式下各濒危等级群体数量范围

单位为只

公母比例	濒危等级				
	濒临灭绝	严重危险	危险	较低危险	安全
1：1	≤36	37～50	51～78	79～162	≥163
1：2	≤34	35～47	48～73	74～151	≥152
1：3	≤36	37～50	51～78	79～162	≥163
1：4	≤40	41～55	56～86	87～177	≥178
1：5	≤44	45～61	62～94	95～194	≥195
1：6	≤48	49～66	67～103	104～212	≥213
1：7	≤53	54～72	73～112	113～231	≥232
1：8	≤57	58～79	80～122	123～251	≥252
1：9	≤61	62～85	86～131	132～270	≥271
1：10	≤66	67～91	92～141	142～290	≥291
1：11	≤71	72～97	98～150	151～309	≥310
1：12	≤75	76～103	104～160	161～329	≥330
1：13	≤80	81～110	111～170	171～349	≥350
1：14	≤84	85～116	117～179	180～369	≥370
1：15	≤89	90～122	123～189	190～389	≥390
1：16	≤94	95～129	130～199	200～409	≥410
1：17	≤98	99～135	136～209	210～429	≥430
1：18	≤103	104～141	142～219	220～450	≥451
1：19	≤107	108～148	149～228	229～470	≥471
1：20	≤112	113～154	155～238	239～490	≥491
1：21	≤117	118～161	162～248	249～510	≥511
1：22	≤121	122～167	168～258	259～530	≥531
1：23	≤126	127～173	174～268	269～550	≥551
1：24	≤131	132～180	181～278	279～571	≥572
1：25	≤135	136～186	187～287	288～591	≥592
1：26	≤140	141～192	193～297	298～611	≥612
1：27	≤145	146～199	200～307	308～631	≥632
1：28	≤149	150～205	206～317	318～652	≥653
1：29	≤154	155～212	213～327	328～672	≥673
1：30	≤159	160～218	219～337	338～692	≥693
1：35	≤182	183～250	251～386	387～793	≥794
1：40	≤205	206～282	283～435	436～895	≥896
1：45	≤229	230～314	315～485	486～996	≥997
1：50	≤252	253～346	347～534	535～1 098	≥1 099

注1：如果公母比例超出本表格所列（包括公母比例不是整数和公母比例大于本表格所列），按照本标准式（3）计算有效群体含量，并从表1查询群体所处濒危等级。

注2：本表中"群体数量"指参加繁殖的公母禽之和。

示例：

家系等量留种方式下，公母鹅比例1：20，公鹅30只、母鹅600只，群体数量630只，群体处于安全等级。

ICS 65.020.01
B 40

中华人民共和国农业行业标准

NY/T 2997—2016

草 地 分 类

Grassland classification

2016-11-01 发布

2017-04-01 实施

中华人民共和国农业部 发布

NY/T 2997—2016

前　言

本标准按照 GB/T 1.1—2009 给出的规则起草。

本标准由农业部畜牧业司提出。

本标准由全国畜牧业标准化技术委员会(SAC/TC 274)归口。

本标准起草单位:全国畜牧总站、农业部畜牧业司、农业部草原监理中心、中国农业科学院草原研究所、甘肃省草原技术推广总站、内蒙古草原勘查设计研究院、新疆维吾尔自治区草原站、黑龙江省草原工作站。

本标准主要起草人:负旭江、董永平、李维薇、杨智、王加亭、尹晓飞、赵恩泽、李鹏、孙斌、毕力格·吉夫、张洪江、刘昭明。

草 地 分 类

1 范围

本标准规定了草地类型的划分。

本标准适用于草地资源与生态状况调查、监测、评价和统计中的草地类别划分。

2 术语和定义

下列术语和定义适用于本文件。

2.1

草地 grassland

地被植物以草本或半灌木为主,或兼有灌木和稀疏乔木,植被覆盖度大于 5%、乔木郁闭度小于 0.1、灌木覆盖度小于 40% 的土地,以及其他用于放牧和割草的土地。

2.2

优势种 dominant species

草地群落中作用最大、对其他种的生存有很大影响与控制作用的植物种。

2.3

共优种 co-dominant species

多种植物在群落中的优势地位相近时为共同优势种,简称共优种。

3 草地划分

3.1 天然草地

优势种为自然生长形成,且自然生长植物生物量和覆盖度占比大于等于 50% 的草地划分为天然草地。天然草地的类型采用类、型二级划分。

3.2 人工草地

优势种由人为栽培形成,且自然生长植物的生物量和覆盖度占比小于 50% 的草地划分为人工草地。人工草地包括改良草地和栽培草地。

4 天然草地类型划分

4.1 第一级 类

具有相同气候带和植被型组的草地划分为相同的类。全国的草地划分为 9 个类,见表 1。

表 1 草地类

编号	草地类	范 围
A	温性草原类	主要分布在伊万诺夫湿润度(以下简称湿润度)0.13～1.0、年降水量 150 mm～500 mm 的温带干旱、半干旱和半湿润地区,多年生旱生草本植物为主,有一定数量旱中生或强旱生植物的天然草地
B	高寒草原类	主要分布在湿润度 0.13～1.0、年降水量 100 mm～400 mm 的高山(或高原)亚寒带与寒带半干旱地区,耐寒的多年生旱生、旱中生或强旱生禾草为优势种,有一定数量旱生半灌木或强旱生小半灌木的草地
C	温性荒漠类	主要分布在湿润度<0.13、年降水量<150 mm 的温带极干旱或强干旱地区,超旱生或强旱生灌木和半灌木为优势种,有一定数量旱生草本或半灌木的草地

表 1（续）

编号	草地类	范 围
D	高寒荒漠类	主要分布在湿润度<0.13、年降水量<100 mm的高山（或高原）亚寒带与寒带极干旱地区，极稀疏低矮的超旱生垫状半灌木、垫状或莲座状草本植物为主的草地
E	暖性灌草丛类	主要分布在湿润度>1.0、年降水量>550 mm的暖温带地区，喜暖的多年生中生或旱中生草本植物为优势种，有一定数量灌木、乔木的草地
F	热性灌草丛类	主要分布在雨季湿润度>1.0、旱季湿润度0.7~1.0、年降水量>700 mm的亚热带和热带地区，热性多年生中生或旱中生草本植物为主，有一定数量灌木、乔木的草地
G	低地草甸类	主要分布在河岸、河漫滩、海岸滩涂、湖盆边缘、丘间低地、谷地、冲积扇扇缘等地，受地表径流、地下水或季节性积水影响而形成的，以多年生湿中生、中生或湿生草本为优势种的草地
H	山地草甸类	主要分布在湿润度>1.0、年降水量>500 mm的温性山地，以多年生中生草本植物为优势种的草地
I	高寒草甸类	主要分布在湿润度>1.0、年降水量>400 mm的高山（或高原）亚寒带与寒带湿润地区，耐寒多年生中生草本植物为优势种，或有一定数量中生灌丛的草地

4.2 第二级 型

在草地类中，优势种、共优种相同，或优势种、共优种为饲用价值相似的植物划分为相同的草地型。全国草地共划分 175 个草地型，见表2。

5 人工草地类型划分

5.1 改良草地

通过补播改良形成的草地。改良草地可采用天然草地的类、型二级分类方法进一步划分类别。

5.2 栽培草地

通过退耕还草、人工种草、饲草饲料基地建设等方式形成的草地。

表 2 草地型

序号	类编号	草地类	型编号	草地型	优势植物及主要伴生植物
1			A01	芨芨草、旱生禾草	芨芨草（Achnatherum splendens）
2			A02	沙鞭	沙鞭（Psammochloa villosa）
3			A03	贝加尔针茅	贝加尔针茅（Stipa baicalensis）、羊草（Leymus chinensis）、线叶菊（Filifolium sibiricum）、白莲蒿（Artemisia sacrorum）、菊叶委陵菜（Potentilla tanacetifolia）
4			A04	具灌木的贝加尔针茅	贝加尔针茅、羊草、隐子草（Cleistogenes ssp.）、线叶菊、西伯利亚杏（Armeniaca sibirica）
5			A05	大针茅	大针茅（S. grandis）、糙隐子草（Cl. squarrosa）、达乌里胡枝子（Lespedeza daurica）
6	A	温性草原类	A06	羊草	羊草、贝加尔针茅、家榆（Ulmus pumila）
7			A07	羊草、旱生杂类草	羊草、针茅（S. spp.）、糙隐子草、冷蒿（A. frigida）
8			A08	具灌木的旱生针茅	大针茅、长芒草（S. bungeana）、西北针茅（S. sareptana var. krylovii）、针茅、糙隐子草、锦鸡儿（Caragana ssp.）、北沙柳（Salix psammophila）、灰枝紫菀（Aster poliothamnus）、白刺花（Sophora davidii）、砂生槐（S. moorcroftiana）、金丝桃叶绣线菊（Spiraea hypericifolia）、新疆亚菊（Ajania fastigiata）、西伯利亚杏
9			A09	西北针茅	西北针茅、糙隐子草、冷蒿、羊茅（Festuca ovina）、早熟禾（Poa annua）、青海薹草（Carex qinghaiensis）、甘青针茅（S. przewalskyi）、大苞鸢尾

表2（续）

序号	类编号	草地类	型编号	草地型	优势植物及主要伴生植物
10			A10	具小叶锦鸡儿的旱生禾草	羊草、大针茅、冰草、西北针茅、冷蒿、糙隐子草、锦鸡儿、小叶锦鸡儿（C. microphylla）
11			A11	长芒草	长芒草、冰草（Agropyron cristatum）、糙隐子草、星毛委陵菜（P. acaulis）
12			A12	白草	白草（Pennisetum flaccidum）、中亚白草（P. centrasiaticum）、画眉草（Eragrostis pilosa）、银蒿（A. austriaca）
13			A13	具灌木的白草	白草、中亚白草、砂生槐
14			A14	固沙草	固沙草（Orinus thoroldii）、青海固沙草（O. kokonorica）、西北针茅、白草、锦鸡儿（C. sinica）
15			A15	沙生针茅	沙生针茅（S. glareosa）、糙隐子草、高山绢蒿（Seriphidium rhodanthum）、短叶假木贼（Anabasis brevifolia）、合头藜（Sympegma regelii）、蒿叶猪毛菜（S. abrotanoides）、灌木短舌菊（Brachanthemum fruticulosum）、红砂（Reaumuria songarica）
16			A16	短花针茅	短花针茅（S. breviflora）、无芒隐子草（Cl. songorica）、冷蒿、牛枝子（L. potaninii）、蓍状亚菊（A. achilloides）、刺叶柄棘豆（Oxytropis aciphylla）、刺旋花（Convolvulus tragacanthoides）、博洛塔绢蒿（S. borotalense）、米蒿（A. dalai-lamae）、大苞鸢尾（Iris bungei）
17	A	温性草原类	A17	石生针茅	石生针茅（S. tianschanica var. klemenzii）、戈壁针茅（S. tianschanica var. gobica）、无芒隐子草、冷蒿、松叶猪毛菜（S. laricifolia）、蒙古扁桃（Amygdalus mongolica）、灌木亚菊（A. fruticulosa）、女蒿（Hippolytia trifida）
18			A18	具锦鸡儿的针茅	石生针茅、镰芒针茅（S. caucasica）、短花针茅、沙生针茅、无芒隐子草、柠条锦鸡儿（C. korshinskii）、锦鸡儿（C. ssp.）
19			A19	针茅	针茅（S. capillata）、天山针茅（S. tianschanica）、新疆亚菊、白羊草（Bothriochloa ischaemum）
20			A20	针茅、绢蒿	镰芒针茅、东方针茅（S. orientalis）、新疆针茅（S. sareptana）、昆仑针茅（S. robarowskyi）、草原薹草（C. liparocarpos）、高山绢蒿、博洛塔绢蒿、纤细绢蒿（S. gracilescens）
21			A21	糙隐子草	糙隐子草、冷蒿、达乌里胡枝子、溚草（Koeleria cristata）、山竹岩黄芪（Hedysarum fruticosum）
22			A22	具灌木的隐子草	隐子草、中华隐子草（Cl. chinensis）、多叶隐子草（Cl. polyphylla）、百里香（Thymus mongolicus）、冷蒿、尖叶胡枝子（L. juncea）、西伯利亚杏、荆条（Vitex negundo var. heterophlla）
23			A23	羊茅	羊茅、沟羊茅（F. valesiaca）、阿拉套羊茅（F. alatavica）、草原薹草、天山鸢尾（I. loczyi）
24			A24	羊茅、绢蒿	羊茅、博洛塔绢蒿
25			A25	冰草	冰草、沙生冰草（A. desertorum）、蒙古冰草（A. mongolicum）、糙隐子草、冷蒿、疏花针茅（S. penicillata）、纤细绢蒿、高山绢蒿
26			A26	具乔灌的冰草、冷蒿	冰草、沙生冰草、冷蒿、糙隐子草、达乌里胡枝子、小叶锦鸡儿、锦鸡儿、柠条锦鸡儿、家榆
27			A27	早熟禾	新疆早熟禾（P. relaxa）、细叶早熟禾（P. angustifolia）、硬质早熟禾（P. sphondylodes）、渐狭早熟禾（P. sinoglauca）、草原薹草、针茅、新疆亚菊
28			A28	藏布三芒草	藏布三芒草（Aristida tsangpoensis）
29			A29	甘草	甘草（Glycyrrhiza uralensis）

表2（续）

序号	类编号	草地类	型编号	草地型	优势植物及主要伴生植物
30			A30	草原薹草	草原薹草、冷蒿、天山鸢尾
31			A31	具灌木的薹草、温性禾草	脚薹草（*C. pediformis*）、披针叶薹草（*C. lanceolata*）、薹草（*C. ssp.*）、灌木
32			A32	线叶菊、禾草	线叶菊、羊草、贝加尔针茅、羊茅、脚薹草、尖叶胡枝子
33			A33	碱韭、旱生禾草	碱韭（*Allium polyrhizum*）、针茅（*S. ssp.*）
34			A34	冷蒿、禾草	冷蒿、西北针茅、中亚白草、长芒草、冰草、阿拉善鹅观草（*Roegneria alashanica*）
35			A35	蒿、旱生禾草	猪毛蒿（*A. scoparia*）、沙蒿（*A. desertorum*）、华北米蒿（*A. giraldii*）、蒙古蒿（*A. mongolica*）、栉叶蒿（*Neopallasia pectinata*）、冷蒿、毛莲蒿（*A. vestita*）、山蒿（*A. brachyloba*）、藏白蒿（*A. minor*）、长芒草、甘青针茅、白草
36	A	温性草原类	A36	具锦鸡儿的蒿	冷蒿、黑沙蒿（*A. ordosica*）、锦鸡儿、柠条锦鸡儿
37			A37	褐沙蒿、禾草	褐沙蒿（*A. intramongolica*）、差巴嘎蒿（*A. halodendron*）、锦鸡儿、家榆
38			A38	差巴嘎蒿、禾草	差巴嘎蒿、冷蒿
39			A39	具乔灌的差巴嘎蒿、禾草	差巴嘎蒿、家榆
40			A40	黑沙蒿、禾草	黑沙蒿、沙鞭、甘草、中亚白草、苦豆子（*S. alopecuroides*）
41			A41	细裂叶莲蒿	细裂叶莲蒿（*A. gmelinii*）、桔草（*Cymbopogon goeringii*）、早熟禾
42			A42	白莲蒿、禾草	白莲蒿、异穗薹草（*C. heterostachya*）、紫花鸢尾（*I. ensata*）、牛尾蒿（*A. dubia*）、草地早熟禾（*P. pratensis*）、百里香、冰草、达乌里胡枝子、冷蒿、长芒草
43			A43	具灌木的白莲蒿	白莲蒿、灌木
44			A44	亚菊、针茅	灌木亚菊、箐状亚菊、束伞亚菊（*A. parviflora*）、沙生针茅、短花针茅、长芒草、针茅、垫状锦鸡儿（*C. tibetica*）
45			A45	草麻黄、禾草	草麻黄（*Ephedra sinica*）、差巴嘎蒿、糙隐子草、小叶锦鸡儿
46			A46	刺叶柄棘豆、旱生禾草	刺叶柄棘豆、老鸹头（*Cynanchum komarovii*）
47			A47	达乌里胡枝子、禾草	达乌里胡枝子、长芒草
48			A48	具锦鸡儿的牛枝子	牛枝子、柠条锦鸡儿、锦鸡儿
49			A49	百里香、禾草	百里香、糙隐子草、达乌里胡枝子、长芒草
50			B01	新疆银穗草、针茅	新疆银穗草（*Leucopoa olgae*）、穗状寒生羊茅（*F. ovina* subsp. *sphagnicola*）、紫花针茅（*S. purpurea*）
51			B02	紫花针茅	紫花针茅、昆仑针茅、黄芪（*Astragalus sp.*）、劲直黄芪（*A. strictus*）
52			B03	紫花针茅、青藏薹草	紫花针茅、青藏薹草（*C. moorcroftii*）
53			B04	具灌木的紫花针茅	紫花针茅、垫状驼绒藜（*Ceratoides compacta*）、变色锦鸡儿（*C. versicolor*）、锦鸡儿
54	B	高寒草原类	B05	针茅、莎草	紫花针茅、丝颖针茅（*S. capillacea*）、三角草（*Trikeraia hookeri*）、蒿草（*Kobresia myosuroides*）、窄果薹草（*C. enervis*）、草沙蚕（*Tripogon bromoides*）、灌木
55			B06	针茅、固沙草	沙生针茅、紫花针茅、固沙草
56			B07	座花针茅	座花针茅（*S. subsessiliflora*）、羽柱针茅（*S. subsessiliflora* var. *basiplumosa*）、高山绢蒿
57			B08	羊茅、薹草	穗状寒生羊茅、微药羊茅（*F. nitidula*）、寒生羊茅（*F. kryloviana*）、寡穗茅（*Littledalea przevalskyi*）、高原委陵菜（*P. pamiroalaica*）、变色锦鸡儿

表2（续）

序号	类编号	草地类	型编号	草地型	优势植物及主要伴生植物
58	B	高寒草原类	B09	早熟禾、垫状杂类草	昆仑早熟禾（P. litwinowiana）、羊茅状早熟禾（P. parafestuca）、粗糙点地梅（Androsace squarrosula）、棘豆（O. sp.）、四裂红景天（Rhodiola quadrifida）
59			B10	青藏薹草、杂类草	青藏薹草、灌木
60			B11	具垫状驼绒藜的青藏薹草	青藏薹草、垫状驼绒藜
61			B12	蒿、针茅	镰芒针茅、藏沙蒿（A. wellbyi）、紫花针茅、冻原白蒿（A. stracheyi）、川藏蒿（A. tainingensis）、藏白蒿（A. younghusbandii）、日喀则蒿（A. xigazeensis）、灰苞蒿（A. roxburghiana）、藏龙蒿（A. waltonii）、沙生针茅、木根香青（Anaphalis xylorhiza）
62	C	温性荒漠类	C01	大赖草、沙漠绢蒿	大赖草（L. racemosus）、沙漠绢蒿（Seriphidium santolinum）
63			C02	猪毛菜、禾草	珍珠猪毛菜（Salsola passerina）、蒿叶猪毛菜、天山猪毛菜（S. junatovii）、松叶猪毛菜、沙生针茅
64			C03	白茎绢蒿	白茎绢蒿（S. terrae-albae）
65			C04	绢蒿、针茅	白茎绢蒿、博洛塔绢蒿、新疆绢蒿（S. kaschgaricum）、纤细绢蒿、伊犁绢蒿（S. transiliense）、沙生针茅、针茅
66			C05	沙蒿	沙蒿、白沙蒿（A. blepharolepis）、白茎绢蒿、旱蒿（A. xerophytica）、驼绒藜、准噶尔沙蒿（A. songarica）
67			C06	红砂	五柱红砂（R. kaschgarica）、红砂、垫状锦鸡儿、沙冬青（Ammopiptanthus mongolicus）、木碱蓬（Suaeda dendroides）、囊果碱蓬（S. physophora）
68			C07	红砂、禾草	红砂、四合木（Tetraena mongolica）
69			C08	驼绒藜	驼绒藜（Ceratoides latens）
70			C09	驼绒藜、禾草	驼绒藜、沙生针茅、女蒿、阿拉善鹅观草
71			C10	猪毛菜	天山猪毛菜、蒿叶猪毛菜、东方猪毛菜（S. orientalis）、珍珠猪毛菜（S. passerina）、木本猪毛菜（S. arbuscula）、松叶猪毛菜、驼绒藜、红砂
72			C11	合头藜	合头藜
73			C12	戈壁藜、膜果麻黄	戈壁藜（Iljinia regelii）、膜果麻黄（E. przewalskii）
74			C13	木地肤、一年生藜	木地肤（Kochia prostrata）、叉毛蓬（Petrosimonia sibirica）、角果藜（Ceratocarpus arenarius）
75			C14	小蓬	小蓬（Nanophyton erinaceum）、沙生针茅
76			C15	短舌菊	蒙古短舌菊（B. mongolicum）、星毛短舌菊（B. pulvinatum）、鹰爪柴（C. gortschakovii）
77			C16	盐爪爪	圆叶盐爪爪（Kalidium schrenkianum）、尖叶盐爪爪（K. cuspidatum）、细枝盐爪爪（K. gracile）、黄毛头盐爪爪（K. cuspidatum var. sinicum）、盐爪爪（K. foliatum）
78			C17	假木贼	盐生假木贼（A. salsa）、短叶假木贼、粗糙假木贼（A. pelliotii）、无叶假木贼（A. aphylla）、圆叶盐爪爪、裸果木（Gymnocarpos przewalskii）
79			C18	盐柴类半灌木、禾草	针茅、中亚细柄茅（Ptilagrostis pelliotii）、沙生针茅、合头藜、喀什菊（Kaschgaria komarovii）、短叶假木贼、高枝假木贼（A. elatior）、盐爪爪、圆叶盐爪爪
80			C19	霸王	霸王（Sarcozygium xanthoxylon）
81			C20	白刺	泡泡刺（Nitraria sphaerocarpa）、白刺（N. tangutorum）、小果白刺（N. sibirica）、黑果枸杞（Lycium ruthenicum）

表 2（续）

序号	类编号	草地类	型编号	草地型	优势植物及主要伴生植物
82			C21	柽柳、盐柴类半灌木	多枝柽柳（*Tamarix ramosissima.*）、柽柳（*T. chinensis*）、盐穗木（*Halostachys caspica*）、盐节木（*Halocnemum strobilaceum*）
83			C22	绵刺	绵刺（*Potaninia mongolica*）、刺旋花
84			C23	沙拐枣	沙拐枣（*Calligonum mongolicum*）
85	C	温性荒漠类	C24	强旱生灌木、针茅	灌木紫菀木（*Asterothamnus fruticosus*）、刺旋花、半日花（*Helianthemum songaricum*）、沙冬青、锦鸡儿、沙生针茅、戈壁针茅、短花针茅、石生针茅
86			C25	藏锦鸡儿、禾草	藏锦鸡儿（*C. tibetica*）、针茅、冷蒿
87			C26	梭梭	白梭梭（*Haloxylon persicum*）、梭梭（*H. ammodendron*）、沙拐枣、白刺、沙漠绢蒿
88	D	高寒荒漠类	D01	唐古特红景天	唐古特红景天（*Rh. algida* var. *tangutlca*）
89			D02	垫状驼绒藜、亚菊	垫状驼绒藜、亚菊（*A. pallasiana*）、驼绒藜、高原芥（*Christolea crassifolia*）、高山绢蒿
90			E01	具灌木的大油芒	大油芒（*Spodiopogon sibiricus*）、栎（*Quercus ssp.*）
91			E02	白羊草	白羊草、中亚白草、黄背草（*Themeda japonica*）、荩草（*Arthraxon hispidus*）、隐子草、针茅（*S. ssp.*）、白茅（*Imperata cylindrica*）、白莲蒿
92			E03	具灌木的白羊草	白羊草、胡枝子（*L. bicolor*）、酸枣（*Ziziphus jujuba*）、沙棘（*Hippophae rhamnoides*）、荆条、荻（*Triarrhena sacchariflora*）、百里香
93			E04	黄背草	黄背草、白羊草、野古草（*Arundinella anomala*）、荩草
94			E05	黄背草、白茅	黄背草、白茅
95	E	暖性灌草丛类	E06	具灌木的黄背草	黄背草、酸枣、荆条、柞栎（*Q. mongolica*）、白茅、须芒草（*Andropogon yunnanensis*）、委陵菜
96			E07	具灌木的荩草	荩草、灌木
97			E08	具灌木的野古草、暖性禾草	野古草、荻、知风草（*E. ferruginea*）、西南委陵菜（*P. fulgens*）、胡枝子、栎
98			E09	具灌木的野青茅	野青茅（*Deyeuxia arundinacea*）、青冈栎（*Cyclobalanopsis glauca*）、西南委陵菜
99			E10	结缕草	结缕草（*Zoysia japonica*）、百里香
100			E11	具灌木的薹草、暖性禾草	薹草、披针叶薹草、羊胡子草（*Eriophorum* sp.）、胡枝子、柞栎
101			E12	具灌木的白莲蒿	白莲蒿、沙棘、委陵菜（*P. chinensis*）、蒿（*A. ssp.*）、酸枣、达乌里胡枝子
102			F01	芒、热性禾草	芒（*Miscanthus sinensis*）、白茅、金茅（*Eulalia speciosa*）、野古草、野青茅
103			F02	具乔灌的芒	芒、芒萁（*Dicranopteris dichotoma*）、金茅、野古草、野青茅、竹类、胡枝子、檵木（*Loropetalum chinense*）、马尾松（*Pinus massoniana*）、青冈栎、栎、芒
104	F	热性灌草丛类	F03	五节芒	五节芒（*M. floridulus*）、白茅、野古草、细毛鸭嘴草（*Ischaemum indicum*）
105			F04	具乔灌的五节芒	五节芒、细毛鸭嘴草、檵木、杜鹃（*Rhododendron simsii*）
106			F05	白茅	白茅、黄背草、金茅、芒、细柄草（*Capillipedium parviflorum*）、细毛鸭嘴草、野古草、光高粱（*Sorghum nitidum*）、类芦（*Neyraudia reynaudiana*）、矛叶荩草（*A. lanceolatus*）、臭根子草（*B. bladhii*）

表2（续）

序号	类编号	草地类	型编号	草地型	优势植物及主要伴生植物
107	F	热性灌草丛类	F06	具灌木的白茅	白茅、芒萁、野古草、扭黄茅（Heteropogon contortus）、青香茅（Cymbopogon caesius）、细柄草、类芦、臭根子草、细毛鸭嘴草、紫茎泽兰（Eupatorium odoratum）、胡枝子、火棘（Pyracantha fortuneana）、马桑（Coriaria nepalensis）、桃金娘（Rhodomyrtus tomentosa）、竹类
108			F07	具乔木的白茅、芒	白茅、芒、黄背草、矛叶荩草、青冈栎、檵木
109			F08	野古草	野古草、芒、紫茎泽兰、刺芒野古草、密序野古草（A. bengalensis）
110			F09	具乔灌的野古草、热性禾草	野古草、刺芒野古草（A. setosa）、芒萁、大叶胡枝子（L. davidii）、马尾松、三叶赤楠（Syzygium grijsii）、桃金娘
111			F10	白健秆	白健秆（Eulalia pallens）、金茅、云南松（P. yunnanensis）
112			F11	具乔灌的金茅	金茅、四脉金茅（E. quadrinervis）、棕茅（E. phaeothrix）、白茅、矛叶荩草、云南松、火棘、胡枝子
113			F12	刚莠竹	刚莠竹（Microstegium ciliatum）
114			F13	旱茅	旱茅（Eramopogon delavayi）、栎
115			F14	红裂稃草	红裂稃草（Schizachyrium sanguineum）
116			F15	金茅	金茅、白茅、野古草、拟金茅（Eulaliopsis binata）、四脉金茅
117			F16	桔草	桔草、苞子草（Th. caudata）
118			F17	具灌木的青香茅	青香茅、白茅、湖北三毛草（Trisetum henryi）、马尾松
119			F18	具乔灌的黄背草、热性禾草	黄背草、芒萁、檵木、马尾松
120			F19	细毛鸭嘴草	细毛鸭嘴草、野古草、画眉草、鹧鸪草（Eriachne pallescens）、雀稗（Paspalum thunbergii）
121			F20	具乔灌的细毛鸭嘴草	细毛鸭嘴草、鸭嘴草（I. aristatum）、芒萁
122			F21	细柄草	细柄草、芒萁、硬秆子草（C. assimile）、云南松
123			F22	扭黄茅	黄背草、扭黄茅、白茅、金茅
124			F23	具乔灌的扭黄茅	扭黄茅、水蔗草（Apluda mutica）、双花草（Dichanthium annulatum）、仙人掌（Opuntia stricta）、小鞍叶羊蹄甲（Bauhinia brachycarpa）、栎、云南松、木棉（Bombax malabaricum）、余甘子（Phyllanthus emblica）、坡柳（S. myrtillacea）
125			F24	具乔木的华三芒草、扭黄茅	华三芒草（A. chinensis）、扭黄茅、厚皮树（Lannea coromandelica）、木棉
126			F25	蜈蚣草	蜈蚣草（Eremochloa vittata）、马陆草（E. zeylanica）
127			F26	地毯草	地毯草（Axonopus compressus）
128	G	低地草甸类	G01	芦苇	芦苇、荻、狗牙根、獐毛（Aeluropus sinensis）
129			G02	芦苇、藨草	芦苇、藨草（Scirpus triqueter）、虉草（Phalaris arundinacea）、稗（E. crusgalli）、灰化薹草（C. cinerascens）、菰（Zizania latifolia）、香蒲（Typha orientalis）
130			G03	具乔灌的芦苇、大叶白麻	芦苇（Phragmites australis）、大叶白麻（Poacynum hendersonii）、赖草（L. secalinus）、多枝柽柳、胡杨、匍匐水柏枝（Myricaria prostrata）
131			G04	小叶章/大叶章	小叶章（D. angustifolia）、大叶章（D. langsdorffii）、芦苇、狭叶甜茅（Glyceria spiculosa）、灰脉薹草、薹草、沼柳（S. rosarinifolia var. brachypoda）、柴桦
132			G05	芨芨草、盐柴类灌木	芨芨草、短芒大麦草（Hordeum brevisubulatum）、白刺、盐豆木（Halimodendron halodendron）
133			G06	羊草、芦苇	羊草、芦苇、散穗早熟禾（P. subfastigiata）

表2（续）

序号	类编号	草地类	型编号	草地型	优势植物及主要伴生植物
134			G07	拂子茅	拂子茅（*Calamagrostis epigeios*）
135			G08	赖草	赖草、多枝赖草（*L. multicaulis*）、马蔺（*Iris lactea* var. *chinensis*）、碱茅（*Puccinellia distans*）、金露梅（*P. fruticosa*）
136			G09	碱茅	碱茅、星星草（*P. tenuiflora*）、裸花碱茅（*P. nudiflora*）
137			G10	巨序剪股颖、拂子茅	巨序剪股颖（*Agrostis gigantea*）、布顿大麦（*H. bogdanii*）、拂子茅、假苇拂子茅（*C. pseudophragmites*）、牛鞭草（*Hemarthria altissima*）、垂枝桦（*Betula pendula*）
138			G11	狗牙根、假俭草	狗牙根（*Cynodon dactylon*）、假俭草（*Eremochloa ophiuroides*）、白茅、牛鞭草、扁穗牛鞭草（*H. compressa*）、铺地黍（*Panicum repens*）、盐地鼠尾粟（*Sporobolus virginicus*）、结缕草、竹节草（*Chrysopogon aciculatus*）
139			G12	具乔灌的甘草、苦豆子	胀果甘草（*Gl. Inflata*）、苦豆子、多枝柽柳（*T. ramosissima*）、胡杨（*Populus euphratica*）
140	G	低地草甸类	G13	乌拉薹草	乌拉薹草（*C. meyeriana*）、木里薹草（*C. muliensis*）、瘤囊薹草（*C. schmidtii*）、笃斯越桔（*Vaccinium uliginosum*）、柴桦（*B. fruticosa*）、柳灌丛
141			G14	莎草、杂类草	薹草、藨草、木里薹草、毛果薹草（*C. lasiocarpa*）、漂筏薹草（*C. pseudo-curaica*）、灰脉薹草（*C. appendiculata*）、柄囊薹草（*C. stipitiutriculata*）、芒尖薹草（*C. doniana*）、荆三棱（*Scirpus fluviatilis*）、阿穆尔莎草（*Cyperus amuricus*）、水麦冬（*Triglochin palustris*）、发草（*Deschampsia caespitosa*）、薄果草（*Leptocarpus disjunctus*）、田间鸭嘴草（*I. rugosum*）、华扁穗草（*Blysmus sinocompressus*）、短芒大麦草
142			G15	寸草薹、鹅绒委陵菜	寸草薹（*C. duriuscula*）、鹅绒委陵菜（*P. anserina*）
143			G16	碱蓬、杂类草	碱蓬（*S. glauca*）、盐地碱蓬（*S. salsa*）、红砂、结缕草
144			G17	马蔺	马蔺
145			G18	具乔灌的疏叶骆驼刺、花花柴	疏叶骆驼刺（*Alhagi sparsifolia*）、花花柴（*Karelinia caspia*）、多枝柽柳、胡杨、灰杨（*P. pruinosa*）
146			H01	荻	荻、叉分蓼（*Polygonum divaricatum*）、栎
147			H02	拂子茅、杂类草	拂子茅、大拂子茅（*C. macrolepis*）、虎榛子（*Ostryopsis davidiana*）、秀丽水柏枝（*Myricaria elegans*）
148			H03	糙野青茅	野青茅、异针茅（*S. aliena*）、糙野青茅（*D. scabrescens*）
149			H04	具灌木的糙野青茅	糙野青茅、冷杉（*Abies fabri*）
150			H05	垂穗披碱草、垂穗鹅观草	垂穗披碱草（*Elymus nutans*）、垂穗鹅观草（*R. nutans*）
151			H06	穗序野古草、杂类草	穗序野古草（*A. hookeri*）、西南委陵菜、委陵菜、云南松
152	H	山地草甸类	H07	野古草、大油芒	野古草、大油芒、拂子茅
153			H08	鸭茅、杂类草	鸭茅（*Dactylis glomerata*）
154			H09	短柄草	细株短柄草（*Brachypodium sylvaticum* var. *gracile*）、短柄草（*B. sylvaticum*）
155			H10	无芒雀麦、杂类草	无芒雀麦（*Bromus inermis*）、草原糙苏（*Phlomis pratensis*）、紫花鸢尾
156			H11	羊茅、杂类草	羊茅、三界羊茅（*F. kurtschumica*）、紫羊茅（*F. rubra*）、高山黄花茅（*Anthoxanthum odoratum* var. *alpinum*）、山地糙苏（*Ph. oreophila*）、白克薹草、草血竭（*P. paleaceum*）、紫苞风毛菊（*Saussurea purpurascens*）、藏异燕麦（*Helictotrichon tibeticum*）、丝颖针茅

表 2（续）

序号	类编号	草地类	型编号	草地型	优势植物及主要伴生植物
157	H	山地草甸类	H12	具灌木的羊茅、杂类草	羊茅、杜鹃、蔷薇（Rosa multiflora）、箭竹（Fargesia spathacea）
158			H13	早熟禾、杂类草	草地早熟禾、细叶早熟禾、疏花早熟禾（P. chalarantha）、早熟禾、披碱草（E. dahuricus）、大叶橐吾（Ligularia macrophylla）、草原老鹳草（Geranium pratense）、弯叶鸢尾（I. curvifolia）、多穗蓼（P. polystachyum）、二裂委陵菜（P. bifurca var. canesces）、毛稃偃麦草（Elytrigia alatavica）、箭竹
159			H14	三叶草、杂类草	白三叶（Trifolium repens）、红三叶（T. pratense）、山野豌豆（Vicia amoena）
160			H15	薹草、嵩草	红棕薹草（C. przewalski）、青藏薹草、黑褐薹草、黑花薹草、细果薹草、毛囊薹草（C. inanis）、葱岭薹草、薹草、穗状寒生羊茅、西伯利亚羽衣草（Alchemilla sibirica）、高原委陵菜、圆叶桦（B. rotundifolia）、阿拉套柳（S. alatavica）
161			H16	薹草、杂类草	披针叶薹草、无脉薹草（C. enervis）、亚柄薹草（C. lanceolata var. subpediformis）、白克薹草（C. buekii）、林芝薹草、薹草、脚薹草、野青茅、蓝花棘豆（O. coerulea）、西藏早熟禾（P. tibetica）、黑穗画眉草（E. nigra）、裂叶蒿
162			H17	地榆、杂类草	地榆（Sanguisorba officinalis）、高山地榆（S. alpina）、白喉乌头（Aconitum leucostomum）、蒙古蒿、裂叶蒿（A. tanacetifolia）、柳灌丛
163			H18	羽衣草	天山羽衣草（Al. tianshanica）、阿尔泰羽衣草（Al. pinguis）、西伯利亚羽衣草
164	I	高寒草甸类	I01	西藏嵩草、杂类草	粗壮嵩草（Kobresia robusta）、藏北嵩草（K. littledalei）、西藏嵩草（K. tibetica）、甘肃嵩草、糙喙薹草（C. scabriostris）
165			I02	矮生嵩草、杂类草	矮生嵩草（K. humilis）、圆穗蓼（P. macrophyllum）
166			I03	具金露梅的矮生嵩草	矮生嵩草、金露梅、珠芽蓼（P. viviparum）、羊茅
167			I04	高山嵩草、禾草	高山嵩草（K. pygmaea）、异针茅
168			I05	高山嵩草、薹草	高山嵩草、矮生嵩草、薹草、青藏薹草、嵩草
169			I06	高山嵩草、杂类草	高山嵩草、圆穗蓼、高山风毛菊（S. alpina）、马蹄黄（Spenceria ramalana）、嵩草
170			I07	具灌木的嵩草、薹草	高山嵩草、线叶嵩草（K. capillifolia）、北方嵩草（K. bellardii）、黑褐穗薹草（C. atrofusca subsp. minor）、嵩草、臭蚤草（Pulicaria insignis）、长梗蓼（P. calostachyum）、尼泊尔蓼（P. nepalense）、鬼箭锦鸡儿（C. jubata）、高山柳、金露梅、杜鹃、香柏（Sabina pingii var. wilsonii）
171			I08	线叶嵩草、杂类草	线叶嵩草、珠芽蓼、糙喙薹草
172			I09	嵩草、杂类草	四川嵩草（K. setchwanensis）、大花嵩草（K. macrantha）、丝颖针茅、异穗薹草、针蔺（Heleocharis valleculosa）、禾叶嵩草（K. graminifolia）、川滇剪股颖（A. limprichtii）、嵩草、细果薹草（C. stenocarpa）、珠芽蓼、窄果嵩草（K. stenocarpar）
173			I10	莎草、鹅绒委陵菜	鹅绒委陵菜、芒尖薹草、甘肃嵩草（K. kansuensis）、裸果扁穗薹（Blysmocarex nudicarpa）、双柱头薹草（S. distigmaticus）、华扁穗草、木里薹草、短柱薹草（C. turkestanica）、走茎灯心草（Juncus amplifolius）

表2（续）

序号	类编号	草地类	型编号	草地型	优势植物及主要伴生植物
174	I	高寒草甸类	I11	莎草、早熟禾	高山早熟禾（*P. alpina*）、黄花棘豆（*O. ochrocephala*）、线叶嵩草、黑褐薹草、黑花薹草（*C. melanantha*）、嵩草、黑穗薹草（*C. atrata*）、高山嵩草、白尖薹草（*C. atrofusca*）、薹草
175			I12	珠芽蓼、圆穗蓼	珠芽蓼、圆穗蓼、薹草、嵩草、窄果嵩草、猬草（*Hystrix duthiei*）、扁芒草（*Danthonia schneideri*）、旋叶香青（*A. contorta*）、鬼箭锦鸡儿、高山柳

ICS 65.020.01
B 40

中华人民共和国农业行业标准

NY/T 2998—2016

草地资源调查技术规程

Code of practice for grassland resource survey

2016-11-01 发布

2017-04-01 实施

中华人民共和国农业部 发布

前　言

本标准按照 GB/T 1.1—2009 给出的规则起草。

本标准由农业部畜牧业司提出。

本标准由全国畜牧业标准化技术委员会(SAC/TC 274)归口。

本标准起草单位:全国畜牧总站、黑龙江省草原工作站、内蒙古草原勘查设计研究院。

本标准主要起草人:负旭江、董永平、尹晓飞、刘昭明、王加亭、赵恩泽、刘杰、郑淑华。

草地资源调查技术规程

1 范围

本标准规定了草地资源调查的任务、内容、指标、流程和方法等。

本标准适用于县级以上范围草地资源调查。

2 规范性引用文件

下列文件对于本文件的应用是必不可少的。凡是注日期的引用文件，仅注日期的版本适用于本文件。凡是不注日期的引用文件，其最新版本（包括所有的修改单）适用于本文件。

GB 19377 天然草地退化、沙化、盐渍化的分级指标

GB/T 22601 全国行政区划编码标准

GB/T 28419 风沙源区草原沙化遥感监测技术导则

GB/T 29391 岩溶地区草地石漠化遥感监测技术规程

CH/T 1015 基础地理信息数字产品 1∶10 000、1∶50 000 生产技术规程

NY/T 1579 天然草原等级评定技术规范

NY/T 2997 草地分类

3 术语和定义

下列术语和定义适用于本文件。

3.1

样地 sampling site

草地类型、生境、利用方式及利用状况具有代表性的观测地段。

3.2

样方 sampling plot

样地内具有一定面积的用于定性和定量描述植物群落特征的取样点。

3.3

数字正射影像 digital orthophoto map，DOM

利用数字高程模型对遥感影像，经正射纠正、接边、色彩调整、镶嵌，按一定范围剪裁生成的数字正射影像数据集。

3.4

像素 pixel

数字影像的基本单元。

3.5

地面分辨率 ground sample distance

航空航天数字影像像素对应地面的几何大小。

4 总则

4.1 调查任务

4.1.1 调查草地的面积、类型、生产力及其分布。

4.1.2 评价草地资源质量和草地退化、沙化、石漠化状况。

4.1.3 建设草地资源空间数据库及管理系统建设。

4.2 地类与草地类型划分

地类分为草地和非草地,草地地类包括天然草地和人工草地。草地类型划分按照 NY/T 2997 的规定执行。

4.3 调查尺度及空间坐标系

4.3.1 基本调查单元

牧区、半牧区以县级辖区为基本调查单元,其他地区以地级辖区为基本调查单元。

4.3.2 调查比例尺

以 1:50 000 比例尺为主,人口稀少区域可采用 1:100 000 比例尺。

4.3.3 空间数据和制图基本参数

4.3.3.1 采用"1980 西安坐标系""1985 国家高程基准"高程系统。

4.3.3.2 标准分幅图采用高斯—克吕格投影,按 6°分带;拼接图采用 Albers 等面积割圆锥投影。

4.3.3.3 地面定位的误差≤10 m,经纬度以"°"为单位,保留 5 位小数。

5 准备工作

5.1 制订调查方案

确定调查的技术方法与工作流程、时间与经费安排、组织实施与质量控制措施、预期成果等。

5.2 收集资料

5.2.1 收集草地资源及其自然条件资料,重点是草地类型及其分布、植物种类及其鉴识要点等资料。

5.2.2 社会经济概况与畜牧业生产状况。

5.2.3 国界和省、地、县各级陆地分界线,以及县级政府勘定的乡镇界线;草地资源、地形、土壤、水系等图件。纸质图件应进行扫描处理,并建立准确空间坐标系统。

5.2.4 已有遥感影像及相关成果。

5.3 培训调查人员

对参加调查人员进行集中培训,内容包括遥感影像解译判读、草地类型判别、植物鉴定、样地选择与观测、样方测定等。

6 预判图制作

6.1 遥感 DOM

6.1.1 遥感 DOM 要求

6.1.1.1 统一获取或购置用于草地资源调查的遥感 DOM,最大限度地保证遥感 DOM 的技术一致性。

6.1.1.2 影像波段数应≥3 个,至少有 1 个近红外植被反射峰波段和 1 个可见光波段。

6.1.1.3 人口稀少区域原始影像空间分辨率应≤15 m;其他区域空间分辨率单色波段应≤5 m,多光谱波段应≤10 m。融合影像的空间分辨率不能小于单色波段空间分辨率。

6.1.1.4 原始影像的获取时间应在近 5 年内,宜选择草地植物生长盛期获取的影像。

6.1.1.5 影像相邻景之间应有 4%以上的重叠,特殊情况下不少于 2%;无明显噪声、斑点和坏线;云、非常年积雪覆盖量应小于 10%;侧视角在平原地区不超过 25°,山区不超过 20°。

6.1.1.6 遥感 DOM 的几何纠正(配准)和正射纠正后地物平面位置误差、影像拼接误差应满足表 1 的要求。正射纠正中使用的 DEM(Digital Elevation Model,数字高程模型)比例尺不能小于调查比例尺的

0.5 倍,空间分辨率不能大于遥感 DOM 空间分辨率的 5 倍。

表 1　遥感 DOM 地物平面位置误差和影像拼接误差

遥感 DOM 空间分辨率,m	平地、丘陵地,m	山地、高山地,m
≤5	5	10
≤10	10	20
≤15	15	30

6.1.2　遥感 DOM 彩色合成

基于遥感 DOM 进行目视解译时,宜采用彩红外彩色合成模式,即近红外、红、绿 3 个波段分别输出到红、绿、蓝三个波段合成彩色;影像有短红外波段时,可采用近红外、短红外、红 3 个波段的彩色合成方式,与彩红外合成方式共同使用。

6.2　建立地物解译标志

对照遥感 DOM 特征和实地踏勘情况,按照传感器类型、生长季与非生长季,分别建立基本调查单元范围内非草地和各草地类型的遥感 DOM 解译标志。非草地地类应基于地物在影像上的颜色、亮度、形状、大小、图案和纹理等特征,建立解译标志。草地地类中图斑的解译标志在颜色、亮度、形状、大小、图案和纹理等影像特征外,还应增加由 DEM 计算的坡度、坡向、平均海拔高度 3 个要素。如遥感 DOM 拼接相邻景存在明显色彩、亮度差异,应对不同景的解译标志进行调整。

6.3　图斑勾绘

6.3.1　基本要求

6.3.1.1　在遥感 DOM 上勾绘全覆盖的地物图斑。

6.3.1.2　地类界线与 DOM 上同名地物的位置偏差图上≤0.3 mm,草地类型间界线图上≤1 mm。

6.3.1.3　图斑最小上图面积为图上 15 mm²。

6.3.1.4　河流、道路等线状地物图上宽度≥1 mm 的,勾绘为图斑;<1 mm 的按中心线勾绘单线图形,并测量记录其平均宽度。

6.3.1.5　每个图斑在全国范围内使用唯一的编号,编号 12 位,格式为"N99999900001"或"G99999900001";其中,第一位"N"或"G"分别表示非草地和草地,"999999"为图斑所在县级行政编码,"00001"为图斑在该县域的顺序编号,从 00001 开始。行政编码按照 GB/T 22601 的规定执行。

6.3.2　图斑勾绘分割

6.3.2.1　所有陆地县级行政界线均应为图斑界线。

6.3.2.2　在遥感 DOM 上可明显识别的河流、山脊线、山麓、道路和围栏等,均应勾绘图斑界线。

6.3.2.3　相邻地物之间分界明显的,直接采用目视判别的界线勾绘图斑;地物界线不明显的,根据解译标志区分地物,勾绘图斑边界。

6.3.2.4　乡镇及乡镇以上所在地的城镇,应参考行政区域图,以目视解译方法逐个勾绘。

6.3.2.5　可统一采用遥感影像自动分割的方法,将遥感 DOM 初步分割成斑块图像,然后以目视解译方式勾绘道路、水系等线状地物和城镇与居民点等。

6.4　图幅接边

分幅遥感 DOM 间和相邻行政区域间的图斑应按以下要求进行接边处理:地类界线应连接处偏差图上<0.3 mm、草地类型界线应连接处偏差图上<1.0 mm 时,两侧各调整一半相接,否则应实地核实后接边。

6.5　图斑初步归类

综合图斑的影像特征,参考地形图、草地资源历史已有成果图件等,初步划定每个图斑的地类与草地类型,形成初步判读图。连片面积大于最小上图面积的人工草地图斑,应按照草原确权资料逐块校核图斑边界。

6.6 补充

无法获取遥感 DOM 的区域和遥感 DOM 云覆盖的区域,可使用与调查比例尺一致的地形图为基础,勾绘地物图斑。

7 地面调查

7.1 调查用具

准备调查所需的手持定位设备、数码相机和计算器等电子设备,样方框、剪刀、枝剪等取样工具,50 m 钢卷尺、3 m~5 m 钢卷尺、便携式天平或杆秤等量测工具,样品袋、标本夹等样品包装用品,野外记录本、调查表格、标签以及书写用笔等记录用具,遥感 DOM、地形图、调查底图等图件,越野车等交通工具。

7.2 布设样地

7.2.1 天然草地

7.2.1.1 样地布设原则

7.2.1.1.1 设置样地的图斑既要覆盖生态与生产上有重要价值、面积较大、分布广泛的区域,反映主要草地类型随水热条件变化的趋势与规律,也要兼顾具有特殊经济价值的草地类型,空间分布上尽可能均匀。

7.2.1.1.2 样地应设置在图斑(整片草地)的中心地带,避免杂有其他地物。选定的观测区域应有较好代表性、一致性,面积不应小于图斑面积的 20%。

7.2.1.1.3 不同程度退化、沙化和石漠化的草地上可分别设置样地。

7.2.1.1.4 利用方式及利用强度有明显差异的同类型草地,可分别设置样地。

7.2.1.1.5 调查中出现疑难问题的图斑,需要补充布设样地。

7.2.1.2 样地数量

7.2.1.2.1 预判的不同草地类型,每个类型至少设置 1 个样地。

7.2.1.2.2 预判相同草地类型图斑的影像特征如有明显差异,应分别布设样地;预判草地类型相同、影像特征相似的图斑,按照这些图斑的平均面积大小布设样地,数量根据表 2 的要求确定。

表 2 预判相同草地类型、影像相似图斑布设样地数量要求

预判草地类型相同、影像特征相似图斑的平均面积,hm²	布设样地数量要求
>10 000	每 10 000 hm² 设置 1 个样地
2 000~10 000	每 2 个图斑至少设置 1 个样地
400~2 000	每 4 个图斑至少设置 1 个样地
100~400	每 8 个图斑至少设置 1 个样地
15~100	每 15 个图斑至少设置 1 个样地
3.75~15	每 20 个图斑至少设置 1 个样地

7.2.2 人工草地

预判人工草地地类图斑应逐个进行样地调查。

7.2.3 非草地地类

预判非草地地类中,易与草地发生类别混淆的耕地与园地、林地、裸地应布设样地,数量根据表 3 的要求确定,其他地类不设样地。

表3 非草地地类图斑布设样地数量要求

图斑预判地类		样地布设数量要求
耕地与园地		区域内同地类图斑数量的10%
林地	灌木林地、疏林地	区域内同地类图斑数量的20%
	有林地	区域内同地类图斑数量的10%
裸地		区域内同地类图斑数量的20%

7.3 地面调查时间

应选择草地地上生物量最高峰时进行地面调查,多在7月～8月。

7.4 样地观测记载

7.4.1 天然草地

7.4.1.1 样地基本特征

观测记载地理位置、调查时间、调查人、地形特征、土壤特征、地表特征、草地类型、植被外貌、利用方式和利用状况等,见表4。

表4 天然草地(改良草地)样地调查表

样地编号:	调查日期: 年 月 日	调查人:

样地所在行政区: 省 地(市) 县(旗) 乡(镇)
经度: 纬度: 海拔: m 景观照片编号:
草地类: 草地型:

坡 向	阳坡( ) 半阳坡( ) 半阴坡( ) 阴坡( )
坡 位	坡顶( ) 坡上部( ) 坡中部( ) 坡下部( ) 坡脚( )
土壤质地	砾石质( ) 沙质( ) 沙壤质( ) 壤质( ) 黏质( )
地表特征	枯落物量_____ g/m² 砾石覆盖面积比例_____% 覆沙厚度_____ cm 风蚀:无/少/多 水蚀:无/少/多 盐碱斑面积比例_____% 裸地面积比例_____% 鼠害种类: 鼠洞密度:_____个/hm² 鼠丘密度:_____个/hm² 虫害种类: 单位: 密度:
水分条件	季节性积水:有/无 地表水种类:河/湖/水库/泉 距水源: km
利用方式	全年放牧/冷季放牧/暖季放牧/春秋放牧/打草场/禁牧/其他( )
利用强度	未利用/轻度利用/中度利用/强度利用/极度利用
评价	草地资源等( )级( ) 退化程度( ) 沙化程度( ) 石漠化程度( )

注:样地编号:每个样地采用全国唯一的编号,编号15位,格式为"N99999988880001";其中,第一位"N"天然草地,"999999"为图斑所在县级行政编码,"8888"为调查年度,"0001"为样地在该县域的顺序编号,从0001开始。

7.4.1.2 样方测定

7.4.1.2.1 样方设置

应在样地的中间区域设置样方。按照样方内植物的高度和株丛幅度分为2类:一类是植物以高度＜80 cm草本或＜50 cm灌木半灌木为主的中小草本及小半灌木样方;另一类是植物以高度≥80 cm草本或≥50 cm灌木为主的灌木及高大草本植物样方。

7.4.1.2.2 测定方法

在草地上采用样方框圈定一个方形,测定植物构成、高度、盖度和产量等,采集景观和样方照片;采用成组的圆形频度样方测定植物频度。

7.4.1.2.3 样方数量

中小草本及小半灌木为主的样地,每个样地测产样方应不少于3个。灌木及高大草本植物为主的样地,每个样地测定1个灌木及高大草本植物样方和3个中小草本及小半灌木样方。预判相同草地类型的样地,温性荒漠类和高寒荒漠类草地每6个样地至少测定1组频度样方,其他草地地类每3个样地测定1组频度样方;每组频度样方应不少于20个。

7.4.1.2.4 样方面积

中小草本及小半灌木样方,用1 m²的样方,如样方植物中含丛幅较大的小半灌木用4 m²的样方。灌木及高大草本植物样方,用100 m²的样方,灌木及高大草本分布较为均匀或株丛相对较小的可用50 m²和25 m²的样方。频度样方采用0.1 m²的圆形样方。

7.4.1.2.5 样方测定方法

中小草本及小(半)灌木样方具体测定内容见表5。灌木及高大草本植物样方具体测定内容见表6。频度样方测定记录每个样方中出现的植物种。部分指标的测定方法参见附录A。

表5 中小草本及小半灌木样方调查表

样地编号:		样方号:		样方面积: m²	
样方俯视照片编号:＿＿＿＿		调查日期:＿＿年＿＿月＿＿日		调查人:＿＿＿＿	
经度:＿＿＿＿ 纬度:＿＿＿＿ 海拔:＿＿＿＿ m 坡度:＿＿＿＿°总盖度:＿＿＿＿%					

种类		平均高度,cm		盖度,%	产草量,g/m²	
		生殖枝	叶层		鲜重	干重
优势植物1						
优势植物2						
优势植物3						
优势植物4(草甸)						
优势植物5(草甸)						
其他						
合计						
类群	优良牧草	/		/		
	可食牧草	/		/		
	毒害草	/		/		
	一年生植物	/		/		

表6 灌木及高大草本样方调查表

样地号:＿＿＿ 样方号:＿＿＿ 日期:＿＿年＿＿月＿＿日 样地面积:＿＿＿ m² 调查人:＿＿＿								
经度:＿＿＿ 纬度:＿＿＿ 海拔:＿＿＿ m坡度:＿＿＿°样方照片编号:＿＿＿								

植物名称	株丛径,cm		株高 cm	株丛投影盖度 %	株丛数	单株重量,g		总产量,g/m²	
	长	宽				鲜重	干重	鲜重	干重
合计	/	/				/	/	/	/
草本及小半灌木样方平均产量			样地总产量			样地总盖度:　　%			
鲜重: g/m²;干重: g/m²			鲜重: g/m²;干重: g/m²			其中,草本样方平均: % 灌木样方: %			

7.4.1.2.6 标本采集

样地观测应完成植物标本采集,每个省级辖区内每种植物采集 2 份~5 份。植物标本采集鉴定后做好信息记载,包括中文名、学名、采集日期、采集地点和采集人等,详见表 7。

表 7 植物标本采集记录表

样地编号:		
草地类型:		
经度:	纬度:	海拔:
地形:	坡向:	坡度:
植物中名:	学名:	
植物标本编号:		
采集地点:		
照片编号:		
采集人:		
采集日期:		

7.4.1.3 样地状况评价

根据样地基本特征、样方测定数据,综合同类型其他样地情况进行样地状况评价。

a) 草地资源等级:按照 NY/T 1579 的规定进行评定;
b) 草地退化等级:按照 GB 19377 的规定进行评定;
c) 草地石漠化等级:按照 GB/T 28419 的规定进行评定;
d) 评定草地沙化等级:按照 GB/T 29391 的规定进行评定。

7.4.2 人工草地

改良草地的调查采用天然草地的调查方法。栽培草地观测记载地理位置、牧草种类等信息,具体内容见表8。

表 8 栽培草地样地调查表

样地编号		调查日期	年　月　日
省　　地(市)　　县　　乡(镇)　　村			
调查人			
经度		纬度	
海拔		照片编号	
牧草种类			
灌溉条件	喷灌( )　滴灌( )　漫灌( )　无( )		
鲜草产量	kg/hm²		
干草产量	kg/hm²		
种植年份			

7.4.3 非草地地类

观测记载地理位置、地类等信息,灌木林地应测定灌木覆盖度,疏林地应测定树木郁闭度,具体内容见表9。

表9 非草地地类样地调查表

样地编号			调查日期		年 月 日	
省	地(市)	县		乡(镇)	村	
调查人						
经度			纬度			
海拔			照片编号			
地类						
灌木覆盖度			树木郁闭度			
注:灌木覆盖度/树木郁闭度指标在调查灌木林地、疏林地时填写。						

7.5 访问调查

以座谈的方式进行,邀请当地有经验的干部、技术人员和群众参加。访问内容包括草地利用现状,草地畜牧业生产状况、存在的问题和典型经验,草地保护与建设情况,以及社会经济状况等,见表10。

表10 访问调查表

访问单位(户): 　　　　　　　　调查人: 　　　　　　　　调查日期:

行政区域:

家畜饲养情况	家畜饲养	上年末存栏	上年死亡	上年出栏	出栏周期,月	出栏平均体重,kg
	牛,头					
	羊,只					
	山羊,只					
	马,匹					
	骆驼,匹					
	其他					
天然草地改良情况	面积	类型		每千克干草价格,元		经济效益,万元
人工草地建设情况	面积	类型		每千克干草价格,元		经济效益,万元
人口及收入	人口	劳动力		人均牧业收入	人均纯收入	转移就业人数

8 属性上图

8.1 地类

在图斑的预判地类属性基础上,按照样地调查结果,逐个确定图斑的地类属性。

8.2 草地类型

对草地地类图斑,在预判草地类型基础上,按照样地调查结果和影像特征相似性,逐个确定图斑的草地类型属性。

8.3 草地资源等级

对草地地类图斑,以样地调查的资源等级为基础,结合生产力监测数据,利用图斑影像特征相似性,逐个确定图斑的草地资源等级属性。

8.4 草地退化、沙化、石漠化程度

对草地地类图斑,以样地调查的退化、沙化、石漠化程度为基础,按照样地调查结果和影像特征相似

性,逐个确定图斑的退化、沙化、石漠化程度属性。

9 数据库与信息系统

9.1 数据入库汇总

9.1.1 样地样方数据

将样地、样方数据输入统一的数据库中,按地类、草地类型分行政区域进行汇总。同时,将标本采集与存档信息、地面调查照片统一汇总。

9.1.2 访问调查数据

按照统一格式将入户访问数据录入数据库,分行政区域进行汇总。

9.1.3 计算图斑面积

按照CH/T 1015的规定,统一进行图斑面积的精确计算、平差,将图斑面积、周长等几何属性录入空间数据库。

9.1.4 面积统计汇总

分行政区域统计汇总不同地类、草地类型、草地资源等级,以及草地不同退化、沙化、石漠化程度的面积,形成统计汇总数据库。

9.1.5 解译标志

按照统一格式将不同地类、不同草地类型的遥感DOM解译标志进行汇总,形成图斑更新所需解译标志的基础数据库。

9.2 信息系统

以地理信息系统平台为基础,建设具有数据输入、编辑处理、查询、统计、汇总、制图、输出等功能的草地资源信息管理系统,管理矢量、栅格和关联属性数据等多源信息,实现各级行政区域的数据库互联互通和同步更新。

10 检查验收

10.1 遥感DOM

使用现有基础地理测绘成果,按照6.1.1的要求,以县级行政区域为单位对遥感DOM数量质量全部进行检查验收,不符合要求的为不合格。

10.2 预判图

抽查图斑比例应不小于10%。图斑勾绘界线偏差造成面积误差超过1%的,为不合格;漏绘草地地类图斑面积超过区域草地地类面积的0.5%,或漏绘草地地类图斑数量超过区域草地地类图斑数量的0.5%,为不合格;图斑未完全覆盖调查区域的,为不合格。

10.3 地面调查

抽查比例应不小于10%。检查样地在草地类型、生境条件、利用状况等方面的是否具有代表性,样地空间布局是否合理,同一样地各样方数据的差异是否在合理范围,不符合要求的样地或样方数量占比超过5%,为不合格;样地样方数量少于要求数量,为不合格;有漏测漏填指标的样地、样方和访问调查记录数量占比超过2%,为不合格;录入的地面调查数据差错率超过0.5%,为不合格。

10.4 图斑属性

抽查图斑比例应不小于5%。地类属性有错误图斑数量占比超过1%,为不合格;草地类型属性有错误的草地地类图斑占比超过5%,视为不合格;图斑面积偏差超过0.5%,为不合格。

11 编制调查报告

11.1 文字报告

内容包括调查工作情况、任务完成情况、调查成果、本区域草地资源现状分析、草地保护建设和畜牧业发展存在的问题和建议等。

11.2 图件

编制草地类型图,草地资源等级图,草地退化、沙化和石漠化分布图等。

11.3 数据汇总表

对数据库中各项数据进行统计汇总,形成数据汇总表。

附 录 A

（资料性附录）

部分指标测定方法

A.1 样方号

指样方在样地中的顺序号。

A.2 植物高度

每种植物测量 5 株～10 株个体的平均高度。叶层高度指叶片集中分布的最高点距地面高度；生殖枝高度指从地面至生殖枝顶部的高度。

A.3 盖度

指植物垂直投影面积覆盖地表面积的百分数。中小草本及小半灌木植物样方一般用针刺法测定，样方内投针 100 次，刺中植物次数除以 100 即为盖度；灌木及高大草本样方采用样线法测定：用 30 m 或 50 m 的刻度样线，每隔 30 cm 或 50 cm 记录垂直地面方向植物出现的次数，次数除以 100 即为盖度；应 3 次重复测定取平均值，每两次样线之间的夹角为 120°。

A.4 鲜重与干重

从地面剪割后称量鲜重，干燥至含水量 14% 时后再称干重。

A.5 频度

指某种植物个体在取样面积中出现的次数百分数。测定方法：随机设置样方 10 个～20 个，植物出现的样方数与全部样方数的百分数为频度。

A.6 灌木及高大草本为主的草地总盖度计算方法

A.6.1 各种灌木或高大草本合计盖度：$\sum$（单株株丛长×单株株丛宽×π×单株投影盖度/4）/样方面积。

A.6.2 各种灌木或高大草本合计盖度：中小草本及小半灌木样方盖度×（1−各种灌木或高大草本合计盖度）。

A.7 灌木与高大草本为主的草地总鲜重和总干重计算方法

各种灌木或高大草本合计重量/灌木及高大草本样方面积＋中小草本及小半灌木样方平均重量×（1−各种灌木或高大草本合计盖度）。

ICS 67.120
B 45

中华人民共和国农业行业标准

NY/T 2999—2016

羔 羊 代 乳 料

Lamb/Kid milk replacer

2016-11-01 发布

2017-04-01 实施

中华人民共和国农业部 发布

前　　言

本标准按照 GB/T 1.1—2009 给出的规则起草。

本标准由农业部畜牧业司提出。

本标准由全国饲料工业标准化技术委员会(SAC/TC 76)归口。

本标准起草单位:中国农业科学院饲料研究所。

本标准主要起草人:刁其玉、屠焰、马涛、柴建民、王世琴、张乃锋、司丙文、聂明非。

羔羊代乳料

1 范围

本标准规定了羔羊代乳料(又称羔羊代乳粉)的要求、试验方法、检验规则及产品的标签、包装、运输和储存要求。

本标准适用于以乳制品、植物性原料为主,添加维生素、氨基酸、矿物元素,经加工制成的用作羔羊母乳替代品的羔羊代乳料。

2 规范性引用文件

下列文件对于本文件的应用是必不可少的。凡是注日期的引用文件,仅注日期的版本适用于本文件。凡是不注日期的引用文件,其最新版本(包括所有的修改单)适用于本文件。

GB 5413.5 婴幼儿食品与乳品中乳糖、蔗糖的测定

GB/T 5917.1 饲料粉碎粒度测定 两层筛筛分法

GB/T 5918 饲料产品混合均匀度的测定

GB/T 6432 饲料中粗蛋白测定方法

GB/T 6433 饲料中粗脂肪的测定

GB/T 6434 饲料中粗纤维的含量测定 过滤法

GB/T 6435 饲料中水分的测定

GB/T 6436 饲料中钙的测定

GB/T 6437 饲料中总磷的测定 分光光度法

GB/T 6438 饲料中粗灰分的测定

GB 10648 饲料标签

GB 13078 饲料卫生标准

GB/T 13079 饲料中总砷的测定

GB/T 13080 饲料中铅的测定 原子吸收光谱法

GB/T 13092 饲料中霉菌总数测定方法

GB/T 14699.1 饲料 采样

GB/T 18246 饲料中氨基酸的测定

GB/T 20715 犊牛代乳粉

3 要求

3.1 感官指标

淡黄色或淡奶油色粉末,色泽一致,具乳香味,无结块,无霉变,无变质,无异味。

3.2 粉碎粒度

全部通过 0.42 mm(40 目)分析筛,0.18 mm(80 目)筛上物≤20%。

3.3 混合均匀度

均匀度的变异系数≤7.0%。

3.4 技术指标

应符合表1的规定。

表1 技术指标(风干物质基础)

单位为百分率

指标项目	指标
水分	≤6.0
粗蛋白质	≥23.0
粗脂肪	≥14.0
乳糖	10～30
粗纤维	≤2.0
粗灰分	≤8.0
钙	0.6～1.2
磷	0.4～0.8
赖氨酸	≥1.8

3.5 卫生指标

总砷、铅、霉菌总数应符合表2的要求,其他卫生指标应符合 GB 13078 的规定。

表2 卫生指标

项目	指标
总砷,mg/kg	≤2
铅,mg/kg	≤5
霉菌总数,CFU/g	≤50

4 试验方法

4.1 感官检验

在自然光下,目视、鼻嗅等感官检验。

4.2 粉碎粒度的测定

按 GB/T 5917.1 的规定执行。

4.3 混合均匀度的测定

按 GB/T 5918 的规定执行。

4.4 水分的测定

按 GB/T 6435 的规定执行。

4.5 粗蛋白质的测定

按 GB/T 6432 的规定执行。

4.6 粗脂肪的测定

按 GB/T 6433 的规定执行。

4.7 乳糖的测定

按 GB 5413.5 的规定执行。

4.8 粗纤维的测定

按 GB/6434 的规定执行。

4.9 粗灰分的测定

按 GB/T 6438 的规定执行。

4.10 钙的测定

按 GB/T 6436 的规定执行。

4.11 磷的测定

按 GB/T 6437 的规定执行。

4.12 赖氨酸的测定

按 GB/T 18246 的规定执行。

4.13 总砷的测定

按 GB/T 13079 的规定执行。

4.14 铅的测定

按 GB/T 13080 的规定执行。

4.15 霉菌总数的测定

按 GB/13092 的规定执行。

4.16 其他卫生指标的测定

按 GB 13078 的规定执行。

5 检验规则

5.1 组批

以相同材料、相同生产工艺、连续生产或同一班次生产的产品为一批,但每批产品不得超过60 t。

5.2 采样

按 GB/T 14699.1 的规定执行。

5.3 出厂检验

出厂检验项目为感官指标、水分、粗蛋白质、粗脂肪和粗灰分。

5.4 型式检验

型式检验项目为第 3 章的全部要求。产品正常生产时,每半年至少进行一次型式检验,但有下列情况之一时,应进行型式检验:

a) 新产品投产时;

b) 原料、配方、设备、生产工艺有较大改变时;

c) 产品停产 3 个月以上,恢复生产时;

d) 出厂检验结果与上次型式检验结果有较大差异时;

e) 饲料管理部门提出进行型式检验要求时。

5.5 判定规则

5.5.1 所检项目检测结果均与本标准规定指标一致判定为合格产品。

5.5.2 检验结果中,如有一项指标(除微生物指标外)不符合本标准规定时,可在原批中重新抽样对不符合项进行复检。若复检结果仍不符合本标准规定,则判定该批产品为不合格。微生物指标出现不符合项目时,不得复检,即判定该批产品不合格。

6 标签、包装、运输和储存

6.1 标签

按 GB 10648 的规定执行。

6.2 包装

包装材料应清洁、卫生、无毒、无污染,并具有防潮、防漏等性能。

6.3 运输

运输工具应清洁卫生,能防暴晒、防雨淋,不应与有害有毒物质混装、混运,避免高温天气长途运输,避免包装破损。

NY/T 2999—2016

6.4 储存

储存于防晒、通风、干燥处,能防暴晒、防虫、防鼠,不应与有毒有害物混储。

6.5 保质期

在符合规定的运输和储存条件下,保质期为 90 d。

———————————

ICS 65.040.01
P 35

中华人民共和国农业行业标准

NY/T 3023—2016

畜禽粪污处理场建设标准

Construction criterion for treatment plant of animal manure and sewage

2016-11-01 发布   2017-04-01 实施

中华人民共和国农业部 发布

NY/T 3023—2016

目　次

前　言

本建设标准根据农业部《关于下达 2012 年农业行业标准制定和修订(农产品质量安全监管)项目资金的通知》(农财发〔2012〕56 号)下达的任务,按照《农业工程项目建设标准编制规范》(NY/T 2081—2011)的要求,结合农业行业工程建设发展的需要而编制。

本建设标准包括 12 章和 2 个附录:范围、规范性引用文件、术语和定义、总则、建设规模与项目构成、选址与建设条件、工艺与设备、建筑用地与规划布局、建筑工程及附属设施、节能节水与环境保护、安全与卫生、主要技术经济指标、附录 A 和附录 B。

本建设标准由农业部发展计划司负责管理,农业部规划设计研究院负责具体技术内容的解释。在标准执行过程中如发现有需要修改和补充之处,请将意见和有关资料寄送农业部工程建设服务中心(地址:北京市海淀区学院南路 59 号,邮政编码:100081),以供修订时参考。

本标准管理部门:中华人民共和国农业部发展计划司。

本标准主持单位:农业部工程建设服务中心。

本标准编制单位:农业部规划设计研究院。

本标准主要起草人:赵立欣、罗娟、董保成、陈羚、宋成军、齐岳、王骥、万小春、李小刚。

畜禽粪污处理场建设标准

1 范围

本标准规定了以畜禽养殖场(含养殖小区)粪污处理场建设的基本要求,包括建设规模与项目构成、选址与建设条件、工艺与设备、建设用地与规划布局、建筑工程及附属设施、节能节水与环境保护、安全与卫生、投资估算与劳动定员等。

本标准适用于不少于50头猪单位畜禽养殖场(含养殖小区)新建、扩建或改建粪污处理场的建设。

2 规范性引用文件

下列文件对于本文件的应用是必不可少的。凡是注日期的引用文件,仅注日期的版本适用于本文件。凡是不注日期的引用文件,其最新版本(包括所有的修改单)适用于本文件。

GB 12801　生产过程安全卫生要求总则

GB 14554　恶臭污染物排放标准

GB 18877　有机—无机复合肥料

GB/T 29304　爆炸危险场所防爆安全导则

GB 50015　建筑给水排水设计规范

GB 50016　建筑设计防火规范

GB 50052　供配电系统设计规范

GB 50057　建筑物防雷设计标准

GB 50223　建筑工程抗震设防分类标准

CECS 112　氧化沟设计规程

CECS 152　一体式膜生物反应器污水处理应用技术规程

CECS 265　曝气生物滤池工程技术规程

HJ 576　厌氧—缺氧—好氧活性污泥法污水处理工程技术规范

HJ 577　序批式活性污泥法污水处理工程技术规范

HJ 2014　生物滤池法污水处理工程技术规范

NY 525　有机肥料

NY/T 667　沼气工程规模分类

NY 884　生物有机肥

NY/T 1220　沼气工程技术规范

NY/T 1222　规模化畜禽养殖场沼气工程设计规范

NY/T 2065　沼肥施用技术规范

3 术语和定义

下列术语和定义适用于本文件。

3.1

畜禽粪污　animal manure and sewage

主要包括畜禽粪便、畜禽尿液、垫料、冲洗水以及少量生活污水。

3.2

畜禽粪污处理场　treatment plant of animal manure and sewage

专业从事利用高温、好氧或厌氧等技术手段杀灭畜禽粪污中病原菌、寄生虫和杂草种子等,实现沼气、水肥综合利用或达标排放的工程。主要包括"能源生态型"、"能源环保型"、堆肥3种处理利用工艺。

3.3

"能源生态型"处理利用工艺 process of "energy ecological"disposing and using

畜禽养殖场的粪污经过厌氧消化处理后,以生产沼气等清洁能源为主要目标,发酵剩余物作为农田固肥、水肥利用的处理利用工艺。

3.4

"能源环保型"处理利用工艺 process of"energy environment"disposing and using

畜禽养殖场的粪污经厌氧消化处理后,以处理废水为主要目标,并生产沼气利用,发酵后污水经好氧消化处理后达标排放,或以回用为最终目标的处理工艺。

3.5

堆肥处理利用工艺 process of compost disposing and using

畜禽养殖场的畜禽粪便经过腐熟处理后作为农业固体肥料利用的处理利用工艺。

4 总则

4.1 畜禽粪污处理场的建设,必须遵循国家有关法律、法规,执行国家现行的资源利用、环境保护、安全与消防等有关规定,并应遵循"减量化、无害化、资源化、生态化"的原则进行建设。

4.2 应结合畜禽养殖场(含养殖小区)的现状和周边环境条件,根据畜禽粪污量统筹规划,做到近远期结合,以近期为主,兼顾远期发展。

4.3 应采用成熟可靠的技术,积极选用新工艺、新材料和新设备。

4.4 畜禽粪污处理场的建设除执行本标准外,还应符合国家现行有关标准的规定。

5 建设规模与项目构成

5.1 畜禽粪污处理场的建设规模

以猪的存栏量为依据进行划分,其他畜禽品种与猪的折算关系按照附录A进行计算。

Ⅰ类:≥50 000头猪;

Ⅱ类:5 000头猪~50 000头猪(不含);

Ⅲ类:1 500头猪~5 000头猪(不含);

Ⅳ类:50头猪~1 500头猪(不含)。

5.2 畜禽粪污处理场的项目构成

5.2.1 生产设备设施

粪污收集、储存、预处理设施,发酵等生产设施(视畜禽粪污的处理目标而定),产品和末端剩余物储存与处理设施。

5.2.2 配套设施

供电、照明、防雷,给排水、采暖通风,防火、防爆与安全防护,道路、绿化等设施。

5.2.3 管理设施

化验室、办公室、门卫室、卫生间等设施。

5.3 畜禽粪污处理场的建设内容

应根据生产需要和依托条件合理确定,充分发挥专业化协作和社会化服务的作用。改扩建项目应充分利用原有设施和装备。

6 选址与建设条件

6.1 选址应结合畜牧业发展规划、土地利用总体规划、城乡规划及项目本身特性等合理布局,并应符合国家现行有关环境保护、卫生防疫和安全防火等法律法规的规定。

6.2 选址应综合考虑工程建设地点的工程地质、水文地质、气象和周边环境,并具备良好的交通运输、供水、供电等条件。

6.3 处理场宜设置在畜禽养殖场(含养殖小区)内或临近沼气供气村镇、沼肥综合利用区域,并应设在养殖场的生产区、生活管理区和村镇常年主导风向的下风向或侧风向处,与养殖场生产设施的距离不得小于 100 m,与村镇的距离不得小于 500 m。

6.4 处理场禁止设在生活饮用水水源保护区、风景名胜区、自然保护区的核心区及缓冲区;生产或储存易燃、易爆及其他危险物品的场所;国家或地方法律、法规规定需特殊保护的其他区域。在禁建区附近时,应选择在禁建区常年主导风向的下风向或侧风向处,距离应不小于 500 m。

7 工艺与设备

7.1 处理场的工艺和设备,应根据工程建设规模、目标和当地生产力水平等综合因素确定,适度提高机械化、自动化水平,满足安全生产、节本高效的要求。

7.2 工艺选择应结合粪污种类、工程建设目标、无害化处理要求等因素,经技术经济比较后确定,优先选用低能耗、低成本及操作管理方便的成熟工艺。

7.3 应对采用干清粪工艺收集的固体废弃物和污水进行分别处理。固体废弃物处理宜优先采用堆肥处理利用工艺;污水处理应视具体要求而定,在具有足够多消纳土地的地区优先采用"能源生态型"处理利用工艺,无法消纳的地区宜采用"能源环保型"处理利用工艺,污水经处理后达标排放。"能源生态型"处理利用工艺、"能源环保型"处理利用工艺和堆肥处理利用工艺参见附录 B。

7.4 采用"能源生态型"处理利用工艺的畜禽粪污处理场,其主要设备设施应包括:

　　a) 生产设备设施。

　　　　1) 原料收集与储存设备设施:主要包括运粪车、原料储存池等,应与原料种类和生产方式相适应。

　　　　2) 预处理设备设施:主要包括格栅、沉沙池、调节池、集料池、粉碎设备、搅拌设备、进料设备以及配套厂房(棚)等,应根据原料特性和工艺要求来确定。

　　　　3) 沼气生产设备设施:主要包括厌氧消化器、进出料设备、搅拌设备、回流设备以及控制设备等,应根据不同工艺要求进行选用。

　　　　4) 沼气净化与利用设备设施:沼气净化设施主要包括脱水装置、脱硫装置等;储气柜容积应根据日产沼气量、储存方式和利用模式确定;寒冷地区的沼气净化与储存设施应具有增温保温和防冻措施。沼气利用设施宜根据集中供气、发电、用作锅炉燃料或车用燃料等不同用途来确定,包括沼气灶具、沼气发电机组、沼气锅炉、沼气净化提纯装置等。

　　　　5) 沼渣沼液利用设备设施:沼渣沼液的利用设施应按照 NY/T 2065 的规定,结合当地生产条件确定,包括固液分离设备、沼渣晾晒场、有机肥加工设备、沼液储存池、沼液输配管网、沼液运输罐车、沼液深度处理设施等。

　　b) 配套设施。主要包括供电设施、消防设施、给排水设施、采暖通风设施、防火设施、防雷设施、防爆与安全防护设施、应急燃烧器、道路、围墙和绿化等。

　　c) 管理设施。主要包括锅炉房、化验室、配电室等辅助用房,办公室、门卫室等管理用房,以及卫生间等生活设施用房。

7.5 采用"能源环保型"处理利用工艺的畜禽粪污处理场,主要设备和设施应包括:

　　a) 生产设备设施。

　　　　1) 具体设施同本标准 7.4 中 a)的规定。

　　　　2) 沼液及污水处理设施主要包括好氧反应池(器)、氧化塘和人工湿地等,应经技术经济分析后确定适用的处理工艺。

   b) 配套设施同本标准 7.4. 中 b)的规定。

   c) 管理设施同本标准 7.4. 中 c)的规定。

7.6 采用堆肥处理利用工艺的畜禽粪污处理场,其主要设备设施应包括:

   a) 生产设备设施。

      1) 前处理设备设施:包括计量、破碎、筛分、混合和输送等设备设施,宜根据物料特点、设备性能、维护要求、投资及运行费用等选用。

      2) 主发酵设备设施:包括堆肥车间或发酵槽、翻搅设备、强制通风设施、废气收集与处理设施、渗滤液收集设施等;发酵的主体设施底部须设置渗滤液收集设施(井),渗滤液收集后宜回流作物料调节用水,多余的渗滤液应排入污水处理设施进行处理。

      3) 后处理设备设施:主要包括筛选、粉碎、造粒和计量包装等设备及设施,宜根据物料特点选用性能可靠、经久耐用、性价比高的设备。

   b) 配套设施,主要包括供电设施、消防设施、给排水设施、采暖设施、通风设施、防火设施、防雷设施、防爆与安全防护设施、道路、围墙和绿化等。

   c) 管理设施同本标准 7.4 中 c)的规定。

8　建设用地与规划布局

8.1 畜禽粪污处理场的用地,应坚持科学、合理、节约用地的原则,并应符合国家土地管理的有关规定。

8.2 根据处理工艺不同,畜禽粪污处理场建设用地分为"能源生态型"、"能源环保型"和堆肥处理 3 种。用地指标应按远期规划确定,并做出分期建设的安排,总用地指标按表 1 的规定进行控制。

表 1　畜禽粪污处理场用地指标

单位为平方米

处理方式	建设规模			
	Ⅰ类	Ⅱ类	Ⅲ类	Ⅳ类
"能源生态"型	≥8 000	3 000～8 000(不含)	1 500～3 000(不含)	＜1 500
"能源环保"型	≥12 000	4 000～12 000(不含)	2 000～4 000(不含)	＜2 000
堆肥处理	≥6 000	3 000～6 000(不含)	1 500～3 000(不含)	＜1 500

8.3 项目建设内容和规模见表 2、表 3 和表 4。

表 2　"能源生态型"处理场建设内容一览表

建设内容		单位	规模与数量			
			Ⅰ类	Ⅱ类	Ⅲ类	Ⅳ类
主要生产设施	原料储存池	m³	≥1 500	150～1 500(不含)	45～150(不含)	1.5＜45
	预处理厂房(含泵房)	m³	≥200	50～200(不含)	按需	—
	沉沙池(渠)	m³	≥200	50～200(不含)	20～50(不含)	按需
	调节(调配)池	m³	≥200	50～200(不含)	20～50(不含)	按需
	集料池	m³	≥200	50～200(不含)	按需	按需
	沼气发酵装置(中温)	m³	≥5 000	620～5 000(不含)	180～620(不含)	—
	沼气净化设施	m²	≥100	30～100(不含)	按需	按需
	沼气储存设施	m²	按需	按需	按需	按需
	沼气利用设施(发电机房等)	m²	≥100	50～100(不含)	按需	—
	站内沼液储存池	m³	≥2 000	≥500	≥150	≥50
	沼渣利用设施	m²	按需	按需	按需	按需

表 2（续）

建设内容		单位	规模与数量			
			Ⅰ类	Ⅱ类	Ⅲ类	Ⅳ类
配套设施	供电设施	m²	按需	按需	按需	按需
	消防设施	m²	按需	按需	按需	按需
	给排水设施	m²	按需	按需	按需	按需
	采暖通风	m²	按需	按需	按需	按需
	防火、防雷、防爆与安全防护设施	m²	按需	按需	按需	按需
	应急燃烧器（火炬）	/	必须配置	必须配置	按需	按需
	道路、围墙、绿化等	m²	按需	按需	按需	按需
管理设施	锅炉房、化验室、配电室等	m²	≤120	≤75	≤45	≤40
	管理用房（办公室、门卫室等）	m²	≤120	≤75	≤45	≤30
	生活设施用房（卫生间等）	m²	≤80	≤50	≤30	≤30

表 3 "能源环保型"处理场建设内容一览表

建设内容		单位	规模与数量			
			Ⅰ类	Ⅱ类	Ⅲ类	Ⅳ类
主要生产设施	原料储存池	m³	≥1 500	150～1 500（不含）	45～150（不含）	1.5～45（不含）
	沉沙池（渠）	m³	≥200	50～200（不含）	20～50（不含）	按需
	调节（调配）池	m³	≥200	50～200（不含）	20～50（不含）	按需
	预处理厂房（含泵房）	m³	≥200	50～200（不含）	按需	—
	沼气发酵装置（中温）	m³	≥5 000	620～5 000（不含）	180～620（不含）	—
	沼气净化设施	m²	≥100	30～100（不含）	按需	按需
	沼气储存设施	m²	按需	按需	按需	按需
	沼气利用设施（发电机房等）	m²	≥100	50～100（不含）	按需	—
	沼渣利用设施	m²	按需	按需	按需	按需
	好氧反应池（器）	m³	≥300	50～300（不含）	20～50（不含）	按需
	氧化塘	m³	≥15 000	1 500～15 000（不含）	450～1 500（不含）	15～450（不含）
	人工湿地	m²	≥5 000	500～5 000（不含）	150～500（不含）	5～150（不含）
	鼓风机房	m²	≥30	10～30（不含）	按需	按需
	脱水间	m²	≥20	按需	按需	按需
	消毒间	m²	≥20	按需	按需	按需
	污泥储池	m³	≥20	按需	按需	按需
	除臭间、加药间	m²	≥60	15～60（不含）	按需	按需
	应急事故池	m³	≥500	50～500（不含）	按需	按需
配套设施	供电设施	m²	按需	按需	按需	按需
	消防设施	m²	按需	按需	按需	按需
	给排水设施	m²	按需	按需	按需	按需
	采暖通风	m²	按需	按需	按需	按需
	防火、防雷、防爆与安全防护设施	m²	按需	按需	按需	按需
	应急燃烧器（火炬）	/	必须配置	必须配置	按需	按需
	道路、围墙、绿化等	m²	按需	按需	按需	按需
管理设施	锅炉房、化验室、配电室等	m²	≤120	≤75	≤45	≤40
	管理用房（办公室、门卫室等）	m²	≤120	≤75	≤45	≤30
	生活设施用房（卫生间等）	m²	≤80	≤50	≤30	≤30

表 4　堆肥处理场建设内容一览表

建设内容		单位	规模与数量			
			Ⅰ类	Ⅱ类	Ⅲ类	Ⅳ类
主要生产设施	原料库	m²	≥800	100～800(不含)	按需	—
	发酵车间(含发酵槽)	m²	≥1 200	300～1 200(不含)	100～300(不含)	按需
	堆场(腐熟场)	m²	≥600	150～600(不含)	60～150(不含)	按需
	制肥车间	m²	≥600	150～600(不含)	60～150(不含)	按需
	周转库	m²	≥200	80～200(不含)	按需	—
	成品库及工具库	m²	≥1 000	300～1 000(不含)	100～300(不含)	按需
配套设施	供电设施	m²	按需	按需	按需	按需
	消防设施	m²	按需	按需	按需	按需
	给排水设施	m²	按需	按需	按需	按需
	采暖	m²	按需	按需	按需	按需
	通风(含除尘、除臭)	/	必须配置	必须配置	按需	按需
	防火、防雷、防爆与安全防护设施	m²	按需	按需	按需	按需
	道路、围墙、绿化等	m²	按需	按需	按需	按需
管理设施	锅炉房、化验室、配电室等	m²	≤120	≤75	≤45	≤40
	管理用房(办公室、门卫室等)	m²	≤120	≤75	≤45	≤30
	生活设施用房(卫生间等)	m²	≤80	≤50	≤30	≤30

8.4　总体布局应符合生产工艺技术的要求,既应做到满足使用、环保、防火等要求,又应做到分区明确、流程合理、布置紧凑、施工和维护方便。采用多种技术措施综合处理时,应做好工艺间的衔接,并应综合考虑场址地形、气象和工程地质条件等因素。主要生产区与辅助生产区应综合考虑地形、风向、使用功能及安全等因素,在满足消防要求的情况下宜采取相对集中布置。

8.5　工艺流程的竖向设计,宜充分利用原有地形,做到排水畅通、土方平衡和节约用能。各建(构)筑物群体效果应与周围环境相协调,按功能分区设置,且人流、物流顺畅,尽量减少中间运输环节。

8.6　应注意环境绿化与美化,新建畜禽粪污处理场的绿化覆盖率不应小于30％;畜禽粪污处理场周边及场区内主要生产区和辅助生产区之间,均应设置绿化隔离带。

9　建筑工程及附属设施

9.1　建筑标准应遵循安全实用、经济合理的原则,根据设计要求、建(构)筑物用途、建筑场地条件等因素确定,其装饰效果应与周边建筑及环境相协调。

9.2　主要生产、配套和辅助设施的抗震设防类别为标准设防类(简称丙类)。配套和辅助建筑的抗震设防类别应按 GB 50223 的要求确定,宜采用下列结构形式:

　　a)　原料储存池、沉沙池、调节池、集料池、沉淀池等采用钢筋混凝土结构,厌氧消化器宜采用钢结构或钢筋混凝土结构;

　　b)　发酵车间、加工车间、仓库、厂房(棚)等,宜采用砖混结构或轻钢结构;

　　c)　锅炉房、泵房、供配电室、办公室、化验室、门卫室等,宜采用砖混结构。

9.3　应有可靠的供水水源和完善的供水设施;设置在养殖场(含养殖小区)内的畜禽粪污处理场,其生产和生活用水宜由养殖场(含养殖小区)的给水管网供给。

9.4　供电电源应由当地电网供给(自己发电的除外),电力负荷等级为三级,并符合 GB 50052 的规定;对不能停电的工艺设备,当不能满足要求时,应设置备用发电设备。

9.5　排水系统应实行雨污分流,并应符合 GB 50015 的技术要求。

9.6　管理设施的配置应根据工程建设规模、经济条件等因素合理确定。Ⅰ、Ⅱ类畜禽粪污处理场的生

NY/T 3023—2016

产管理应实行自动化监测与机械控制；Ⅲ、Ⅳ类畜禽粪污处理场的生产管理优先采用自动化监控,亦可采用机械控制或手动控制。凡是采用自动化或机械控制的设备,必须同时配有手动控制。

9.7 养殖场(含养殖小区)内新建的畜禽粪污处理场的附属设施,应充分利用养殖场(含养殖小区)的设施;改建、扩建的畜禽粪污处理场应充分利用原有设施的能力,并保证基本功能。

9.8 畜禽粪污处理场的维修、运输等设施的装备配置应满足正常生产需要。

9.9 应设置必要的通信设施,保证场区内各生产岗位之间的通信联系,并能及时与养殖场(含养殖小区)、管理部门、供电部门等取得联系。

9.10 化验设备和仪表的配置应以保证正常生产需要为原则,并根据生产规模和当地社会化服务条件等合理选择;对于污水达标排放处理工艺,应配置出水水质的检测设备。

9.11 主干道宽度应不小于4 m,各支道宽度应满足原材料和产品的运输要求;主要道路的路面宜采用混凝土路面;场区占地面积大于3 000 m²时,宜设置环形消防通道。

10 节能节水与环境保护

10.1 应科学合理利用能源,采取有效措施提高能源利用效率,使用节能科技新产品和能耗低的设备。

10.2 应采取各种有效措施减少新水的使用,尤其是缺水地区的辅助生产、场区绿化等所需用水,优先采用符合相关水质标准的再生水。

10.3 畜禽粪污处理场的建设不应对地下水、空气和土壤造成污染。

10.3.1 畜禽粪污收集设施应采取防扬散、防遗撒、防渗漏等防止污染环境的措施,各类水池必须做好防渗处理,避免污染地下水;沼渣沼液禁止随意排放。对于要求达标处理的污水,处理后污水水质应符合现行国家标准和地方有关规定,不得影响现有饮用水水源和水体的自净功能。

10.3.2 沼气不得直接向环境排放,应急排放时须采用应急燃烧器;沼液储存设施内产生的沼气须收集后利用或应急排放;堆肥过程中产生的臭气须收集处理后再排放,排放浓度应符合GB 14554的规定。

10.3.3 污泥利用与处置应根据当地消纳能力和对环境影响等进行综合分析确定。

10.4 应选用低噪声设备,并采取隔音、消声等措施;水泵、电机、鼓风机和其他设备等的噪声应符合现行国家标准和地方有关规定。

11 安全与卫生

11.1 畜禽粪污处理场的消防、防雷、防爆及保护等应符合GB 50016、GB 50057和GB/T 29304中有关防火、防雷、防爆等的规定。

11.2 防火、防雷、防爆及消防设施应定期检查,保证完好状态。发现毁损应及时修复或更换,达到报废年限的必须及时更换。

11.3 结合生产特点制定相应安全防护措施、安全操作规程和消防应急预案,并粘贴在醒目位置。配备的防护救生设施及用品应定期检查和更换。

11.4 建(构)筑物应根据需要设置通风设施。所有建(构)筑物的安全防护应符合国家标准和地方现行有关规定。

11.5 应采取有效措施消除可能引起传染病的微生物,防止污染环境和传播。

11.6 作业区内应设有防尘、消毒、除臭等安全、卫生设施,防止恶臭和畜禽养殖废弃物渗出、泄漏,且应符合GB 12801的规定。

12 主要技术经济指标

12.1 新建畜禽粪污处理场的投资估算,应按国家或地方有关规定编制,根据动态管理的原则,按照实际情况进行调整后使用。

12.2 不同处理方式的畜禽粪污处理场的投资估算参照表 5 的规定。

表 5 畜禽粪污处理场投资估算指标

单位为元每头猪(存栏)

处理场类别	建设规模	工程建设总投资估算指标
"能源生态"型处理场	Ⅰ类	200～250
	Ⅱ类	230～300
	Ⅲ类	280～400
	Ⅳ类	380～450
"能源环保"型处理场	Ⅰ类	230～290
	Ⅱ类	270～420
	Ⅲ类	400～480
	Ⅳ类	460～550
堆肥处理场	Ⅰ类	100～150
	Ⅱ类	130～180
	Ⅲ类	160～260
	Ⅳ类	240～350
注:表中投资费用不包括土地费用,各地应根据实际物价做详细核算。		

12.3 劳动组织与劳动定员应根据工程规模、工程复杂程度、生产管理要求、自动控制水平、经营模式和当地社会化服务条件等综合因素确定,做到职责分明、定岗定员、精简高效。

12.4 畜禽粪污处理场的劳动定员应参照表 6 的规定。

表 6 畜禽粪污处理场劳动定员

单位为人

规　模	Ⅰ类	Ⅱ类	Ⅲ类	Ⅳ类
"能源生态"型处理场	≥8	3～8	2～5	1～2
"能源环保"型处理场	≥5	3～5	2～5	1～2
堆肥处理场	≥10	5～10	2～5	1～2

附　录　A

（规范性附录）

不同类别畜禽粪便重量排放折算表

不同类别畜禽粪便重量排放折算见表 A.1。

表 A.1　不同类别畜禽粪便重量排放表

畜禽类别及数量	折算为猪的数量
10 只蛋鸡	1 头猪
20 只肉鸡	1 头猪
1 头奶牛	10 头猪
1 头肉牛	5 头猪
注:表中数据均为畜禽排放粪便量的平均值,折算系数根据 NY/T 667 确定,猪的平均粪便产生量按照 2kg/(头·d) 计算。	

附　录　B
（资料性附录）
畜禽粪污无害化处理工艺

B.1 "能源生态型"处理利用工艺

该工艺需要养殖业和种植业的合理配置,即周围有足够的农田或市场能够消纳厌氧发酵后的沼液、沼渣,使沼气工程成为能源生态农业的纽带,适用于项目建设点周边环境容量大、排水要求不高的地区。其中,厌氧消化部分工艺主要包括完全混合式厌氧消化工艺(CSTR)、塞流式厌氧消化工艺(PFR)、升流式固体反应器(USR)、车库式发酵工艺等;新型厌氧消化工艺包括一体化两相厌氧消化工艺(CTP)、分离式两相厌氧消化工艺(STP)、覆膜槽式发酵工艺(MCT)等。

"能源生态型"处理利用工艺流程如图 B.1 所示。

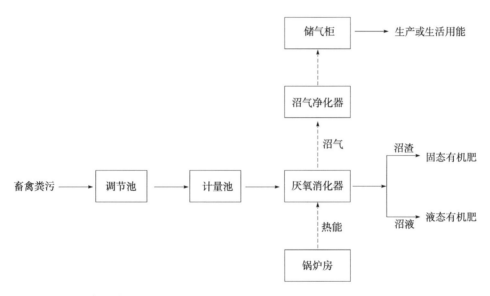

注:厌氧消化工艺的设计宜按照 NY/T 1220、NY/T 1222 或其他相关国家标准和行业标准执行。

图 B.1　"能源生态型"处理利用工艺流程

B.2 "能源环保型"处理利用工艺

该工艺适用于规模化养殖场,其最小污水处理量为 50 m³/d,同时,项目建设点周边排水要求高。其中,厌氧工艺主要有升流式厌氧污泥床(UASB)、膨胀颗粒污泥床(EGSB)、内循环厌氧反应器(IC)等。不能还田利用的污水或经厌氧处理后不能达到排放标准的污水,可采用好氧工艺进行达标处理。常用好氧处理工艺主要有序批式活性污泥法(SBR)、膜生物反应器(MBR)、氧化沟、生物接触氧化法、厌氧—缺氧—好氧活性污泥法(A²/O)等。典型"能源环保型"处理利用工艺流程如图 B.2所示。

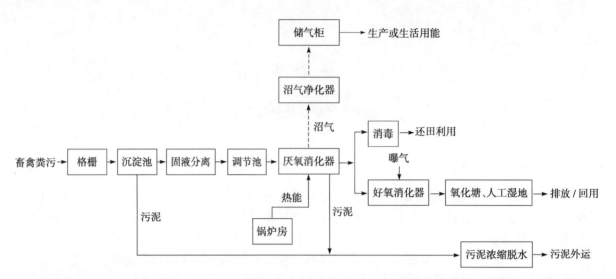

注:主要好氧消化工艺如下:
——序批式活性污泥法(SBR),按照 HJ 577 的有关规定执行;
——膜生物反应器(MBR),按照 CECS 152 的有关规定执行;
——氧化沟(亦称连续式反应池,CLR),按照 CECS 112 的有关规定执行;
——生物接触氧化法,按照 HJ 2014 或 CECS 265 的有关规定执行;
——厌氧—缺氧—好氧活性污泥法(A^2/O),按照 HJ 576 的有关规定执行。

图 B.2 "能源环保型"处理利用工艺流程

B.3 堆肥处理工艺

堆肥处理工艺类型有自然堆肥、条垛式控氧堆肥、机械翻堆堆肥、转筒式堆肥等。典型堆肥工艺流程如图 B.3 所示。

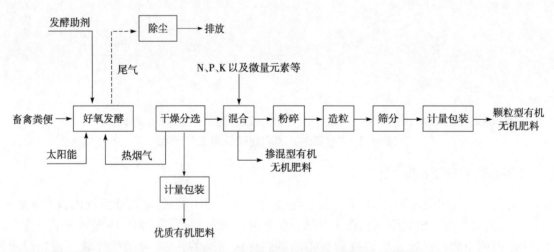

注:生产的肥料产品应符合 GB 18877、NY 525、NY 884 或其他相关国家标准和行业标准的要求。

图 B.3 堆肥处理利用工艺流程

ICS 59.140.20
B 45

中华人民共和国农业行业标准

NY/T 3047—2016

北极狐皮、水貂皮、貉皮、獭兔皮鉴别
显微镜法

Identification of blue fox, mink, raccoon dog, rex rabbit fur—
Microscope method

2016-12-23 发布

2017-04-01 实施

中华人民共和国农业部 发布

前　言

本标准按照 GB/T 1.1—2009 给出的规则起草。

本标准由农业部畜牧业司提出。

本标准由全国畜牧业标准化技术委员会(SAC/TC 274)归口。

本标准起草单位：农业部动物毛皮及制品质量监督检验测试中心(兰州)、中国农业科学院兰州畜牧与兽药研究所。

本标准主要起草人：高雅琴、王宏博、李维红、郭天芬、席斌、杜天庆、梁丽娜、常玉兰、牛春娥、熊琳。

北极狐皮、水貂皮、貉皮、獭兔皮鉴别　显微镜法

1　范围

本标准规定了应用显微镜鉴别北极狐皮、水貂皮、貉皮和獭兔皮的方法。

本标准适用于北极狐皮、水貂皮、貉皮和獭兔皮产品的鉴别。

2　术语和定义

下列术语和定义适用于本文件。

2.1

针毛　up hair

毛皮动物被毛中较粗呈纺锤形、较长的一类上层毛。

2.2

绒毛　down hair

毛皮动物被毛中较细、短而弯曲的一类下层毛。

2.3

鳞片　scale

针毛、绒毛表面有规则排列的鳞状物。

2.4

髓腔　medullary cavity

针毛、绒毛中央由松散的、不规则形状的角朊细胞组成,细胞间充满了空气。

3　仪器、器具和试剂

3.1　显微镜:放大倍数 40 倍～600 倍。

3.2　纤维哈氏切片器。

3.3　载玻片、盖玻片。

3.4　石油醚、火棉胶、液体石蜡。

3.5　刀片、玻璃棒、剪刀、擦镜纸、滤纸、镊子等。

4　原理

根据不同动物针毛、绒毛纵向和横向的不同组织学结构特征,在显微镜下分辨出各类针毛、绒毛,从而判别毛皮种类。

5　取样与试样制备

5.1　纵压片采样方法

从毛皮上拔取具有代表性的针毛和绒毛,用镊子夹紧在石油醚中清洗后待用。

5.2　横切片采样方法

从毛皮上用剪刀剪取具有代表性的毛绒(剪取毛量以不露出皮板、不影响毛皮品质为好)混合后,抽取一小撮毛样,将毛尖朝同一方向整理成束,用镊子夹紧在石油醚中清洗后待用。

6 制片程序

6.1 纵压片制片方法

将拔取的针毛或绒毛在载玻片上放平,滴1滴~2滴液体石蜡,盖上盖玻片。

6.2 横切片制片方法

6.2.1 针毛制片方法

将洗净的针毛用用手排法整理平直,用哈氏切片器进行切片。夹入数量以轻拉毛束时稍有移动为宜。用刀片切去金属板正、反两面露出的针毛,拧紧固定螺丝,然后旋转精密螺丝使毛束微微伸出金属板表面,在露出的针毛上涂一薄层火棉胶。待火棉胶稍干,用锋利刀片沿金属板表面切下前2刀试样弃去。然后,由精密螺丝控制切片厚度为0.5个~1个螺扣(根据针毛的粗细来确定)切取。将切好的试样置于已滴有液体石蜡的载玻片上,盖上盖玻片,用滤纸吸去溢于盖玻片外的多余液体石蜡,在显微镜下观察。

6.2.2 绒毛制片方法

绒毛宜先将其用手排法整理,用火棉胶固定后,按照6.2.1进行制片。

7 鉴别方法

7.1 外观观察

北极狐皮、水貂皮、貉皮、獭兔皮毛皮被毛外观特征见表1。

表1 北极狐皮、水貂皮、貉皮、獭兔皮毛皮被毛外观特征

类型	北极狐皮	貉皮	水貂皮	獭兔皮
针毛	灵活。长度90 mm~102 mm。细度(膨大部)60 μm~110 μm	长、粗、硬且弹性好。长度85 mm~105 mm。细度(膨大部)80 μm~150 μm	光亮、灵活。长度10 mm~25 mm。细度(膨大部)96 μm~140 μm	毛面平齐,密度大,光亮。毛长度16 mm~22 mm。细度10 μm~30 μm
绒毛	底绒丰厚。长度40 mm~64 mm。细度15 μm~25 μm	绒稍厚。长度40 mm~52 mm。细度10 μm~25 μm	密。长度9 mm~14 mm。细度7 μm~20 μm	

7.2 显微镜观察

显微镜下北极狐皮、水貂皮、貉皮、獭兔皮针毛和绒毛结构特点见表2,显微结构图参见附录A。

表2 北极狐皮、水貂皮、貉皮、獭兔皮针毛和绒毛显微结构特点

种类	针毛(粗毛)		绒毛(细毛)	
	纵向	横切面	纵向	横切面
北极狐皮	通常有髓,渐至毛尖时,髓腔由连续状到断续状最后变为无髓。鳞片翘角小,呈尖锯齿形或杂波形包裹于毛干外侧	呈椭圆形	有髓,髓呈算盘珠形单列排列。鳞片厚,翘角不明显,呈环形排列	近似圆形
貉皮	髓层发达,呈连续状排列。鳞片薄,呈波纹状覆盖于毛干上,几乎观察不到翘角,表面顺滑	呈圆形或椭圆形	有髓,呈连续性排列。鳞片翘角大,间距大,环状包裹于毛干	呈椭圆形或圆形
水貂皮	髓层发达。鳞片排列均匀,翘角大	呈椭圆形或不规则的三角形	有髓,髓呈算盘珠形单列排列。鳞片翘角大,密度小	呈圆形
獭兔皮	有髓,多呈双列或多列。双列髓腔呈两组算盘珠形并列,多列并列形态,可达6组甚至更多。鳞片呈波浪形排列	呈椭圆形,可清晰地看到有单列或多列髓腔	细毛有髓,由一列髓细胞组成(纤维的根端和尖端均无髓),髓细胞大。鳞片呈"人"字形紧密排列	呈椭圆形或圆形

7.3 鉴别

依据观察结果,结合表1、表2与附录A综合判断,对北极狐皮、水貂皮、貉皮、獭兔皮进行鉴别。

附　录　A

（资料性附录）

北极狐皮、水貂皮、貉皮、獭兔皮针毛和绒毛显微结构图

A.1　北极狐

见图 A.1～图 A.10。

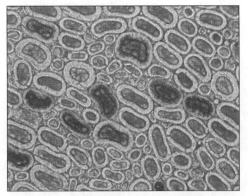

图 A.1　北极狐针毛毛干　横切 300×

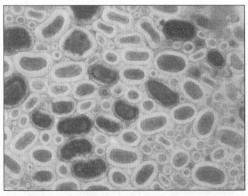

图 A.2　北极狐针毛毛干　横切 500×

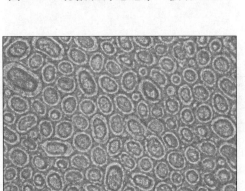

图 A.3　北极狐绒毛毛干　横切 300×

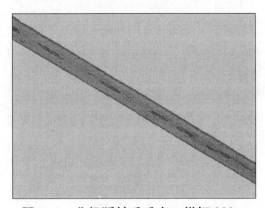

图 A.4　北极狐针毛毛尖　纵切 300×

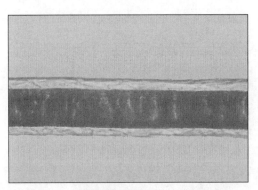

图 A.5　狐皮针毛毛干　纵切 600×

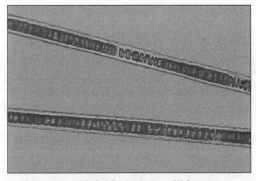

图 A.6　狐皮绒毛毛干　纵切 300×

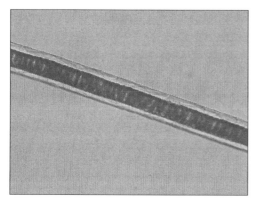

图 A.7　北极狐绒毛毛干　纵切 600×

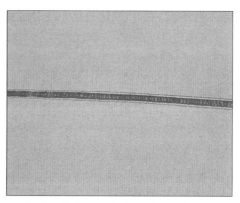

图 A.8　北极狐绒毛毛干　纵切 300×

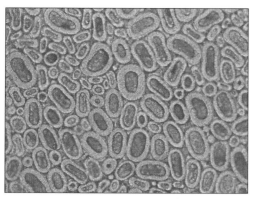

图 A.9　北极狐针毛毛干　横切 300×

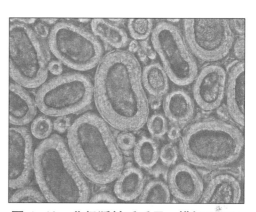

图 A.10　北极狐针毛毛干　横切 600×

A.2　水貂

见图 A.11～图 A.16。

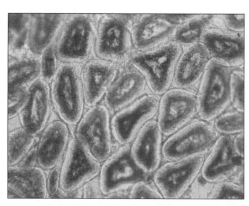

图 A.11　水貂针毛毛干(不规则形)　横切 500×

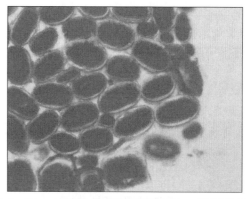

图 A.12　水貂针毛毛干(椭圆形)　横切 500×

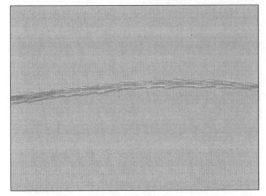

图A.13　水貂绒毛毛干　纵切500×

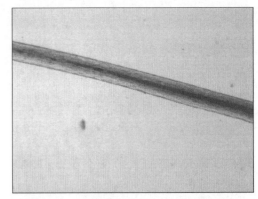

图A.14　水貂针毛毛干　纵切500×

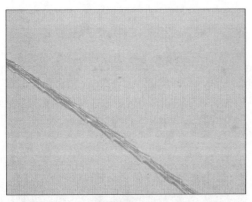

图A.15　水貂绒毛毛干　纵切600×

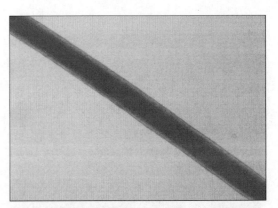

图A.16　水貂针毛毛干(中部)　纵切500×

A.3　貉子

见图A.17～图A.22。

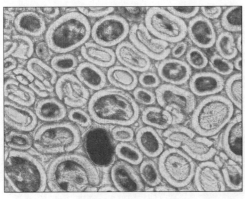

图A.17　南貉针毛毛干　横切300×

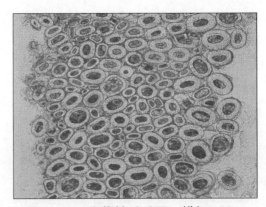

图A.18　北貉针毛毛干　横切150×

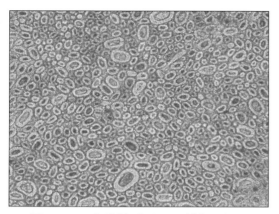

图 A.19 南貉绒毛毛干 横切 300×

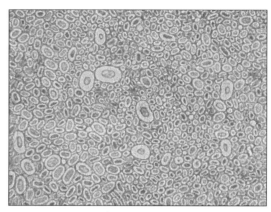

图 A.20 北貉绒毛毛干 横切 300×

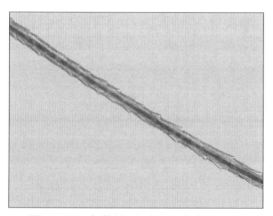

图 A.21 南貉绒毛毛干 纵切 300×

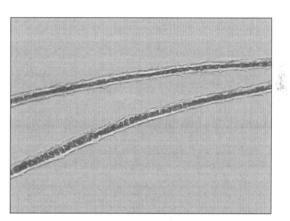

图 A.22 北貉绒毛毛干 纵切 300×

A.4 獭兔

见图 A.23～图 A.27。

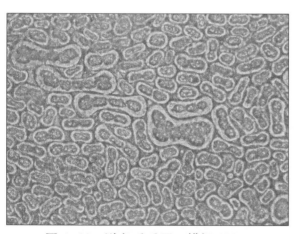

图 A.23 獭兔毛毛干 横切 300×

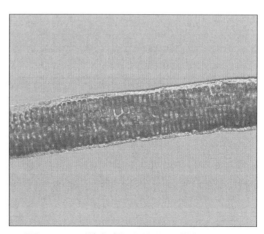

图 A.24 獭兔粗毛毛干 纵切 600×

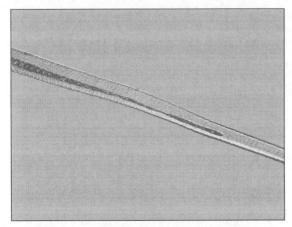

图 A.25　獭兔粗毛毛尖　纵切 600×

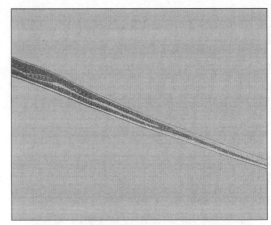

图 A.26　獭兔粗毛毛尖　纵切 600×

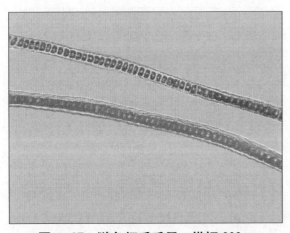

图 A.27　獭兔细毛毛干　纵切 600×

ICS 65.020.30
B 43

中华人民共和国农业行业标准

NY/T 3048—2016

发酵床养猪技术规程

Code of practice of deep–litter systems for pig production

2016-12-23 发布

2017-04-01 实施

中华人民共和国农业部 发布

前　言

本标准按照 GB/T 1.1—2009 给出的规则起草。

本标准由农业部畜牧业司提出。

本标准由全国畜牧业标准化技术委员会(SAC/TC 274)归口。

本标准起草单位:山东省畜牧总站、山东省农业科学院畜牧兽医研究所、山东明发兽药股份有限公司、山东农业大学。

本标准主要起草人:曲绪仙、周开锋、盛清凯、刘照云、武英、林海、杨景晁、焦洪超、冯楠、李守远、谭善杰、崔超、韩丽娟。

发酵床养猪技术规程

1 范围

本标准规定了发酵床养猪技术的垫料原料质量、发酵床制作、发酵床管理、饲养管理、猪舍建筑。
本标准适用于保育仔猪、生长育肥猪生产。

2 规范性引用文件

下列文件对于本文件的应用是必不可少的。凡是注日期的引用文件,仅注日期的版本适用于本文件。凡是不注日期的引用文件,其最新版本(包括所有的修改单)适用于本文件。

GB 16548　病害动物和病害动物产品生物安全处理规程

GB/T 16569　畜禽产品消毒规范

GB/T 17824.1　规模猪场建设

GB/T 18407.3　农产品安全质量　无公害畜禽肉产地环境要求

NY 5030　无公害食品　畜禽饲养兽药使用准则

NY 5031　无公害食品　生猪饲养兽医防疫准则

NY 5032　无公害食品　畜禽饲料和饲料添加剂使用准则

3 术语和定义

下列术语和定义适用于本文件。

3.1

发酵菌种　microbial strains for litter fermentation

用于分解粪污的有益微生物,包括枯草芽孢杆菌、地衣芽孢杆菌及酵母菌等。

3.2

垫料　deep litters

用于铺设发酵床的原料,一般由锯末、稻壳、秸秆等林业和农业副产物组成。

3.3

发酵床　deep-litter systems

铺设在发酵池内,通过内源性或外源性微生物进行有氧发酵,对粪污进行分解,并具有一定厚度的垫料层。

4 垫料原料

4.1 原料选择

单一原料无腐烂、无霉变、无污染、无异味、无生物安全隐患。

4.2 碳氮比

垫料碳氮比应大于 25:1。优先选择碳氮比高、降解慢的原料做垫料,原料碳氮比参见附录 A。

4.3 组合

推荐的垫料原料组合配方参见附录 B。

5 发酵床制作

5.1 原料准备

准备好各种垫料原料,预留 10% 左右的垫料原料用作进猪前表层垫料的铺设。使用发酵菌种的,将发酵菌种与营养添加物按推荐比例预混合均匀。

5.2 制作方法

5.2.1 均匀垫料

每立方米垫料原料添加预混合后的菌种 2 kg～3 kg,混匀用来制作发酵床垫料。垫料湿度以 40%～50% 为宜。

5.2.2 分层垫料

在发酵池底层铺垫 20 cm～40 cm 厚的干玉米秸等垫料,上层铺设制作好的均匀垫料。

5.3 垫料堆积发酵

配制好的发酵垫料,在进猪使用之前,宜堆积发酵。发酵过程中垫料 20 cm 深处的最高温度不低于 60℃,持续 5 d 以上。

5.4 发酵床厚度

保育仔猪以 40 cm 以上、生长育肥猪 60 cm 以上为宜。按地区、季节和环境温度进行适当调整,北方增加,南方减少,冬季增加,夏季减少。

6 发酵床管理

6.1 饲养密度

保育仔猪发酵床面积不低于 0.5 m²/头,生长育肥猪不低于 1.2 m²/头。

6.2 进猪前准备

将发酵好的垫料铺匀,上层铺垫 5 cm～10 cm 厚的预留垫料,24 h 后进猪。1 周内重点观察猪只对垫料的适应情况,及时调整垫料湿度,防止垫料表面扬尘。

6.3 发酵床翻耙

6.3.1 日常浅翻

每周翻耙不低于 1 次,深度 20 cm～30 cm。不定期将集中堆积的粪污摊开,埋入垫料中。

6.3.2 定期深翻

进猪后,每隔 30 d 深翻一次,深度不低于 30 cm。根据具体情况,可提前或延期翻耙。

6.3.3 夏季翻耙

翻耙时间宜选择清晨或傍晚,依据粪污分解情况和垫料温度进行局部翻耙或调整发酵床厚度。

6.3.4 冬季翻耙

翻耙时间宜选择在中午,并进行通风降湿。

6.4 发酵床调整

根据粪污分解及垫料干湿度情况,翻耙置换垫料、添加垫料原料或发酵菌种。

6.5 空栏期处理

每批猪只出栏或转群后,补充垫料原料等,调整发酵床湿度。将垫料重新堆积发酵,20 cm 深处垫料最高温度不低于 60℃ 持续 5 d 以上。待温度稳定后,摊平垫料,表面铺设一层未经发酵的垫料原料,24 h 后可接纳新一批猪只。

6.6 废弃垫料利用

堆积发酵后,用于制作有机肥或直接还田。

7 饲养管理

7.1 饲养

7.1.1 进入发酵床的猪只应健康。

7.1.2 饲养过程中,猪只出现异常状态,如严重过敏或行为异常、严重损伤等,应及时隔离饲养。

7.2 饲料和饲料添加剂

应符合 NY 5032 的要求。

7.3 兽药

应符合 NY 5030 的要求。

7.4 防疫

按 NY 5031 的规定执行。

7.5 生产记录

建立健全养殖生产记录;做好垫料使用、垫料温湿度等的监测与记录。

7.6 消毒

发酵床表面可使用碘制剂或高锰酸钾等进行消毒,发酵床以外区域消毒按照 GB/T 16569 的规定执行。

7.7 病死猪处理

按照 GB 16548 的要求处理。

8 猪舍建筑

8.1 猪舍建设

按照 GB/T 17824.1 的规定执行。

8.2 水泥饲喂台

设置水泥饲喂台,保育舍宽度不低于 1.0 m,育肥舍宽度不低于 1.5 m。高温高湿地区可适当增加宽度。

8.3 饮水器、饲槽

饮水器、饲槽安装于水泥饲喂台上,饮水器位置可临近饲槽或选用饮水饲料一体式自动料箱。在饮水器下方设置接水槽或地漏等,及时排出漏水。

8.4 发酵池

发酵池与水泥饲喂台相连,池深满足垫料最高厚度要求,池体满足防渗要求,面积宜不低于 20 m²。

8.5 发酵池建设方式

分地上式、地下式及半地上式发酵池。不同地区根据地下水位高低和土壤情况确定建设方式。

附　录　A

（资料性附录）

主要垫料原料碳氮比

主要垫料原料碳氮比见表 A.1。

表 A.1　主要垫料原料碳氮比

种类	碳,%	氮,%	C/N
锯末	58.40	0.12	486.67
杂木刨花	49.18	0.10	491.80
棉花秆	55.65	0.50	111.30
辣椒秆	43.33	0.62	69.89
大豆秆	44.27	0.59	75.03
玉米秸	46.70	0.48	97.29
玉米芯	42.30	0.48	88.13
麦秸	46.50	0.48	96.88
稻壳	41.64	0.64	65.06
红薯藤	48.39	0.54	89.61
甘蔗渣	53.10	0.63	84.29
稻草	45.59	0.63	72.37
柳树屑	51.60	0.90	57.33
花生秧	45.52	0.84	54.19
杨树屑	50.10	1.10	45.55
栗树屑	50.40	1.10	45.82
棉籽壳	56.00	2.03	27.59
花生壳	44.22	1.47	30.08
野草	46.70	1.55	30.13
麦麸	44.70	2.20	20.32
米糠	41.20	2.08	19.81
注:不同来源和状态的原料碳氮比不同。			

附　录　B

(资料性附录)

常用垫料组合配方(按体积比计)

配方一:40%～60%锯末,60%～40%稻壳。
配方二:40%～60%锯末,60%～40%刨花。
配方三:30%未粉碎谷壳,70%粉碎谷壳。
配方四:40%锯末,30%稻壳,30%花生壳。
配方五:70%锯末,30%芦苇秆(切成 5 cm～8 cm)。
配方六:40%锯末,40%稻壳,20%玉米芯。
配方七:40%锯末,40%稻壳,20%金针菇废料。

ICS 65.020.30
B 44

中华人民共和国农业行业标准

NY/T 3049—2016

奶牛全混合日粮生产技术规程

Code of practice of total mixed ration for dairy cattle

2016-12-23 发布　　　　　　　　　　　　　2017-04-01 实施

中华人民共和国农业部 发布

前　言

本标准按照 GB/T 1.1—2009 给出的规则起草。

本标准由农业部畜牧业司提出。

本标准由全国畜牧业标准化技术委员会(SAC/TC 274)归口。

本标准起草单位:中国农业科学院北京畜牧兽医研究所。

本标准主要起草人:卜登攀、赵勐、赵青余、周小乔、马露、张养东、王加启。

奶牛全混合日粮生产技术规程

1 范围

本标准规定了奶牛全混合日粮(Total mixed ration,TMR)搅拌机、饲料原料选择、TMR配制、质量控制、饲喂管理以及饲喂效果评价方面的要求。

本标准适用于奶牛TMR的生产和使用。

2 规范性引用文件

下列文件对于本文件的应用是必不可少的。凡是注日期的引用文件,仅注日期的版本适用于本文件。凡是不注日期的引用文件,其最新版本(包括所有的修改单)适用于本文件。

GB/T 6432 饲料中粗蛋白测定方法

GB/T 6433 饲料中粗脂肪的测定

GB/T 6435 饲料中水分和其他挥发性物质含量的测定

GB/T 6436 饲料中钙的测定

GB/T 6437 饲料中总磷的测定 分光光度法

GB/T 6438 饲料中粗灰分的测定

GB/T 10647 饲料工业术语

GB 13078 饲料卫生标准

GB/T 14699.1 饲料 采样

GB/T 20194 饲料中淀粉含量的测定 旋光法

GB/T 20806 饲料中中性洗涤纤维(NDF)的测定

NY/T 1459 饲料中酸性洗涤纤维的测定

NY/T 1567 标准化奶牛场建设规范

NY/T 2203 全混合日粮制备机 质量评价技术规范

中华人民共和国国务院令第645号 饲料和饲料添加剂管理条例

中华人民共和国农业部公告第168号 饲料药物添加剂使用规范

中华人民共和国农业部公告第2038号 饲料原料目录

中华人民共和国农业部公告第2045号 饲料添加剂品种目录(2013)

3 术语和定义

GB/T 10647界定的以及下列术语和定义适用于本文件。

3.1

全混合日粮 total mixed ration

TMR

根据奶牛营养需要和饲料原料的营养价值,科学合理设计日粮配方,将选用的粗饲料、精饲料、矿物质、维生素和添加剂等饲料原料按照一定比例通过专用的搅拌机械进行切割搅拌而制成的一种混合均匀营养相对平衡的日粮。

3.2

干物质采食量 dry matter intake

DMI

奶牛在 24 h 内所采食各种饲料干物质的质量总和。

4 TMR 搅拌机

4.1 TMR 搅拌机的质量要求

按照 NY/T 2203 的规定执行。

4.2 TMR 搅拌机的选择

TMR 搅拌机分为立式搅拌机和卧式搅拌机。应根据牛群规模、牛舍建筑、饲料原料、装填方式、奶牛 DMI、投料次数、原料的装填速度以及搅拌速度选择 TMR 搅拌机。

4.3 TMR 搅拌机的维护

应按照 TMR 搅拌机使用说明和实际情况进行维护,定期对搅拌机称重系统进行校正,定期检查和更换刀片。

5 饲料

5.1 饲料选择

饲料和饲料添加剂选择应符合中华人民共和国农业部公告第 2038 号、中华人民共和国农业部公告第 2045 号和中华人民共和国国务院令第 645 号,且符合 GB 13078 等卫生要求。选择饲料药物添加剂的,应符合中华人民共和国农业部公告第 168 号等国家相关规定。不应添加和使用国家农业行政部门公布的禁止使用的物质。

5.2 饲料储存

按照 NY/T 1567 的规定执行。

5.3 化学成分测定

5.3.1 饲料采样

按照 GB/T 14699.1 的规定执行。

5.3.2 干物质

饲料原料中干物质含量(DM)以质量分数计,数值以百分率(%)表示,按式(1)计算。

$$DM=100\%-M \quad\quad\quad\quad\quad\quad\quad (1)$$

式中:

M——按 GB/T 6435 的规定测定水分含量,单位为百分率(%)。

5.3.3 粗蛋白

按照 GB/T 6432 的规定执行。

5.3.4 粗脂肪

按照 GB/T 6433 的规定执行。

5.3.5 淀粉

按照 GB/T 20194 的规定执行。

5.3.6 中性洗涤纤维

按照 GB/T 20806 的规定执行。

5.3.7 酸性洗涤纤维

按照 NY/T 1459 的规定执行。

5.3.8 粗灰分

按照 GB/T 6438 的规定执行。

5.3.9 钙

按照 GB/T 6436 的规定执行。

5.3.10 总磷

按照 GB/T 6437 的规定执行。

6 TMR 配制

6.1 TMR 配方

根据奶牛营养需要和饲料原料营养价值制作奶牛 TMR 配方。

6.2 饲料的准备

应按照配方中所要求的饲料种类和数量制订供应计划,备好各种饲料。使用时,应认真清除饲料中混有的塑料袋、金属以及草绳等杂物;不应使用霉变等变质饲料,必要时预切短粗饲料。

6.3 饲料的投放

卧式 TMR 搅拌机添加顺序宜为精饲料、干草、青贮饲料、糟渣类和液体饲料;立式 TMR 搅拌机添加顺序宜为干草、精饲料、青贮饲料、糟渣类和液体饲料。严格按照配方控制投料重量。

6.4 搅拌时间

边加料边搅拌至颗粒度和均匀度达到要求,防止过度搅拌混合。

6.5 加工次数

TMR 每日配制次数为 1 次～3 次。在炎热的夏季,宜适当增加配制次数。

7 TMR 质量评价

7.1 混合均匀度

配好的 TMR 成品应具有均一性。精饲料和粗饲料混合均匀,精饲料要附着在粗饲料上,松散不分离,无异味,不结块。混合均匀度检测方法按照 NY/T 2203 的规定执行。

7.2 干物质

TMR 干物质含量以 45%～55% 为宜,不宜超过 60%。

7.3 颗粒度

宜用 TMR 分级筛进行 TMR 颗粒度测定,具体操作方法和要求应符合附录 A 的规定。

7.4 化学成分

定期检测 TMR 的化学成分,一般每月抽检一次以上为宜。当 TMR 配方或饲料原料改变时应及时进行抽检,TMR 采样方法应符合附录 B 的规定。测定指标和方法按 5.3 的规定执行,将测定值与配方理论计算值进行比较,两者差异宜在 ±5% 以内。

8 TMR 饲喂管理

8.1 TMR 适用于奶牛分群饲养,根据泌乳阶段、生产性能、体况以及营养需要进行分群饲养,经产牛与头胎牛分开饲养。

8.2 宜固定投喂顺序。

8.3 奶牛应采食新鲜的 TMR,不应将剩余 TMR 再次饲喂奶牛。

8.4 奶牛每天 18 h～22 h 随时可以采食到 TMR 为宜。

8.5 TMR 应投料均匀。

8.6 TMR 与剩料颗粒度在 TMR 分级筛各层比例应保持一致,变异在 ±5% 以内为宜。

8.7 TMR 投喂后,为保证奶牛随时能够采食到 TMR,要勤推料。

8.8 注意料槽卫生,应定期清扫料槽,每天至少清扫 1 次。

9 TMR 饲喂效果评价

9.1 产奶量

比较奶牛的实际产奶量和预期产奶量,变异在±5%以内为宜。

9.2 采食量

连续 3 d 测定奶牛采食量的变化,剩料量以 3%～5%为宜,奶牛每日采食 TMR 干物质含量变异在±5%以内为宜。

9.3 采食和反刍行为

观察奶牛是否存在挑食现象;在自由采食条件下,奶牛每日采食 TMR 时间约为 5 h;奶牛休息时,至少有 50%奶牛在进行反刍。

9.4 体况

奶牛体况评分采用 5 分制,具体评分标准和不同生理阶段体况评分的推荐值参见附录 C。

9.5 粪便

奶牛粪便评分采用 5 分制,具体评分标准和不同生理阶段粪便评分的推荐值参见附录 D。

9.6 荷斯坦后备牛生长发育

运用体重和体高评价后备牛饲喂 TMR 效果,具体评价标准参见附录 E。

附　录　A

（规范性附录）

TMR 颗粒度评价方法

A.1　评价工具

TMR 分级筛由 4 层构成,上面 3 层分级筛筛孔直径从上到下分别为 19 mm、8 mm、1.18 mm,最下层为平板。

A.2　使用方法

A.2.1 将 TMR 分级筛叠放在一起,放置在平整的地面上。

A.2.2 取固定量[(1.4±0.5)kg]TMR 于分级筛顶层,取样方法见附录 B。

A.2.3 水平往复摇晃分级筛,分级筛每个方向往复摇晃 5 次,再重复此过程 7 次。每次摇晃分级筛距离为 17 cm~26 cm,摇晃频率至少 1.1 次/s。

A.2.4 称量每层分级筛中 TMR 的重量,计算每层所占比例。

A.3　TMR 颗粒度要求

不同牛群 TMR 颗粒度要求见表 A.1。

表 A.1　不同牛群 TMR 颗粒度要求

项目	粒径,mm	颗粒度,%		
		泌乳牛	干奶牛	后备牛
上层	≥19.0	6~15	45~50	45~55
中层	8.0~18.9	25~45	15~20	15~20
下层	1.18~7.9	30~45	20~25	20~25
底层	<1.18	<25	5~10	5~10

附 录 B
（规范性附录）
奶牛 TMR 采样方法

B.1 采样材料

塑料桶、塑料袋、乳胶手套、自封袋、记号笔、记录本、扫帚、小铲。

B.2 采样流程

B.2.1 用记号笔在自封袋上记录 TMR 样品编号、采样时间、采样人、日粮类型以及检测指标，并在记录本上再次记录上述信息。

B.2.2 TMR 搅拌车投料后，立刻采样。采样时，佩戴手套，将手插入料堆内至手腕位置，取 TMR 样品，将 TMR 样品放到塑料桶内。槽道内共采集 10 个位点的 TMR，每个采样点间距相等，每次采完样后用塑料袋覆盖塑料桶内 TMR。

B.2.3 采样完毕后，用扫帚清扫一块干净地面，将塑料桶内饲料倒出，用小铲将 TMR 混匀。

B.2.4 按照四分法操作步骤，使用小铲将饲料缩分为 4 份。

B.2.5 将对角的 TMR 装入一个自封袋内，剩余 TMR 装到另一个自封袋内，同时地面上的小颗粒饲料也装入自封袋。挤压自封袋，排除袋内多余空气、封严。一份用于检测 TMR 化学成分含量，另一份 −20℃保存备用或投到料槽中。

B.3 注意事项

B.3.1 采样时间应保证在 TMR 投料后 5 min 内进行，防止水分丢失。

B.3.2 采样过程中，塑料桶内 TMR 需要盖上塑料袋，防止水分丢失。

附 录 C

（资料性附录）

奶牛体况评分和不同生理阶段体况评分的推荐值

C.1 奶牛体况评分标准的推荐值

见表 C.1。

表 C.1 奶牛体况评分

分值	脊椎部	肋骨	臀部两侧	尾根两侧	髋骨、坐骨结节
1	非常突出	根根可见	严重下陷	陷窝很深	非常突出
2	明显突出	多数可见	明显下陷	陷窝明显	明显突出
3	稍显突出	少数可见	稍显下陷	陷窝稍显	稍显突出
4	平直	完全不见	平直	陷窝不显	不显突出
5	丰满	丰满	丰满	丰满	丰满
注:本表为5分制体况评分法,评分过程要综合考虑5个评价指标的情况。					

C.2 奶牛不同生理阶段体况评分的推荐值

见表 C.2。

表 C.2 奶牛不同生理阶段体况评分的推荐值

生理阶段	干奶期	泌乳前期	泌乳中期	泌乳后期
理想评分	3.0～3.5	2.5～3.0	2.5～3.5	3.0～3.5
注1:本表体况评分的推荐值适用于表C.1中5分制评分。				
注2:干奶期一般指产前60 d,泌乳前期指产后21 d～100 d,泌乳中期指101 d～200 d,泌乳后期指泌乳201 d之后。				

附 录 D

（资料性附录）

奶牛粪便评分标准和不同生理阶段粪便评分的推荐值

D.1 奶牛粪便评分标准的推荐值

见表 D.1。

表 D.1 奶牛粪便评分标准

分值	外观形态
1	稀粥状,水样,弧形落下,有黏膜,恶臭
2	松散,不成形,厚度小于 2.5 cm,有气泡
3	堆状,中间凹陷 2 个～4 个同心圆
4	堆状,厚度 5 cm～12 cm,中间无凹陷,有饲料颗粒
5	坚硬的粪球状,颜色深,无臭
注:本表为 5 分制粪便评分法,评分过程要综合考虑牛群的生产性能、体况以及健康状况。	

D.2 奶牛不同生理阶段粪便评分的推荐值

见表 D.2。

表 D.2 奶牛不同生理阶段粪便评分的推荐值

生理阶段	干奶期	围产前期	围产后期	泌乳前期	泌乳中期	泌乳后期
分值	3.5	3.0	2.5	3.0	3.0	3.5
注 1:本表粪便评分的推荐值适用于表 D.1 中 5 分制粪便评分。						
注 2:围产前期指产前 21 d 至分娩产犊,围产后期指分娩产犊至产后 21 d。						

附 录 E

（资料性附录）

荷斯坦后备奶牛体重和体高评价

荷斯坦后备奶牛体重和体高评价见表 E.1。

表 E.1 荷斯坦后备奶牛体重和体高

月龄	体重,kg	体高,cm
出生	33～40	69～76
1	57～64	77～84
2	81～88	84～91
3	106～113	90～97
4	131～138	97～104
5	155～162	104～111
6	180～187	110～117
7	204～211	112～119
8	229～236	114～121
9	254～261	116～123
10	278～285	117～124
11	303～310	119～126
12	327～334	121～128
13	352～359	123～130
14	376～383	125～132
15	398～405	125～132
16	420～427	126～133
17	442～449	127～134
18	464～471	128～135
19	486～493	129～136
20	508～515	130～137
21	530～537	131～138
22	552～559	132～139
23	574～581	133～140
24	595～602	134～141
注:本表中体高为鬐甲高。		

ICS 67.100.01
X 16

中华人民共和国农业行业标准

NY/T 3050—2016

羊奶真实性鉴定技术规程

Code of practice for adulteration in goat milk product

2016-12-23 发布

2017-04-01 实施

中华人民共和国农业部 发布

前　言

本标准按照 GB/T 1.1—2009 给出的规则起草。

本标准由农业部畜牧业司提出。

本标准由全国畜牧业标准化技术委员会(SAC/TC 274)归口。

本标准起草单位：中国农业科学院北京畜牧兽医研究所、农业部奶产品质量安全风险评估实验室(北京)、青岛农业大学、安徽农业大学、安徽省农业科学院畜牧兽医研究所。

本标准主要起草人：郑楠、屈雪寅、杨晋辉、杨永新、胡菡、周雪巍、李松励、叶巧燕、于建国、文芳、许晓敏、韩荣伟、张养东、程建波、王加启。

羊奶真实性鉴定技术规程

1 范围

本标准规定了聚合酶链式反应(PCR)方法、二维凝胶电泳(2-DE)法及酶联免疫吸附(ELISA)法,对生羊奶、超高温灭菌(UHT)液态羊奶和羊奶粉中掺入牛源性奶成分的定性检测方法。

本标准第一法和第二法适用于生羊奶、UHT灭菌液态羊奶及羊奶粉;第三法适用于生羊奶。

本标准第一法的检出限为:生羊奶中掺假2.0%生牛奶,生羊奶掺假0.2%牛奶粉,UHT液态羊奶掺假5.0%UHT液态牛奶,羊奶粉掺假2.0%牛奶粉;第二法的检出限为生羊奶掺假5.0%生牛奶,生羊奶掺假1.0%牛奶粉,UHT液态羊奶掺假5.0%UHT液态牛奶,羊奶粉掺假2.0%牛奶粉;第三法的检出限为生羊奶掺假0.1%生牛奶。

2 规范性引用文件

下列文件对于本文件的应用是必不可少的。凡是注日期的引用文件,仅注日期的版本适用于本文件。凡是不注日期的引用文件,其最新版本(包括所有的修改单)适用于本文件。

GB/T 6682 分析实验室用水规格和试验方法

第一法 聚合酶链式反应(PCR)法

3 原理

提取奶及奶制品中体细胞DNA,利用牛特异性的引物通过PCR扩增牛特定的DNA序列,电泳分离PCR产物,以牛源性成分PCR产物作对照,初步判断是否含有牛源性奶成分。通过对PCR扩增的特定DNA片段进行测序,与标准序列进行比较,确认检测结果。

4 试剂和材料

除非另有说明,在分析中仅使用确认为分析纯的试剂,水应符合GB/T 6682一级水的要求。

4.1 无水乙醇。

4.2 75%乙醇。

4.3 三羟甲基氨基甲烷(Tris)。

4.4 琼脂糖:电泳级。

4.5 蛋白酶K:20 g/L。

4.6 核酸荧光染料。

4.7 DNA分子量标记(Marker):50 bp~500 bp。

4.8 牛源性成分检测用引物(对)序列:

正向:5'-GCCATATACTCTCCTTGGTGACA-3';

反向:5'-GTAGGCTTGGGAATAGTACGA-3'。

4.9 磷酸盐缓冲液(PBS缓冲液):分别称取磷酸二氢钾0.27 g、磷酸氢二钠1.42 g、氯化钠8.0 g、氯化钾0.2 g,于800 mL水中充分溶解,用浓盐酸调节溶液pH至7.4,加水定容至1 L,分装后高压灭菌。

4.10 氯化钠溶液(0.9 g/L):称取0.90 g氯化钠,于800 mL水中充分溶解后,加水定容至1 L。

4.11 乳化缓冲液:取430 mL浓度为0.9 g/L的氯化钠溶液(4.10),加入10 mL聚乙二醇对异辛基苯基醚(TritonX-100)、60 mL 无水乙醇(4.1),混合均匀。

4.12 三羟甲基氨基甲烷盐酸(Tris-HCl)溶液(1 mol/L):称取 121.1 g Tris(4.3),于 800 mL 水中充分溶解。冷却至室温后,用盐酸调节溶液的 pH 至 8.0,加水定容至 1 L,分装后高压灭菌。

4.13 氢氧化钠溶液(10 mol/L):称取 40.0 g 氢氧化钠,于 80 mL 水中充分溶解后,加水定容至 100 mL。

4.14 EDTA 溶液(0.5 mol/L):称取 186.1 g 二水乙二胺四乙酸二钠,加入 700 mL 水中,在磁力搅拌器上剧烈搅拌,用 10 mol/L 氢氧化钠溶液(4.13)调 pH 至 8.0,加水定容至 1 L,分装后高压灭菌。

4.15 溴代十六烷基三甲胺(CTAB)提取缓冲液:分别称取 81.82 g 氯化钠、20.0 g 溴代十六烷基三甲胺(CTAB),于 800 mL 水中充分溶解后,加入 100 mL Tris-HCl 溶液(4.12)和 40 mL EDTA 溶液(4.14),加水定容至 1 L,分装后高压灭菌。

4.16 Tris 饱和苯酚、三氯甲烷和异戊醇混合液:V_1(Tris 饱和苯酚)+V_2(三氯甲烷)+V_3(异戊醇)=25+24+1。

4.17 Tris-EDTA(TE)缓冲液(pH 为 8.0):在 800 mL 水中,依次加入 10 mL Tris-HCl 溶液(4.12)和 2 mL EDTA 溶液(4.14),加水定容至 1 L,分装后高压灭菌。

4.18 引物溶液:用灭菌水或 TE 缓冲液(4.17)将引物(4.8)稀释到 10 μmol/L。

4.19 2×Taq Mix:内含 DNA Taq 聚合酶 0.05 U/μL、Mg^{2+} 3.0 mmol/L、dNTP 各 0.4 mmol/L。

4.20 50×TAE 缓冲液:称取 Tris(4.3)242.0 g,于 700 mL 灭菌水中充分溶解后,加入 EDTA 溶液(4.14)100 mL,冰乙酸 57.1 mL,充分溶解后加水定容至 1 L。

4.21 0.5×TAE 缓冲液:取 10 mL 50×TAE 缓冲液(4.20),加灭菌水定容至 1 L。

4.22 6×上样缓冲液:内含 EDTA 30 mmol/L,溴酚蓝 0.05%,丙三醇 36%,二甲苯蓝 0.035%。

5 仪器

5.1 PCR 扩增仪。

5.2 电泳仪。

5.3 凝胶成像仪。

5.4 核酸蛋白分析仪或紫外分光光度计。

5.5 离心机:转速不小于 12 000 r/min,4℃可控。

5.6 高压灭菌锅。

5.7 电子天平:感量 0.1 mg 和 0.01 g。

5.8 恒温水浴锅:60℃可控。

5.9 pH 计。

5.10 掌式离心机。

5.11 磁力搅拌器。

5.12 移液器:量程为 10 μL、200 μL、1 mL 和 5 mL。

6 分析步骤

6.1 体细胞分离

取液体样品 50 mL,或将奶粉样品按 1:8 比例配制成复原乳后,取 50 mL。于 3 000 r/min 4℃离心 15 min,用 1 mL PBS 缓冲液(4.9)将底部沉淀悬浮,转移于 1.5 mL 离心管中,3 000 r/min 离心 10 min,弃去上清液。向离心管中加入 1 mL PBS 缓冲液悬浮沉淀,1 000 r/min 离心 10 min,弃去上清液。加入 150 μL 乳化缓冲液(4.11)及 1 mL PBS 缓冲液悬浮沉淀,于 40℃ 恒温水浴锅加热 10 min 后,

3 000 r/min离心 10 min,弃去上清液。加入 1 mL PBS 缓冲液洗涤沉淀,12 000 r/min 离心 10 min,得到体细胞。待测或一20℃冷冻保存。

6.2 模板 DNA 提取及纯化

6.2.1 CTAB 法提取模板 DNA 及纯化

向上述得到的体细胞(6.1)中,加入 800 μL CTAB 提取缓冲液(4.15),60 μL 蛋白酶 K(4.5),60℃恒温水浴锅中加热 2 h,其间不时轻弹混匀。12 000 r/min 离心 10 min,除去杂质。

吸取上清液于 2 mL 离心管中,加入等体积的 Tris 饱和苯酚、三氯甲烷和异戊醇混合液(4.16),轻缓颠倒混匀后,12 000 r/min 离心 15 min。吸取上清液,置于另一支 2 mL 离心管中,加入等体积的 Tris 饱和苯酚、三氯甲烷和异戊醇混合液(4.16),12 000 r/min 离心 10 min。将上清液转移于 1.5 mL 离心管中,加入两倍体积的无水乙醇溶液(4.1),混匀后于一20℃放置 30 min。12 000 r/min 离心 10 min,弃去上清液,加入 1 mL 75%乙醇洗涤沉淀(4.2),12 000 r/min 离心 5 min,弃去上清液。室温下挥发干残留乙醇,加入 30 μL~50 μL TE 缓冲液(4.17)溶解 DNA 沉淀。可利用核酸蛋白分析仪或紫外分光光度计测定提取 DNA 浓度及纯度(见附录 A)。若蛋白残留量高,可向溶解的 DNA 中加入 500 μL 灭菌水和等体积的 Tris 饱和苯酚、三氯甲烷和异戊醇混合液(4.16)抽提,并重复之后操作步骤。得到的模板 DNA 待测或置一20℃冻存。

同时,用不含牛源性的样品做阴性对照,用含有牛源性的样品做阳性对照。

6.2.2 试剂盒提取模板 DNA 及纯化

可用等效 DNA 提取试剂盒提取模板 DNA 及纯化柱纯化 DNA,按说明书操作。

6.3 PCR 扩增

在 200 μL PCR 反应管中依次加入浓度为 10 μmol/L 正向和反向引物(4.18)各 1 μL,2×Taq Mix 缓冲液 10 μL(4.19),模板 DNA 2 μL~3 μL,灭菌水补足体积至 20 μL。每个试样 2 个重复,同时进行以灭菌水作为模板的空白对照。掌式离心机离心 10 s 后,放入 PCR 仪中进行扩增。

PCR 扩增程序为:94℃预变性 4 min;94℃变性 45 s,63℃退火 30 s,72℃延伸 1 min,30 个循环;72℃延伸 7 min,4℃保存。

6.4 电泳检测 PCR 扩增产物

称取适量琼脂糖(4.4),加入 0.5×TAE 缓冲液(4.21)配制成 2%的琼脂糖溶液,微波加热至完全溶解,冷却至 60℃左右,按每 100 mL 琼脂糖溶液加入 5 μL 核酸荧光染料(4.6)的比例,加入核酸荧光染料。摇匀后倒入电泳板,放置合适的梳子,制成约 5 mm 厚的凝胶,室温下遮光冷却至凝固。取下梳子,放入含有 0.5×TAE 电泳缓冲液(4.21)的电泳槽中,液面高于凝胶 2 mm~3 mm。将 5 μL~8 μL PCR 扩增产物(6.3)与 1 μL 6×上样缓冲液(4.22)混合后,加入点样孔中。同时,加入 5 μLDNA 分子量标记(4.7)于每个点样孔中。5 V/cm~8 V/cm 恒压电泳,时间 20 min~30 min。结束后,将凝胶取出置于凝胶成像仪进行成像,根据 DNA 分子量标记判断目的条带大小。

7 结果分析及表述

7.1 当阴性对照和(或)空白对照在 271 bp 处出现条带,而阳性对照在 271 bp 处未出现条带时,本次测定结果无效。应重新进行实验,并排除污染因素。

7.2 当阴性对照及空白对照在 271 bp 处未出现条带,而阳性对照在 271 bp 出现条带时,则待测样品判定如下:

    a) 待测样品在 271 bp 处未出现扩增条带,则未检出牛源性奶成分;

    b) 待测样品在 271 bp 处出现扩增条带,则为疑似含有牛源性奶成分。此时,可用正向引物和反向引物分别对 PCR 扩增产物进行测序,将序列中两端引物碱基除去后,与附录 B 的 DNA 序列进行比对,判定如下:

1) 符合程度在 98% 以下，未检出牛源性奶成分；

2) 符合程度在 98% 及以上，则检出牛源性奶成分。

注：当平行 PCR 产物序列(不含两端引物碱基)结果不一致，则本次测定结果无效。应重新进行实验，直至测序结果一致。

第二法　二维凝胶电泳(2-DE)法

8　原理

二维凝胶电泳，即第一向等电聚焦电泳是根据蛋白质等电点分离，第二向十二烷基磺酸钠聚丙烯酰胺凝胶电泳是根据蛋白质的相对分子质量分离。样品中的蛋白质组分经过等电点和蛋白质的相对分子质量分离后，在凝胶板上聚集为位置不同的蛋白点。根据牛源性与羊源性 β-乳球蛋白的等电点和相对分子质量的不同，在凝胶上进行分离，通过与对照样品凝胶图谱对比，判断是否含有牛源性奶成分。

9　试剂和材料

除非另有说明，在分析中仅使用确认为分析纯的试剂，水为 GB/T 6682 中规定的一级水。

9.1　尿素。

9.2　三羟甲基氨基甲烷(Tris)。

9.3　十二烷基磺酸钠(SDS)。

9.4　二硫苏糖醇。

9.5　甘氨酸。

9.6　预制 IPG 胶条：pH 3～10 或 pH 4～7。

9.7　二维凝胶电泳两性电解质液：pH 4～7，pH 3～10。

　　注：两性电解质的选择取决于 IPG 胶条(9.6)的 pH 范围，pH 3～pH 10 胶条选择两性电解液的 pH 范围为 3～10，pH4～pH 7 胶条选择两性电解液 pH 为 4～6 和 5～7，添加体积为上样体积的 0.5%～1%。

9.8　电泳矿物油，纯度＞99.0%。

9.9　水化上样缓冲液：分别称取尿素(9.1)4.20 g，硫脲 1.52 g，3-[(3-胆固醇氨丙基)二甲基氨基]-1-丙磺酸 0.40 g，加水溶解后，定容至 10 mL，分装后在 −20℃ 条件下冷冻保存。使用时复融，加入二硫苏糖醇(9.4)0.098 g，两性电解质液 pH 3～10(9.7)50 μL，或 pH 4～6 和 pH 5～7 的电解质液(9.7)各 25 μL，溴酚蓝指示剂(9.23)10 μL。

　　注：水化上样缓冲液一旦复融不能再冷冻。

9.10　聚丙烯酰胺储液(30%)：分别称取丙烯酰胺 150.0 g，甲叉双丙烯酰胺 4.0 g，加水溶解后，定容至 500 mL。

9.11　三羟甲基氨基甲烷盐酸(Tris-HCl)溶液(1.5 mol/L)：称取 Tris(9.2)90.75 g，溶于 400 mL 的水中，用盐酸调 pH 至 8.8，加水定容至 500 mL，4℃ 冷藏。

9.12　十二烷基磺酸钠溶液(10%)：称取 10.0 g 的 SDS(9.3)于 80 mL 水中，加热溶解后，定容至 100 mL。

9.13　过硫酸铵溶液(10%)：称取过硫酸铵 1.0 g，加水溶解后，定容于 10 mL 的水中，现配现用。

9.14　聚丙烯酰胺凝胶(10%)：分别吸取 20.0 mL 30%聚丙烯酰胺储液(9.10)，12.5 mL 1.5 mol/L Tris-HCl 溶液(9.11)，0.5 mL 10% SDS 溶液(9.12)，0.5 mL 10%过硫酸铵溶液(9.13)，20 μL N,N,N′,N′-四甲基乙二胺，加水溶解后，定容至 50 mL。

9.15　胶条平衡缓冲液母液：分别称取尿素(9.1)36.0 g，SDS(9.3)2.0 g，加入 25 mL 1.5 mol/L Tris-HCl(9.11)，20 mL 甘油，加水溶解后，定容至 100 mL。分装后，在 −20℃ 条件下冷冻保存。

9.16 胶条平衡缓冲液Ⅰ:取胶条平衡缓冲液母液(9.15)10 mL,加入二硫苏糖醇(9.4)0.2 g,充分混匀,现用现配。

9.17 胶条平衡缓冲液Ⅱ:取胶条平衡缓冲液母液(9.15)10 mL,加入碘代乙酰胺0.25 g,充分混匀,现用现配。

9.18 10×电泳缓冲液:分别称取 Tris(9.2)30.0 g,甘氨酸(9.5)144.0 g,SDS(9.3)10.0 g,加水溶解后,定容至1 L,室温保存。使用时,将其稀释10倍,制成1×电泳缓冲液。

9.19 低熔点琼脂糖封胶液:分别称取低熔点琼脂糖 0.50 g,Tris(9.2)0.303 g,甘氨酸(9.5)1.44 g,10% SDS溶液(9.12)1 mL,0.05%溴酚蓝指示剂(9.23)100 μL,加水溶解至澄清,室温保存,使用时加热溶解,并快速冷却至室温。

> 注:实验过程中应控制温度低于38℃,避免尿素发生氨甲酰化,发生蛋白等电点偏移现象。加热配制的试剂需要完全冷却后,才可继续试验。

9.20 固定液:分别量取无水乙醇 40 mL、乙酸 10 mL、水 50 mL,混匀后常温保存。

9.21 氢氧化钠溶液(0.05 mol/L):称取 0.2 g 氢氧化钠,于 80 mL 水中充分溶解后,加水定容至 100 mL。

9.22 考马斯亮蓝 G250 染色液:分别称取硫酸铵 100.0 g,考马斯亮蓝 G250 0.12 g,加水溶解后,加入无水乙醇 20 mL、磷酸 10 mL,定容至 100 mL,室温避光保存。

9.23 3,3′,5,5′-四溴苯酚磺酞(溴酚蓝)指示剂(0.05%):称取溴酚蓝 0.1 g,加入 0.05 mol/L 氢氧化钠溶液(9.21)3.0 mL,溶解后,加水定容至 200 mL。

9.24 蛋白浓度测定试剂盒:内含牛血清标准白蛋白(BSA)和染色液。

10 仪器

10.1 等电聚焦仪:电压可达 10 000 V,配有等电聚焦盘和水化盘。

10.2 聚丙烯酰胺凝胶电泳仪:配套有玻璃板、灌胶装置。

10.3 扫描仪:分辨率大于 600 dpi。

10.4 离心机:转速不小于 5 000 r/min,4℃可控。

10.5 水平摇床。

10.6 电子天平:感量 0.01 g。

10.7 pH 计。

10.8 旋涡振荡仪。

10.9 移液器:量程为 10 μL、200 μL、1 mL 和 5 mL。

11 分析步骤

11.1 试液制备

取液体样品 50 mL,或将奶粉样品按 1∶8 比例配制成复原乳后,取 50 mL。于 5 000 r/min 4℃离心 15 min~20 min,除去脂肪层,吸取上清液,待测或−20℃冷冻保存。利用蛋白浓度测定试剂盒(9.24)测定上清液中的蛋白浓度。

> 注:蛋白浓度测定试剂盒操作按其说明书操作。

11.2 等电聚焦电泳

脱脂乳蛋白上样量为 250 μg~300 μg,根据测得的蛋白浓度折算上样体积。取 300 μL~500 μL 水化上样缓冲液(9.9),加入样品后,涡旋振荡混匀。

> 注:将水化上样缓冲液加入蛋白样品中,终溶液中尿素的浓度应≥6.5 mol/L。

沿聚焦盘槽边缘加入样品,避免产生气泡。待所有样品加入后,用平头镊子去除预制 IPG 胶条 (9.6)上的保护层。将 IPG 胶条置于聚焦盘中样品溶液上,移动胶条,除去气泡。沿胶条,在塑料支撑膜上滴加 2 mL~3 mL 矿物油(9.8),盖上盖子。设置等电聚焦程序(可参照表 C.1 或表 C.2)。聚焦结束后,立即进行第二项聚丙烯酰胺凝胶电泳,或将胶条置于样品水化盘中,—20℃冰箱保存。

注:胶条在电泳之前宜先经过至少 11 h 的溶胀,确保所有脱脂乳蛋白溶液都被胶条所吸收。

同时,用不含牛源性奶成分的羊奶样品做阴性对照,用牛奶样品做阳性对照。

11.3 聚丙烯酰胺凝胶电泳

11.3.1 将 10%的聚丙烯酰胺凝胶(9.14)注入玻璃板夹层中,上部留 1 cm 的空间,用水封闭并压平胶面,聚合 60 min~90 min。凝胶凝固后,倒去凝胶上面的水,并用水反复冲洗胶面 2 次~3 次后,用滤纸吸干。

11.3.2 将等电聚焦电泳结束后的胶条(或取出冷冻保存的胶条,置于干燥滤纸上解冻),用水冲洗,并用滤纸吸除多余的矿物质油和水。

将胶条转移至水化盘中进行第一次平衡,加入 5 mL 胶条平衡缓冲液 I(9.16)。于水平摇床上缓慢摇晃 10 min~15 min 后,倒掉水化盘中的液体,并用滤纸吸除胶条上的缓冲液。加入胶条平衡缓冲液 II(9.17),进行第二次平衡。用平头镊子将 IPG 胶条从样品水化盘中移出,置于长玻璃板上,浸泡在 1× 电泳缓冲液(9.18)中 15 min~30 min。加入低熔点琼脂糖封胶液(9.19),使之与聚丙烯酰胺凝胶 (11.3.1)胶面完全接触并除去气泡。静置至低熔点琼脂糖封胶液完全凝固,将凝胶转移至电泳槽中。

在电泳槽加入电泳缓冲液,接通电源。起始时,用低电流(5 mA/ 胶条)或低电压(50 V),待样品走出 IPG 胶条并浓缩成一条线后,加大电流(30 mA/ 胶条)或电压(200 V),待溴酚蓝指示剂(9.23)达到底部边缘时即可停止电泳。打开两层玻璃,取出凝胶并标记,于固定液(9.20)中固定 2 h,考马斯亮蓝 G250 染色液(9.22)中染色 16 h~24 h 后,用水漂洗 18 h 以上,置于扫描仪中进行扫描。

12 结果表述

与阳性对照样品 β-乳球蛋白位置相比较(可参照附录 D),具体表述如下:

a) 待测样品与阳性样品在相同等电点位置及相对分子质量处无蛋白点出现时,则待测样品中未检出牛源性奶成分;

b) 待测样品与阳性样品在相同等电点位置及相对分子质量处有蛋白点出现时,则待测样品中检出牛源性奶成分。

注:若有必要对阳性结果做进一步确认,宜将目标区域的凝胶切割回收,利用基质辅助激光解析电离飞行时间质谱进行鉴定,通过 MASCOT 搜索无冗余的美国国立生物技术信息中心数据库比对鉴定蛋白。

第三法　酶联免疫吸附(ELISA)法

13 原理

通过对生牛奶中的天然成分免疫球蛋白 G 的检测,确定牛源性成分。试样中的牛免疫球蛋白 G 与微孔板中包被的特异性抗体结合后,加入针对牛免疫球蛋白 G 的过氧化物酶标记的抗体,与抗原结合。加入底物和显色液显色,在 450 nm 处测量吸光度值,与标准溶液比较定性。

14 试剂和材料

除非另有说明,在分析中仅使用确认为分析纯的试剂,水为 GB/T 6682 中规定的一级水。

14.1 酶联反应试剂盒中的试剂(4℃冷藏保存)

注:不同试剂盒制造商间的产品组成和操作会有微小差异,应按其说明书操作。

14.1.1 包被有牛免疫球蛋白 G 抗体的微孔板。

14.1.2 标准溶液:分别含有 10%、1%和 0.1%的牛奶成分。

注:与样品稀释相同倍数。

14.1.3 酶连接物稀释缓冲液:磷酸盐。

14.1.4 酶标抗体:含有过氧化物酶标记的牛免疫球蛋白 G 抗体。使用时,充分摇匀后应使用酶连接物稀释缓冲液(14.1.3),以 V_1(酶标抗体)+V_2(稀释缓冲液)=1+10 的比例进行稀释,现用现配。

14.1.5 底物:过氧化脲。

14.1.6 显色液:四甲基对二氨基联苯。

14.1.7 反应终止液:0.5 mol/L 硫酸。

15 仪器

15.1 酶标仪。

15.2 移液器:量程为 100 μL 和 500 μL。

16 操作步骤

16.1 试液制备

将生乳样品用水稀释 100 倍。

16.2 试剂盒测定

将酶联反应试剂盒(14.1)于室温下(20℃~25℃)充分回温。

将足够两次平行的标准溶液检测和样品检测所需数量的孔条(14.1.1)插入微孔板架,记录下标准溶液和试液的位置。将 100 μL 标准溶液(14.1.2)及试液(16.1)加到相应的微孔中,在室温条件下(20℃~25℃)孵育 30 min。倒出孔中的液体,将微孔板架倒置在吸水纸上拍打(每轮拍打 3 次)以完全除去孔中的液体。每孔加入 250 μL 水洗涤微孔。上述操作重复进行两遍。

按上述顺序,向每一个微孔中加入 100 μL 稀释后的酶标抗体(14.1.4),充分混合,在室温条件下(20℃~25℃)孵育 30 min。倒出孔中的液体,将微孔板架倒置在吸水纸上拍打(每轮拍打 3 次)以完全除去孔中的液体。每孔加入 250 μL 水洗涤微孔。上述操作重复进行两遍。

按上述顺序,向每一个微孔中加入 50 μL 底物(14.1.5)和 50 μL 发色剂(14.1.6),充分混合后在室温(20℃~25℃)条件下暗处孵育 30 min。按上述顺序,向每一个微孔中加入 100 μL 反应终止液(14.1.7),充分混合,30 min 内置于酶标仪 450 nm 处测量吸光度值并记录。

17 结果表述

计算每个标准溶液吸光度值的平均值。具体表述如下:
a) 待测样品吸光度值小于含牛奶成分 0.1%的标准溶液,表明样品中不含或含有小于 0.1%的牛奶成分;
b) 待测样品吸光度值位于含牛奶成分 1%和 0.1%的标准溶液之间,表明样品中含有大于 0.1%且小于 1%的牛奶成分;
c) 待测样品吸光度值大于含牛奶成分 1%的标准溶液,表明样品中含有大于 1%的牛奶成分。

附 录 A

（规范性附录）

DNA 浓度及纯度的测定及范围

A.1 DNA 浓度及纯度的测定

取适量 DNA 溶液（6.2.1），加灭菌水稀释一定倍数后，利用核酸蛋白分析仪或紫外分光光度计测定 260 nm 和 280 nm 的吸光度值。

A.1.1 DNA 溶液的浓度

DNA 溶液的浓度以质量浓度 c 计，数值以微克每毫升（μg/mL）表示，按式（A.1）计算。

$$c = A_{260} \times N \times 50 \quad\cdots\cdots\cdots\cdots\cdots\cdots\cdots\cdots\cdots\cdots\cdots\cdots\cdots\cdots\cdots (A.1)$$

式中：

A_{260}——260 nm 处的吸光度值；

N ——稀释倍数。

A.1.2 DNA 溶液的纯度

以 A_{260}/A_{280} 值表示 DNA 的纯度。

A.2 浓度及纯度的范围

A.2.1 当 c 值大于 40 μg/mL，且 A_{260}/A_{280} 值为 1.7～1.9 时，进行下一步 PCR 扩增实验；当 A_{260}/A_{280} 值小于 1.7 或大于 1.9 时，则蛋白残留量过高，应再次纯化后，进行 PCR 扩增实验。

A.2.2 当 c 值小于 40 μg/mL，应重新进行提取，并减少 TE 缓冲液的加入量。

附　录　B

（规范性附录）

牛源性特定 DNA 序列

牛源性 PCR 扩增产物序列（无引物序列）如下：

TAAGGGGTTACGAGAGGGAGACCTAAAATTACAGGGGTAATAAAAGAGGTAAATAAATTTTC
GTTCATTTTGTTTCTCAAGGGGTGTTTTGTTTTAATATTTTTGTTGGTGTCAGTTCTGGATTGTGAT
AAAAGTTGTGTTTTGAAACTTTTAGTTGAAAGATGATAAAAAGGGTCAAGAATATTGATAAGATC
ATTGTCAGTCATGTTGACGTGTCTAGTTGCGGCA

附　录　C

（资料性附录）

胶条等电聚焦条件

C.1　11 cm 胶条等电聚焦条件设置

见表 C.1。

表 C.1　11 cm 胶条等电聚焦条件设置

步骤	电压,V	升压方式	设置时间	目的
1	50	—	12 h~16 h	主动水化
2	250	线性升压	30 min	除盐
3	1 000	快速升压	30 min	除盐
4	8 000	线性升压	4 h	升压
5	8 000	快速升压	40 000 V×h	聚焦
6	500	快速升压	任意时间	保持

C.2　17 cm 胶条等电聚焦条件设置

见表 C.2。

表 C.2　17 cm 胶条等电聚焦条件设置

步骤	电压,V	升压方式	设置时间	目的
1	50	—	12 h~16 h	主动水化
2	250	线性升压	30 min	除盐
3	1 000	快速升压	1 min	除盐
4	10 000	线性升压	5 h	升压
5	10 000	快速升压	60 000 V×h	聚焦
6	500	快速升压	任意时间	保持

附 录 D

（资料性附录）

二维凝胶电泳谱图

牛源性奶产品和羊源性奶产品二维凝胶电泳图见图 D.1。

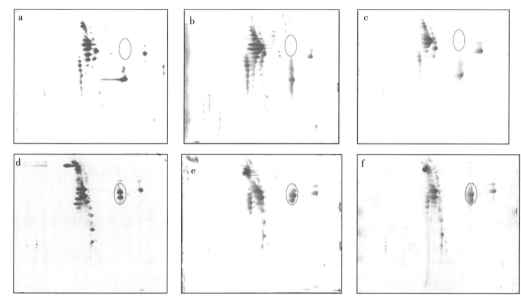

说明：

a、d——生羊奶；   c,f——羊奶粉。

b,e——UHT 液态羊奶；

注：由上至下的等电点变化为 4～7,由左至右分子量逐渐变小。圆圈标注为牛源 β-乳球蛋白出现的位置。

图 D.1　牛源性奶产品和羊源性奶产品二维凝胶电泳图

ICS 67.100.10
B 16

中华人民共和国农业行业标准

NY/T 3051—2016

生乳安全指标监测前样品处理规范

Specification of sample treatment for safety monitoring of raw milk

2016-12-23 发布

2017-04-01 实施

中华人民共和国农业部 发布

前　言

本标准按照 GB/T 1.1—2009 给出的规则起草。

本标准由农业部畜牧业司提出。

本标准由全国畜牧业标准化技术委员会(SAC/TC 274)归口。

本标准起草单位：中国农业科学院北京畜牧兽医研究所、农业部奶产品质量安全风险评估实验室(北京)、青岛农业大学、农业部乳品质量监督检验测试中心(北京)、安徽农业大学、安徽省农业科学院畜牧兽医研究所。

本标准主要起草人：郑楠、文芳、李松励、张养东、李长皓、叶巧燕、杨晋辉、王晓晴、屈雪寅、许晓敏、韩荣伟、程建波、杨永新、乔绿、王加启。

生乳安全指标监测前样品处理规范

1 范围

本标准规定了生乳安全指标的术语和定义以及样品处理。

本标准适用于生乳中污染物(铅、汞、砷、铬、亚硝酸盐)、真菌毒素(黄曲霉毒素 M_1)、违禁添加物(三聚氰胺、碱类物质、硫氰酸钠、革皮水解物、β-内酰胺酶)和菌落总数 4 类安全指标在采样后、检测前的样品处理。

2 术语和定义

下列术语和定义适用于本文件。

2.1

生乳样品 raw milk sample

从健康奶畜挤下的经过或不经过过滤和冷却,但未经过加热和其他处理所采集的常乳。

2.2

污染物 pollutant

生乳在生产(包括饲料种植、动物饲养、兽医用药和挤奶)、储存、运输等过程中产生的或由环境污染的,非有意加入的化学性危害物质。

2.3

样品处理 sample treatment

生乳样品在送交分析检测之前,根据样品的性质、监测指标的性质和分析方法,制订保存方案(如保存温度、保存时间、复温温度、反复冻融、可否添加防腐剂等),对生乳样品进行不同的处理。

3 样品处理

3.1 污染物

3.1.1 铅、汞、砷、铬

监测铅、汞、砷、铬含量的生乳样品,若样品经过0℃~ 6℃冷藏保存,冷藏时间不应超过48 h;若样品经过冷冻(—20℃左右)保存,冷冻时间不应超过30 d,复温温度不应超过60℃,解冻次数不应超过5次;不应添加重铬酸钾作为防腐剂,如有必要,可添加硫氰酸钠、叠氮钠、溴硝丙二醇或甲醛作为防腐剂(参见附录A)。

3.1.2 亚硝酸盐

监测亚硝酸盐含量的生乳样品,若样品经过0℃~6℃冷藏保存,冷藏时间不应超过48 h;若样品经过冷冻(—20℃左右)保存,冷冻时间不应超过7 d,复温温度不应超过60℃,不应反复冻融;不应添加硫氰酸钠、叠氮钠、重铬酸钾或甲醛作为防腐剂,如有必要,可添加溴硝丙二醇作为防腐剂(参见附录A)。

3.2 真菌毒素

监测真菌毒素(黄曲霉毒素 M_1)含量的生乳样品,若样品经过0℃~6℃冷藏保存,冷藏时间不应超过48 h;若样品经过冷冻(—20℃左右)保存,冷冻时间不应超过30 d,复温温度不应超过60℃,解冻次数不应超过5次;如有必要,可添加硫氰酸钠、叠氮钠、重铬酸钾、溴硝丙二醇或甲醛作为防腐剂(参见附录A)。

3.3 菌落总数

监测微生物(菌落总数)含量的生乳样品,应在冷藏状态(0℃~6℃)下24 h之内进行测定。

3.4 违禁添加物

3.4.1 三聚氰胺

监测三聚氰胺含量的生乳样品,若样品经过 0℃~6℃冷藏保存,冷藏时间不应超过 48 h;若样品经过冷冻(−20℃左右)保存,冷冻时间不应超过 30 d,复温温度不应超过 60℃,解冻次数不应超过 5 次;如有必要,可添加硫氰酸钠、叠氮钠、重铬酸钾、溴硝丙二醇或甲醛作为防腐剂(参见附录 A)。

3.4.2 碱类物质

监测碱类物质含量的生乳样品,若样品经过 0℃~6℃冷藏保存,冷藏时间不应超过 48 h;若样品经过冷冻(−20℃左右)保存,冷冻时间不应超过 30 d,复温温度不应超过 60℃,解冻次数不应超过 3 次;不应添加溴硝丙二醇作为防腐剂,如有必要,可添加硫氰酸钠、叠氮钠、重铬酸钾或甲醛作为防腐剂(参见附录 A)。

3.4.3 硫氰酸钠

监测硫氰酸钠含量的生乳样品,若样品经过 0℃~6℃冷藏保存,冷藏时间不应超过 48 h;若样品经过冷冻(−20℃左右)保存,冷冻时间不应超过 30 d,复温温度不应超过 60℃,解冻次数不应超过 5 次;不应添加硫氰酸钠、溴硝丙二醇或甲醛作为防腐剂,如有必要,可添加叠氮钠或重铬酸钾作为防腐剂(参见附录 A)。

3.4.4 革皮水解物

监测革皮水解物含量的生乳样品,若样品经过 0℃~6℃冷藏保存,冷藏时间不应超过 48 h;若样品经过冷冻(−20℃左右)保存,冷冻时间不应超过 30 d,复温温度不应超过 60℃,解冻次数不应超过 5 次;如有必要,可添加硫氰酸钠、叠氮钠、重铬酸钾、溴硝丙二醇或甲醛作为防腐剂(参见附录 A)。

3.4.5 β-内酰胺酶

监测 β-内酰胺酶的生乳样品,若样品经过 0℃~6℃冷藏保存,冷藏时间不应超过 48 h;若样品经过冷冻(−20℃左右)保存,冷冻时间不应超过 30 d,复温温度不应超过 60℃,解冻次数不应超过 5 次;不应添加叠氮钠或重铬酸钾作为防腐剂,如有必要,可添加硫氰酸钠、溴硝丙二醇或甲醛作为防腐剂(参见附录 A)。

附 录 A

（资料性附录）

推荐的防腐剂添加浓度

每千克生乳推荐的防腐剂添加量见表 A.1。

表 A.1 每千克生乳推荐的防腐剂添加量

防腐剂名称[a]	添加量，mg
硫氰酸钠[b]	15
重铬酸钾	600
叠氮钠[c]	400
溴硝丙二醇	200
甲醛	500
[a] 防腐剂均为分析纯。	
[b] 配合过氧化氢一起使用，1 kg 生乳同时添加 15 mg 硫氰酸钠和 27 μL H_2O_2 溶液(30%)。	
[c] 叠氮钠毒性很强，操作时需谨慎；剩余的叠氮钠溶液，可利用 10% 次氯酸钠溶液(可加入少量氢氧化钠)进行无害化处理。	

ICS 65.020.30
B 44

中华人民共和国农业行业标准

NY/T 3052—2016

舍饲肉羊饲养管理技术规范

Technical specification for feeding and management of stall feeding
meat-producing sheep and goats

2016-12-23 发布

2017-04-01 实施

中华人民共和国农业部 发布

前　言

本标准按照 GB/T 1.1—2009 给出的规则起草。

本标准由农业部畜牧业司提出。

本标准由全国畜牧业标准化技术委员会(SAC/TC 274)归口。

本标准起草单位:中国农业科学院饲料研究所。

本标准主要起草人:刁其玉、马涛、屠焰、王世琴、张乃锋、司丙文、聂明非。

舍饲肉羊饲养管理技术规范

1 范围

本标准规定了舍饲肉羊的饲料及饲料配制、饲养管理及其他管理等环节的技术要求。

本标准适用于肉用绵羊、山羊的舍饲饲养。

2 规范性引用文件

下列文件对于本文件的应用是必不可少的。凡是注日期的引用文件,仅注日期的版本适用于本文件。凡是不注日期的引用文件,其最新版本(包括所有的修改单)适用于本文件。

GB 13078　饲料卫生标准

GB 16548　病害动物和病害动物产品生物安全处理规程

NY/T 388　畜禽场环境质量标准

NY/T 1569　畜禽养殖场质量管理体系建设通则

NY/T 2665　标准化养殖场　肉羊

NY/T 2696　饲草青贮技术规程　玉米

NY/T 2697　饲草青贮技术规程　紫花苜蓿

NY 5027　无公害食品　畜禽饮用水水质

NY 5149　无公害食品　肉羊饲养兽医防疫准则

中华人民共和国国务院令第 643 号　畜禽规模养殖污染防止条例

中华人民共和国国务院令第 645 号　饲料和饲料添加剂管理条例

中华人民共和国农业部公告第 67 号　畜禽标识和养殖档案管理办法

中华人民共和国农业部公告第 168 号　饲料药物添加剂使用规范

中华人民共和国农业部公告第 1224 号　饲料添加剂安全使用规范

中华人民共和国农业部公告第 1773 号　饲料原料目录

中华人民共和国农业部公告第 2045 号　饲料添加剂品种目录

3 术语和定义

下列术语和定义适用于本文件。

3.1

肉羊　meat-producing sheep and goats

以肉用为主要目的,皮、奶、毛(绒)等兼用而饲养的绵羊、山羊。

3.2

舍饲　stall feeding

圈养

将羊在圈舍内人工饲养。

4 饲料及饲料配制

4.1 基本要求

4.1.1　饲料和饲料添加剂的选择和使用应符合中华人民共和国国务院令第 645 号、中华人民共和国农业部公告第 1773 号、中华人民共和国农业部公告第 2045 号、中华人民共和国农业部公告第 168 号的要求。不应在肉羊饲料中添加国家农业行政部门公布的禁止使用的物质。

4.1.2 精料补充料、浓缩饲料、预混合饲料和饲料添加剂应选自取得生产许可证的厂家。

4.1.3 饲料原料及产品卫生指标应符合 GB 13078 的规定,且质量符合相应的标准。

4.1.4 饲料原料及产品应储存在通风、阴凉、干燥处,码放整齐,避免交叉污染。

4.1.5 除乳及乳制品外,其他动物源性饲料不应用于肉羊饲料中。

4.1.6 精料补充料、浓缩饲料、预混合饲料和饲料添加剂应按照产品标签所规定的用法、用量使用。

4.1.7 饲粮组成宜多样化,精粗饲料搭配合理。

4.1.8 应根据养殖规模,制订年度饲料计划,保证饲料常年稳定供应。

4.2 饲料添加剂

4.2.1 按照中华人民共和国农业部公告第 1224 号和中华人民共和国农业部公告第 168 号及其补充公告中要求的用法、用量使用;使用药物饲料添加剂应严格执行休药期。

4.2.2 使用非蛋白氮类饲料时,其提供的总氮含量应低于饲料中总氮含量的 10%,且应在羊只瘤胃发育完全后使用。

4.3 精料补充料和浓缩饲料

4.3.1 应注意保质期,不宜一次购买或配制过多,应经常检查是否发霉、变质。

4.3.2 应根据所饲养羊只的品种、性别和生理阶段购买或配制。

4.3.3 使用前应核实所含添加剂的种类及用量,避免重复添加。

4.3.4 浓缩饲料不可直接饲喂,应按配方与能量饲料等混合均匀后使用。

4.4 青绿饲料

青绿饲料直接饲喂时,应防止亚硝酸盐、氢氰酸等有毒及次生有害物质中毒,不应饲喂有毒有害及发霉、变质的饲草。

4.5 青贮饲料

4.5.1 原料

玉米、燕麦、大麦、黑麦、苜蓿等青绿饲料皆可采用青贮方法进行调制。

4.5.2 调制

将原料水分含量调整到适宜范围后,切碎、压实,在厌氧条件下发酵。可采用青贮窖、青贮塔、袋装及裹包等方式进行青贮。玉米青贮按照 NY/T 2696 的规定制作,苜蓿青贮按照 NY/T 2697 的规定制作。

4.5.3 感官鉴定

优质青贮饲料应具有酸香味,质地松柔、湿润、不粘手,未发霉、变质。必要时,可进行实验室鉴定。

4.5.4 饲喂

4.5.4.1 青贮饲料密封贮藏成熟后即可使用;青贮饲料取出后当天喂完,不可堆放。

4.5.4.2 给羊只饲喂青贮饲料时,要经过短期的过渡适应,逐渐增加饲喂量;宜与其他粗饲料合理搭配;天冷时,应防止冰冻。

4.6 粗饲料

4.6.1 干草类

4.6.1.1 不应含有有毒有害杂草,原料应适时刈割。

4.6.1.2 可通过自然干燥或人工干燥青绿饲料而获得,储藏时水分含量宜在 14% 以下。

4.6.1.3 储存时,应通风、避雨及防火。

4.6.1.4 干草可铡短、加工成草粉或干草颗粒进行饲喂。

4.6.2 农作物秸秆、秕壳等

4.6.2.1 可采用物理(机械加工)、化学(氨化或碱化)或生物方法进行加工处理后饲喂。

4.6.2.2 不宜单独饲喂,应与其他优质粗饲料、精料补充料和添加剂等配合使用。

4.7 糟渣类饲料

4.7.1 选用新鲜的糟渣类饲料,不应饲喂变质糟渣。

4.7.2 宜鲜喂,也可烘干或发酵处理后储存备用。

4.7.3 饲喂前,应去除其中的杂物。

4.7.4 饲喂时,严格控制用量。初次饲喂应由少到多,逐步增加。

4.7.5 饲粮中使用糟渣类饲料时,应补充矿物元素和维生素,或搭配青绿饲料和干草。

4.8 饲料配制

4.8.1 应配备与生产规模相适应的饲料生产加工设备。

4.8.2 饲料配方应由受过专业培训和具有相关资质的人员制定。

4.8.3 选择适口性好、来源广、营养丰富、价格便宜、质量可靠的饲料原料。

4.8.4 针对不同性别、生产目的及生理阶段等特点,按照肉羊营养需要和饲料原料营养成分,确定不同羊饲粮中各种饲料原料组成的配合比例。

4.8.5 将配制好的精料补充料搭配青贮、青干草和秸秆等制成全混合日粮。

4.8.6 应保存饲料采购、配方、生产记录及样品等所有档案资料;保留饲料和饲料添加剂购入凭证,建立出入库记录制度,以便备查。

5 饲养管理

5.1 基本要求

5.1.1 依据羊的生理阶段可分为哺乳羔羊、育肥羊、育成羊、种母羊和种公羊;应按照性别、年龄、体重、体况等分群饲养。

5.1.2 宜采用定人、定时和定量的饲喂制度。

5.1.3 饲草饲料变更应有 10 d 左右的过渡期。

5.1.4 自由饮水,饮水质量应符合 NY 5027 的规定,饮水设备应定期清洗和消毒。

5.1.5 保证羊只每天有适量的运动。

5.1.6 定期对羊舍进行卫生清扫和消毒,保持圈舍干燥、卫生。

5.1.7 种用羊应建立生长发育及繁殖测定记录,包括初生、断奶、六月龄、周岁和成年时的体重、体尺和繁殖性状。

5.1.8 选择广谱、高效、安全、无残留或低残留的抗寄生虫药,定期驱虫。

5.1.9 定期剪毛和修蹄。

5.1.10 应经常观察羊群健康状况,发现异常及时隔离观察。

5.1.11 饲养区内不应饲养其他动物。

5.1.12 采取有效措施防止鼠害。

5.2 哺乳羔羊

5.2.1 接生与羔羊护理

5.2.1.1 羔羊出生后,应立即清除口、鼻、耳内的黏液,断脐并消毒。

5.2.1.2 母羊分娩完毕,清洁乳房,应在 2 h 内让羔羊吃足初乳。

5.2.1.3 羔羊出生后称重、编号,必要时可在 7 日龄左右断尾。

5.2.1.4 应加强羔羊的护理,做好保温防暑工作;寒冷季节应给羔羊提供温水。

5.2.1.5 勤观察羔羊的精神状态,发现异常时可采取辅助哺乳、清理胎粪、治疗等措施。

5.2.2 人工辅助哺乳与早期补饲

5.2.2.1 对新生弱羔和双羔以上的羔羊或在母羊哺育力差时,应人工辅助哺乳,每天至少 4 次。可采用保姆羊饲喂或人工饲喂羔羊代乳产品。

5.2.2.2 羔羊代乳产品应选自取得饲料生产许可证的厂家,定时、定量及定温饲喂。哺乳用具应经常消毒,保持清洁卫生。

5.2.2.3 羔羊出生 1 个月内,以母乳或羔羊代乳产品为主。2 周龄时,在母羊舍内设置补饲栏,让羔羊可随时采食营养丰富的固体饲料。

5.2.3 断奶

5.2.3.1 适时断奶。根据羔羊生长发育和体质强弱断奶,可在 2 月龄左右进行。

5.2.3.2 提倡羔羊早期断奶。羔羊可在 3 周龄左右断母乳,饲喂羔羊代乳料和开食料及干草等。固体饲料采食量达到 200 g～300 g 且能够满足营养需要时,停止饲喂羔羊代乳产品。

5.2.3.3 断奶期间应避免场地、饲养员、饲养环境条件等改变引起的应激反应。

5.3 育肥羊

5.3.1 羔羊育肥

5.3.1.1 断奶后用于育肥的羔羊,应按性别、体重分群饲养。

5.3.1.2 根据生长需要和育肥目标配制饲粮。

5.3.1.3 育肥前应驱虫。

5.3.1.4 做好体重和饲料消耗记录。

5.3.1.5 6 月龄左右,山羊达到 20 kg～25 kg、绵羊达到 40 kg 左右出栏。

5.3.2 成年羊育肥

5.3.2.1 健康无病的淘汰公、母羊均可用来育肥。

5.3.2.2 按性别、体况等组群。

5.3.2.3 进行免疫和驱虫。

5.3.2.4 按照育肥羊营养需要配制饲粮,充分利用各种农林副产物。

5.3.2.5 育肥 2 个月～3 个月出栏。

5.4 育成羊

5.4.1 公、母分群饲养,根据体况和体重配制饲粮。

5.4.2 保证足够的运动,不宜过肥或过瘦。

5.4.3 定期称量羊只的体重,测量体况,建立完整的系谱记录和生长记录。

5.4.4 做好防疫驱虫工作。

5.4.5 育成母羊体重达到成年体重的 70% 以上即可配种,育成公羊应在周岁后配种。

5.5 种母羊

5.5.1 空怀母羊

5.5.1.1 根据体况和体重配制和调整饲粮,调整母羊至适配体况,为进入下一个配种期做好准备。

5.5.1.2 对体况较差的空怀母羊,经补饲恢复膘情后方可配种。

5.5.2 妊娠母羊

5.5.2.1 妊娠母羊分为妊娠前期(前 3 个月)和妊娠后期(后 2 个月)两个阶段。

5.5.2.2 妊娠前期和后期应配制不同饲粮,妊娠后期应增加营养供给;不应饲喂冰冻或霉烂饲料。

5.5.2.3 避免惊群和剧烈运动,保持圈舍内外安静。

5.5.2.4 妊娠期应注意做好保胎工作,保持适量运动,防止相互打斗。

5.5.2.5 做好产前准备工作,产前1周左右,应将临产母羊转入产房。产房应有垫料,并配备充足的专业技术人员。

5.5.2.6 应对产房进行巡回检查,及时处理母羊分娩、难产和羔羊假死等问题。

5.5.2.7 母羊产前减少或停止饲喂青贮饲料,在母羊预产期临近时,根据母羊体况调整精料补充料的饲喂量。

5.5.2.8 初产母羊宜在产前2周及产后1周注意乳房健康;对较瘦弱的母羊需提供优质的精料补充料和青绿多汁饲料。

5.5.3 泌乳母羊

5.5.3.1 泌乳前期应以母羊为羔羊提供充足母乳为饲养管理目标,根据母羊的体况和产羔情况调整饲粮供给。

5.5.3.2 泌乳后期或羔羊断奶早期应及时调整饲喂方案,保证母羊及时恢复体况。

5.5.3.3 经常检查母羊乳房,如发生乳房炎应及时处理。

5.5.3.4 保持圈舍清洁干燥,及时清理排泄物。

5.6 种公羊

5.6.1 基本要求

5.6.1.1 圈舍宽敞,保持足够的运动量。

5.6.1.2 要求体格健壮、中等膘情,具有旺盛的性欲、优质的精液和良好的配种能力。

5.6.1.3 应保证饲粮的合理配搭,满足营养需要。

5.6.2 非配种期

5.6.2.1 饲粮以优质青粗饲料为主,适量补充精料补充料,保持中等偏上体况,防止过肥。

5.6.2.2 配种前1.5个月～2个月,逐渐调整饲粮,增加精料补充料比例,保证优质饲草和块根块茎类饲料的供应,同时进行采精训练和精液品质检查。

5.6.3 配种期

5.6.3.1 合理配制饲粮。精料补充料中粗蛋白质含量应在20%左右,并保障矿物质和维生素的供给量;提供优质的青、粗饲料,需注意容重。

5.6.3.2 应根据需要提前制订选配计划。

5.6.3.3 采用本交时,公母比例为1:(20～30);提倡采用鲜精人工授精技术。

5.6.3.4 应控制配种强度,每天配种或采精1次～2次,每周至少安排休息2 d。

5.6.3.5 配种结束后,应适当加强运动,逐渐减少精料补充料的饲喂量,直至达到非配种期饲养水平。

6 其他管理要求

6.1 羊场建设

6.1.1 羊场选址、建筑布局和设施设备等要求,应根据养殖规模、养殖目标等按照相应的标准确定。可按照 NY/T 2665 的规定执行。

6.1.2 羊舍内可采取自然通风或者人工通风措施,确保圈舍通风良好、有效。圈舍内的环境卫生质量应符合 NY/T 388 的要求。

6.2 疫病防控

6.2.1 应根据《中华人民共和国动物防疫法》及其配套法规的要求,结合当地实际情况制定羊场自身的防疫制度,并认真组织实施。

6.2.2 按照 NY 5149 的规定制定符合羊场自身要求的免疫程序和免疫计划。

6.2.3 定期对羊舍、器具及其周围环境进行消毒。

6.3 无害化处理

6.3.1 粪污等废弃物处理应符合中华人民共和国国务院令第 643 号的规定,可因地制宜选择适宜的粪污处理模式。

6.3.2 按照 GB 16548 的要求,对病死羊应及时进行无害化处理。

6.3.3 应及时收集兽医用废弃物,按国家法律法规作无害化处理,避免污染环境和交叉污染。

6.4 生产记录

6.4.1 应按照中华人民共和国农业部公告第 67 号的要求建立养殖档案,种羊场应建立系谱记录。

6.4.2 生产记录可按照 NY/T 1569 的规定执行。

———————————————

ICS 65.020.30
B 43

中华人民共和国农业行业标准

NY/T 3053—2016

天 府 肉 猪

Tianfu pig

2016-12-23 发布

2017-04-01 实施

中华人民共和国农业部 发布

前　言

本标准按照 GB/T 1.1—2009 给出的规则起草。

本标准由农业部畜牧业司提出。

本标准由全国畜牧业标准化技术委员会(SAC/T 274)归口。

本标准起草单位：四川农业大学、四川铁骑力士牧业科技有限公司、全国畜牧总站、四川省畜牧总站。

本标准主要起草人：李学伟、姜延志、朱砺、唐国庆、李明洲、帅素容、冯光德、陈方琴、郑德兴、于福清、赵小丽、刁运华、曾仰双。

天 府 肉 猪

1 范围

本标准规定了天府肉猪配套系种猪的外貌特征、生产性能、种用价值评定和出场要求，以及商品猪的外貌特征和生产性能。

本标准适用于天府肉猪配套系种猪和商品猪的评定、生产和销售。

2 规范性引用文件

下列文件对于本文件的应用是必不可少的。凡是注日期的引用文件，仅注日期的版本适用于本文件。凡是不注日期的引用文件，其最新版本（包括所有的修改单）适用于本文件。

GB 16567　种畜禽调运检疫技术规范

NY/T 65　猪饲养标准

NY/T 820　种猪登记技术规范

NY/T 821　猪肌肉品质测定技术规范

NY/T 822　种猪生产性能测定规程

3 术语和定义

下列术语和定义适用于本文件。

3.1

天府肉猪配套系Ⅰ系　Tianfu pig line Ⅰ

天府肉猪配套系终端父本，以杜洛克猪为育种素材。

3.2

天府肉猪配套系Ⅱ系　Tianfu pig line Ⅱ

天府肉猪配套系母系父本，以长白猪为育种素材。

3.3

天府肉猪配套系Ⅲ系　Tianfu pig line Ⅲ

天府肉猪配套系母系母本，以约克夏猪为基础群，经复杂杂交导入 6.25% 梅山猪血缘。

3.4

天府肉猪配套系父母代　Tianfu pig parental generation

天府肉猪配套系杂交母本，由配套模式（Ⅱ系♂×Ⅲ系♀）生产。

3.5

天府肉猪配套系商品代　Tianfu commercial pig

天府肉猪配套系商品猪，由配套模式［Ⅰ系♂×（Ⅱ系♂×Ⅲ系♀）］生产，为配套系的终端产品。

4 性能测定

4.1 繁殖性能测定

按照 NY/T 820 的规定执行。

4.2 生长发育、胴体品质测定

按照 NY/T 822 的规定执行。

4.3 肌肉品质测定

按照 NY/T 821 的规定执行。

5 天府肉猪配套系种猪

5.1 天府肉猪配套系 I 系

5.1.1 外貌特征

全身被毛红棕色,允许体侧或腹下有少量小暗斑点。头中等大小,嘴短直,耳中等大小、略向前倾。背腰平直,腹线平直,肌肉丰满,后躯发达,四肢粗壮结实。公母猪外貌参见图 A.1。

5.1.2 生产性能

5.1.2.1 体重

在 NY/T 65 规定的饲养标准下饲养,公猪初生、21 日龄和 24 月龄平均体重分别为 1.5 kg、5.9 kg 和 300 kg,母猪初生、21 日龄和 24 月龄平均体重分别为 1.5 kg、5.8 kg 和 250 kg。

5.1.2.2 繁殖性能

公猪性成熟期 6 月龄～7 月龄,初配年龄 7 月龄～8 月龄,平均体重 125 kg。母猪初情期 6 月龄～7 月龄,适配期 7 月龄～8 月龄,有效乳头数不低于 12 个。初产母猪平均窝产仔数 8.0 头、产活仔数 7.5 头、21 日龄断奶窝重 45 kg,经产母猪平均窝产仔数 9.5 头、产活仔数 8.8 头、21 日龄断奶窝重 50 kg。

5.1.2.3 生长发育

在 NY/T 65 规定的饲养标准下饲养,达 100 kg 体重平均日龄 175 d,30 kg～100 kg 阶段平均日增重 800.0 g,料肉比 2.6∶1。

5.1.2.4 胴体品质

100 kg 体重屠宰时,平均屠宰率 70.2%、胴体瘦肉率 64.3%、胴体背膘厚 13.0 mm,肌肉颜色评分 4.0,肌内脂肪含量 2.2%。

5.2 天府肉猪配套系 II 系

5.2.1 外貌特征

全身被毛白色,允许偶有少量暗黑斑点。头小颈轻,鼻嘴狭长,耳大前倾。背腰平直,腹部平直或微向下垂,后躯发达,腿臀丰满,四肢坚实。整体是前轻后重,外观清秀美观。公母猪外貌参见图 A.2。

5.2.2 生产性能

5.2.2.1 体重

在 NY/T 65 规定的饲养标准下饲养,公猪初生、21 日龄和 24 月龄平均体重分别为 1.5 kg、5.8 kg 和 260 kg,母猪初生、21 日龄和 24 月龄平均体重分别为 1.5 kg、5.7 kg 和 230 kg。

5.2.2.2 繁殖性能

公猪性成熟期 6 月龄～7 月龄,初配年龄 7 月龄～8 月龄,体重 120 kg。母猪初情期 6 月龄～7 月龄,适配期 7 月龄～8 月龄,有效乳头数不低于 14 个。初产母猪平均窝产仔数 10.1 头、产活仔数 9.5 头、21 日龄断奶窝重 54 kg,经产母猪平均窝产仔数 11.5 头、产活仔数 10.5 头、21 日龄断奶窝重 60 kg。

5.2.2.3 生长发育

在 NY/T 65 规定的饲养标准下饲养,达 100 kg 体重平均日龄 170 d,30 kg～100 kg 阶段平均日增重 805 g,料肉比 2.6∶1。

5.2.2.4 胴体品质

100 kg 体重屠宰时,平均屠宰率 70.3%、胴体瘦肉率 65.1%、胴体背膘厚 13.0 mm,肌肉颜色评分 3.8,肌内脂肪含量 2.0%。

5.3 天府肉猪配套系 III 系

5.3.1 外貌特征

全身被毛白色,允许偶有少量暗黑斑点。头大小适中,鼻面直或凹陷,耳竖立。背腰平直,前胛宽、背阔,后躯丰满,肢蹄健壮,呈长方形体型特征。公母猪外貌参见图 A.3。

5.3.2 生产性能

5.3.2.1 体重

在 NY/T 65 规定的饲养标准下饲养,公猪初生、21 日龄和 24 月龄平均体重分别为 1.4 kg、5.8 kg 和 250 kg,母猪初生、21 日龄和 24 月龄平均体重分别为 1.4 kg、5.7 kg 和 225 kg。

5.3.2.2 繁殖性能

公猪性成熟期 6 月龄～7 月龄,初配年龄 7 月龄～8 月龄,体重 118 kg。母猪初情期 6 月龄～7 月龄,适配期 7 月龄～8 月龄,有效乳头数不低于 14 个。初产母猪平均窝产仔数 10.4 头、产活仔数 9.8 头、21 日龄断奶窝重 56 kg,经产母猪平均窝产仔数 11.8 头、产活仔数 10.8 头、21 日龄断奶窝重 62 kg。

5.3.2.3 生长发育

在 NY/T 65 规定的饲养标准下饲养,达 100 kg 体重平均日龄 172 d,30 kg～100 kg 阶段平均日增重 780 g、料肉比 2.6：1。

5.3.2.4 胴体品质

100 kg 体重屠宰时,平均屠宰率 69.5%、胴体瘦肉率 64.5%、胴体背膘厚 14.0 mm,肌肉颜色评分 3.3,肌内脂肪含量 2.0%。

5.4 天府肉猪配套系父母代

5.4.1 外貌特征

全身被毛白色,允许偶有少量暗黑斑点。头部偏小,耳尖向上略前倾。背腰平直,腹部平直或微向下垂,体躯长,肌肉丰满,四肢粗壮。母猪外貌参见图 A.4。

5.4.2 生产性能

5.4.2.1 体重

在 NY/T 65 规定的饲养标准下饲养,母猪初生、21 日龄和 24 月龄平均体重分别为 1.5 kg、6.0 kg 和 220 kg。

5.4.2.2 繁殖性能

母猪初情期 6 月龄～7 月龄,适配期 7 月龄～8 月龄,有效乳头数不低于 14 个。初产母猪平均窝产仔数 10.8 头,产活仔数 10.1 头、21 日龄断奶窝重 56 kg,经产母猪平均窝产仔数 12.3 头、产活仔数 11.5 头、21 日龄断奶窝重 65 kg。

5.4.2.3 生长发育

在 NY/T 65 规定的饲养标准下饲养,达 100 kg 体重平均日龄 170 d,30 kg～100 kg 阶段平均日增重 815 g、料肉比 2.6：1。

5.4.2.4 胴体品质

100 kg 体重屠宰时,平均屠宰率 70.3%、胴体瘦肉率 65.2%、胴体背膘厚 13.1 mm。

5.5 种用价值评定

5.5.1 体型外貌符合各专门化品系特征。

5.5.2 外生殖器发育正常,无遗传疾患和损征,有效乳头数符合各专门化品系要求,排列整齐。

5.5.3 种猪来源及血缘清楚,档案系谱记录齐全。

5.5.4 种猪个体或双亲经过性能测定,主要经济性状育种值资料齐全。

5.5.5 健康状况良好。

5.6 种猪出场要求

5.6.1 符合种用价值要求。

5.6.2 有种猪合格证,耳号清楚可辨,档案准确齐全,质量鉴定员签字。

5.6.3 按 GB 16567 的要求出具检疫证书。

6 天府肉猪配套系商品代

6.1 外貌特征

全身被毛白色,腿臀部有暗斑。耳厚实、中等大小向前倾,前后躯发达,肌肉丰满,肢体粗壮结实,体型紧凑。商品猪外貌参见图 A.5。

6.2 生产性能

6.2.1 体重

在 NY/T 65 规定的饲养标准下饲养,初生、21 日龄和 180 日龄平均体重分别为 1.5 kg、6.2 kg 和 110 kg。

6.2.2 生长发育

在 NY/T 65 规定的饲养标准下饲养,达 100 kg 体重平均日龄 168 d,30 kg~100 kg 的平均日增重 820 g、料肉比 2.5∶1。

6.2.3 胴体品质

100 kg 体重屠宰时,平均屠宰率 73.2%、胴体瘦肉率 63.2%、胴体背膘厚 14.5 mm。

6.2.4 肌肉品质

肌肉 $pH_{45\,min}$ 6.4、$pH_{24\,h}$ 5.8,肉色评分 3.9,大理石纹评分 2.5,肌肉滴水损失 2.5%,肌内脂肪含量 2.3%。

附　录　A

（资料性附录）

天府肉猪配套系外貌图

A.1　天府肉猪配套系 I 系外貌

见图 A.1。

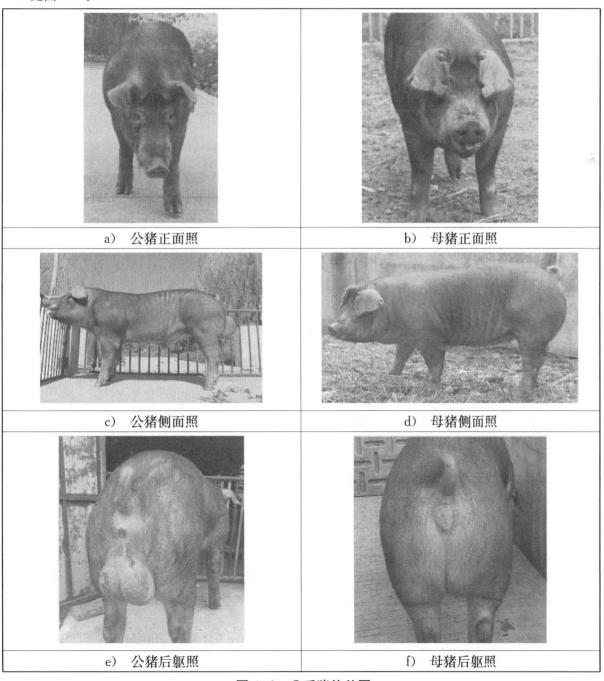

a)　公猪正面照	b)　母猪正面照
c)　公猪侧面照	d)　母猪侧面照
e)　公猪后躯照	f)　母猪后躯照

图 A.1　I 系猪外貌图

A.2 天府肉猪配套系Ⅱ系外貌

见图 A.2。

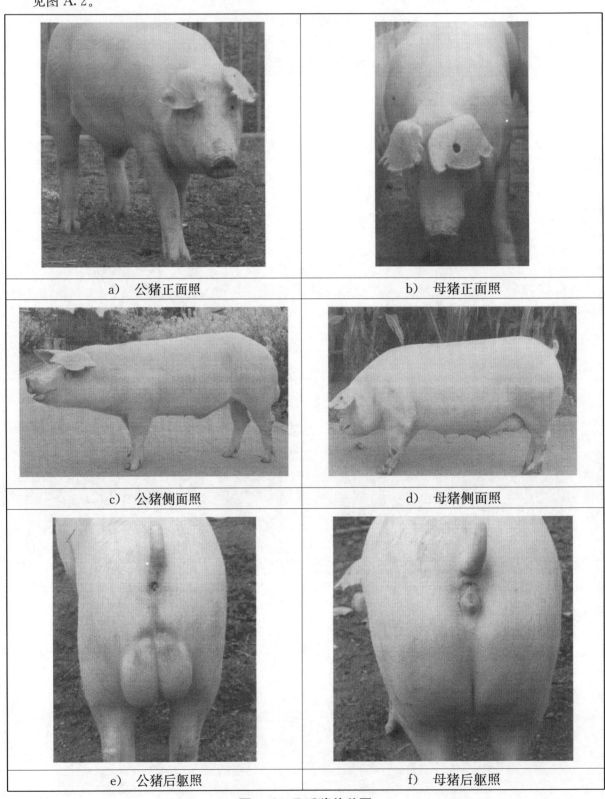

a) 公猪正面照	b) 母猪正面照
c) 公猪侧面照	d) 母猪侧面照
e) 公猪后躯照	f) 母猪后躯照

图 A.2　Ⅱ系猪外貌图

A.3 天府肉猪配套系Ⅲ系外貌

见图 A.3。

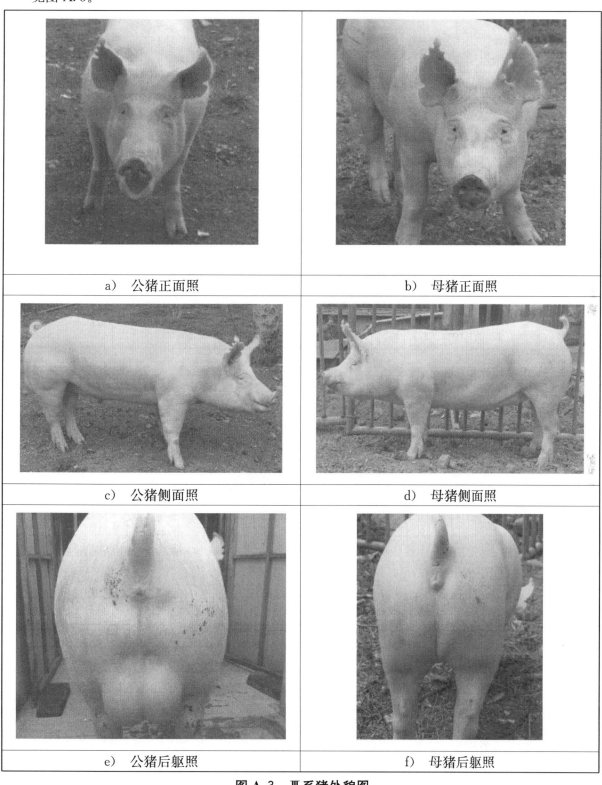

图 A.3 Ⅲ系猪外貌图

A.4 天府肉猪配套系父母代母猪外貌

见图 A.4。

| a) 正面照 | b) 侧面照 | c) 后躯照 |

图 A.4 父母代母猪外貌图

A.5 天府肉猪配套系商品猪外貌

见图 A.5。

| a) 正面照 | b) 侧面照 | c) 后躯照 |

图 A.5 商品猪外貌图

ICS 65.040
P 35

中华人民共和国农业行业标准

NY/T 3071—2016

家禽性能测定中心建设标准　鸡

Construction criterion for poultry performance test center—Chicken

2016-12-23 发布

2017-04-01 实施

中华人民共和国农业部 发布

NY/T 3071—2016

目　次

前　言

本标准根据农业部《关于下达 2014 年农业行业标准制定和修订（农产品质量安全监管）项目资金的通知》（农财发〔2014〕61 号）下达的任务，按照《农业工程项目建设标准编制规范》（NY/T 2081—2011）的要求，结合农业行业工程建设发展的需要而编制。

本标准共分 13 章：总则、规范性引用文件、术语和定义、建设规模与项目构成、建设原则、项目选址与建设条件、饲养测定工艺与设备、建设用地与规划布局、建筑工程及附属设施、防疫隔离设施、废弃物处理、环境保护和主要技术经济指标。

本标准由农业部发展计划司负责管理，农业部工程建设服务中心负责具体技术内容的解释。在标准执行过程中如发现有需要修改和补充之处，请将意见和有关资料寄送农业部工程建设服务中心（地址：北京市海淀区学院南路 59 号，邮政编码：100081），以供修订时参考。

本标准管理部门：农业部发展计划司。

本标准主持单位：农业部工程建设服务中心。

本标准起草单位：江苏省家禽科学研究所、农业部家禽品质监督检验测试中心（扬州）。

本标准主要起草人：高玉时、邹剑敏、陆俊贤、唐修君、贾晓旭、陈大伟、金波、赵东伟、张小燕、贾雪波、顾荣。

家禽性能测定中心建设标准　鸡

1　总则

1.1　为加强对家禽性能测定中心(鸡)建设项目决策和建设的科学管理,正确执行建设规范,合理确定建设水平,推动技术进步,全面提高投资效益,特制定本标准。

1.2　本标准是编制、评估和审批家禽性能测定中心(鸡)建设项目可行性研究报告的重要依据,也是有关部门审查工程项目初步设计和监督、检查项目整个建设过程的参考尺度。

1.3　本标准规定了家禽性能测定中心(鸡)的建设规模与项目构成、建设原则、项目选址与建设条件、饲养测定工艺与设备、建设用地与规划布局、建筑工程及附属设施、防疫隔离设施、废弃物处理、环境保护和主要技术经济指标等。

1.4　本标准适用于每年测定鸡品种、品系或配套系 50 个以上的家禽性能测定中心的建设,年测定能力小于 50 个鸡品种、品系或配套系的测定机构建设可参照执行。

2　规范性引用文件

下列文件对于本文件的应用是必不可少的。凡是注日期的引用文件,仅注日期的版本适用于本文件。凡是不注日期的引用文件,其最新版本(包括所有的修改单)适用于本文件。

GB 5749　生活饮用水卫生标准
GB 7959　粪便无害化卫生标准
GB 18596　畜禽养殖业污染物排放标准
GB 50011　建筑抗震设计规范
GB 50039　农村防火规范
GB 50189　公共建筑节能设计标准
NY/T 388　畜禽场环境质量标准
NY/T 682　畜禽场场区设计技术规范
NY/T 823　家禽生产性能名词术语和度量统计方法
NY/T 828　肉鸡生产性能测定技术规范
NY/T 1566　标准化肉鸡养殖场建设规范
NY/T 2123　蛋鸡生产性能测定技术规范

3　术语和定义

下列术语和定义适用于本文件。

3.1

家禽生产性能测定　performance test of poultry

按照国家或行业有关标准,将同一批次的家禽种蛋置于一致的环境条件下孵化,出雏后置于同一环境条件下饲养,对其生产性能进行测量的全过程。

3.2

全进全出制　all-in,all-out

以禽舍为单元,同一禽舍内只饲养同一批次的家禽,同时进同时出的管理制度。

3.3

净道 non-pollution road
场区内用于人员通行以及健康家禽、饲料等清洁物品转运的专用道路。

3.4
污道 pollution road
场区内用于垃圾、粪便等废弃物、病死禽出场的专用道路。

4 建设规模与项目构成

4.1 建设规模

4.1.1 家禽性能测定中心(鸡)建设规模应根据国家畜禽良种工程建设相关规划以及我国家禽产业和社会经济发展需求等合理确定,应能满足蛋鸡和肉鸡生产性能测定工作需要。

4.1.2 家禽性能测定中心(鸡)建设规模,每年测定鸡品种、品系或配套系的能力应在50个以上,其中肉鸡种鸡15个,肉鸡商品代20个,蛋鸡种鸡和蛋鸡商品代15个以上。根据 NY/T 828 和 NY/T 2123 规定的测定数量和测定周期,应具有每年测定不少于18 600 只鸡的能力。

4.2 项目构成

4.2.1 建设内容
主要包括场区建筑安装工程、仪器设备和场区工程。

4.2.2 场区建筑安装工程
主要包括新建生产设施(测定舍和种蛋孵化室)、辅助设施(更衣消毒室、车辆消毒设施、饲料储备间、种蛋储存间、兽医室、化验室、品质检测室、测定技术档案室、物资仓库等)、配套设施(粪污处理工程、给排水工程、采暖工程、通风和空调工程、电气工程、消防工程、信息网络工程以及监控系统等)及生活管理设施(办公用房、值班室、生活用房等)。

4.2.3 仪器设备
主要包括生产、环境控制、废弃物处理、品质测定以及其他辅助设备。

4.2.4 场区工程
主要包括场区道路、绿化、围墙、大门和停车场等。

5 建设原则

5.1 项目建设应遵循国家有关工程建设的标准和规范,执行国家节约土地、节约能源、节约用水、保护环境、消防安全要求,符合国家有关法律法规和畜牧业管理部门的有关规定。

5.2 项目建设应统筹规划,与城乡发展规划以及家禽产业分布相协调,做到近期和远期相结合。

5.3 项目建设水平应根据我国农业和科技发展的现状,因地制宜,做到安全可靠、技术先进、经济合理、使用方便和管理规范。

6 项目选址与建设条件

6.1 应充分考虑鸡生产性能测定工作的实际需要,其选址原则应具有较好的水、电、路和通信等基础设施条件,交通便利,同时具备较好的防疫条件。

6.2 项目选址和建设条件应符合 NY/T 682 和 NY/T 1566 的要求。

7 饲养、测定工艺及设备

7.1 饲养工艺

7.1.1 肉种鸡:宜采用种蛋孵化—育雏—育成—产蛋的饲养工艺。育雏和育成期宜采用笼养或平养,快大型肉种鸡产蛋期宜采用地面平养,中速型和慢速型肉种鸡宜采用笼养。

7.1.2　商品肉鸡:宜采用种蛋孵化—育雏—育成—育肥的饲养工艺。全程宜采用地面垫料平养、网上平养或者笼养。

7.1.3　蛋种鸡、蛋鸡商品代:宜采用种蛋孵化—育雏—育成—产蛋的饲养工艺。全程宜采用笼养。

7.1.4　测定鸡群饲养工艺应以每栋鸡舍为单元,实行"全进全出"制度。

7.2　性能测定工艺

　　项目工艺主要包括性能测定任务的接受、种蛋样品的采集与管理、种蛋的孵化、性能测定、测定过程质量控制、检验报告编制和签发等。详细性能测定工艺流程参见附录A。

7.3　工艺设备

7.3.1　配备原则

7.3.1.1　应满足鸡生产性能测定的需要,与饲养工艺匹配。

7.3.1.2　应具有先进性、可靠性、适应性和科学性。在同等性能的情况下,优先考虑国产仪器设备。

7.3.1.3　有利于性能测定过程环境控制、鸡群健康、测定质量和效率。

7.3.2　配备要求

7.3.2.1　仪器设备基础配置见表1,其他未列入的仪器、养鸡设施和辅助设施应根据有关规定和实际情况确定。

表1　仪器设备基础配置

序号	设备类型	名称	单位	数量	要　　求
1	生产设备	孵化器	台	3~4	孵化量19 200个/批,应包括2台~3台孵化器和1台出雏器
		育雏育成设备	套	2	育雏育成舍2栋,每栋1套
		蛋鸡产蛋设备	套	3	蛋鸡笼养舍3栋,每栋1套
		肉鸡产蛋设备	套	2	肉种鸡笼养舍2栋,每栋1套
		高床网架	套	1	商品代肉鸡网上平养舍1栋,每栋1套
		喂料系统	套	9	鸡测定舍9栋,1套/栋
		饮水系统	套	9	鸡测定舍9栋,1套/栋
2	环境控制设备	环境控制系统	套	9	鸡测定舍9栋,1套/栋
		加热系统	套	8	鸡育雏育成测定舍、肉鸡测定舍4栋,2套/栋
		风机	台	29~38	鸡测定舍9栋,3台/栋~4台/栋;孵化室1个,2台/个
		湿帘	m²	190~240	鸡测定舍9栋,20 m²/栋~25 m²/栋;孵化室1个,10 m²/个~15 m²/个
		清粪系统	套	8	笼养鸡舍7栋,1套/栋;高床网架1栋,1套/栋
		闭路监控	套	1	可选
		消毒防疫设施	套	1	应与测定规模匹配
3	废弃物处理设备	污水处理设备	套	1	应与测定规模匹配
		动物尸体无害化处理设备	套	1	应与测定规模匹配
4	品质测定设备	蛋品质测定设备	套	1~2	应包括蛋重、蛋黄色泽、哈氏单位、蛋壳强度、蛋壳厚度等指标的测定设备
		肉品质测定设备	套	1~2	应包括肉色、pH、嫩度、系水力等指标的测定设备
		营养成分测定设备	套	1	测定饲料中和产品中粗蛋白、粗纤维、粗脂肪、钙、磷含量等指标
		电子秤	台	6~8	应包括量程0 g~5 kg,精确度1 g和量程0 g~5 kg,精确度5 g的电子秤

表 1（续）

序号	设备类型	名称	单位	数量	要　　求
4	品质测定设备	电子天平	台	3～4	应包括精确度 0.001 g、0.000 1 g 和 0.000 01 g 的电子天平
		磅秤	台	3～5	量程 0 g～100 kg,准确度 50 g
		体尺测定设备	套	1～2	具备按 NY/T 823 规定的鸡各项体尺指标测量的设备
		冰箱/冰柜	台	3～5	
5	其他辅助设备	冲洗消毒机	台	3～5	
		场内物资运输设备	辆	2～3	
		采样用车	辆	1	7 座左右面包车
		供电设备	套	1	应与测定规模匹配
		供水设备	套	1	应与测定规模匹配,具有净化功能

7.3.2.2 测定工作人员生活、办公设备设施应根据实际需要配置。

7.3.2.3 中心用于档案存放的档案柜、陈列柜以及除湿设备应根据实际需要配置。

8 建设用地与规划布局

8.1 建设用地应符合国家和地方有关管理的规定。

8.2 按使用功能要求,场区划分为测定区(测定舍)、生活管理区(管理用房、生活用房和值班室等)、辅助区(孵化室、兽医室、品质测定室、防疫消毒设施和饲料储备间等)和废弃物处理区(病死鸡处理和粪污处理设施等)。

8.3 场区布局应符合 NY/T 1566 的要求。

8.4 测定舍总建筑面积应按照 4.1.2 要求的测定规模、NY/T 828 和 NY/T 2123 规定的测定数量以及不同阶段的饲养密度进行计算。

8.5 测定场场区占地总面积应控制在总建筑面积的 2.5 倍～3.5 倍。

8.6 测定场区绿化率应不低于 30%。

8.7 场区布局要充分考虑今后发展和改扩建的可能性。

9 建筑工程及附属设施

9.1 建筑与结构

9.1.1 家禽性能测定中心(鸡)主要建筑物面积指标见表 2。

表 2　家禽性能测定中心(鸡)主要建筑物面积指标

建筑类型	名称	建筑面积 m²	备　注
生产用房	育雏育成舍	1 000～1 200	2 栋
	肉种鸡产蛋舍(平养)	500～600	1 栋
	肉种鸡产蛋舍(笼养)	1 000～1 200	2 栋
	商品肉鸡测定舍(网上平养)	500～600	1 栋
	蛋鸡产蛋舍(笼养)	1 500～1 800	3 栋
	种蛋孵化室	200～240	主要用于种蛋储存、孵化和出雏等

表 2（续）

建筑类型	名称	建筑面积 m²	备 注
辅助生产用房	样品接待室	20～30	
	业务室	40～60	
	兽医室	40～60	抗体监测及药敏实验
	化验室	40～60	饲料常规成分检测
	品质测定室	100～160	屠宰测定,肉、蛋品质测定
	测定技术档案室	20～30	纸质和电子测定档案的保存
	更衣消毒室	40～60	
	饲料储备间	160～200	
	数据处理室	40～60	测定数据记录表的分类、整理以及测定结果分析等
	会商室	40～60	
	其他辅助建筑	80～100	物资仓库、药品库等
生活管理用房	生活管理建筑	260～300	办公用房、生活用房、值班室和厕所等
合计			生产用房建筑面积 4 700 m²～5 740 m²,辅助生产用房建筑面积 620 m²～880 m²,生活管理用房建筑面积 260 m²～300 m²,合计 5 580 m²～6 920 m²

9.1.2 各类测定鸡舍宜采用密闭式鸡舍,配置环境控制系统。

9.1.3 鸡舍宜设计为矩形平面、单层、单跨、双坡屋顶,鸡舍檐高度宜为 2.8 m～3.0 m,长度宜为 50 m～60 m,跨度宜为 10 m～12 m。

9.1.4 孵化室宜采用单层、平屋顶或坡屋顶建筑,室内净高宜为 4.0 m～4.5 m。

9.1.5 辅助建筑宜采用单层或多层、平屋顶或坡屋顶建筑,室内净高宜为 2.8 m～3.3 m。

9.1.6 外围护结构的传热系数应符合 GB 50189 或地方公共建筑节能设计标准的规定。

9.1.7 建筑物耐火等级应符合 GB 50039 的规定。

9.1.8 各类鸡舍可根据建场条件选用轻钢结构或砖混结构,辅助建筑宜选用砖混结构。

9.1.9 建筑抗震设防类别应达到 GB 50011 丙类的要求。

9.1.10 设置避雷、防雷设施。

9.2 配套工程与设施

9.2.1 场区周围应有实体围墙与外界隔离,墙高应在 2 m 以上,场区内测定区与生活区、办公区之间应设有效隔离设施。生产和生活污水宜采用暗沟或管道排至污水处理池,自然雨水宜采用明沟排放。

9.2.2 场区应有供水设备设施,测定区水质应符合 NY/T 388 的要求,办公区和生活区水质应符合 GB 5749 的要求。

9.2.3 电力负荷等级应为二级。当地不能保证二级供电时,应有自备电源。

9.2.4 场区应配置电话、网络等通讯、信息交流设备。

9.2.5 消防应符合 GB 50039 的规定,场区内设计环形道路,保障场内消防通道与场外道路相通,场内水源、电压、水量应符合现行消防给水要求。

10 防疫隔离设施

10.1 应具备较为完整的防疫、隔离体系,各项措施应完善、配套、经济和实用。

10.2 测定中心四周应建实体围墙,并应有绿化隔离带,入口处应设有车辆、物品和人员消毒设施。

10.3 测定区与生活管理区应保持一定距离。在测定区入口处应设更衣淋浴消毒室,在鸡舍入口处应设鞋靴消毒池或消毒盆。

10.4 测定区内应设有专门的净道和污道,且不应交叉,道路宜为混凝土路面,净道宽宜为 3.0 m～5.0 m,污道宽宜为 2.0 m～3.5 m。

10.5 饲料储备间应具有通向测定区内外的门,分别用于接料和送料。场外饲料车不得直接进入测定区卸料。

10.6 污水粪便处理区及病死鸡无害化处理设施应设在测定区夏季主导风向的下风向或侧风向处,应设有围墙与测定区隔离。

10.7 配置专用防疫消毒设备。

11 废弃物处理

11.1 废弃物经过处理后应达到有关排放标准。

11.2 污水处理应符合环保要求,且应符合资源化重复利用原则,排放时应符合 GB 18596 规定的要求。

11.3 粪便处理应符合 GB 7959 的要求。

12 环境保护

12.1 新建性能测定中心应进行环境评估。选择场址时,应由环境保护部门对拟建场址的水源、水质进行检测并做出评价,确保测定中心与周围环境互不污染。中心各区均应做好绿化。

12.2 场区空气、水质、土壤等环境参数应定期进行监测,并根据检测结果做出环境评价,提出改善措施。

12.3 噪声大的设备应采用隔音、消音或吸音等相应措施,使鸡舍的生产噪声或外界传入的噪声不得超过 80 dB。

12.4 场区绿化应结合当地气候和土质条件选种能净化空气的花草树木,并根据当地情况布置防风林、行道树和隔离带。

13 主要技术经济指标

13.1 项目建设投资

13.1.1 投资构成

包括建筑工程投资、仪器设备购置费、工程建设其他费和预备费等,总投资估算指标见表3。

表 3 项目总投资估算表

序号	项目名称	项目主要内容	投资估算	备注
1	建筑工程投资	测定舍等生产用房建筑安装工程,4 700 m²～5 740 m²	1 000 元/m²～1 500 元/m²,计 470 万元～860 万元	具体估算方法按照当地的工程造价定额和指标执行
		辅助生产用房建筑安装工程 620 m²～880 m²	1 800 元/m²～2 200 元/m²,计 112 万元～194 万元	
		办公、生活用房建筑安装工程 260 m²～300 m²	1 500 元/m²～2 200 元/m²,计 39 万元～66 万元	
		场区工程	200 元/m²～300 元/m² 计 110 万元～200 万元	
2	仪器设备购置费	见 4.2.3	700 万元～1 060 万元	详见表4
3	工程建设其他费	前期调研、可行性报告编制咨询费、勘探设计费、建设单位管理费、监理费、招投标代理费以及各地方的规费等	按不超过项目总投资的 7%～8% 估算	
4	预备费	用于建设工程中不可预见的投资	按不超过项目总投资的 5% 估算	
	总投资		1 700 万元～2 600 万元	

13.1.2 仪器设备购置费

按表1中所列仪器设备进行购置，其经济指标见表4。

表4 仪器设备购置基本经济指标估算表

序号	仪器设备类别	购置费,万元
1	生产设备	220～320
2	环境控制设备	200～300
3	废弃物处理设备	100～160
4	品质测定设备	180～260
5	其他设备	100～120
	总计	700～1060

注：表中所列经济指标仅为标准制定时的平均参考价格,具体价格以招标采购时实际中标价格为准,其中进口设备购置费为不含税价格。

13.2 建设工期

项目建设工期按照建筑工程的工期、进口或国产设备的购置安装工期确定。在保证工程质量的前提下,应力求缩短工期,通常为18个月～24个月。

13.3 劳动定员

13.3.1 从事家禽生产性能测定的技术人员应具有相关专业大专以上学历,并经有关部门考核合格。

13.3.2 技术负责人和质量负责人应具备高级专业技术职称或同等能力,并从事本专业工作8年以上。

13.3.3 综合管理部门负责人应具备中级及以上专业技术职称或同等能力,熟悉测定业务,具有一定的组织协调能力。

13.3.4 测定部门负责人应具备中级及以上专业技术职称或同等能力,5年以上本专业工作经历,熟悉测定业务,具有一定的管理能力。

13.3.5 直接从事种蛋孵化、种鸡饲养的工人应经过专业技术培训,考核合格后持证上岗。

13.3.6 鸡生产性能测定中心的管理人员、技术人员和技术工人总数不宜少于10人。

附 录 A

（资料性附录）

鸡性能测定工艺流程

鸡性能测定工艺流程见图 A.1。

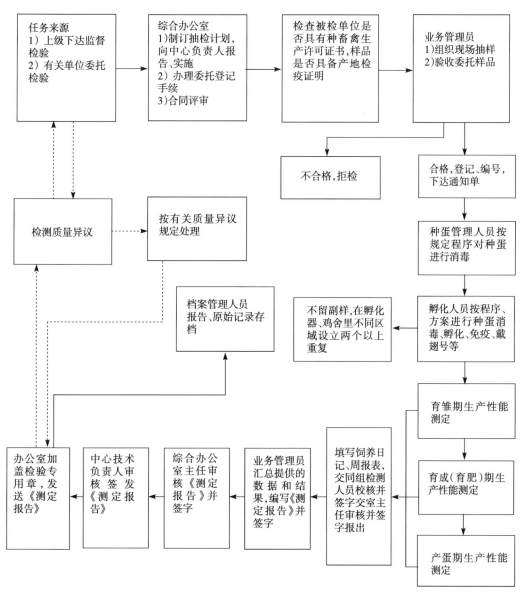

图 A.1 鸡性能测定工艺流程

第二部分
兽医类标准

ICS 65.020.30
B 43

中华人民共和国农业行业标准

NY/T 473—2016
代替 NY/T 473—2001，NY/T 1892—2010

绿色食品 畜禽卫生防疫准则

Green food—Guideline for health and disease prevention of
livestock and poultry

2016-10-26 发布 2017-04-01 实施

中华人民共和国农业部 发布

前　言

本标准按照 GB/T 1.1—2009 给出的规则起草。

本标准代替 NY/T 473—2001《绿色食品　动物卫生准则》和 NY/T 1892—2010《畜禽饲养防疫准则》。与 NY/T 473—2001 和 NY/T 1892—2010 相比，除编辑性修改外，主要技术变化如下：

——增加了畜禽饲养场、屠宰场应配备满足生产需要的兽医场所，并具备常规的化验检验条件；

——增加了畜禽饲养场免疫程序的制定应由执业兽医认可；

——增加了畜禽饲养场应制定畜禽疾病定期监测及早期疫情预报预警制度，并定期对其进行监测；

——增加了畜禽饲养场应具有 1 名以上执业兽医提供稳定的兽医技术服务；

——增加了猪不应患病种类——高致病性猪繁殖与呼吸综合征；

——增加了对有绿色食品畜禽饲养基地和无绿色食品畜禽饲养基地 2 种类别的畜禽屠宰场的卫生防疫要求。

本标准由农业部农产品质量安全监管局提出。

本标准由中国绿色食品发展中心归口。

本标准起草单位：农业部动物及动物产品卫生质量监督检验测试中心、中国绿色食品发展中心、天津农学院、青岛农业大学、黑龙江五方种猪场。

本标准主要起草人：赵思俊、王玉东、宋建德、张志华、张启迪、李雪莲、曹旭敏、陈倩、王恒强、曲志娜、王娟、李存、洪军、王君玮。

本标准的历次版本发布情况为：

——NY/T 473—2001；

——NY/T 1892—2010。

绿色食品 畜禽卫生防疫准则

1 范围

本标准规定了绿色食品畜禽饲养场、屠宰场的动物卫生防疫要求。

本标准适用于绿色食品畜禽饲养、屠宰。

2 规范性引用文件

下列文件对于本文件的应用是必不可少的。凡是注日期的引用文件,仅注日期的版本适用于本文件。凡是不注日期的引用文件,其最新版本(包括所有的修改单)适用于本文件。

GB 16548　病害动物和病害动物产品生物安全处理规程

GB 16549　畜禽产地检疫规范

GB 18596　畜禽养殖业污染物排放标准

GB/T 22569　生猪人道屠宰技术规范

NY/T 388　畜禽场环境质量标准

NY/T 391　绿色食品 产地环境质量

NY 467　畜禽屠宰卫生检疫规范

NY/T 471　绿色食品　畜禽饲料及饲料添加剂使用准则

NY/T 472　绿色食品　兽药使用准则

NY/T 1167　畜禽场环境质量及卫生控制规范

NY/T 1168　畜禽粪便无害化处理技术规范

NY/T 1169　畜禽场环境污染控制技术规范

NY/T 1340　家禽屠宰质量管理规范

NY/T 1341　家畜屠宰质量管理规范

NY/T 1569　畜禽养殖场质量管理体系建设通则

NY/T 2076　生猪屠宰加工场(厂)动物卫生条件

NY/T 2661　标准化养殖场　生猪

NY/T 2662　标准化养殖场　奶牛

NY/T 2663　标准化养殖场　肉牛

NY/T 2664　标准化养殖场　蛋鸡

NY/T 2665　标准化养殖场　肉羊

NY/T 2666　标准化养殖场　肉鸡

3 术语和定义

下列术语和定义适用于本文件。

3.1

动物卫生 animal health

为确保动物的卫生、健康以及人对动物产品消费的安全,在动物生产、屠宰中应采取的条件和措施。

3.2

动物防疫 animal disease prevention

动物疫病的预防、控制、扑灭,以及动物及动物产品的检疫。

3.3

执业兽医 licensed veterinarian

具备兽医相关技能,取得国家执业兽医统一考试或授权具有兽医执业资格,依法从事动物诊疗和动物保健等经营活动的人员,包括执业兽医师、执业助理兽医师和乡村兽医。

4 畜禽饲养场卫生防疫要求

4.1 场址选择、建设条件、规划布局要求

4.1.1 家畜饲养场场址选择、建设条件、规划布局要求应符合 NY/T 2661、NY/T 2662、NY/T 2663、NY/T 2665 的要求;蛋用、肉用家禽的建设条件、规划布局要求应分别符合 NY/T 2664 和 NY/T 2666 的要求。

4.1.2 饲养场周围应具备就地存放粪污的足够场地和排污条件,且应设立无害化处理设施设备。

4.1.3 场区入口应设置能够满足运输工具消毒的设施,人员入口设消毒池,并设置紫外消毒间、喷淋室和淋浴更衣间等。

4.1.4 饲养人员、畜禽和其他生产资料的运转应分别采取不交叉的单一流向,减少污染和动物疫病传播。

4.1.5 畜禽饲养场所环境质量及卫生控制应符合 NY/T 1167 的相关要求。

4.1.6 绿色食品畜禽饲养场还应满足以下要求:

    a) 应选择水源充足、无污染和生态条件良好的地区,且应距离交通要道、城镇、居民区、医疗机构、公共场所、工矿企业 2 km 以上,距离垃圾处理场、垃圾填埋场、风景旅游区、点污染源 5 km 以上,污染场所或地区应处于场址常年主导风向的下风向;

    b) 应有足够畜禽自由活动的场所、设施设备,以充分保障动物福利;

    c) 生态、大气环境和畜禽饮用水水质应符合 NY/T 391 的要求;

    d) 应配备满足生产需要的兽医场所,并具备常规的化验检验条件。

4.2 畜禽饲养场饲养管理、防疫要求

4.2.1 畜禽饲养场卫生防疫,宜加强畜禽饲养管理,提高畜禽机体的抗病能力,减少动物应激反应;控制和杜绝传染病的发生、传播和蔓延,建立"预防为主"的策略,不用或少用防疫用兽药。

4.2.2 畜禽养殖场应建立质量管理体系,并按照 NY/T 1569 的规定执行;建立畜禽饲养场卫生防疫管理制度。

4.2.3 同一饲养场所内不应混养不同种类的畜禽。畜禽的饲养密度、通风设施、采光等条件宜满足动物福利的要求。不同畜禽饲养密度应符合表 1 的规定。

表 1 不同畜禽饲养密度要求

畜禽种类		饲养密度
蛋禽	后备家禽	10 只/m²～20 只/m²
	产蛋家禽	10 只/m²～20 只/m²(平养)
		10 只/m²～15 只/m²(笼养)
肉禽	商品肉禽舍	20 kg/m²～30 kg/m²
猪	育肥猪	0.7 m²/头～0.9 m²/头(≤50 kg)
		1 m²/头～1.2 m²/头(>50 kg,≤85 kg)
		1.3 m²/头～1.5 m²/头(>85 kg)
	仔猪(40 日龄或≤30 kg)	0.5 m²/头～0.8 m²/头
牛	奶牛	4 m²/头～7 m²/头(拴系式)
		3 m²/头～5 m²/头(散栏式)

表 1 （续）

畜禽种类		饲养密度
牛	肉牛	1.2 m²/头～1.6 m²/头（≤100 kg）
		2.3 m²/头～2.7 m²/头（＞100 kg，≤200 kg）
		3.8 m²/头～4.2 m²/头（＞200 kg，≤350 kg）
		5.0 m²/头～5.5 m²/头（＞350 kg）
	公牛	7 m²/头～10 m²/头
羊	绵羊、山羊	1 m²/头～1.5 m²/头
	羔羊	0.3 m²/头～0.5 m²/头

4.2.4 畜禽饲养场应建立健全整体防疫体系,各项防疫措施应完整、配套、实用。畜禽疫病监测和控制方案应遵照《中华人民共和国动物防疫法》及其配套法规的规定执行。

4.2.5 应制定合理的饲养管理、防疫消毒、兽药和饲料使用技术规程;免疫程序的制定应由执业兽医认可,国家强制免疫的动物疫病应按照国家的相关制度执行。

4.2.6 病死畜禽尸体的无害化处理和处置应符合 GB 16548 的要求;畜禽饲养场粪便、污水、污物及固体废弃物的处理应符合 NY/T 1168 及国家环保的要求,处理后饲养场污物排放标准应符合 GB 18596 的要求;环境卫生质量应达到 NY/T 388、NY/T 1169 的要求。

4.2.7 绿色食品畜禽饲养场的饲养管理和防疫还应满足以下要求:

    a) 宜建立无规定疫病区或生物安全隔离区;

    b) 畜禽圈舍中空气质量应定期进行监测,并符合 NY/T 388 的要求;

    c) 饲料、饲料添加剂的使用应符合 NY/T 471 的要求;

    d) 应制定畜禽圈舍、运动场所清洗消毒规程,粪便及废弃物的清理、消毒规程和畜禽体外消毒规程,以提高畜禽饲养场卫生条件水平;消毒剂的使用应符合 NY/T 472 的要求;

    e) 加强畜禽饲养管理水平,并确保畜禽不应患有附录 A 所列的各种疾病;

    f) 应制定畜禽疾病定期监测及早期疫情预报预警制度,并定期对其进行监测;在产品申报绿色食品或绿色食品年度抽检时,应提供对附录 A 所列疾病的病原学检测报告;

    g) 当发生国家规定无须扑杀的动物疫病或其他非传染性疾病时,要开展积极的治疗;必须用药时,应按照 NY/T 472 的规定使用治疗性药物;

    h) 应具有 1 名以上执业兽医提供稳定的兽医技术服务。

4.3 畜禽繁育或引进的要求

4.3.1 宜"自繁自养",自养的种畜禽应定期检验检疫。

4.3.2 引进畜禽应来自具有种畜禽生产经营许可证的种畜禽场,按照 GB 16549 的要求实施产地检疫,并取得动物检疫合格证明或无特定动物疫病的证明。对新引进的畜禽,应进行隔离饲养观察,确认健康方可进场饲养。

4.4 记录

畜禽饲养场应对畜禽饲养、清污、消毒、免疫接种、疫病诊断、治疗等做好详细记录;对饲料、兽药等投入品的购买、使用、存储等做好详细记录;对畜禽疾病、尤其是附录 A 所列疾病的监测情况应做好记录并妥善保管。相关记录至少应在清群后保存 3 年以上。

5 畜禽屠宰场卫生防疫要求

5.1 畜禽屠宰场场址选择、建设条件要求

5.1.1 畜禽屠宰场的场址选择、卫生条件、屠宰设施设备应符合 NY/T 2076、NY/T 1340、NY/T 1341 的要求。

5.1.2 绿色食品畜禽屠宰场还应满足以下要求：

　　a) 应选择水源充足、无污染和生态条件良好的地区，距离垃圾处理场、垃圾填埋场、点污染源等污染场所5 km以上；污染场所或地区应处于场址常年主导风向的下风向；

　　b) 畜禽待宰圈(区)、可疑病畜观察圈(区)应有充足的活动场所及相关的设施设备，以充分保障动物福利。

5.2　屠宰过程中的卫生防疫要求

5.2.1　对有绿色食品畜禽饲养基地的屠宰场，应对待宰畜禽进行查验并进行检验检疫。

5.2.2　对实施代宰的畜禽屠宰场，应与绿色食品畜禽饲养场签订委托屠宰或购销合同，并应对绿色食品畜禽饲养场进行定期评估和监控，对来自绿色食品畜禽饲养场的畜禽在出栏前进行随机抽样检验，检验不合格批次的畜禽不能进场接收。

5.2.3　只有出具准宰通知书的畜禽才可进入屠宰线。

5.2.4　畜禽屠宰应按照GB/T 22569的要求实施人道屠宰，宜满足动物福利要求。

5.3　畜禽屠宰场检验检疫要求

5.3.1　宰前检验

　　待宰畜禽应来自非疫区，健康状况良好。待宰畜禽入场前应进行相关资料查验。查验内容包括：相关检疫证明；饲料添加剂类型；兽药类型、施用期和休药期；疫苗种类和接种日期。生猪、肉牛、肉羊等进入屠宰场前，还应进行β-受体激动剂自检；检测合格的方可进场。

5.3.2　宰前检疫

　　宰前检疫发现可疑病畜禽，应隔离观察，并按照GB 16549的规定进行详细的个体临床检查，必要时进行实验室检查。健康畜禽在留养待宰期间应随时进行临床观察，送宰前再进行一次群体检疫，剔除患病畜禽。

5.3.3　宰前检疫后的处理

5.3.3.1　发现疑似附录A所列疫病时，应按照NY 467的规定执行。畜禽待宰圈(区)、可疑病畜观察圈(区)、屠宰场所应严格消毒，采取防疫措施，并立即向当地兽医行政管理部门报告疫情，并按照国家相关规定进行处置。

5.3.3.2　发现疑似狂犬病、炭疽、布鲁氏菌病、弓形虫病、结核病、日本血吸虫病、囊尾蚴病、马鼻疽、兔黏液瘤病等疫病时，应实施生物安全处置，按照GB 16548的规定执行。畜禽待宰圈(区)、可疑病畜观察圈(区)、屠宰场所应严格消毒，采取防疫措施，并立即向当地兽医行政管理部门报告疫情。

5.3.3.3　发现除上述所列疫病外，患有其他疫病的畜禽，实行急宰，将病变部分剔除并销毁，其余部分按照GB 16548的规定进行生物安全处理。

5.3.3.4　对判为健康的畜禽，送宰前应由宰前检疫人员出具准宰通知书。

5.3.4　宰后检验检疫

5.3.4.1　畜禽屠宰后应立即进行宰后检验检疫，宰后检疫应在适宜的光照条件下进行。

5.3.4.2　头、蹄爪、内脏、胴体应按照NY 467的规定实施同步检疫，综合判定。必要时进行实验室检验。

5.3.5　宰后检验检疫后的处理

5.3.5.1　通过对内脏、胴体的检疫，做出综合判断和处理意见；检疫合格的畜禽产品，按照NY 467的规定进行分割和储存。

5.3.5.2　检疫不合格的胴体和肉品，应按照GB 16548的规定进行生物安全处理。

5.3.5.3　检疫合格的胴体和肉品，应加盖统一的检疫合格印章，签发检疫合格证。

5.4　记录

　　所有畜禽屠宰场的生产、销售和相应的检验检疫、处理记录，应保存3年以上。

附 录 A

（规范性附录）

畜禽不应患病种类名录

A.1 人畜共患病

口蹄疫、结核病、布鲁氏菌病、炭疽、狂犬病、钩端螺旋体病。

A.2 不同种属畜禽不应患病种类

A.2.1 猪:猪瘟、猪水泡病、高致病性猪繁殖与呼吸综合征、非洲猪瘟、猪丹毒、猪囊尾蚴病、旋毛虫病。

A.2.2 牛:牛瘟、牛传染性胸膜肺炎、牛海绵状脑病、日本血吸虫病。

A.2.3 羊:绵羊痘和山羊痘、小反刍兽疫、痒病、蓝舌病。

A.2.4 马属动物:非洲马瘟、马传染性贫血、马鼻疽、马流行性淋巴管炎。

A.2.5 兔:兔出血病、野兔热、兔黏液瘤病。

A.2.6 禽:高致病性禽流感、鸡新城疫、鸭瘟、小鹅瘟、禽衣原体病。

ICS 11.220
B 41

中华人民共和国农业行业标准

NY/T 541—2016
代替 NY/T 541—2002

兽医诊断样品采集、保存与运输技术规范

Technical specifications for collection,storage and transportation of
veterinary diagnostic specimens

2016-10-26 发布
2017-04-01 实施

中华人民共和国农业部 发布

前　言

本标准按照 GB/T 1.1—2009 给出的规则起草。

本标准代替 NY/T 541—2002《动物疫病实验室检验采样方法》。与 NY/T 541—2002 相比,除编辑性修改外,主要技术变化如下:

——补充了该标准相关的规范性引用文件;

——补充了动物疫病实验室检验样品、采样、抽样单元、随机抽样等术语和定义;

——对样品采样的基本原则进行了梳理归类,细化和完善了采样的基本原则;

——补充了原标准 NY/T 541—2002 未涵盖实验室检测样品(环境和饲料样品、脱纤血样品、扁桃体、牛羊 O-P 液、肠道组织样品、鼻液、唾液等)的采集规定,补充细化了常见畜禽的采血方法,克服了部分标题用词不准确和规定相对笼统的问题;

——细化和完善了样品的包装、保存和运送环节,增强了标准的可操作性、实用性。

本标准由农业部兽医局提出。

本标准由全国动物卫生标准化技术委员会(SAC/TC 181)归口。

本标准起草单位:中国动物卫生与流行病学中心、青岛农业大学。

本标准主要起草人:曲志娜、刘焕奇、孙淑芳、赵思俊、姜雯、王娟、曹旭敏、宋时萍。

本标准的历次版本发布情况为:

——NY/T 541—2002。

兽医诊断样品采集、保存与运输技术规范

1 范围

本标准规定了兽医诊断用样品的采集、保存与运输的技术规范和要求,包括采样基本原则、采样前准备、样品采集与处理方法、样品保存包装与废弃物处理、采样记录和样品运输等。

本标准适用于兽医诊断、疫情监测、畜禽疫病防控和免疫效果评估及卫生认证等动物疫病实验室样品的采集、保存和运输。

2 规范性引用文件

下列文件对于本文件的应用是必不可少的。凡是注日期的引用文件,仅注日期的版本适用于本文件。凡是不注日期的引用文件,其最新版本(包括所有的修改单)适用于本文件。

GB 16548　病害动物和病害动物产品生物安全处理规程

GB/T 16550—2008　新城疫诊断技术

GB/T 16551—2008　猪瘟诊断技术

GB/T 18935—2003　口蹄疫诊断技术

GB/T 18936—2003　高致病性禽流感诊断技术

NY/T 561—2015　动物炭疽诊断技术

中华人民共和国国务院令第 424 号　病原微生物实验室生物安全管理条例

中华人民共和国农业部公告第 302 号　兽医实验室生物安全技术管理规范

中华人民共和国农业部公告第 503 号　高致病性动物病原微生物菌(毒)种或者样本运输包装规范

3 术语和定义

下列术语和定义适用于本文件。

3.1

样品 specimen

取自动物或环境,拟通过检验反映动物个体、群体或环境有关状况的材料或物品。

3.2

采样 sample

按照规定的程序和要求,从动物或环境取得一定量的样本,并经过适当的处理,留做待检样品的过程。

3.3

抽样单元 sampling unit

同一饲养地、同一饲养条件下的畜禽个体或群体。

3.4

随机抽样 random sampling

按照随机化的原则(总体中每一个观察单位都有同等的机会被选入到样本中),从总体中抽取部分观察单位的过程。

3.5

灭菌 sterilization

应用物理或化学方法杀灭物体上所有病原微生物、非病原微生物和芽孢的方法。

4 采样原则

4.1 先排除后采样

凡发现急性死亡的动物,怀疑患有炭疽时,不得解剖。应先按 NY/T 561—2015 中 2.1.2 的规定采集血样,进行血液抹片镜检。确定不是炭疽后,方可解剖采样。

4.2 合理选择采样方法

4.2.1 应根据采样的目的、内容和要求合理选择样品采集的种类、数量、部位与抽样方法。样品数量应满足流行病学调查和生物统计学的要求。

4.2.2 诊断或被动监测时,应选择症状典型或病变明显或有患病征兆的畜禽、疑似污染物;在无法确定病因时,采样种类应尽量全面。

4.2.3 主动监测时,应根据畜禽日龄、季节、周边疫情情况估计其流行率,确定抽样单元。在抽样单元内,应遵循随机取样原则。

4.3 采样时限

采集死亡动物的病料,应于动物死亡后 2 h 内采集。无法完成时,夏天不得超过 6 h,冬天不得超过 24 h。

4.4 无菌操作

采样过程应注意无菌操作,刀、剪、镊子、器皿、注射器、针头等采样用具应事先严格灭菌,每种样品应单独采集。

4.5 尽量减少应激和损害

活体动物采样时,应避免过度刺激或损害动物;也应避免对采样者造成危害。

4.6 生物安全防护

采样人员应加强个人防护,严格遵守生物安全操作的相关规定,严防人兽共患病感染;同时,应做好环境消毒以及动物或组织的无害化处理,避免污染环境,防止疫病传播。

5 采样前准备

5.1 采样人员

采样人员应熟悉动物防疫的有关法律规定,具有一定的专业技术知识,熟练掌握采样工作程序和采样操作技术。采样前,应做好个人安全防护准备(穿戴手套、口罩、一次性防护服、鞋套等,必要时戴护目镜或面罩)。

5.2 采样工具和器械

5.2.1 应根据所采集样品种类和数量的需要,选择不同的采样工具、器械及容器等,并进行适量包装。

5.2.2 取样工具和盛样器具应洁净、干燥,且应做灭菌处理:

    a) 刀、剪、镊子、穿刺针等用具应经高压蒸汽(103.43 kPa)或煮沸灭菌 30 min,临用时用 75% 酒精擦拭或进行火焰灭菌处理;

    b) 器皿(玻制、陶制等)应经高压蒸汽(103.43 kPa)30 min 或经 160℃ 干烤 2 h 灭菌;或置于 1%～2% 碳酸氢钠水溶液中煮沸 10 min～15 min 后,再用无菌纱布擦干,无菌保存备用;

    c) 注射器和针头应放于清洁水中煮沸 30 min,无菌保存备用;也可使用一次性针头和注射器。

5.3 保存液

应根据所采样品的种类和要求,准备不同类型并分装成适量的保存液,如 PBS 缓冲液、30% 甘油磷酸盐缓冲液、灭菌肉汤(pH 7.2～7.4)和运输培养基等。

6 样品采集与处理

6.1 血样

6.1.1 采血部位

6.1.1.1 应根据动物种类确定采血部位。对大型哺乳动物,可选择颈静脉、耳静脉或尾静脉采血,也可用肱静脉或乳房静脉;毛皮动物,少量采血可穿刺耳尖或耳壳外侧静脉,多量采血可在隐静脉采集,也可用尖刀划破趾垫 0.5 cm 深或剪断尾尖部采血;啮齿类动物,可从尾尖采血,也可由眼窝内的血管丛采血。

6.1.1.2 猪可前腔静脉或耳静脉采血;羊常采用颈静脉或前后肢皮下静脉采血;犬可选择前肢隐静脉或颈静脉采集;兔可从耳背静脉、颈静脉或心脏采血;禽类通常选择翅静脉采血,也可心脏采血。

6.1.2 采血方法

应对动物采血部位的皮肤先剃毛(拔毛),用 1‰～2‰碘酊消毒后,再用 75%的酒精棉球由内向外螺旋式脱碘消毒,干燥后穿刺采血。采血可用采血器或真空采血管(不适合小静脉,适用于大静脉)。少量的血可用三棱针穿刺采集,将血液滴到开口的试管内。

6.1.2.1 猪耳缘静脉采血

按压使猪耳静脉血管怒张,采样针头斜面朝上、呈 15°角沿耳缘静脉由远心端向近心端刺入血管,见有血液回流后放松按压,缓慢抽取血液或接入真空采血管。

6.1.2.2 猪前腔静脉采血

6.1.2.2.1 站立保定采血

将猪的头颈向斜上方拉至与水平面呈 30°以上角度,偏向一侧。选择颈部最低凹处,使针头偏向气管约 15°方向进针,见有血液回流时,即把针芯向外拉使血液流入采血器或接入真空采血管。

6.1.2.2.2 仰卧保定采血

将猪前肢向后方拉直,针头穿刺部位在胸骨端与耳基部连线上胸骨端旁 2 cm 的凹陷处,向后内方与地面呈 60°角刺入 2 cm～3 cm,见有血液回流时,即把针芯向外拉使血液流入采血器或接入真空采血管。

6.1.2.3 牛尾静脉采血

将牛尾上提,在离尾根 10 cm 左右中点凹陷处,将采血器针头垂直刺入约 1 cm,见有血液回流时,即可把针芯向外拉使血液流入采血器或接入真空采血管。

6.1.2.4 牛、羊、马颈静脉采血

在采血部位下方压迫颈静脉血管,使之怒张,针头与皮肤呈 45°角由下向上方刺入血管,见有血液回流时,即可把针芯向外拉使血液流入采血器或接入真空采血管。

6.1.2.5 禽翅静脉采血

压迫翅静脉近心端,使血管怒张,针头平行刺入静脉,放松对近心端的按压,缓慢抽取血液;或用针头刺破消毒过的翅静脉,将血液滴到直径为 3 mm～4 mm 的塑料管内,将一端封口。

6.1.2.6 禽心脏采血

6.1.2.6.1 雏禽心脏采血

针头平行颈椎从胸腔前口插入,见有血液回流时,即把针芯向外拉使血液流入采血器。

6.1.2.6.2 成年禽心脏采血

右侧卧保定时,在触及心搏动明显处,或胸骨脊前端至背部下凹处连线的 1/2 处,垂直或稍向前方刺入 2 cm～3 cm,见有血液回流即可采集。

仰卧保定时,胸骨朝上,压迫嗉囊,露出胸前口,将针头沿其锁骨俯角刺入,顺着体中线方向水平刺入心脏,见有血液回流即可采集。

6.1.2.7 犬猫前臂头静脉采血

压迫犬猫肘部使前臂头静脉怒张,绷紧头静脉两侧皮肤,采样针头斜面朝上、呈 15°角由远心端向近心端刺入静脉血管,见有血液回流时,缓慢抽取血液或接入真空采血管。

6.1.3 血样的处理

6.1.3.1 全血样品

样品容器中应加 0.1%肝素钠、阿氏液(见 A.1,2 份阿氏液可抗 1 份血液)、3.8%~4%枸橼酸钠(0.1 mL 可抗 1 mL 血液)或乙二胺四乙酸(EDTA,PCR 检测血样的首选抗凝剂)等抗凝剂,采血后充分混合。

6.1.3.2 脱纤血样品

应将血液置入装有玻璃珠的容器内,反复振荡,注意防止红细胞破裂。待纤维蛋白凝固后,即可制成脱纤血样品,封存后以冷藏状态立即送至实验室。

6.1.3.3 血清样品

应将血样室温下倾斜 30°静置 2 h~4 h,待血液凝固有血清析出时,无菌剥离血凝块,然后置 4℃冰箱过夜,待大部分血清析出后即可取出血清,必要时可低速离心(1 000 g 离心 10 min~15 min)分离出血清。在不影响检验要求原则下,可以根据需要加入适宜的防腐剂。做病毒中和试验的血清和抗体检测的血清均应避免使用化学防腐剂(如叠氮钠、硼酸、硫柳汞等)。若需长时间保存,应将血清置−20℃以下保存,且应避免反复冻融。

采集双份血清用于比较抗体效价变化的,第一份血清采于疫病初期并做冷冻保存,第二份血清采于第一份血清后 3 周~4 周,双份血清同时送至实验室。

6.1.3.4 血浆样品

应在样品容器内先加入抗凝剂(见 6.1.3.1),采血后充分混合,然后静止,待红细胞自然下沉或离心沉淀后,取上层液体即为血浆。

6.2 一般组织样品

应使用常规解剖器械剥离动物的皮肤。体腔应用消毒器械剥开,所需病料应按无菌操作方法从新鲜尸体中采集。剖开腹腔时,应注意不要损坏肠道。

6.2.1 病原分离样品

6.2.1.1 所采组织样品应新鲜,应尽可能地减少污染,且应避免其接触消毒剂、抗菌、抗病毒等药物。

6.2.1.2 应用无菌器械切取做病原(细菌、病毒、寄生虫等)分离用组织块,每个组织块应单独置于无菌容器内或接种于适宜的培养基上,且应注明动物和组织名称以及采样日期等。

6.2.2 组织病理学检查样品

6.2.2.1 样品应保证新鲜。处死或病死动物应立刻采样,应选典型、明显的病变部位,采集包括病灶及临近正常组织的组织块,立即放入不低于 10 倍于组织块体积的 10%中性缓冲福尔马林溶液(见 A.2)中固定,固定时间一般为 16 h~24 h。切取的组织块大小一般厚度不超过 0.5 cm,长宽不超过 1.5 cm×1.5 cm,固定 3 h~4 h 后进行修块,修切为厚度 0.2 cm、长宽 1 cm×1 cm 大小(检查狂犬病则需要较大的组织块)后,更换新的固定液继续固定。组织块切忌挤压、刮摸和用水洗。如做冷冻切片用,则应将组织块放在 0℃~4℃容器中,送往实验室检验。

6.2.2.2 对于一些可疑疾病,如检查痒病、牛海绵状脑病或其他传染性海绵状脑病(TSEs)时,需要大量的脑组织。采样时,应将脑组织纵向切割,一半新鲜加冰呈送,另一半加 10%中性缓冲福尔马林溶液固定。

6.2.2.3 福尔马林固定组织应与新鲜组织、血液和涂片分开包装。福尔马林固定组织不能冷冻,固定后可以弃去固定液,应保持组织湿润,送往实验室。

6.3 猪扁桃体样品

打开猪口腔,将采样枪的采样钩紧靠扁桃体,扣动扳机取出扁桃体组织。

6.4 猪鼻腔拭子和家禽咽喉拭子样品

取无菌棉签,插入猪鼻腔 2 cm~3 cm 或家禽口腔至咽的后部直达喉气管,轻轻擦拭并慢慢旋转 2 圈~3 圈,沾取鼻腔分泌物或气管分泌物取出后,立即将拭子浸入保存液或半固体培养基中,密封低温保存。常用的保存液有 pH 7.2~7.4 的灭菌肉汤(见 A.3)或 30%甘油磷酸盐缓冲液(见 A.4)或 PBS 缓冲液(见 A.5),如准备将待检标本接种组织培养,则保存于含 0.5%乳蛋白水解物的 Hank's 液(见 A.6)中。一般每支拭子需保存 5 mL。

6.5 牛、羊食道—咽部分泌物(O-P液)样品

被检动物在采样前禁食(可饮水)12 h,以免反刍胃内容物严重污染 O-P 液。采样用的特制探杯 (probang cup)在使用前经 0.2%柠檬酸或 2%氢氧化钠浸泡,再用自来水冲洗。每采完一头动物,探杯都要重复进行消毒和清洗。采样时动物站立保定,操作者左手打开动物空腔,右手握探杯,随吞咽动作将探杯送入食道上部 10 cm~15 cm,轻轻来回移动 2 次~3 次,然后将探杯拉出。如采集的 O-P 液被反刍内容物严重污染,要用生理盐水或自来水冲洗口腔后重新采样。在采样现场将采集到的 8 mL~10 mL O-P 液倒入盛有 8 mL~10 mL 细胞培养维持液或 0.04 mol/L PBS(pH 7.4)的灭菌容器中,充分混匀后置于装有冰袋的冷藏箱内,送往实验室或转往−60℃冰箱保存。

6.6 胃液及瘤胃内容物样品

6.6.1 胃液样品

胃液可用多孔的胃管抽取。将胃管送入胃内,其外露端接在吸引器的负压瓶上,加负压后,胃液即可自动流出。

6.6.2 瘤胃内容物样品

反刍动物在反刍时,当食团从食道逆入口腔时,立即开口拉住舌头,伸入口腔即可取出少量的瘤胃内容物。

6.7 肠道组织、肠内容物样品

6.7.1 肠道组织样品

应选择病变最明显的肠道部分,弃去内容物并用灭菌生理盐水冲洗,无菌截取肠道组织,置于灭菌容器或塑料袋送检。

6.7.2 肠内容物样品

取肠内容物时,应烧烙肠壁表面,用吸管扎穿肠壁,从肠腔内吸取内容物放入盛有灭菌的 30%甘油磷酸盐缓冲液(见 A.4)或半固体培养基中送检,或将带有粪便的肠管两端结扎,从两端剪断送检。

6.8 粪便和肛拭子样品

6.8.1 粪便样品

应选新鲜粪便至少 10 g,做寄生虫检查的粪便应装入容器,在 24 h 内送达实验室。如运输时间超过 24 h 则应进行冷冻,以防寄生虫虫卵孵化。运送粪便样品可用带螺帽容器或灭菌塑料袋,不得使用带皮塞的试管。

6.8.2 肛拭子样品

采集肛拭子样品时,取无菌棉拭子插入畜禽肛门或泄殖腔中,旋转 2 圈~3 圈,刮取直肠黏液或粪便,放入装有 30%甘油磷酸盐缓冲液(见 A.4)或半固体培养基中送检。粪便样品通常在 4℃下保存和运输。

6.9 皮肤组织及其附属物样品

对于产生水泡病变或其他皮肤病变的疾病,应直接从病变部位采集病变皮肤的碎屑、未破裂水泡的水泡液、水泡皮等作为样品。

6.9.1 皮肤组织样品

无菌采取 2 g 感染的上皮组织或水泡皮置于 5 mL 30％甘油磷酸盐缓冲液(见 A.4)中送检。

6.9.2 毛发或绒毛样品

拔取毛发或绒毛样品,可用于检查体表的螨虫、跳蚤和真菌感染。用解剖刀片边缘刮取的表层皮屑用于检查皮肤真菌,深层皮屑(刮至轻微出血)可用于检查疥螨。对于禽类,当怀疑为马立克氏病时,可采集羽毛根进行病毒抗原检测。

6.9.3 水泡液样品

水泡液应取自未破裂的水泡。可用灭菌注射器或其他器具吸取水泡液,置于灭菌容器中送检。

6.10 生殖道分泌物和精液样品

6.10.1 生殖道冲洗样品

采集阴道或包皮冲洗液。将消毒好的特制吸管插入子宫颈口或阴道内,向内注射少量营养液或生理盐水,用吸球反复抽吸几次后吸出液体,注入培养液中。用软胶管插入公畜的包皮内,向内注射少量的营养液或生理盐水,多次揉搓,使液体充分冲洗包皮内壁,收集冲洗液注入无菌容器中。

6.10.2 生殖道拭子样品

采用合适的拭子采取阴道或包皮内分泌物,有时也可采集宫颈或尿道拭子。

6.10.3 精液样品

精液样品最好用假阴道挤压阴茎或人工刺激的方法采集。精液样品精子含量要多,不要加入防腐剂,且应避免抗菌冲洗液污染。

6.11 脑、脊髓类样品

应将采集的脑、脊髓样品浸入 30％甘油磷酸盐缓冲液(见 A.4)中或将整个头部割下,置于适宜容器内送检。

6.11.1 牛羊脑组织样品

从延脑腹侧将采样勺插入枕骨大孔中 5 cm～7 cm(采羊脑时插入深度约为 4 cm),将勺子手柄向上扳,同时往外取出延脑组织。

6.11.2 犬脑组织样品

取内径 0.5 cm 的塑料吸管,沿枕骨大孔向一只眼的方向插入,边插边轻轻旋转至不能深入为止,捏紧吸管后端并拔出,将含脑组织部分的吸管用剪刀剪下。

6.11.3 脑脊液样品

6.11.3.1 颈椎穿刺法

穿刺点为环枢孔。动物实施站立保定或横卧保定,使其头部向前下方屈曲,术部经剪毛消毒,穿刺针与皮肤面呈垂直缓慢刺入。将针体刺入蛛网膜下腔,立即拔出针芯,脑脊液自动流出或点滴状流出,盛入消毒容器内。大型动物颈部穿刺一次采集量为 35 mL～70 mL。

6.11.3.2 腰椎穿刺法

穿刺部位为腰荐孔。动物实施站立保定,术部剪毛消毒后,用专用的穿刺针刺入,当刺入蛛网膜下腔时,即有脊髓液滴状滴出或用消毒注射器抽取,盛入消毒容器内。腰椎穿刺一次采集量为 1 mL～30 mL。

6.12 眼部组织和分泌物样品

眼结膜表面用拭子轻轻擦拭后,置于灭菌的 30％甘油磷酸盐缓冲液(见 A.4,病毒检测加双抗)或运输培养基中送检。

6.13 胚胎和胎儿样品

选取无腐败的胚胎、胎儿或胎儿的实质器官,装入适宜容器内立即送检。如果在 24 h 内不能将样品送达实验室,应冷冻运送。

6.14 小家畜及家禽样品

将整个尸体包入不透水塑料薄膜、油纸或油布中,装入结实、不透水和防泄漏的容器内,送往实验室。

6.15 骨骼样品

需要完整的骨标本时,应将附着的肌肉和韧带等全部除去,表面撒上食盐,然后包入浸过5%石炭酸溶液的纱布中,装入不漏水的容器内送往实验室。

6.16 液体病料样品

采集胆汁、脓、黏液或关节液等样品时,应采用烫烙法消毒采样部位,用灭菌吸管、毛细吸管或注射器经烫烙部位插入,吸取内部液体病料,然后将病料注入灭菌的试管中,塞好棉塞送检。也可用接种环经消毒的部位插入,提取病料直接接种在培养基上。

供显微镜检查的脓、血液及黏液抹片的制备方法:先将材料置玻片上,再用一灭菌玻棒均匀涂抹或另用一玻片推抹。用组织块做触片时,持小镊子将组织块的游离面在玻片上轻轻涂抹即可。

6.17 乳汁样品

乳房应先用消毒药水洗净,并把乳房附近的毛刷湿,最初所挤3把~4把乳汁弃去,然后再采集10 mL左右乳汁于灭菌试管中。进行血清学检验的乳汁不应冻结、加热或强烈震动。

6.18 尿液样品

在动物排尿时,用洁净的容器直接接取;也可使用塑料袋,固定在雌畜外阴部或雄畜的阴茎下接取尿液。采取尿液,宜早晨进行。

6.19 鼻液(唾液)样品

可用棉花或棉纱拭子采取。采样前,最好用运输培养基浸泡拭子。拭子先与分泌物接触1 min,然后置入该运输培养基,在4℃条件下立即送往实验室。应用长柄、防护式鼻咽拭子采集某些疑似病毒感染的样品。

6.20 环境和饲料样品

环境样品通常采集垃圾、垫草或排泄的粪便或尿液。可用拭子在通风道、饲料槽和下水处采样。这种采样在有特殊设备的孵化场、人工授精中心和屠宰场尤其重要。样品也可在食槽或大容器的动物饲料中采集。水样样品可从饲槽、饮水器、水箱或天然及人工供应水源中采集。

6.21 其他

对于重大动物疫病如新城疫、口蹄疫、禽流感、猪瘟和高致病性猪蓝耳病,样品采集应按照GB/T 16550—2008中4.1.1、GB/T 18935—2003中附录A、GB/T 18936—2003中2.1.1、GB/T 16551—2008中3.2.1和3.4.1的规定执行。

7 样品保存、包装与废弃物处理

7.1 样品保存

7.1.1 采集的样品在无法于12 h内送检的情况下,应根据不同的检验要求,将样品按所需温度分类保存于冰箱、冰柜中。

7.1.2 血清应放于-20℃冻存,全血应放于4℃冰箱中保存。

7.1.3 供细菌检验的样品应于4℃保存,或用灭菌后浓度为30%~50%的甘油生理盐水4℃保存。

7.1.4 供病毒检验的样品应在0℃以下低温保存,也可用灭菌后浓度为30%~50%的灭菌甘油生理盐水0℃以下低温保存。长时间-20℃冻存不利于病毒分离。

7.2 样品包装

7.2.1 每个组织样品应仔细分别包装,在样品袋或平皿外贴上标签,标签注明样品名、样品编号和采样日期等,再将各个样品放到塑料包装袋中。

7.2.2 拭子样品的小塑料离心管应放在规定离心管塑料盒内。

7.2.3 血清样品装于小瓶时应用铝盒盛放,盒内加填塞物避免小瓶晃动。若装于小塑料离心管中,则应置于离心管塑料盒内。

7.2.4 包装袋外、塑料盒及铝盒应贴封条,封条上应有采样人的签章,并应注明贴封日期,标注放置方向。

7.2.5 重大动物疫病采样,如高致病性禽流感、口蹄疫、猪瘟、高致病性蓝耳病、新城疫等应按照中华人民共和国农业部公告第 503 号的规定执行。

7.3 废弃物处理

7.3.1 无法达到检测要求的样品做无害化处理,应按照 GB 16548、中华人民共和国国务院令第 424 号和中华人民共和国农业部公告第 302 号的规定执行。

7.3.2 采过病料用完后的器械,如一次性器械应进行生物安全无害化处理;可重复使用的器械应先消毒后清洗,检查过疑似牛羊海绵状脑病的器械应放在 2 mol/L 的氢氧化钠溶液中浸泡 2 h 以上,才可再次使用。

8 采样记录

8.1 采样时,应清晰标识每份样品,同时在采样记录表上填写采样的相关信息。

8.2 应记录疫病发生的地点(如可能,记录所处的经度和纬度)、畜禽场的地址和畜主的姓名、地址、电话及传真。

8.3 应记录采样者的姓名、通信地址、邮编、E-mail 地址、电话及传真。

8.4 应记录畜(禽)场里饲养的动物品种及其数量。

8.5 应记录疑似病种及检测要求。

8.6 应记录采样动物畜种、品种、年龄和性别及标识号。

8.7 应记录首发病例和继发病例的日期及造成的损失。

8.8 应记录感染动物在畜群中的分布情况。

8.9 应记录农场的存栏数、死亡动物数、出现临床症状的动物数量及其日龄。

8.10 应记录临床症状及其持续时间,包括口腔、眼睛和腿部情况,产奶或产蛋的记录,死亡时间等。

8.11 应记录受检动物清单、说明及尸检发现。

8.12 应记录饲养类型和标准,包括饲料种类。

8.13 应记录送检样品清单和说明,包括病料的种类、保存方法等。

8.14 应记录动物的免疫和用药情况。

8.15 应记录采样及送检日期。

9 样品运输

9.1 应以最快最直接的途径将所采集的样品送往实验室。

9.2 对于可在采集后 24 h 内送达实验室的样品,可放在 4℃左右的容器中冷藏运输;对于不能在 24 h 内送达实验室但不影响检验结果的样品,应以冷冻状态运送。

9.3 运输过程中应避免样品泄漏。

9.4 制成的涂片、触片、玻片上应注明编号。玻片应放入专门的病理切片盒中,在保证不被压碎的条件下运送。

9.5 所有运输包装均应贴上详细标签,并做好记录。

9.6 运送高致病性病原微生物样品,应按照中华人民共和国国务院令第424号的规定执行。

附 录 A
(规范性附录)
样品保存液的配制

A.1 阿(Alserer)氏液

葡萄糖	2.05 g
柠檬酸钠(Na$_3$C$_6$H$_5$O$_7$ · 2H$_2$O)	0.80 g
氯化钠(NaCl)	0.42 g
蒸馏水(或无离子水)	加至 100 mL

调配方法:溶解后,以 10%柠檬酸调至 pH 为 6.1 分装后,70 kPa,10 min 灭菌,冷却后 4℃保存备用。

A.2 10%中性缓冲福尔马林溶液(pH 7.2~7.4)

A.2.1 配方 1

37%~40%甲醛	100 mL
磷酸氢二钠(Na$_2$HPO$_4$)	6.5 g
一水磷酸二氢钠(NaH$_2$PO$_4$ · H$_2$O)	4.0 g
蒸馏水	900 mL

调配方法:加蒸馏水约 800 mL,充分搅拌,溶解无水磷酸氢二钠 6.5 g 和一水磷酸二氢钠 4.0 g,将溶解液加入到 100 mL 37%~40%的甲醛溶液中,定容到 1 L。

A.2.2 配方 2

37%~40%甲醛	100 mL
0.01 mol/L 磷酸盐缓冲液	900 mL

调配方法:首先称取 8 g NaCl、0.2 g KCl、1.44 g Na$_2$HPO$_4$ 和 0.24 g KH$_2$PO$_4$,溶于 800 mL 蒸馏水中。用 HCl 调节溶液的 pH 至 7.4,最后加蒸馏水定容至 1 L,即为 0.01 mol/L 的磷酸盐缓冲液(PBS,pH 7.4)。然后,量取 900 mL 0.01 mol/L PBS 加入到 100 mL 37%~40%的甲醛溶液中。

A.3 肉汤(broth)

牛肉膏	3.50 g
蛋白胨	10.00 g
氯化钠(NaCl)	5.00 g

调配方法:充分混合后,加热溶解,校正 pH 为 7.2~7.4。再用流通蒸汽加热 3 min,用滤纸过滤,获黄色透明液体,分装于试管或烧瓶中,以 100 kPa、20 min 灭菌。保存于冰箱中备用。

A.4 30%甘油磷酸盐缓冲液(pH 7.6)

甘油	30.00 mL
氯化钠(NaCl)	4.20 g
磷酸二氢钾(KH$_2$PO$_4$)	1.00 g
磷酸氢二钾(K$_2$HPO$_4$)	3.10 g

0.02%酚红	1.50 mL
蒸馏水	加至 100 mL

调配方法:加热溶化,校正 pH 为 7.6,100 kPa,15 min 灭菌,冰箱保存备用。

A.5   0.01 mol/L PBS 缓冲液(pH 7.4)

磷酸二氢钾(KH_2PO_4)	0.27 g
磷酸氢二钠(Na_2HPO_4)/12 水磷酸氢二钠($Na_2HPO_4 \cdot 12H_2O$)	1.42 g/3.58 g
氯化钠($NaCl$)	8.00 g
氯化钾(KCl)	0.20 g

调配方法:加去离子水约 800 mL,充分搅拌溶解。然后,用 HCl 溶液或 NaOH 溶液校正 pH 为 7.4,最后定容到 1 L。高温高压灭菌后室温保存。

A.6   0.5%乳蛋白水解物的 Hank's 液

甲液:

氯化钠($NaCl$)	8.0 g
氯化钾(KCl)	0.4 g
7 水硫酸镁($MgSO_4 \cdot 7H_2O$)	0.2 g
氯化钙($CaCl_2$)/2 水氯化钙($CaCl_2 \cdot 2H_2O$)	0.14 g/0.185 g

置入 50 mL 的容量瓶中,加 40 mL 三蒸水充分搅拌溶解,最后定容至 50 mL。

乙液:

磷酸氢二钠(Na_2HPO_4)/12 水磷酸氢二钠($Na_2HPO_4 \cdot 12H_2O$)	0.06 g/1.52 g
磷酸二氢钾(KH_2PO_4)	0.06 g
葡萄糖	1.0 g

置入 50 mL 的容量瓶中,加 40 mL 三蒸水充分搅拌溶解后,再加 0.4%酚红 5 mL,混匀,最后定容至 50 mL。

调配方法:取甲液 25 mL、乙液 25 mL 和水解乳蛋白 0.5 g,充分混匀,最后加三蒸水定容至 500 mL,高压灭菌后 4℃保存备用。

———————————

ICS 11.220
B 41

中华人民共和国农业行业标准

NY/T 563—2016
代替 NY/T 563—2002

禽霍乱(禽巴氏杆菌病)诊断技术

Diagnostic techniques for fowl cholera (avian pasteurellosis)

2016-10-26 发布

2017-04-01 实施

中华人民共和国农业部 发布

NY/T 563—2016

前　言

本标准按照 GB/T 1.1—2009 给出的规则起草。

本标准代替 NY/T 563—2002《禽霍乱（禽巴氏杆菌病）诊断技术》。与 NY/T 563—2002 相比，除编辑性修改外，主要技术变化如下：

——"范围"部分增述了多杀性巴氏杆菌 PCR 检测方法和荚膜多重 PCR 鉴定方法的适用性（见1）；

——"病原分离"部分增加了多杀性巴氏杆菌生长的脑心浸出液琼脂培养基和脑心浸出液肉汤培养基（见6.1）；

——增加了多杀性巴氏杆菌 PCR 检测方法（见6.2）；

——增加了用于多杀性巴氏杆菌荚膜型鉴定的多重 PCR 检测方法（见6.3）。

本标准由农业部兽医局提出。

本标准由全国动物卫生标准化技术委员会（SAT/TC 181）归口。

本标准起草单位：中国农业科学院哈尔滨兽医研究所。

本标准主要起草人：曲连东、郭东春、刘家森、姜骞、刘培欣。

本标准的历次版本发布情况为：

——NY/T 563—2002。

禽霍乱(禽巴氏杆菌病)诊断技术

1 范围

本标准规定了禽霍乱的临床诊断和实验室诊断(病原分离鉴定、琼脂扩散试验、PCR 检测方法和荚膜多重 PCR 检测方法)的技术要求。

本标准所规定的临床诊断、病理剖检和病原分离鉴定,适用于禽霍乱的诊断;多杀性巴氏杆菌 PCR 适用于多杀性巴氏杆菌种的鉴定;荚膜多重 PCR 适用于多杀性巴氏杆菌荚膜血清型的鉴定。

2 规范性引用文件

下列文件对于本文件的应用是必不可少的。凡是注日期的引用文件,仅注日期的版本适用于本文件。凡是不注日期的引用文件,其最新版本(包括所有的修改单)适用于本文件。

GB/T 4789.28 食品卫生微生物学检验培养基和试剂质量要求

GB/T 6682 分析实验室用水规格和试验方法

NY/T 541 兽医诊断样品采集、保存和运输技术规范

3 术语和定义

下列术语和定义适用于本文件。

3.1

禽霍乱 fowl cholera

又名禽巴氏杆菌病,是由多杀性巴氏杆菌引起的家禽和野禽的接触性细菌传染病。

4 临床诊断

4.1 症状

4.1.1 急性型症状

急性感染的禽群中禽只突然死亡,随后即出现感染禽只发热、厌食、沉郁、流涎、腹泻、羽毛粗乱、呼吸困难,临死前出现发绀。

4.1.2 慢性型症状

急性型耐过或由弱毒菌株感染的禽只可呈慢性型病程,其特征为局部感染,在关节、趾垫、腱鞘、胸骨黏液囊、眼结膜、肉垂、咽喉、肺、气囊、骨髓、脑膜等部位呈现纤维素性化脓性渗出、坏死或不同程度的纤维化。

4.2 病理变化

急性型的病变主要是淤血、出血,肝、脾肿大和局灶性坏死,肺炎、腹腔和心包液增多。慢性型主要是局灶性化脓性渗出、坏死和纤维化。

5 血清学检测方法:琼脂扩散试验(该方法不适用于水禽)

5.1 试剂材料

5.1.1 禽霍乱琼脂扩散抗原、标准阳性血清和标准阴性血清

按说明书使用。

5.1.2 溶液配制

1‰硫柳汞溶液、pH6.4 的 0.01 mol/L 磷酸盐缓冲(PBS)溶液和生理盐水,配制方法见 A.1、A.2 和 A.3。

5.1.3 琼脂板

制备方法见 B.4。

5.2 操作方法

5.2.1 打孔

在制备的琼脂板上,用直径 4 mm 的打孔器按六角形图案打孔或用梅花形打孔器打孔。中心孔与外周孔之间的距离为 3 mm。将孔中的琼脂挑出,勿伤边缘,避免琼脂层脱离平皿底部。

5.2.2 封底

用酒精灯轻烤平皿底部至琼脂微熔化为止,封闭孔的底部,以防侧漏。

5.2.3 加样

灭菌生理盐水(A.3)稀释抗原,用微量移液器将稀释的抗原加入到中间孔,标准阳性血清分别加入外周的 1 孔、4 孔中,标准阴性血清(每批样品仅做一次)和待检血清按顺序分别加入外周的 2 孔、3 孔、5 孔、6 孔中。每孔均以加满不溢出为度,每加一个样品应换一个吸头。

5.2.4 感作

加样完毕后,静止 5 min～10 min,将平皿轻轻倒置,放入湿盒内,置于 37℃温箱中作用,分别在 24 h 和 48 h 观察结果。

5.3 结果判定

5.3.1 实验成立条件

将琼脂板置于日光灯或侧强光下观察,标准阳性血清与抗原孔之间出现一条清晰的白色沉淀线,标准阴性血清与抗原孔之间不出现沉淀线,则试验成立。

5.3.2 结果判定

符合 5.3.1 的条件。

a) 若被检血清孔与中心孔之间出现清晰沉淀线,并与标准阳性血清孔与中心孔之间沉淀线的末端相吻合,则被检血清判为阳性;

b) 若被检血清孔与中心孔之间不出现沉淀线,但标准阳性血清孔与中心孔之间的沉淀线一端在被检血清孔处向中心孔方向弯曲,则此孔的被检样品判为弱阳性,应重复试验,如仍为可疑则判为阳性;

c) 若被检血清孔与中心孔之间不出现沉淀线,标准阳性血清孔与中心孔之间的沉淀线指向被检血清孔,则被检血清判为阴性;

d) 若被检血清孔与中心孔之间出现的沉淀线粗而混浊和标准阳性血清孔与中心孔之间的沉淀线交叉并直伸,待检血清孔为非特异性反应,应重复试验,若仍出现非特异性反应则判为阴性;

e) 出现上述 a)或 b)的阳性结果,可判定禽体内存在禽霍乱抗体。

6 病原学检测及鉴定方法

6.1 病原分离鉴定方法

6.1.1 样品采集

按照 NY/T 541 的要求采集并保存样品:最急性和急性病例,可采集濒死或死亡禽只的肝、脾、心血;慢性病例,一般采集局部病灶组织;活禽,通过鼻孔挤出黏液或将棉拭子插入鼻裂中采样。对不新鲜或已被污染的样品,可采集骨髓样。

6.1.2 镜检样品的制备

取病变组织肝或脾的新鲜切面,在载玻片上压片或涂抹成薄层;用灭菌剪刀剪开心脏,取血液进行推片,或取凝血块新鲜切面在载玻片上压片或涂抹成薄层;培养纯化的细菌,从菌落挑取少量涂片。

6.1.3 培养基制备

培养基和试剂质量应满足 GB/T 4789.28 的要求,按附录 B 方法配制 5%鸡血清葡萄糖淀粉琼脂(B.1)、鲜血琼脂培养基(B.2)、5%鸡血清脑心浸出液琼脂培养基(B.3)。

6.1.4 细菌培养

将病料接种于 5%鸡血清葡萄糖淀粉琼脂、鲜血琼脂培养基或 5%鸡血清脑心浸出液琼脂培养基,在 35℃～37℃温箱中培养 18 h～24 h,观察。

6.1.5 病原鉴定

6.1.5.1 培养特性

多杀性巴氏杆菌为兼性厌氧菌,最适生长温度为 35℃～37℃,经 18 h～24 h 培养后,菌落直径为 1 mm～3 mm,呈散在的圆形凸起,露珠样,有荚膜菌落稍大。

6.1.5.2 显微镜鉴定

a) 样品的干燥和固定:挑取菌落,涂于载玻片,采用甲醇固定或火焰固定;

b) 染色及镜检:甲醇固定的镜检样品进行瑞氏或美蓝染色,镜检时多杀性巴氏杆菌呈两极浓染的菌体,常有荚膜。火焰固定的镜检样品进行革兰氏染色,镜检时多杀性巴氏杆菌为革兰氏阴性球杆菌或短杆菌,菌体大小为(0.2～0.4 μm)μm×(0.6～2.5 μm)μm,单个或成对存在。

6.1.5.3 生化鉴定特性

a) 接种于葡萄糖、蔗糖、果糖、半乳糖和甘露醇发酵管产酸而不产气,接种于鼠李糖、戊醛糖、纤维二糖、棉子糖、菊糖、赤藓糖、戊五醇、M-肌醇、水杨苷发酵管不发酵;

b) 接种于蛋白胨水培养基中,可产生吲哚;

c) 鲜血液琼脂上不产生溶血;

d) 麦康凯琼脂上不生长;

e) 产生过氧化氢酶、氧化酶,但不能产生尿素酶、β-半乳糖苷酶;

f) 维培(VP)试验为阴性。

6.1.5.4 动物接种试验

细菌纯培养物计数稀释后,以 1 000 CFU 细菌经皮下或腹腔内接种小鼠、兔或易感鸡,接种动物在 24 h～48 h 内死亡,并可从肝脏、心血中分离到多杀性巴氏杆菌。

6.1.6 结果判定

符合 6.1.5.1,6.1.5.2,6.1.5.3 和 6.1.5.4 的鉴定特征,可确认分离的病原为多杀性巴氏杆菌。

6.2 多杀性巴氏杆菌 PCR 检测方法

6.2.1 主要试剂

6.2.1.1 试剂的一般要求

除特别说明以外,本方法中所用试剂均为分析纯级;水为符合 GB/T 6682 要求的灭菌双蒸水或超纯水。

6.2.1.2 电泳缓冲液(TAE)

50×TAE 储存液和 1×TAE 使用液,配置方法见 A.5。

6.2.1.3 1.5%琼脂糖凝胶

将 1.5 g 琼脂糖干粉加到 100 mL TAE 使用液中,沸水浴或微波炉加热至琼脂糖熔化。待凝胶稍冷却后加入溴化乙锭替代物,终浓度为 0.5 μg/mL。

6.2.1.4 PCR 配套试剂

DNA 提取试剂盒、10×PCR Buffer、dNTPs、Taq 酶、DL 2 000 DNA Marker。

6.2.1.5 PCR 引物

根据 *kmt I* 基因序列设计、商业合成,引物 KMT I T7、KMT I SP6 序列见附录 C。

6.2.1.6 阳性对照(模板 DNA)

菌数达到 10^8 CFU/mL 以上的液体培养基繁殖的多杀性巴氏杆菌 C48-1 株制备的 DNA。

6.2.1.7 阴性对照

灭菌纯水。

6.2.2 样品处理

6.2.2.1 组织样品的处理

取约 0.5 g 的待检组织样品于灭菌干燥的研钵中充分研磨,加 2 mL 灭菌生理盐水混匀,反复冻融 3 次,3 000 r/min 离心 5 min,取上清液转入无菌的 1.5 mL 塑料离心管中,编号。样本在 2℃~8℃条件下保存,应不超过 24 h。若需长期保存,应放在 -70℃以下冰箱,但应避免反复冻融。

6.2.2.2 纯化培养的细菌样品处理

对分离鉴定和纯培养的细菌液体培养样品,直接保存于无菌 1.5 mL 塑料离心管中密封、编号、保存和送检。

6.2.3 基因组 DNA 的提取

按照 DNA 提取试剂盒说明书提取 6.2.2.1 中的组织、6.2.2.2 中的细菌培养物、阳性对照、阴性对照的基因组 DNA。

6.2.4 反应体系及反应条件

6.2.4.1 对 6.2.3 提取的 DNA 进行扩增,每个样品 20 μL 反应体系,组成如下:

10×PCR 缓冲液	2.0 μL
dNTPs(2.5 mmol/L)	1.5 μL
引物 KMT I T7(10 μmol/μL)	1.0 μL
引物 KMT I SP6(10 μmol/μL)	1.0 μL
模板 DNA(样品)	1.0 μL
Taq DNA 聚合酶	0.5 μL
纯水	13.0 μL
总体积	20.0 μL

6.2.4.2 样品反应管瞬时离心,置于 PCR 扩增仪内进行扩增。95℃预变性 5 min;94℃ 30 s,55℃ 30 s,72℃ 60 s,30 个循环;72℃延伸 10 min。

6.2.5 凝胶电泳

6.2.5.1 在 1×TAE 缓冲液中进行电泳,将 6.2.4.2 的扩增产物、DL 2 000 DNA Marker 分别加入 1.5%琼脂糖凝胶孔中,每孔加扩增产物 10 μL。

6.2.5.2 80 V~100 V 电压电泳 30 min,在紫外灯或凝胶成像仪下观察结果。

6.2.6 结果分析与判定

6.2.6.1 实验成立条件

阳性对照样品扩增出 460 bp 片段,且阴性对照没有扩增出任何条带。

6.2.6.2 结果判定

符合 6.2.6.1 的条件,待检样品扩增出的 DNA 片段为 460 bp,可判定待检样品为阳性,否则待检样品判为阴性。

6.3 荚膜多重 PCR 检测方法

6.3.1 主要试剂

NY/T 563—2016

6.3.1.1 通用试剂

6.2.1.1～6.2.1.4的试剂适用于本方法。

6.3.1.2 阳性对照

已鉴定的A型、B型、D型、E型和F型荚膜型多杀性巴氏杆菌或含有多杀性巴氏杆菌型特异性基因的质粒。

6.3.1.3 阴性对照

灭菌纯水。

6.3.1.4 引物

多杀性巴氏杆菌荚膜分为A型、B型、D型、E型和F型,根据编码A型、B型、D型、E型和F型不同的基因设计引物,商业合成,序列见D.1。

6.3.2 基因组DNA的提取

细菌基因组的提取同6.2.3。

6.3.3 荚膜多重PCR反应体系及反应条件

6.3.3.1 每个样品建立25 μL反应体系,组成如下:

10×PCR缓冲液	2.5 μL
dNTPs(2.5 mmol/L)	2.0 μL
MgCl₂(50 mmol/L)	1.0 μL
上游引物(10 μmol/μL)	各0.8 μL
下游引物(10 μmol/μL)	各0.8 μL
模板DNA	1.0 μL
Taq DNA聚合酶	0.5 μL
纯水	10.0 μL
总体积	25.0 μL

6.3.3.2 反应管加入反应液后,瞬时离心,置于PCR扩增仪内进行扩增。95℃预变性5 min;94℃ 30 s,55℃ 30 s,72℃ 60 s,30个循环;72℃延伸10 min。

6.3.4 琼脂糖凝胶电泳

按6.2.5规定的方法进行。

6.3.5 实验结果判定

6.3.5.1 实验成立条件

A型、B型、D型、E型和F型荚膜型阳性对照样品扩增出1 044 bp、760 bp、657 bp、511 bp、851 bp片段,且阴性对照不能扩增出任何条带。

6.3.5.2 结果判定

符合6.3.5.1的条件,根据电泳结果出现目的条带大小判定细菌的荚膜型。荚膜A型引物扩增的目的条带为1 044 bp,荚膜B型引物扩增的目的条带为760 bp,荚膜D型引物扩增的目的条带为657 bp,荚膜E型引物扩增的目的条带为511 bp,荚膜F型引物扩增的目的条带为851 bp。

7 诊断结果判定

7.1 临床符合第4章的症状且6.1方法检测为阳性,或临床符合第4章的症状且6.2方法检测结果为阳性,可确诊为禽霍乱。

7.2 根据第5章的方法检测结果为阳性,可判定存在禽霍乱抗体。

7.3 根据6.3.5.2的判定结果,可鉴定禽多杀性巴氏杆菌的荚膜型。

307

附 录 A

（规范性附录）

溶液配制

A.1　1%硫柳汞溶液的配制

硫柳汞	0.1 g
蒸馏水	100 mL

溶解后，存放备用

A.2　pH 6.4 的 0.01 mol/L PBS 溶液的配制

甲液：

磷酸氢二钠（$Na_2HPO_4 \cdot 12H_2O$）	3.58 g
加蒸馏水至	1 000 mL

乙液：

磷酸二氢钾（KH_2PO_4）	1.36 g
加蒸馏水至	1 000 mL

充分溶解后分别保存。

用时取甲液 24 mL、乙液 76 mL 混合，即为 100 mL pH6.4 的 0.01 mol/L PBS 溶液。

A.3　生理盐水的配制

氯化钠（NaCl）	8.5 g
蒸馏水	1 000 mL

溶解后，置于中性瓶中灭菌后存放备用。

A.4　琼脂板的制备

取 pH 6.4 的 0.01 mol/L PBS 溶液 100 mL 放于三角瓶中，加入 0.8 g～1.0 g 琼脂糖、8 g 氯化钠。三角瓶在水浴中煮沸，使琼脂糖等充分熔化，再加 1%硫柳汞溶液 1 mL，冷却至 45℃～50℃时，取 18 mL～20 mL 倾注于洁净灭菌的直径为 90 mm 的平皿中。加盖待凝固后，把平皿倒置以防水分蒸发。放2℃～8℃冰箱中保存备用（时间不超过 2 周）。

A.5　电泳缓冲液(TAE)

50×TAE 储存液：分别量取 $Na_2EDTA \cdot 2H_2O$ 37.2 g、冰醋酸 57.1 mL、Tris·Base 242 g，用一定量（约 800 mL）的灭菌双蒸水溶解。充分混匀后，加灭菌双蒸水补齐至 1 000 mL。

1×TAE 缓冲液：取 10 mL 储存液，加 490 mL 蒸馏水即可。

附 录 B

（规范性附录）

培养基的配制

B.1 5%鸡血清葡萄糖淀粉琼脂培养基制备

营养琼脂	85 mL
3%淀粉溶液	10 mL
葡萄糖	10 g
鸡血清	5 mL

将灭菌的营养琼脂加热熔化，使冷却到50℃，加入灭菌的淀粉溶液、葡萄糖及鸡血清，混匀后，倾注平板。

B.2 鲜血琼脂培养基制备

肉浸液肉汤	85 mL
蛋白胨	10 g
磷酸氢二钾（K_2HPO_4）	1.0 g
氯化钠（NaCl）	5 g
琼脂	25 g

灭菌加热溶化，使冷却到50℃，加入无菌鸡鲜血达10%，混匀后，倾注平板。

B.3 5%鸡血清脑心浸出液琼脂培养基制备

脑心浸出液	37 g
琼脂	15 g
加蒸馏水至	1 000 mL

灭菌加热溶化，使冷却到50℃，加入无菌鸡鲜血达5%，混匀后，倾注平板。

附　录　C

（规范性附录）

多杀性巴氏杆菌 *kmt* I 基因 PCR 引物序列

多杀性巴氏杆菌 *kmt* I 基因扩增引物见表 C.1。

表 C.1　*kmt* I 基因扩增引物

检测目的	引物序列(5′- 3′)	扩增大小,bp
多杀性巴氏杆菌定种	上游引物:ATC CGC TAT TTA CCC AGT GG 下游引物:GCT GTA AAC GAA CTC GCC AC	460

附　录　D

（规范性附录）

多杀性巴氏杆菌荚膜多重 PCR 引物序列

荚膜多重 PCR 扩增引物序列见表 D.1。

表 D.1　荚膜多重 PCR 扩增引物序列

检测目的	引物序列(5′-3′)	扩增大小,bp
荚膜定型	荚膜 A 型上游引物:TGC CAA AAT CGC AGT CAG	1 044
	荚膜 A 型下游引物:TTG CCA TCA TTG TCA GTG	
	荚膜 B 型上游引物:CAT TTA TCC AAG CTC CAC C	760
	荚膜 B 型下游引物:GCC CGA GAG TTT CAA TCC	
	荚膜 D 型上游引物:TTA CAA AAG AAA GAC TAG GAG CCC	657
	荚膜 D 型下游引物:CAT CTA CCC ACT CAA CCA TAT CAG	
	荚膜 E 型上游引物:TCCGCAGAAAATTATTGACTC	511
	荚膜 E 型下游引物:GCTTGCTGCTTGATTTTGTC	
	荚膜 F 型上游引物:AATCGGAGAACGCAGAAATCAG	851
	荚膜 F 型下游引物:TTCCGCCGTCAATTACTCTG	

ICS 11.220
B 41

中华人民共和国农业行业标准

NY/T 564—2016
代替 NY/T 564—2002

猪巴氏杆菌病诊断技术

Diagnostic techniques for swine pasteurellosis

2016-10-26 发布

2017-04-01 实施

中华人民共和国农业部 发布

前　言

本标准按照 GB/T 1.1—2009 给出的规则起草。

本标准代替 NY/T 564—2002《猪巴氏杆菌病诊断技术》。与 NY/T 564—2002 相比，除编辑性修改外，主要技术变化如下：

——"范围"部分增述了多杀性巴氏杆菌定种的 PCR 鉴定方法和荚膜定型的多重 PCR 鉴定方法的适用性（见 1）；

——"临床诊断"及"病理剖检"部分参照《兽医传染病学》（陈溥言主编）中相关描述进行了修改（见 2 和 3）；

——"病原分离"部分删除了不适宜多杀性巴氏杆菌生长的麦康凯琼脂培养基，并将改良马丁琼脂培养基和马丁肉汤培养基改为更适宜多杀性巴氏杆菌生长的胰蛋白大豆琼脂培养基和胰蛋白大豆肉汤培养基（见 4.1.1.1）；

——新增了定种 PCR 鉴定方法（见 4.4）；

——"荚膜血清型鉴定"部分在原有的间接血凝试验（Carter 氏荚膜定型法）的基础上又新增了另一种选择——多重 PCR 荚膜定型法，并对多杀性巴氏杆菌间接血凝试验程序表也进行了完善（见 4.5.1.3 和 4.5.2）；

——"附录 A"部分增添了胰蛋白大豆琼脂培养基（TSA）和胰蛋白大豆肉汤培养基（TSB）的制备方法（见附录 A.6 和 A.7）。

本标准由农业部兽医局提出。

本标准由全国动物卫生标准化技术委员会（SAC/TC 181）归口。

本标准起草单位：中国兽医药品监察所。

本标准起草人：蒋玉文、张媛、李建、李伟杰、魏财文。

本标准的历次版本发布情况为：

——NY/T 564—2002。

猪巴氏杆菌病诊断技术

1 范围

本标准规定了猪巴氏杆菌病诊断的技术要求。

本标准所规定的临床诊断、病理剖检和病原分离鉴定,适用于猪巴氏杆菌病的诊断。定种 PCR 适用于多杀性巴氏杆菌种的鉴定;间接血凝试验、荚膜定型多重 PCR 适用于多杀性巴氏杆菌荚膜血清型的鉴定;琼脂扩散沉淀试验适用于多杀性巴氏杆菌菌体血清型的鉴定。

2 临床诊断

潜伏期 1 d～5 d。临诊上,一般分为最急性型、急性型和慢性型 3 种形式。

2.1 最急性型

2.1.1 突然发病,迅速死亡。

2.1.2 体温升高(41℃～42℃),食欲废绝,全身衰弱,卧地不起,焦躁不安,呼吸困难,心跳加快。

2.1.3 颈下咽喉部发热、红肿、坚硬,严重者向上延至耳根,向后可达胸前。呼吸极度困难,常做犬坐姿势,伸长头颈呼吸,有时发出喘鸣声,口、鼻流出泡沫。

2.1.4 可视黏膜发绀,腹侧、耳根和四肢内侧皮肤出现红斑。

2.1.5 病程 1 d～2 d。

2.2 急性型

2.2.1 体温升高(40℃～41℃),咳嗽,呼吸困难,鼻流黏稠液混有血液,触诊胸部有剧烈的疼痛,听诊有啰音和摩擦音,张口吐舌,犬坐姿势。

2.2.2 皮肤有瘀血和小出血点,可视黏膜蓝紫,常有黏脓性结膜炎。

2.2.3 初便秘,后腹泻。

2.2.4 心脏衰竭,心跳加快。

2.2.5 病程 5 d～8 d。

2.3 慢性型

2.3.1 持续性咳嗽,呼吸困难,鼻流少许黏脓性分泌物。

2.3.2 出现痂样湿疹。

2.3.3 关节肿胀。

2.3.4 食欲不振,进行性营养不良,泻痢,极度消瘦。

3 病理剖检

3.1 最急性型

3.1.1 皮肤有红斑;切开颈部皮肤时,可见大量胶冻样蛋黄或灰青色纤维素性黏液;咽喉部及其周围结缔组织出血性浆液浸润;全身黏膜、浆膜和皮下组织有大量出血点;水肿可自颈部蔓延至前肢。

3.1.2 全身淋巴结出血,切面红色。

3.1.3 心外膜和心包膜有小出血点。

3.1.4 肺急性水肿。

3.1.5 脾有出血,但不肿大。

3.1.6 胃肠黏膜有出血性炎症变化。

3.2 急性型

3.2.1 胸腔及心包积液;胸腔淋巴结肿胀,切面发红,多汁;全身黏膜、浆膜实质器官和淋巴结出血性病理变化。

3.2.2 纤维素性肺炎,肺有不同程度的肝变区,周围伴有水肿和气肿,病程长的肝变区内还有坏死灶,肺小叶间浆液浸润,切面呈大理石样纹理;胸膜常有纤维素性附着物,严重的胸膜与病肺粘连。

3.2.3 支气管、气管内含有多量泡沫状黏液,黏膜发炎。

3.3 慢性型

3.3.1 肺肝变区扩大并有黄色或灰色坏死灶,外面有结缔组织包裹,内含干酪样物质,有的形成空洞并与支气管相通。

3.3.2 心包与胸腔积液,胸腔有纤维素性沉着。

3.3.3 肋膜肥厚,与病肺粘连;在肋间肌、支气管周围淋巴结、纵隔淋巴结以及扁桃体、关节和皮下组织可见有坏死灶。

4 病原分离鉴定

4.1 病原分离

4.1.1 材料

4.1.1.1 培养基

胰蛋白大豆琼脂培养基(TSA,配制见 A.6)、胰蛋白大豆肉汤培养基(TSB,配制见 A.7)。

4.1.1.2 试剂

绵羊脱纤血、绵羊裂解血细胞全血、健康动物血清。

4.1.2 器材

二级生物安全柜、恒温培养箱(37℃)。

4.1.3 操作

猪濒死或死亡后,无菌采取病死猪的心血或肝脏组织,接种含 4% 健康动物血清的 TSB,置 35℃~37℃培养 16 h~24 h。取 TSB 培养物划线接种含 0.1% 绵羊裂解血细胞全血和 4% 健康动物血清的 TSA 平板,置 35℃~37℃培养 16 h~24 h。挑取在 TSA 平板上生长的光滑圆整的单个菌落传代接种含 0.1% 绵羊裂解血细胞全血和 4% 健康动物血清的 TSA 平板,置 35℃~37℃培养 16 h~24 h,获得纯培养物。

4.2 病原鉴定

4.2.1 材料

4.2.1.1 待检样品

分离的细菌纯培养物。

4.2.1.2 培养基

培养基质量满足 GB/T 4789.28 规定的要求,按附录 A 方法配制改良马丁琼脂(配制方法见 A.4)、马丁肉汤(配制方法见 A.5)、麦康凯琼脂(配制方法见 A.13)、运动性试验培养基(配制方法见 A.8)。

4.2.1.3 试剂

葡萄糖、蔗糖、果糖、半乳糖、甘露醇、鼠李糖、戊醛糖、纤维二糖、棉子糖、菊糖、赤藓糖、戊五醇、M-肌醇、水杨苷糖发酵小管(配制方法见 A.10)、吲哚试剂(配制方法见 A.11)、氧化酶试剂(配制方法见 A.12)、绵羊脱纤血、绵羊裂解血细胞全血、健康动物血清、革兰氏染色液、瑞氏染色液、1% 蛋白胨水(制备方法见 A.9)。

4.2.2 器材

二级生物安全柜、显微镜、恒温培养箱(37℃)。

4.2.3 镜检样品的制备

取病变组织肝或脾的新鲜切面在载玻片上压片或涂抹成薄层;用灭菌剪刀剪开心脏,取血液进行推片,或取凝血块新鲜切面在载玻片上压片或涂抹成薄层;培养纯化的细菌从菌落挑取少量涂片。

4.2.4 病原鉴定

4.2.4.1 培养特性

4.2.4.1.1 多杀性巴氏杆菌为兼性厌氧菌,最适生长温度为35℃~37℃。在改良马丁琼脂平皿(含有0.1%绵羊裂解血细胞全血及4%健康动物血清)上有单个菌落,肉眼观察光滑圆整,直径2 mm~3 mm,半透明,呈微蓝色。在低倍显微镜45°折光下观察,有虹彩,可见蓝绿色荧光(Fg 菌落型)或橘红色荧光(Fo 菌落型)。

4.2.4.1.2 改良马丁琼脂斜面生长纯粹的培养物,呈微蓝色菌苔或菌落。

4.2.4.1.3 马丁肉汤培养物呈均匀混浊,不产生菌膜。

4.2.4.1.4 麦康凯琼脂平皿上不生长。

4.2.4.1.5 含10%绵羊脱纤血的改良马丁琼脂平皿上生长的菌落不出现溶血。

4.2.4.2 显微镜鉴定

4.2.4.2.1 样品的干燥和固定:挑取菌落,涂于载玻片,采用甲醇固定或火焰固定。

4.2.4.2.2 染色及镜检:甲醇固定的镜检样品进行瑞氏或美蓝染色。镜检时,多杀性巴氏杆菌呈两极浓染的菌体,常有荚膜。火焰固定的镜检样品进行革兰氏染色,镜检时多杀性巴氏杆菌为革兰氏阴性球杆菌或短杆菌,菌体大小为$(0.2～0.4)$ $\mu m \times (0.6～2.5)$ μm,单个或成对存在。

4.2.4.3 生化鉴定特性

4.2.4.3.1 接种于葡萄糖、蔗糖、果糖、半乳糖和甘露醇发酵管产酸而不产气。接种于鼠李糖、戊醛糖、纤维二糖、棉子糖、菊糖、赤藓糖、戊五醇、M-肌醇、水杨苷发酵管不发酵。

4.2.4.3.2 接种于蛋白胨水培养基中,可产生吲哚。

4.2.4.3.3 产生过氧化氢酶、氧化酶,但不能产生尿素酶、β-半乳糖苷酶。

4.2.4.3.4 维培(VP)试验为阴性。

4.3 毒力测定

4.3.1 材料

4.3.1.1 待检样品

从病料中分离的细菌纯培养物。

4.3.1.2 培养基

马丁肉汤。

4.3.1.3 试验动物

18 g~22 g 小白鼠。

4.3.2 器材

二级生物安全柜、恒温培养箱。

4.3.3 操作

取马丁肉汤24 h培养物,用马丁肉汤稀释为1 000 CFU/mL,皮下注射18 g~22 g小鼠4只,每只0.2 mL;另取相同条件小鼠2只,每只皮下注射马丁肉汤0.2 mL作为阴性对照。

4.3.4 结果判定

观察 3 d～5 d,阴性对照组小鼠全部健活试验方成立。注射细菌培养物组小鼠全部死亡者为阳性。

4.4 培养物定种 PCR 鉴定

4.4.1 材料

4.4.1.1 待检样品

从病料中分离的细菌纯培养物。

4.4.1.2 试剂的一般要求

除特别说明以外,本方法中所用试剂均为分析纯级,水为符合 GB/T 6682 规定的灭菌双蒸水或超纯水。

4.4.1.3 电泳缓冲液(TAE)

50×TAE 储存液和 1×TAE 使用液(配制方法见 A.14)。

4.4.1.4 1.5%琼脂糖凝胶

将 1.5 g 琼脂糖干粉加到 100 mL TAE 使用液中,沸水浴或微波炉加热至琼脂糖熔化,待凝胶稍冷却后加入溴化乙锭替代物,终浓度为 0.5 μg/mL。

4.4.1.5 PCR 配套试剂

10×PCR Buffer、dNTPs、Taq 酶、DL 2 000 DNA Marker。

4.4.1.6 PCR 引物

根据 $kmt I$ 基因序列设计、商业合成,引物序列见表 B.1。

4.4.1.7 阳性对照

多杀性巴氏杆菌。

4.4.1.8 阴性对照

除多杀性巴氏杆菌外的其他细菌。

4.4.2 器材

二级生物安全柜、制冰机、高速离心机、水浴锅、PCR 仪、电泳仪、凝胶成像仪。

4.4.3 样品处理

对分离鉴定和纯培养的细菌液体培养样品,直接保存于无菌 1.5 mL 塑料离心管中,密封,编号,保存,送检。

4.4.4 基因组 DNA 的提取

下列方法任择其一,在提取 DNA 时,应设立阳性对照样品和阴性对照样品,按同样的方法提取 DNA。

a) 取 1 个～2 个纯培养的单菌落加入 100 μL 无菌超纯水中,混匀,沸水浴 10 min,冰浴 5 min,12 000 r/min 离心 1 min,上清作为基因扩增的模板。

b) 取纯培养的单菌落接种含 0.1%绵羊裂解血细胞全血的马丁肉汤,(37±1)℃过夜培养,取 1.0 mL 菌液加入 1.5 mL 离心管,12 000 r/min 离心 1 min,弃上清,加入 100 μL 无菌超纯水,反复吹吸重悬,沸水浴 10 min,冰浴 5 min,12 000 r/min 离心 1 min,上清作为基因扩增的模板。

4.4.5 反应体系及反应条件

4.4.5.1 对 4.4.4 提取的 DNA 进行扩增,每个样品 50 μL 反应体系,见表 C.1。

4.4.5.2 样品反应管瞬时离心,置于 PCR 扩增仪内进行扩增。95℃预变性 5 min,95℃变性 30 s,55℃退火 30 s,72℃延伸 1 min,30 个循环,72℃延伸 10 min,结束反应。同时设置阳性对照及阴性对照。PCR 产物用 1.5%琼脂糖凝胶进行电泳,观察扩增产物条带大小。若不立即进行电泳,可将 PCR 产物置于-20℃冻存。

4.4.6 凝胶电泳

4.4.6.1 在1×TAE缓冲液中进行电泳,将4.4.5.2的扩增产物、DL 2 000 DNA Marker 分别加入1.5%琼脂糖凝胶孔中,每孔加扩增产物10 μL。

4.4.6.2 80 V~100 V 电压电泳 30 min,在紫外灯或凝胶成像仪下观察结果。

4.4.7 结果判定

4.4.7.1 试验成立的条件

当阳性对照扩增出约 460 bp 的片段,阴性对照未扩增出片段时,试验成立。

4.4.7.2 阳性判定

符合 4.4.6.1 的条件,被检样品扩增出约 460 bp 的片段,则判定被检病原为多杀性巴氏杆菌。

4.4.7.3 阴性判定

符合 4.4.6.1 的条件,被检样品未扩增出约 460 bp 的片段,则判定被检细菌纯培养物不是多杀性巴氏杆菌。

4.5 培养物荚膜血清型鉴定

4.5.1 间接血凝试验(Carter 氏荚膜定型法)

4.5.1.1 材料

4.5.1.1.1 待检样品:从病料中分离的多杀性巴氏杆菌纯培养物。

4.5.1.1.2 多杀性巴氏杆菌荚膜定型血清:A 型、B 型、D 型多杀性巴氏杆菌荚膜定型血清。

4.5.1.1.3 试剂:含0.3%甲醛溶液生理盐水、新鲜绵羊红细胞(配制见 D. 2)、抗原致敏红细胞(配制见 D. 3)。

4.5.1.2 器材

二级生物安全柜、恒温培养箱、水浴锅。

4.5.1.3 操作

4.5.1.3.1 将荚膜定型血清于 56℃水浴 30 min,用含 0.3%甲醛溶液生理盐水做 5 倍稀释后再进行连续对倍稀释至第 8 管,每个稀释度取 0.2 mL 加到小试管。每种血清单独稀释成一排。

4.5.1.3.2 每支小试管加入抗原致敏红细胞 0.2 mL。

4.5.1.3.3 设对照组。

血清对照:血清(5 倍稀释)0.2 mL+新鲜红细胞 0.2 mL;

新鲜红细胞对照:新鲜红细胞 0.2 mL+含 0.3%甲醛溶液生理盐水 0.2 mL;

抗原对照:致敏红细胞 0.2 mL+含 0.3%甲醛溶液生理盐水 0.2 mL。

间接血凝试验程序,见表1。

表 1 多杀性巴氏杆菌间接血凝试验程序

单位为毫升

反应物	1	2	3	4	5	6	7	8	抗原对照	红细胞对照	血清对照
血清稀释倍数	5	10	20	40	80	160	320	640			5
含 0.3%甲醛溶液生理盐水		0.2	0.2	0.2	0.2	0.2	0.2	0.2	0.2	0.2	
血清	0.4	0.2	0.2	0.2	0.2	0.2	0.2	0.2 弃去0.2			0.2
1%致敏红细胞	0.2	0.2	0.2	0.2	0.2	0.2	0.2	0.2	0.2		
1%新鲜红细胞										0.2	0.2

4.5.1.3.4 充分振荡小试管后,置室温 1 h~2 h 判定结果。

4.5.1.4 结果判定

4.5.1.4.1 判定标准:每个试管按其管底红细胞的凝集现象分别记为"♯"、"＋＋＋"、"＋＋"、"＋"及"—"。

"♯":红细胞凝集形成坚实的凝块,边缘不整齐。

"＋＋＋":凝集的红细胞平铺管底,但有卷边或缺口。

"＋＋":凝集的红细胞平铺管底。

"＋":红血球凝集面积较小,有狭窄的增厚边缘或中心的红细胞凝集。

"—":红细胞形成小的光滑圆盘。

4.5.1.4.2 试验成立的条件:当血清对照、新鲜红细胞对照、抗原对照均不出现凝集,且被检菌株抗原致敏红细胞仅与一种定型血清出现"＋＋"或以上凝集时,试验成立。

4.5.1.4.3 阳性判定:符合4.5.1.4.2的条件,被检菌株抗原致敏红细胞与哪种定型血清出现"＋＋"或以上凝集,即可判定被检菌株为该荚膜血清型。

4.5.1.4.4 阴性判定:符合4.5.1.4.2的条件,被检菌株抗原致敏红细胞与任一定型血清均未出现"＋＋"或以上凝集,即可判定被检菌株为荚膜 A 型、荚膜 B 型和荚膜 D 型以外的其他荚膜血清型或不能定荚膜型的多杀性巴氏杆菌。

4.5.2 多重 PCR 荚膜定型法

4.5.2.1 材料

4.5.2.1.1 待检样品:从病料中分离的多杀性巴氏杆菌纯培养物。

4.5.2.1.2 通用试剂:4.4.1.2~4.4.1.5 的试剂适用于本方法。

4.5.2.1.3 阳性对照:荚膜 A 型、荚膜 B 型或荚膜 D 型多杀性巴氏杆菌。

4.5.2.1.4 阴性对照:荚膜 E 型或荚膜 F 型多杀性巴氏杆菌或除多杀性巴氏杆菌以外的其他细菌。

4.5.2.1.5 引物:根据编码多杀性巴氏杆菌 A 型、B 型和 D 型不同的基因设计引物,商业合成,序列见表 B.2。

4.5.2.2 器材

二级生物安全柜、PCR 仪、电泳仪和凝胶成像仪。

4.5.2.3 基因组 DNA 的提取

细菌基因组的提取同 4.4.4。

4.5.2.4 荚膜多重 PCR 反应体系及反应条件

4.5.2.4.1 每个样品建立 50 μL 反应体系,见表 C.2。

4.5.2.4.2 反应管加入反应液后,瞬时离心,置于 PCR 扩增仪内进行扩增。95℃预变性 10 min,95℃变性 30 s,55℃退火 30 s,72℃延伸 1 min,30 个循环,72℃延伸 10 min 结束反应。同时设置阳性对照及阴性对照。PCR 产物用 1.5%琼脂糖凝胶进行电泳,观察扩增产物条带大小。若不立即进行电泳,可将PCR 产物置于—20℃中冻存。

4.5.2.5 琼脂糖凝胶电泳

按 4.4.6 的方法进行。

4.5.2.6 结果判定

4.5.2.6.1 试验成立的条件:当荚膜 A 型阳性对照扩增出约 1 044 bp 的片段,荚膜 B 型阳性对照扩增出约 760 bp 的片段,荚膜 D 型阳性对照扩增出约 657 bp 的片段,阴性对照未扩增出片段时,试验成立。

4.5.2.6.2 阳性判定:符合4.5.2.6.1的条件,被检样品扩增出约 1 044 bp 的片段,判定为荚膜 A 型;扩增出约 760 bp 的片段,判定为荚膜 B 型;扩增出约 657 bp 的片段,判定为荚膜 D 型。

4.5.2.6.3 阴性判定:符合4.5.2.6.1的条件,被检样品若未扩增出 4.5.2.6.2 所描述的各片段,判定为荚膜 A 型、荚膜 B 型和荚膜 D 型以外的其他荚膜血清型或不能定荚膜型的多杀性巴氏杆菌。

4.6 菌体血清型鉴定琼脂扩散沉淀试验（Heddleston 氏菌体定型法）

4.6.1 材料

4.6.1.1 待检样品

从病料中分离的多杀性巴氏杆菌纯培养物。

4.6.1.2 多杀性巴氏杆菌菌体定型血清

4.6.1.3 试剂

生理盐水、8.5%氯化钠溶液、优级琼脂（DIFCO）粉、1%硫柳汞溶液。

4.6.2 抗原制备

取一支改良马丁琼脂中管斜面 24 h 培养物，用 3 mL 生理盐水洗一下，置于 100℃水浴 1 h，4 000 r/min 离心 30 min，上清液即为琼脂凝胶免疫扩散试验抗原。

4.6.3 菌体血清型鉴定

取琼脂 1.0 g 加 8.5%氯化钠溶液 100 mL，加热溶化。溶化后再加 1 mL 1%硫柳汞，混合凉至 60℃左右，倒入平皿内，琼脂厚度 2.5 mm～3 mm，琼脂凝固后用 7 孔梅花形打孔器打孔。孔径 4 mm，孔与孔中心距离为 6 mm，中心孔加入被检抗原，外周 1 孔～5 孔加入定型血清，第 6 孔加入生理盐水为阴性对照。置于(37±1)℃孵育 24 h～48 h 判定结果。

4.6.4 结果判定

将琼脂板置于日光灯或侧强光下观察，抗原与生理盐水孔之间不出现沉淀线，则试验成立。抗原与标准定型血清之间出现明显的沉淀线，即判定该血清型为待检多杀性巴氏杆菌的菌体血清型。

5 诊断判定

5.1 疑似

符合第 2 章中咳嗽、呼吸困难等临床表征，且符合第 3 章中肺脏水肿、肝变或坏死等病理变化者，可判定为猪巴氏杆菌病疑似病例。

5.2 确诊

同时满足以下 3 个条件者，可确诊猪巴氏杆菌病病例：

a) 符合 5.1 疑似病例的判定；

b) 经 4.1、4.2 确定病原为多杀性巴氏杆菌；或 4.2 结果部分不符合，但 4.4 结果阳性；

c) 4.3 结果阳性。

5.3 荚膜血清型鉴定

按 4.5.1.4 或 4.5.2.6 判定被检病原的荚膜血清型。

5.4 菌体血清型鉴定

按 4.6.4 判定被检病原的菌体血清型。

附 录 A
（规范性附录）
培 养 基 的 制 备

A.1 牛肉汤的配制

将牛肉除去脂肪、筋膜，用绞肉机绞碎。肉和水按质量体积比 1∶2 比例混合，搅拌均匀。用不锈钢或耐酸陶瓷双层锅加温至 65℃～75℃，保持 15 min，继续加热至沸腾，保持 1 h，全部过程均应不断搅拌。煮沸完成后，捞出肉渣，沉淀 30 min，抽上清液，经绒布滤过，将滤过的肉汤与从肉渣中压榨出的肉汤混合即成。制成的肉汤，即可与猪胃消化液（配制见 A.3）混合配制成马丁肉汤；或分装经 121℃灭菌 30 min～40 min，储存备用。制备少量肉汤时，也可采用将绞碎的牛肉在 2 倍体积的 4℃～8℃水中浸泡 12 h～24 h，再煮沸 30 min，过滤，分装灭菌后备用。

A.2 改良猪胃消化液

将猪胃除去脂肪，用绞肉机绞碎。碎猪胃 350 g 加 65℃左右温水 1 000 mL，并加盐酸 8.5 mL，放置于 51℃～55℃中消化 18 h～22 h。前 12 h 至少搅拌 6 次～10 次。待胃组织溶解，液体澄清，即表示消化良好；否则，可酌情延长消化时间。取出后全部倒入中性容器，并加氢氧化钠溶液，调成弱酸性，然后煮沸 10 min，使其停止消化。以粗布过滤后，即成。

A.3 猪胃消化液

将猪胃 300 g 除去脂肪，用绞肉机绞碎。加入 65℃左右 1 000 mL 温水混合均匀，再加入盐酸 10 mL，使 pH 为 1.6～2.0，保持消化液 51℃～55℃，消化 18 h～24 h。在消化过程的前 12 h 至少搅拌 6 次～10 次，然后静置。至胃组织溶解、液体澄清，表示消化完全。如消化不完全，可酌情延长消化时间。除去脂肪和浮物，抽清液煮沸 10 min～20 min，放缸内静置沉淀 48 h 或冷却到 80℃～90℃，加氢氧化钠使成弱酸性，经灭菌储存备用。

A.4 改良马丁琼脂

A.4.1 配方

牛肉汤（配制见 A.1）	500 mL
改良猪胃消化液（配制见 A.2）	500 mL
氯化钠	2.5 g
琼脂粉	12 g

A.4.2 制备方法

将牛肉汤、改良猪胃消化液、氯化钠和琼脂粉混合，加热溶解。待琼脂完全溶化后，以氢氧化钠溶液调整 pH 为 7.4～7.6。以卵白澄清或凝固沉淀法沉淀。分装于试管或中性玻璃瓶中，以 121℃灭菌 30 min～40 min。

A.5 马丁肉汤

A.5.1 配方

牛肉汤（配制见 A.1）	500 mL

猪胃消化液(配制见 A.3)	500 mL
氯化钠	2.5 g

A.5.2 制备方法

将 A.5.1 材料混合后,以氢氧化钠溶液调 pH 7.6~7.8,煮沸 20 min~40 min,补足失去的水分。冷却沉淀,抽取上清,经滤纸或绒布滤过,滤液应为澄清、淡黄色。按需要分装,经 121℃灭菌 30 min~40 min。pH 应为 7.2~7.6。

A.6 胰蛋白大豆琼脂培养基(TSA)

A.6.1 配方

胰蛋白胨	15 g
大豆蛋白胨	5 g
氯化钠	5 g
琼脂粉	15 g
去离子水	1 000 mL

A.6.2 制备方法

将 A.6.1 材料混合,加热溶解,调整 pH 7.1~7.5,滤过分装于中性容器中,121℃高压灭菌后备用。

A.7 胰蛋白大豆肉汤培养基(TSB)

A.7.1 配方

胰蛋白胨	15 g
大豆蛋白胨	5 g
氯化钠	5 g
去离子水	1 000 mL

A.7.2 制备方法

将 A.7.1 材料混合,加热溶解,调整 pH 7.1~7.5,滤过分装于中性容器中,121℃高压灭菌后备用。

A.8 运动性试验培养基

将马丁肉汤(配制见 A.5)1 000 mL、琼脂粉 3.5 g~4 g 混合加热溶解。121℃灭菌 40 min,置于室温保存备用。加热溶解琼脂粉,分装到内装有套管的试管中,以 121℃灭菌 30 min~40 min。

A.9 1%蛋白胨水

A.9.1 配方

蛋白胨	10 g
氯化钠	5 g
蒸馏水	1 000 mL

A.9.2 制备方法

将 A.9.1 材料混合,加热溶解,调整 pH 7.4。煮沸滤过,分装于中性容器中,121℃灭菌 20 min。

A.10 糖发酵培养基

每种糖(或醇)按质量浓度为 1%比例分别加入到装有 1%蛋白胨水(配制见 A.9)的瓶中。加热溶解后,按 0.1%的比例加入 1.6%溴甲酚紫指示剂。摇匀后,分装小试管(内装有倒置小管),每支大约 6 mL,流通蒸汽灭菌 3 次,每天 1 次,每次 30 min。

A.11 靛基质试验用试剂——吲哚试验试剂（欧-波 Ehrlich-Boehme 二氏试剂）

A.11.1 配方

对二甲氨基苯甲醛	1.0 g
95%乙醇	95 mL
纯浓盐酸	20 mL

A.11.2 制备方法

将对二甲氨基苯甲醛溶于乙醇中，然后慢慢加进盐酸。此试剂应如量配制，并保存于冰箱内。

A.12 氧化酶试剂（1%盐酸四甲基对苯二胺溶液）

将 1.0 g 的盐酸四甲基对苯二胺溶于 100 mL 的去离子水中。

A.13 麦康凯琼脂培养基

A.13.1 配方

蛋白胨	17 g
际胨	3 g
猪胆盐（牛胆盐或羊胆盐）	5 g
氯化钠	5 g
琼脂粉	17 g
蒸馏水（或去离子水）	100 mL
乳糖	10 g
0.01%结晶紫水溶液*	10 mL
0.5%中性红水溶液*	5 mL

A.13.2 制备方法

将蛋白胨、际胨、胆盐和氯化钠溶解于 400 mL 蒸馏水中，校正 pH 为 7.2。将琼脂粉加入 600 mL 蒸馏水中，加热溶解。将两液合并，分装于烧瓶内，121℃高压灭菌 15 min，备用。临用时加热融化琼脂，趁热加乳糖，冷至 50℃～55℃时，加入结晶紫和中性红水溶液，摇匀后倾注平板。

A.14 电泳缓冲液（TAE）

50×TAE 储存液：分别量取 Na$_2$EDTA·2H$_2$O 37.2 g、冰醋酸 57.1 mL、Tris·Base 242 g，用一定量（约 800 mL）的灭菌双蒸水溶解。充分混匀后，加灭菌双蒸水补齐至 1 000 mL。

1×TAE 缓冲液：取 10 mL 储存液加 490 mL 蒸馏水即可。

---

* 配好后须高压灭菌。

附　录　B

（规范性附录）

多杀性巴氏杆菌 *kmt* Ⅰ 基因扩增引物序列及

多杀性巴氏杆菌多重 PCR 荚膜定型基因扩增引物序列

B.1　多杀性巴氏杆菌 *kmt* Ⅰ 基因扩增引物序列

见表 B.1。

表 B.1　多杀性巴氏杆菌 *kmt* Ⅰ 基因扩增引物序列

检测目的	引物序列(5′- 3′)	扩增大小,bp
多杀性巴氏杆菌定种	上游引物:ATC CGC TAT TTA CCC AGT GG	460
	下游引物:GCT GTA AAC GAA CTC GCC AC	

B.2　多杀性巴氏杆菌多重 PCR 荚膜定型基因扩增引物序列

见表 B.2。

表 B.2　多杀性巴氏杆菌多重 PCR 荚膜定型基因扩增引物序列

检测目的		引物序列(5′- 3′)	扩增大小,bp
荚膜定型	A 型	上游引物:TGC CAA AAT CGC AGT CAG	1 044
		下游引物:TTG CCA TCA TTG TCA GTG	
	B 型	上游引物:CAT TTA TCC AAG CTC CAC C	760
		下游引物:GCC CGA GAG TTT CAA TCC	
	D 型	上游引物:TTA CAA AAG AAA GAC TAG GAG CCC	657
		下游引物:CAT CTA CCC ACT CAA CCA TAT CAG	

附　录　C

（规范性附录）

多杀性巴氏杆菌 *kmt* I 基因扩增反应体系及

多杀性巴氏杆菌多重 PCR 荚膜定型基因扩增反应体系

C.1　多杀性巴氏杆菌 *kmt* I 基因扩增反应体系

见表 C.1。

表 C.1　多杀性巴氏杆菌 *kmt* I 基因扩增反应体系

组　分	体积,µL
超纯水	36.75
10×PCR Buffer	5
dNTPs(2.5 mmol/L)	4
上游引物(10 µmol/L)	1
下游引物(10 µmol/L)	1
Taq 酶(5 U/µL)	0.25
DNA 模板或阴阳性对照	2

C.2　多杀性巴氏杆菌多重 PCR 荚膜定型基因扩增反应体系

见表 C.2。

表 C.2　多杀性巴氏杆菌多重 PCR 荚膜定型基因扩增反应体系

组　分	体积,µL
超纯水	24.5[1]
10×PCR Buffer	5
dNTP(2.5 mmol/L)	4
荚膜 A 型上游引物(10 µmol/L)	4
荚膜 A 型下游引物(10 µmol/L)	4
荚膜 B 型上游引物(10 µmol/L)	2
荚膜 B 型下游引物(10 µmol/L)	2
荚膜 D 型上游引物(10 µmol/L)	2
荚膜 D 型下游引物(10 µmol/L)	2
Taq 酶(5 U/µL)	0.5
DNA 模板或阴阳性对照	菌落[2]
1)　模板为菌落时,体系中超纯水的体积为 24.5 µL;模板为质粒时,体系中超纯水的体积为 23.5 µL。	
2)　模板为菌落时,用 10 µL Tip 头蘸取少许细菌,沿 PCR 管壁搅拌;模板为质粒时,体系中模板的体积为 1 µL。	

附　录　D
（规范性附录）
多杀性巴氏杆菌荚膜定型抗原及致敏红细胞的制备方法

D.1　多杀性巴氏杆菌荚膜抗原的制备

D.1.1　材料

D.1.1.1　改良马丁琼脂。

D.1.1.2　生理盐水、pH 6.0磷酸盐缓冲盐水。

D.1.1.3　透明质酸酶。

D.1.2　方法

D.1.2.1　1支改良马丁琼脂斜面中管(30 mm×230 mm)的7 h～16 h生长的培养物，用3 mL灭菌生理盐水洗下，置于56℃水浴中加热30 min，8 000 r/min离心15 min，取上清液，即为荚膜抗原。

D.1.2.2　对黏液型菌株，应采用透明质酸酶进行预处理。

制备方法：1支改良马丁琼脂斜面中管7 h～16 h的培养物，用3 mL pH 6.0磷酸盐缓冲盐水洗下，加入1 mL(含15 IU)的透明质酸酶溶液(透明质酸酶用pH 6.0的磷酸盐缓冲盐水稀释)。混匀后，置于(37±1)℃水浴中3 h～4 h，再用8 000 r/min离心15 min，上清液即为荚膜抗原。

D.2　新鲜红细胞的制备

D.2.1　材料

绵羊脱纤血。

D.2.2　方法

新鲜绵羊脱纤血用6倍～8倍体积的生理盐水洗3次，每次2 000 r/min离心15 min，最后一次收集的红细胞，恢复到原血量的一半。置于2℃～8℃保存，2 d内使用。

D.3　致敏红细胞的制备

D.3.1　材料

D.3.1.1　荚膜抗原(配制见D.1)。

D.3.1.2　新鲜红细胞(配制见D.2)。

D.3.1.3　生理盐水。

D.3.2　方法

取荚膜抗原3 mL，加入0.2 mL洗净的红细胞，混合均匀后置于(37±1)℃中作用2 h，离心弃上清，再用10 mL生理盐水洗1次，最后悬浮于20 mL生理盐水中，配制成1%的致敏红细胞悬液。

————————

ICS 11.220
B 41

中华人民共和国农业行业标准

NY/T 572—2016
代替 NY/T 572—2002

兔病毒性出血病血凝和血凝抑制试验方法

Haemagglutination and haemagglutination inhibition tests for rabbit
haemorrhagic disease

2016-10-26 发布

2017-04-01 实施

中华人民共和国农业部 发布

前　言

本标准按照 GB/T 1.1—2009 给出的规则起草。

本标准代替 NY/T 572—2002《兔出血病血凝和血凝抑制试验方法》。与 NY/T 572—2002 相比，除编辑性修改外，主要技术变化如下：

——修改了微量血凝试验中 V 型微量滴定板中加入 PBS 的孔数（见 6.1），修改了 V 型微量滴定板第 11 孔的加入样品（见 6.4）；

——修改了玻片血凝法的取样方法和检测方法（见 7）；

——参考 OIE《陆生手册》删除了微量血凝抑制试验检测兔病毒性出血病病毒的方法（2002 年版 2.3）；

——增加了用于检测兔病毒性出血病病毒抗体的微量血凝抑制试验（见 8）。

本标准由全国动物卫生标准化技术委员会（SAC/TC 181）归口。

本标准起草单位：江苏省农业科学院兽医研究所、中国动物卫生与流行病学中心。

本标准主要起草人：王芳、魏后军、宋艳华、范志宇、胡波、魏荣、孙映雪、徐为中。

本标准的历次版本发布情况为：

——NY/T 572—2002。

兔病毒性出血病血凝和血凝抑制试验方法

1 范围

本标准规定了兔病毒性出血病病毒血凝和血凝抑制试验方法的技术要求。

本标准适用于兔病毒性出血病病毒的鉴定和抗体检测。

2 试剂

2.1 PBS(0.1 mol/L,pH 7.0~7.2),见 A.1。

2.2 阿氏液(Alsever's),见 A.2。

3 材料

3.1 重组 VP60 抗原的制备

见附录 B。

3.2 兔病毒性出血病死亡兔、待检兔和健康兔肝脏悬液的制备

分别将肝脏剪碎,按 1:10 加入 PBS 后匀浆,再以 1 000 ×g 离心 30 min,取上清液备用。

3.3 抗原工作液的制备

根据测定的重组 VP60 抗原和/或兔病毒性出血病死亡兔肝脏悬液的红细胞凝集效价,用 PBS 稀释成 4 个血凝单位的抗原工作液。

3.4 1%人"O"型红细胞悬液的制备

取新鲜人"O"型红细胞于阿氏液中保存(置 2℃~8℃可保存 7 d)。用时取人"O"型红细胞以 20 倍量 PBS 混匀洗涤红细胞,400×g 离心 5 min,弃上清,重复洗涤 4 次。最后一次离心前,计算红细胞悬液体积(在离心后扣减弃去上清液的体积,即为红细胞的体积)。洗涤后的红细胞用 PBS 配成 1%悬液,置 2℃~8℃备用。

3.5 血清及其处理

3.5.1 兔病毒性出血病阴性血清、兔病毒性出血病阳性血清及待检血清。

3.5.2 所有血清处理方法:取血清 100 μL,56℃水浴灭活 30 min,加入 10 μL 人"O"型红细胞(按照人"O"型红细胞与血清为 1:10 的比例加入),混匀,2℃~8℃作用 1 h,以 400×g 离心 5 min,收集上清待检。

4 仪器设备

4.1 离心机:要求最大离心力在 12 000×g 以上。

4.2 温箱:(37±1)℃。

4.3 恒温水浴锅。

4.4 2℃~8℃冰箱。

4.5 微量移液器(0.5 μL~10 μL,2 μL~20 μL,20 μL~200 μL,100 μL~1 000 μL)。

4.6 微型振荡器。

5 微量血凝试验(用于检测兔病毒性出血病病毒抗原)

5.1 在 96 孔 V 型微量凝集板上,从第 2 孔至第 10 孔,每孔加入 25 μL PBS。

5.2 然后在第1孔、第2孔加入1∶10的待检兔肝悬液25 μL。

5.3 从第2孔开始,充分混合后用25 μL移液器等量倍比稀释至第10孔,稀释后第10孔弃去25 μL。

5.4 第11孔～第12孔加1∶10的健康兔肝悬液为阴性对照。

5.5 每孔各加1%人"O"型红细胞25 μL,立即置于微型振荡器上摇匀,于2℃～8℃冰箱静置45 min,待阴性对照孔中红细胞完全沉积后观察结果。

5.6 每次测定应设已知效价的兔病毒性出血病死亡兔肝悬液阳性对照,方法同5.1～5.5。

5.7 结果判定和红细胞凝集效价表示方法如下:

    a) "＋＋＋＋"符号为100%凝集,无红细胞沉积;

    b) "＋＋＋"符号为75%以上凝集,有少于25%的红细胞沉积;

    c) "＋＋"符号为50%～75%凝集,有少于50%的红细胞沉积;

    d) "＋"符号为凝集的红细胞少于50%,沉积的红细胞多于50%;

    e) "－"符号为100%的红细胞沉积。

兔病毒性出血病死亡兔肝悬液阳性对照凝集效价与已知效价不得相差一个滴度以上,健康兔肝悬液阴性对照无凝集;被检样品出现"＋＋"的最高稀释度作为其凝集价,凝集价≥1∶160(即第5孔)的判为阳性,如在1∶(20～80)之间,定为可疑,应重复试验,重复后仍为可疑的判为阳性。

6 玻片血凝法(现场快速诊断,用于检测兔病毒性出血病病毒抗原)

取少许待检兔肝脏样品,置于清洁的载玻片上,用剪刀将肝脏样品剪碎,滴加2滴～3滴1%人"O"型红细胞于肝脏样品上,同时设立兔病毒性出血病阴、阳性肝脏对照,轻轻混匀后,于玻片上孵育2 min,若有兔病毒性出血病病毒,肉眼可直接观察到玻片上出现血凝现象。

7 微量血凝抑制试验(用于检测兔病毒性出血病病毒抗体)

7.1 在96孔V型微量凝集板上,自第1孔至第11孔,每孔加入PBS 25 μL,第12孔加入PBS 50 μL。

7.2 吸取待检血清25 μL于第1孔,充分混匀后用25 μL移液器等量倍比稀释至第11孔,稀释后第11孔弃去25 μL。

7.3 第1孔至第11孔,每孔分别加4个血凝单位的抗原25 μL,摇匀,37℃温箱作用60 min。

7.4 每孔各加1%人"O"型红细胞25 μL,立即置于微型振荡器上摇匀,于2℃～8℃冰箱静置45 min,待PBS对照孔的红细胞完全沉积后观察结果。

7.5 每次测定应设已知效价的兔病毒性出血病阳性血清对照、阴性血清对照,方法同7.1～7.4。

7.6 每次测定应设4个血凝单位的抗原对照(回滴试验):在微量凝集板第1孔至第5孔,每孔加入PBS 25 μL。第1孔、第2孔各加4个血凝单位的抗原25 μL,从第2孔起依次做倍比稀释至第4孔,弃去25 μL。1孔～4孔的抗原含量依次为4、2、1、1/2个血凝单位的抗原,第5孔为PBS对照。每孔各加1%人"O"型红细胞25 μL,立即置于微型振荡器上摇匀,于2℃～8℃冰箱静置45 min,待PBS对照孔的红细胞完全沉积后观察结果。

7.7 结果判定

7.7.1 试验结果成立条件

阴性血清血凝抑制效价小于2^4,阳性血清血凝抑制效价与已知效价不得相差一个滴度以上,4个血凝单位抗原对照血凝效价为2^2。阴性对照、阳性对照和回滴试验同时成立,则表明试验成立。

7.7.2 在对照出现正确结果的情况下,以完全抑制红细胞凝集的最大稀释度为该血清的血凝抑制效价。

7.7.3 被检血清1∶16(2^4)或更高稀释度的孔出现红细胞凝集完全抑制时,判为阳性。

附 录 A
（规范性附录）
试剂的配制

A.1 PBS(0.1 mol/L, pH 7.0~7.2)

氯化钠(NaCl)（分析纯）	8 g
氯化钾(KCl)（分析纯）	0.2 g
磷酸氢二钠($Na_2HPO_4 \cdot 12H_2O$)（分析纯）	2.9 g
磷酸二氢钾(KH_2PO_4)（分析纯）	0.2 g

制法：加入 800 mL 双蒸水，HCl 调 pH 至 7.2，补双蒸水至 1 L，100 kPa 15 min 灭菌。

A.2 阿氏液(Alsever's)

葡萄糖($C_6H_{12}O_6 \cdot H_2O$)（分析纯）	2.05 g
氯化钠(NaCl)（分析纯）	0.42 g
柠檬酸钠($Na_3C_6H_5O_7 \cdot 2H_2O$)（分析纯）	0.8 g
柠檬酸($C_6H_8O_7 \cdot H_2O$)（分析纯）	0.055 g
双蒸水	100 mL

制法：将以上药品混合加热溶解、过滤，68.94 kPa 15 min 灭菌，室温保存备用。

附　录　B
（规范性附录）
重组 VP60 抗原的制备

B.1　取经蚀斑纯化的重组杆状病毒 rBAC‑VP60，按 1%体积比接种 Sf9 昆虫细胞，逐日观察。

B.2　经 3 d～5 d，待细胞病变明显时，收集细胞及上清液，−20℃以下冻融 3 次，离心，取上清液备用。

B.3　取少量上清液进行血凝试验，血凝效价达到 2^7 要求者备用。

B.4　在上述 VP60 表达样品中加入终浓度为 0.2%的甲醛溶液，灭活 24 h。

B.5　取少量灭活样品进行血凝试验，血凝效价达到要求者保存于 2℃～8℃，作为重组 VP60 抗原备用。

ICS 11.220
B 41

中华人民共和国农业行业标准

NY/T 1620—2016
代替 NY/T 1620—2008

种鸡场动物卫生规范

Sanitary control on breeding fowl farms

2016-10-26 发布

2017-04-01 实施

中华人民共和国农业部 发布

前　言

本标准是按照 GB/T 1.1—2009 给出的规则起草。

本标准代替 NY/T 1620—2008《种鸡场孵化厂动物卫生规范》。与 NY/T 1620—2008 相比，除编辑性修改外，主要变化如下：

——调整了标准的名称；

——整合和调整了标准的内容体系，原标准内容调整后分为范围、规范性引用文件、术语和定义、选址和布局、设施设备、动物防疫、投入品控制、内部管理及鸡只福利共 9 块内容；

——丰富和完善了动物防疫相关内容，增加了免疫、监测、动物疫情报告与处置、无害化处理等相关内容；

——调整了原标准中雏鸡检疫内容中同《家禽产地检疫规程》（农医发〔2010〕20 号）、《跨省调运种禽产地检疫规程》（农医发〔2010〕33 号）等不相适应的内容，增加了入场种鸡或者供孵化的种蛋的检疫、孵出雏鸡申报检疫、省内调运种鸡（蛋）的检疫以及跨省调运种鸡（蛋）等相关内容；

——增加了投入品控制相关内容；

——增加了鸡只福利相关内容；

——删去原标准 3.2.3 种蛋、孵化器及孵化用具的消毒方法的内容；

——删去原标准第 4 章种鸡场孵化场沙门氏菌监测的内容；

——增加附录 A 种蛋、孵化器及孵化用具的消毒方法；

——增加附录 B 种鸡场沙门氏菌的监测。

本标准由中华人民共和国农业部提出。

本标准由全国动物卫生标准化技术委员会（SAC/TC 181）归口。

本标准起草单位：中国动物疫病预防控制中心。

本标准主要起草人：宋晓晖、李秀峰、张银田、吴威、李琦。

本标准的历次版本发布情况为：

——NY/T 1620—2008。

种鸡场动物卫生规范

1 范围

本标准规定了种鸡饲养场的选址和布局、设施设备、动物防疫、投入品控制、内部管理以及鸡只福利等要求。

本标准主要适用于种鸡饲养场的动物卫生控制。

2 规范性引用文件

下列文件对于本文件的应用是必不可少的。凡是注日期的引用文件,仅注日期的版本适用于本文件。凡是不注日期的引用文件,其最新版本(包括所有的修改单)适用于本文件。

GB 16548 病害动物和病害动物产品生物安全处理规程

农医发〔2010〕20 号 家禽产地检疫规程

农医发〔2010〕33 号 跨省调运种禽产地检疫规程

农医发〔2013〕34 号 病死动物无害化处理技术规范

兽药管理条例

3 术语和定义

下列术语和定义适用于本文件。

3.1

免疫接种 vacination

按照疫苗的使用说明,将带有特定疫病病原制成抗原的疫苗接种到靶动物体内,使其获得对抗该疫病病原感染的免疫力。

3.2

动物检疫 animal quarantine

按照国家法律规定,依据特定标准,采取科学技术方法,对动物及动物产品进行的现场检查、临床诊断、实验室检验和检疫处理的一种行政行为。

3.3

鸡只福利 fowl welfare

鸡只如何适应其所处的环境,满足其基本的自然需求。良好的鸡只福利应当包括健康、舒适、安全、饲喂良好,能够表现本能,无疼痛、痛苦、恐惧和焦虑等。

4 选址和布局

4.1 选址

4.1.1 场址应选在地势较高、干燥平坦、背风向阳的地方。

4.1.2 距离生活饮用水源地、动物饲养场、养殖小区和城镇居民区、文化教育科研等人口集中区域及公路、铁路等主要交通干线 1 000 m 以上;距离动物隔离场所、无害化处理场所、动物和动物产品集贸市场、动物诊疗场所 3 000 m 以上。

4.1.3 选址不应在饮用水水源保护区、风景名胜区、自然保护区的核心区和缓冲区以及山谷洼地等易受洪涝威胁的地区。

4.1.4　场址应水源充足、水质良好。

4.2　布局

4.2.1　场内布局应考虑工艺流程合理、空气流通适当的原则。

4.2.2　场内应划分管理区、生产辅助区、生产区和隔离区。各区之间应严格区分,并有明显的物理隔断。隔离区应处于各区下风向,主要包括兽医室、隔离禽舍和无害化处理场地。

4.2.3　污道与净道分开,互不交叉。

4.2.4　管理区位于场区常年主导风向的上风处及地势较高处。

4.2.5　生产辅助区位于管理区下风向处或与生产区平行。

4.2.6　生产区位于生产辅助区下风向或与辅助区平行,主要包括孵化室、育雏舍、育成舍和成年鸡舍。

4.2.7　孵化区如设在种鸡场内,应处于整个生产区上风向。孵化区内人员、物品应单向流动,并按照单向运送蛋和初孵雏的原则进行隔离分区,依次分为:

　　a)　工作人员更衣室、淋浴及卫生间;

　　b)　种蛋接收和储存间;

　　c)　孵育间;

　　d)　孵出间;

　　e)　检雏、雌雄鉴别、装雏间;

　　f)　蛋箱、初孵雏箱等物品储存区;

　　g)　雏鸡存放间;

　　h)　洗涤和废物处理间;

　　i)　工作人员办公区。

5　设施设备

5.1　场区周围应建有围墙。

5.2　鸡舍应尽量选用光滑的防渗透材料,其他区域采用混凝土或其他防渗透材料,以便于清洁及消毒。

5.3　鸡舍、储存饲料和鸡蛋的场所有防止野禽、啮齿动物和节肢动物入内的设施。

5.4　在场区门口设置消毒池,生产区出入口应设置更衣室、消毒通道或消毒室,每栋鸡舍门口设有消毒池或消毒垫。

5.5　兽医室应配备必要的检测设备。祖代以上鸡场应具备相应疫病抗体的检测能力。

5.6　场内建有与饲养规模相适应的无害化处理、污水污物处理等设施。

6　动物防疫

6.1　免疫

6.1.1　按照国家强制免疫计划要求实施免疫。

6.1.2　对于强制免疫计划以外的其他疫病,应根据本地禽病流行情况和生产需要制订和实施相应的免疫计划。

6.1.3　免疫鸡只按规定建立免疫档案。

6.2　监测

6.2.1　应接受各级动物疫病预防控制机构组织的监测。

6.2.2　应根据本地禽病流行情况和本场鸡群免疫情况制订和实施相应的监测计划。

6.2.3　应开展禽白血病和鸡白痢等垂直性传播疫病监测净化工作。

6.2.4　沙门氏菌的监测方法见附录 A。

6.3 疫情报告与处置

6.3.1 发现鸡只染疫或疑似染疫时,应当立即向当地兽医部门报告,并采取隔离、消毒等控制措施。

6.3.2 应遵守国家有关动物疫情管理规定,不得随意发布疫情信息,不得瞒报、谎报、迟报、漏报疫情,不得授意他人瞒报、谎报、迟报疫情,不得阻碍他人报告疫情。

6.3.3 遵守当地政府依法做出的有关隔离、扑杀的规定。

6.4 检疫

6.4.1 入场种鸡或者供孵化的种蛋,应持有动物卫生监督机构出具的动物检疫证明。

6.4.2 孵出雏鸡在出场前 3 d 应向当地动物卫生监督机构申报检疫。

6.4.3 雏鸡、种蛋以其父母代检疫结果为判定依据。

6.4.4 省内调运种鸡或种蛋的检疫应按照农医发〔2010〕20 号的相关要求进行,跨省调运种鸡或种蛋的按照农医发〔2010〕33 号的相关要求进行。

6.5 消毒

6.5.1 种鸡场应建立定期消毒制度,人员、车辆进出应严格消毒。场内环境每 2 d 消毒 1 次,必要时每天消毒 1 次,鸡舍内环境每天消毒 1 次～2 次。

6.5.2 鸡舍清群后,应及时清除粪便和垫料,并进行彻底清洗和消毒。

6.5.3 种蛋应用消毒过的蛋托和蛋箱或者一次性蛋托或蛋箱运送到孵化区(厂),每次运送前都要对运输工具进行清洗和消毒。

6.5.4 初孵雏应用消毒过的雏鸡盒或者一次性雏鸡盒运送,每次运送前都要对运输工具进行清洗和消毒。

6.5.5 工作人员应淋浴后更换消毒过的工作服、鞋帽,方可进入孵化区(厂)。

6.5.6 处理不同批次出雏鸡之前,工作人员应更换新的工作服及鞋帽。

6.5.7 收集的种蛋应经消毒后方可入库,并在入孵前再次进行消毒。

6.5.8 种蛋、孵化器以及孵化用具的消毒方法见附录 B。

6.6 无害化处理

6.6.1 染疫鸡只及染疫鸡产品、病死或者死因不明的鸡只尸体,应当按照 GB 16548,或者农医发〔2013〕34 号的规定进行无害化处理,不得随意处置。

6.6.2 染疫鸡只、病死或者死因不明鸡只的排泄物、垫料、运载工具、包装物、容器等污染物,应当进行无害化处理。

6.6.3 孵化过程中的死蛋、孵化废弃物应当按照 GB 16548,或者农医发〔2013〕34 号的规定进行无害化处理,不得随意处置。

6.6.4 经检疫不合格的鸡只、种蛋,应当按照 GB 16548,或者农医发〔2013〕34 号的规定进行无害化处理,不得随意处置。

6.6.5 未使用完的疫苗、使用过的疫苗瓶、注射器、针头、过期疫苗以及检测试剂等应按照医疗废弃物处理要求进行处理。

7 投入品控制

7.1 饲料及饲料添加剂

7.1.1 不得使用未取得新饲料、新饲料添加剂证书的新饲料、新饲料添加剂以及禁用的饲料、饲料添加剂。

7.1.2 应当按照产品使用说明和注意事项使用饲料。在饲料或者动物饮用水中添加饲料添加剂的,应当符合饲料添加剂使用说明和注意事项的要求,遵守国务院农业行政主管部门制定的饲料添加剂安全使用规范。

7.1.3 使用自行配制饲料的,应当遵守国务院农业行政主管部门制定的自行配制饲料使用规范,并不得对外提供自行配制的饲料。

7.2 兽药

7.2.1 兽药的采购、储存、使用及过期药品的处理,应符合《兽药管理条例》及有关规定,并有相应记录。

7.2.2 不得在饲料和饮用水中添加激素类药品和兽医部门规定的其他禁用药品。

7.2.3 不得将人药用于鸡只。

7.2.4 不得将原料药直接添加到饲料及动物饮用水中或者直接饲喂鸡只。

8 内部管理

8.1 制度建设

8.1.1 种鸡场应建立动物卫生质量保证体系相关制度,包括岗位责任制度、疫情报告制度、防疫制度、疫病监测制度、消毒制度、兽医室工作制度、无害化处理制度等,并有效实施。

8.1.2 根据本场实际情况,建立相应的动物疫病净化制度,并有效实施。

8.2 人员管理

8.2.1 种鸡场应配备一名具有兽医师以上职称,熟悉国家动物防疫法律法规政策的业务场长,主管本场的兽医卫生工作,并配备与其生产规模相适应的执业兽医人员。兽医人员应熟悉防疫、检疫、兽药、诊疗等业务知识,并具有一定的操作技能。

8.2.2 饲养人员应具有禽只饲养、禽只福利方面的知识。

8.2.3 饲养人员和兽医人员没有人与禽间传染病,并取得健康证后方可上岗。

8.3 流动管理

8.3.1 工作人员只能在本责任区内活动,不能在生产区内各禽舍间随意走动。非生产区工作人员不得进入生产区。

8.3.2 场内物品的流动方向应为小日龄鸡只饲养区流向大日龄鸡只饲养区、正常饲养区流向患病隔离区。

8.3.3 各鸡舍之间不得串换、借用工具。

8.4 档案管理

8.4.1 建立鸡群饲养全过程的相关记录档案。

8.4.2 档案应包括生产记录、防疫记录、种鸡质量记录和销售记录等。

8.4.3 生产记录应包括饲养期信息、生产性能信息和饲料信息等。

8.4.4 防疫记录应包括日常健康检查信息、预防和治疗信息、免疫记录、消毒记录和无害化处理信息等。

8.4.5 档案信息应准确、真实、完整、及时,并保存2年以上。

9 鸡只福利

9.1 鸡只有足够的空间,以满足其站立、展翅、蹲卧等空间。

9.2 鸡只能获得充足、洁净的饲料和饮水(有限制饲养要求的除外)。

9.3 对不适宜种用的淘汰鸡,应采用适当方式进行处理或快速无感觉处死。

附　录　A
（规范性附录）
种鸡场沙门氏菌的监测

A.1　样品采集

A.1.1　随机采样,保证采集样品的科学性和代表性。

A.1.2　种鸡场可采集新鲜粪便(至少1 g)、死淘鸡,初孵雏还需取鸡盒衬垫。

A.1.3　孵化区可采集入场种蛋、胎粪、壳内死雏和淘汰雏鸡。

A.1.4　环境样品可采集环境试子、垫料、绒毛和尘埃等。

A.1.5　采样时,应详细记录采样信息。

A.1.6　样品在送达实验室前应在1℃～4℃保存,保存时间不得超过5周。

A.2　采样频率

A.2.1　育雏群在1日龄和转入产蛋舍之前3周各采1次样。若种鸡不是从育雏舍直接转入产蛋舍,转移前3周时应再采1次样。

A.2.2　产蛋种鸡在产蛋期间,每月至少采样1次。

A.2.3　饮用水及种蛋应每天采样。

A.2.4　孵化器、孵化间过道、储蛋室、出雏器、出雏室过道、放雏室每周采样1次。

A.2.5　入场种蛋在熏蒸消毒前后各采1次样。

A.3　细菌控制标准

A.3.1　孵化器、孵化间过道、储蛋室、出雏器、出雏室过道、放雏室,用营养琼脂平板放置采样部位暴露15 min,培养24 h,菌落总数应少于50个。

A.3.2　入场种蛋在熏蒸消毒前后,用棉拭子涂抹30 s,培养24 h,菌落总数应少于1.0×10^3个/cm^2。

A.3.3　每批雏鸡采集0.5 g绒毛与50 mL无菌蒸馏水混合,取1 mL倒在营养琼脂上,培养24 h,菌落总数应少于1.0×10^4个/cm^2。

附 录 B

（规范性附录）

种蛋、孵化器及孵化用具的消毒方法

B.1 消毒方法

B.1.1 高锰酸钾熏蒸消毒

熏蒸室温度应保持在 24℃～38℃之间，相对湿度维持在 60%～80%之间。每立方米空间用 14 mL～42 mL 的福尔马林加入 7 g～21 g 高锰酸钾进行熏蒸。操作时，容器中先加入高锰酸钾，再加福尔马林。

B.1.2 多聚甲醛熏蒸消毒

室温应保持在 24℃～28℃之间，相对湿度维持在 60%～80%之间。每立方米空间用 10 g 多聚甲醛粉剂或颗粒剂进行消毒。操作时，将多聚甲醛粉剂或颗粒剂放进预先加热的盘中即可。

B.2 入场种蛋的消毒

入场种蛋应在密闭的消毒间内使用 B.1 规定的方法进行熏蒸消毒。消毒 20 min 后，方可选蛋。

B.3 孵化机内种蛋的消毒

B.3.1 孵化器内种蛋的熏蒸消毒

种蛋入孵后 12 h 内，并且保证温度和湿度在正常工作水平内，使用 B.1 规定的方法进行熏蒸消毒。消毒时，关闭入孵器的门和通风口，开启风扇。熏蒸 20 min 后，打开通风口，排出气体。已孵化 24 h～96 h 的种蛋不能进行熏蒸消毒，否则会导致鸡胚死亡。

B.3.2 出孵器内种蛋的熏蒸消毒

孵化 18 d 的种蛋从入孵器转移到出孵器后，在 10% 的雏鸡开始啄壳前应进行熏蒸消毒。消毒室保证出孵器的温度和湿度在正常工作状态，使用 B.1 规定的方法进行熏蒸消毒。消毒时，关闭通风口，开启风扇，熏蒸 20 min 后，打开通风口；再将盛有 150 mL 福尔马林的容器放入出孵器内，自然挥发消毒，在出孵前 6 h 将其移出。

B.4 孵化器、出孵器及孵化器的熏蒸消毒

孵化器、出孵器及孵化器具在使用后应进行清洗，并将孵化器具装入孵化器内，使用 B.1 规定的方法进行熏蒸消毒，熏蒸消毒 3 h（最好过夜）。孵化器、出孵器及孵化器在熏蒸剂残留消除后，方可使用。

B.5 注意事项

B.5.1 在混合大量福尔马林和高锰酸钾时，应使用防毒面具。为预防火险，应使用不可燃材料制作的容器。容器上口应向外倾斜，容器的容量应为所盛福尔马林容积的 4 倍以上。种蛋熏蒸时的摆放，应考虑空气流通，保证每个种蛋都能接触到熏蒸的气体。

B.5.2 保证最佳的温度和湿度才能保证熏蒸效果。在低温或干燥条件下，甲醛气体可立即失效。

ICS 11.220
B 41

中华人民共和国农业行业标准

NY/T 2957—2016

畜禽批发市场兽医卫生规范

Animal health specifications for livestock & poultry wholesale market

2016-10-26 发布

2017-04-01 实施

中华人民共和国农业部 发布

前　言

本标准按照 GB/T 1.1—2009 给出的规则起草。

本标准由中华人民共和国农业部提出。

本标准由全国动物卫生标准化技术委员会(SAC/TC 181)归口。

本标准起草单位:中国动物疫病预防控制中心。

本标准主要起草人:刘兴国、赵婷、张杰、张志远、关婕葳、庄玉珍、赵俭波、邸国霞、王赫、孙杰、董瑞鹏、寇占英、王瑞红、姚强。

畜禽批发市场兽医卫生规范

1 范围

本标准规定了畜禽批发市场的布局、设施设备、清洗消毒、应急处置等所应遵循的动物卫生要求。

本标准适用于专营或兼营猪、牛、羊、马属动物等家畜和鸡、鸭、鹅、鸽等家禽的批发市场。

2 规范性引用文件

下列文件对于本文件的应用是必不可少的。凡是注日期的引用文件,仅注日期的版本适用于本文件。凡是不注日期的引用文件,其最新版本(包括所有的修改单)适用于本文件。

GB 5749　生活饮用水卫生标准

GB 7959　粪便无害化卫生标准

GB 16548　病害动物和病害动物产品生物安全处理规程

GB 18596　畜禽养殖业污染物排放标准

农医发〔2013〕34 号　农业部关于印发《病死动物无害化处理技术规范》的通知

3 术语和定义

下列术语和定义适用于本文件。

3.1

畜禽 livestock & poultry

猪、牛、羊、马属动物等家畜和鸡、鸭、鹅、鸽等家禽。

3.2

畜禽批发市场 wholesale market of livestock & poultry

功能设施配套齐全、批量交易活畜禽、服务辐射范围广、可适应现代流通业发展要求的专业交易市场。

3.3

无害化处理 harmless disposal

通过用焚烧、化制、掩埋或其他物理、化学、生物学等方法将病害动物尸体和病害动物产品或附属物进行处理,以彻底消灭其所携带的病原体,达到消除病害因素、保障人畜健康安全的目的的方法。

3.4

兽医卫生 veterinary sanitation

为了预防、控制和扑灭动物疫病,保护动物健康,维护公共卫生安全所采取的一系列防疫措施。

3.5

废弃物 waste

畜禽交易市场内产生的粪便、废弃垫料、饲料残渣、散落的毛羽等废物。

4 选址布局

4.1　选址符合本地区农牧业生产发展总体规划、土地利用发展规划、区域性环境规划、环境卫生设施建设规划、城乡建设发展规划和环境保护规划的要求。

4.2　市场周围有实体围墙,与周边相对隔离。

4.3 市场出入口处应设置与门同宽,长 4 m、深 0.3 m 以上的消毒池。

4.4 市场管理区、畜禽交易区、隔离区、清洗消毒区、废弃物堆放区、无害化处理区应当顺着当地夏季主风风向依次建造且相对独立。

4.5 在市场管理区设置工作人员办公室、清扫器具及消毒药品等的存放间。

4.6 交易区地面致密坚实、防滑,便于清洗和消毒。

4.7 不同种类动物交易区域相对独立。

4.8 水禽经营区域与其他家禽经营区域要相对隔离。

4.9 交易区附近设置清洗消毒区,对推车、笼具等物品进行集中清洗消毒。

5 设施设备

5.1 有相应的排水、排污设施,排水排污方便且符合国家相关规定。

5.2 有清洗、消毒设施设备。

5.3 有清运粪污等废弃物的设备。

5.4 有灭火器、防护服等应急处理设备。

5.5 有灭蝇、灭蚊、灭鼠等设施设备。

5.6 有与经营规模相适应的车辆、笼具等的清洗、消毒设施设备。

5.7 有畜禽装卸的设施设备。

5.8 有畜禽临时存养和隔离的设施设备。

5.9 有死亡畜禽收集、废弃物清扫和堆放的设施设备。

5.10 有污水污物处理设施设备。

5.11 在室内进行交易的市场,室内应设有排风及照明装置,墙面(裙)和台面应防水、易清洗。

6 防疫要求

6.1 畜禽须持有《动物检疫合格证明》,猪、牛、羊须佩戴畜禽标识。

6.2 在市场显著位置公示动物防疫相关制度。

6.3 保持场区内清洁卫生。

6.4 定期清洁饲喂及饮水设施。

6.5 定期对门口、道路和地面进行清扫消毒。

6.6 定期灭蝇、灭蚊和灭鼠。

6.7 定期对废弃物进行无害化处理。

6.8 有应急预案,能够及时处置突发问题。

6.9 从事畜禽经营的人员要符合卫生部门的要求,掌握基本防护知识,采取必要的防护措施。

6.10 根据市场需求调整进货数量,避免畜禽大量滞留市场。

6.11 对于入场当日不能完成交易的畜禽,应给予充分的躺卧、转身、活动空间,具有攻击性的畜禽应有单独的笼具或围栏。

6.12 禁止随意丢弃畜禽尸体和废弃物,按规定进行无害化处理。

6.13 市场应建立畜禽入(出)场登记记录、购销台账、消毒记录、无害化处理记录、患病动物隔离监管记录、畜禽发病死亡记录、疫情报告记录等,各种记录档案保存 2 年以上。

7 休市

7.1 常年营业的畜禽交易市场应实行休市制度。

7.2 实施整体或不同交易区域轮流休市。

7.3 实时整体休市的市场,每月至少固定休市 2 d。

7.4 实施市场区域轮休的市场,每个独立区域至少每月休市 2 d。

7.5 休市期间,关闭休市区域并按第 8 章的规定进行彻底清扫、清洗、整理和消毒。

8 清洗消毒

8.1 范围

批发市场经营区域内所有可能被污染的场地环境、设施设备、畜禽运载工具等都应进行清洗消毒。

8.2 方法

8.2.1 运输畜禽的车辆进入市场时,应采取全轮缓慢驶过消毒池的方式或喷洒消毒液的方式进行消毒。卸载后,对车辆的外表、内部及所有角落和缝隙都应用清水冲洗,用消毒液进行消毒。

8.2.2 饲喂、管理、交易、清扫等人员宜采取淋浴、紫外线照射、消毒液浸泡洗手等方法消毒。

8.2.3 衣、帽、鞋等可能被污染的物品,宜采取消毒液浸泡、高温高压灭菌等方式消毒。

8.2.4 办公、饲养等工作人员的宿舍、公共食堂等场所,宜采用低毒、无刺激的消毒药品喷雾消毒。

8.2.5 畜舍、场地、车辆等宜采用消毒液清洗、喷洒等方式消毒。

8.2.6 金属设施设备宜采取火焰、喷洒、熏蒸等方式消毒。

8.3 消毒频次

8.3.1 批发市场畜禽交易区、禽类批发市场宰杀区的场地、摊位、笼具、宰杀工器具等设施设备要每日清洗消毒。

8.3.2 运载车辆每次进出场区应进行消毒或清洗。

8.3.3 隔离观察区、废弃物堆放区、无害化处理区的设施设备每次使用后应进行清洗消毒。

8.3.4 批发市场周边、管理区的工作人员办公室、兽医工作室、药品工器具存放间每月消毒 1 次～2 次。

8.3.5 批发市场休市或市场区域轮休期间,对市场所有设施设备、畜禽运载工具等应进行彻底的清洗消毒。

8.4 消毒药

8.4.1 消毒药应安全、高效、低毒、低残留、配置方便,并有专人保管。

8.4.2 应购置 2 种以上,交替使用,并定期更换。

9 无害化处理

9.1 暂存

待处理的废弃物和动物肉尸应收集存放于废弃物堆放区,并在当天进行处理。

9.2 废弃物处理

9.2.1 有地方政府统一处理制度的地区,可将废弃物处理纳入当地市政处理系统,统一处理。

9.2.2 无地方政府统一处理制度的地区,日常污染的饲料、垫料、粪便等,应按 GB 7959 的规定执行。

9.2.3 批发市场污水污物的排放应达到 GB 18596 的要求。

9.3 动物肉尸处理

9.3.1 按照 GB 16548 和农医发〔2013〕34 号的规定处理。

9.3.2 建成病死畜禽无害化处理体系的,可集中处理,但要做好消毒。

10 动物福利

10.1 保证畜禽有足够的清洁饮水、饲料和新鲜空气,饮用水水质应达到 GB 5749 的要求。

10.2 保持干爽、清洁。

10.3 避免过强照明。

10.4 在笼具或圈舍内,给畜禽留出适当的活动空间,避免拥挤。

10.5 隔离畜禽的隔栏和装载畜禽的笼具表面应平整光滑。栏杆间距应可以调整。

10.6 须在市场内过夜的畜禽应给予更多的空间,保证能自由走动、舒适站立、躺卧与栖息。

10.7 做好防暑与保暖。

11 应急处置

11.1 畜禽交易市场发生畜禽异常死亡或出现可疑临床症状时,市场管理人员和经营人员要立即向当地兽医行政主管部门报告,并采取隔离等控制措施,防止动物疫情扩散。

11.2 从业人员出现发热伴咳嗽、呼吸困难等呼吸道症状,应立即送医疗机构就诊,并说明其从业情况。卫生部门要及时诊治、排查和报告。

11.3 发现不明原因死亡或怀疑为重大动物疫情的,应立即向当地兽医行政管理部门报告,并停止畜禽交易,关闭市场,实施隔离。

ICS 11.220
B 41

中华人民共和国农业行业标准

NY/T 2959—2016

兔波氏杆菌病诊断技术

Diagnostic technique for bordetella caniculum

2016-10-26 发布

2017-04-01 实施

中华人民共和国农业部 发 布

前　言

本标准按照 GB/T 1.1—2009 给出的规则起草。

本标准由中华人民共和国农业部提出。

本标准由全国动物卫生标准化技术委员会(SAC/TC 181)归口。

本标准起草单位:中国动物卫生与流行病学中心、西北农林科技大学。

本标准主要起草人:王娟、赵思俊、郑增忍、曲志娜、张彦明、王玉东、张耀相。

兔波氏杆菌病诊断技术

1 范围

本标准规定了兔波氏杆菌病的微生物学诊断、玻片凝集试验等技术要求。

本标准适用于兔波氏杆菌病的诊断、检疫及流行病学调查。

2 试剂与器材

2.1 试剂

2.1.1 痢特灵改良肉汤增菌液:配制方法见 A.1。

2.1.2 鲍—姜氏琼脂平板:配制方法见 A.2。

2.1.3 绵羊鲜血改良鲍—姜氏琼脂平板:配制方法见 A.3。

2.1.4 改良麦康凯(痢特灵)琼脂平板:配制方法见 A.4。

2.1.5 葡萄糖蛋白胨水:配制方法见 A.5。

2.1.6 营养肉汤:配制方法见 A.6。

2.1.7 三糖铁琼脂:配制方法见 A.7。

2.1.8 生化反应管:生物试剂公司生产。

2.1.9 2×Taq Master Mix:生物试剂公司生产。

2.1.10 1.5%琼脂糖凝胶:配制方法见 A.8。

2.1.11 1×TAE 缓冲液:配制方法见 A.9。

2.1.12 溴化乙锭(10 μg/μL):配制方法见 A.10。

2.1.13 DNA Maker DL2000:生物试剂公司生产。

2.1.14 菌株来源:标准菌株 CUCC718、大肠杆菌 ATCC25922 购自中国兽药监察所。

2.2 器材

2.2.1 剪刀、镊子。

2.2.2 解剖手术刀。

2.2.3 显微镜:10×～100×。

2.2.4 生物安全柜。

2.2.5 接种针或接种环。

2.2.6 恒温培养箱:[(10～50)±1]℃。

2.2.7 恒温水浴锅:20℃～100℃。

2.2.8 基因扩增仪。

2.2.9 电泳仪。

2.2.10 凝胶成像系统。

2.2.11 高速冷冻离心机:12 000 r/min。

2.2.12 冰箱:4℃。

2.2.13 微量加样器:200 μL、1 000 μL。

3 流行病学

兔波氏杆菌病是由支气管波氏杆菌引起的一种慢性呼吸道传染病。该病传播广泛,在兔群中的感染率非常高,常呈地方性流行,多为慢性,急性败血性死亡较少。多发于气候易变化的春秋两季,主要经呼吸道传播,带菌兔和病兔鼻腔分泌物中的病菌随咳嗽、喷嚏飞沫污染饲料、饮水、笼舍和空气传染健康兔。

4 临床症状

4.1 鼻炎型

病兔精神不佳,闭眼,鼻腔流出浆液性或黏液脓性分泌物。病兔打喷嚏,呼吸困难,经常用前爪抓擦鼻部,鼻孔周围及鼻腔黏膜充血,流出多量浆液性或黏液性分泌物。

4.2 支气管肺炎型

鼻腔黏膜红肿、充血,有多量白色黏液脓性分泌物,打喷嚏,呼吸困难,鼻孔形成堵塞性痂皮。

5 病理学变化

鼻腔、气管黏膜充血、水肿,鼻腔内有浆液性、黏液性或黏液脓性分泌物。严重病例可见鼻甲骨萎缩。肺部多见于心叶和尖叶有大小不一的病灶,重症病例侵及全肺叶,病变部稍隆起、坚实、呈暗红色、褐色;有些病例肺有脓包,肝脏表面也有散在脓包,脓包内积有黏稠奶油样乳白色脓汁。

6 微生物学诊断方法

6.1 采样

6.1.1 发病兔样品采集及处理

用75%酒精棉签,对兔双侧鼻孔前及正前庭0.5 cm处进行消毒。然后,用肉汤湿润的无菌小棉签,分别在鼻孔内1 cm处旋转采取鼻黏液,无菌操作放入痢特灵改良肉汤增菌液中。

6.1.2 死亡兔样品采集及处理

无菌操作采取病变的肝脏、脾脏、肺脏少许放入无菌塑封袋中,吸取2 mL～3 mL胸腔渗出液。样品2℃～8℃保存,2 h内送实验室进行细菌分离培养。

6.2 细菌形态观察

将病料制作抹片2张～3张,分别用革兰氏染色和美蓝染色,油镜下观察。兔波氏杆菌病料抹片镜下观察细菌形态:革兰氏染色阴性,小球杆菌散在分布于病变组织中;细菌的外围有不易着色透亮的黏液圈,在中性粒细胞外围最容易找到兔波氏杆菌。美蓝染色,蓝紫色小球杆菌,无两极着色现象。

6.3 分离培养

6.3.1 接种

对鼻黏液采集的棉拭子直接划线接种改良麦康凯(痢特灵)琼脂培养皿4个(其中,间断划线法接种2个平皿,连续划线法接种2个平皿);肝脏、脾脏、肺脏及胸腔渗出液,每种脏器接种2个绵羊鲜血鲍一姜氏平板,用接种环在平板上先涂抹0.5 cm×(2～3) cm大小,然后用接种环分别采取间断和连续划线接种全部平板,37℃ 24 h～48 h培养。

6.3.2 可疑菌落初选

在改良麦康凯(痢特灵)琼脂平板上为中等大小、圆形、表面光滑、边缘整齐、湿润、透明呈茶色菌落;或者在绵羊鲜血鲍一姜氏平板上为灰白色、圆形、凸起、表面光滑、边缘整齐、有明显的β溶血环的中等大小菌落,为兔波氏杆菌可疑菌落。

6.4 染色镜检

革兰氏阴性,多单在或成双,呈微小杆菌或微小球杆菌。Ⅰ相菌呈整齐的类球菌、球杆菌,染色均匀,大小为 0.2 μm×0.3 μm,无芽孢,散在排列;Ⅲ相菌中等大小杆菌,个别呈丝状、散在排列,大小为 0.4 μm×0.5 μm,无微荚膜,无芽孢,着色均匀。

6.5 生化鉴定

6.5.1 生化实验

挑取符合 6.3.2 特征的 2 个以上可疑菌落,按照商业化的生化反应管说明书进行生化试验。

6.5.2 生化特性

兔波氏杆菌在三糖铁琼脂斜面产碱,红色加深,底层无变化。其他生化反应结果见表 1。

表 1　波氏杆菌生化反应结果

生化试验项目	反应结果	生化试验项目	反应结果
葡萄糖	—	甲基红	—
乳糖	—	VP 试验	—
麦芽糖	—	靛基质	—
蔗糖	—	硫化氢	—
甘露醇	—	明胶	—
果糖	—	触酶试验	+
鼠李糖	—	氧化酶试验	+
阿拉伯糖	—	尿素	+
水解精氨酸	—	硝酸盐试验	+
酪氨酸	—	赖氨酸脱羧酶	—
精氨酸脱羧酶	—	天门冬素	—

6.5.3 生化鉴定结果

符合 6.5.2 生化特性的细菌可确认为兔波氏杆菌。

6.6 PCR 鉴定

6.6.1 模板制备

挑取符合 6.3.2 特征的单个菌落,悬浮于 1.5 mL 微量离心管灭菌纯水中,在 4℃ 条件下 10 000 g 离心 5 min。除去上清液后,将沉淀悬浮于 25 μL 双蒸水中,并水浴煮沸 10 min,然后冰浴 10 min,10 000 g 离心 10 min,上清液为 DNA 模板,用于扩增其 16S rDNA。对阳性对照(标准菌株 CUCC718)和阴性对照(大肠杆菌 ATCC25922)同步进行 DNA 提取。

6.6.2 PCR 扩增

6.6.2.1 引物序列

上游:5'- ATA GAA TTC ATG AAG CAC TTT CGC CGC CAC C - 3';
下游:5'- GCC AAG CTT CTA AGG ATA GAT GAC CGA AAA G - 3'。

6.6.2.2 反应体系

每个样品建立 25 μL PCR 反应体系,包括:

ddH$_2$O	9.5 μL
DNA 模板	2.0 μL
2×Taq Master Mix	12.5 μL
上、下游引物混合物(10 μmol/L)	1.0 μL

先 95℃ 变性 5 min,然后按 94℃ 变性 30 s、68.4℃ 退火 30 s、72℃ 延伸 60 s 的顺序循环,共循环 35

次,最后在 72℃温度下延伸 10 min,于 4℃保存。

6.6.3 PCR 产物电泳

取 5 μL PCR 扩增产物与 2 μL 加样缓冲液混合后加入点样孔进行电泳,电压 5 V/cm～9 V/cm,20 min～30 min。用凝胶成像仪观察分析电泳结果。

6.6.4 结果判定

6.6.4.1 实验成立的条件

阳性对照扩增出 648 bp,阴性空白对照孔未见有 PCR 扩增条带,表明试验成立,否则应重做。

6.6.4.2 结果判定

试验成立,样品孔扩增出 648 bp 大小的扩增条带,则判定待检菌株为波氏杆菌阳性,否则判为阴性(PCR 检测结果判定参见 B.1);必要时,可对该扩增产物作测序鉴定进行确认(参见 B.2)。

7 抗体诊断方法(玻片凝集试验)

7.1 抗原制备

将标准菌株接种于灭菌的营养肉汤中,37℃培养 48 h,用甲醛(终浓度 0.3%)37℃灭活 48 h,其间振摇数次,8 000 r/min 离心 10 min,取沉积菌体,用 PBS 洗涤 3 次,调节菌体浓度 1.5×10^{11}/mL,即为抗原,其状态为清亮、透明液体,4℃保存备用(一般保质期为 1 年)。

7.2 阴性血清、阳性血清和待检血清准备

7.2.1 阴性血清

SPF 兔血清。

7.2.2 阳性血清

兔波氏杆菌标准菌株免疫 SPF 兔获得,血清效价在 1∶8 以上,－20℃保存。

7.2.3 待检血清

每只兔耳缘静脉采血 1 mL～2 mL,分离血清。

7.3 操作方法

在干净的玻片上加 50 μL 被检血清,然后加等量凝集试验抗原,用牙签搅拌均匀,置室温(20℃～25℃)下 2 min,室温在 20℃以下时,应适当延长至 5 min 后观察结果。

7.4 结果判定

7.4.1 结果判定标准

按照凝集情况,凝集强度表示如下:

"＋＋＋＋",表示 100%菌体被凝集。抗原和血清混合后 2 min 内液滴中出现大凝集块或颗粒状凝集物,液体完全清亮。

"＋＋＋",表示约 75%菌体被凝集。在 2 min 内液滴有明显凝集块,液体几乎完全透明。

"＋＋",表示约 50%菌体被凝集。液滴中有少量可见的颗粒状凝集物,出现较迟缓,液体不透明。

"＋",表示 25%以下菌体被凝集。液滴中仅有很少量粒状物,出现迟缓,液体浑浊。

"－",表示菌体无任何凝集。液滴均匀浑浊。

7.4.2 实验成立的条件

阳性血清对照出现明显的颗粒,凝集强度为"＋＋＋＋",而阴性血清对照无颗粒,凝集强度为"－",则试验成立,否则不成立。

7.4.3 结果判定

符合 7.4.2 的条件,待检样品出现 7.4.1 中"＋＋"以上反应,判定为阳性,"＋"至"－"反应,判定为阴性。

8 诊断结果判定

对发病兔群的检疫应综合应用临床症状、微生物学诊断及抗体检测,并选择样品病兔作病理学检查。待检兔群诊断有鼻腔流出分泌物、鼻甲骨萎缩、肺部病变的临床病状,鼻腔分泌物及内脏器官检出兔波氏杆菌,判定波氏杆菌感染。非免疫兔群检出兔波氏杆菌抗体的兔,判定为支气管波氏杆菌感染血清阳性。

附 录 A
（规范性附录）
培养基及其配制方法

A.1 痢特灵改良肉汤增菌液

A.1.1 成分

牛肉膏	6 g
蛋白胨	20 g
氯化钠	5 g
磷酸二氢钾	1 g
蒸馏水	1 000 mL

A.1.2 制备方法

A.1.2.1 称取牛肉膏、蛋白胨和盐类后，加入 1 000 mL 蒸馏水加热溶解，调节 pH 7.4～7.6。

A.1.2.2 用滤纸过滤，分装合适容器（肉汤必须完全澄清透明）。加 1% 呋喃唑酮二甲基甲酰胺液 0.05 mL/100 mL（呋喃唑酮最终浓度为 5 μg/mL）。

A.1.2.3 121℃灭菌 15 min～20 min，待用。

A.2 鲍—姜氏琼脂平板

A.2.1 成分

蛋白胨	10 g
牛肉膏	7 g
氯化钠	5 g
琼脂粉	15 g
磷酸二氢钾	1 g
马铃薯浸液	250 mL
蒸馏水	加至 1 000 mL

A.2.2 制备方法

A.2.2.1 马铃薯浸液制备方法

马铃薯去皮切成 2 cm×2 cm×2 cm 块	500 g
蒸馏水	1 000 mL

小火煮沸 20 min～30 min，补充蒸发水分，用 3 层纱布过滤后沉淀取上清液。

A.2.2.2 称取牛肉膏、蛋白胨和盐类后，加入马铃薯浸液后，再加蒸馏水至 1 000 mL，加热溶解，调节 pH 7.4～7.6。

A.2.2.3 121℃灭菌 20 min，工作台内倾倒平皿中，待冷却凝固后储存于 4℃冰箱备用。

A.3 绵羊鲜血改良鲍—姜氏琼脂平板

将鲍—姜氏琼脂温度降至 50℃～55℃，按 3%～5% 的量加入血液，制成绵羊鲜血改良鲍—姜氏琼脂平板，无菌检验合格后使用。

A.4 改良麦康凯(痢特灵)琼脂平板

A.4.1 成分

蛋白胨	20 g
氯化钠	5 g
琼脂粉	12 g
乳糖	1 g
痢特灵	10 g
三号胆盐	1.5 g
中性红	0.003%(1%水溶液 3 mL/L)
马铃薯浸液	200 mL
蒸馏水	加至 1 000 mL

A.4.2 制备方法

加热溶解后,115℃ 20 min 灭菌,工作台内倾倒平皿中,待冷却凝固后储存于室温或4℃冰箱备用。

A.5 葡萄糖蛋白胨水

A.5.1 成分

蛋白胨	10 g
氯化钠	5 g
糖*	10 g
琼脂粉	5 g
1.6%溴甲酚紫酒精溶液	1 mL
蒸馏水	1 000 mL

* 糖指分析纯或化学纯葡萄糖、半乳糖、甘露糖等。

A.5.2 制备方法

将上述试剂称量好后,加水搅拌,加热溶解,用 1 mol/L NaOH 溶液将 pH 调至 7.4,加入 1.6%溴甲酚紫酒精溶液,分装于试管中,115℃高压蒸汽灭菌 20 min,冷却后备用。

A.6 营养肉汤

A.6.1 成分

蛋白胨	10 g
氯化钠	5 g
蒸馏水	1 000 mL

A.6.2 制备方法

加热溶化,调 pH 为 7.6,滤纸过滤,分装于试管中,121℃ 10 min~15 min 灭菌。

A.7 三糖铁琼脂

A.7.1 成分

蛋白胨	20 g
牛肉膏	5 g
乳糖	10 g
蔗糖	10 g

葡萄糖	1 g
氯化钠	5 g
硫代硫酸钠	0.2 g
硫酸亚铁铵	0.2 g
琼脂粉	12 g
0.4%酚红水溶液	0.3 mL
蒸馏水	1 000 mL

A.7.2 制备方法

除酚红水溶液,其他成分加热溶解,调 pH 为 7.4。加酚红水溶液,摇匀,分装于试管中,115℃ 15 min 灭菌后,倾倒试管中得到较高底层及斜面。

A.8 1.5%琼脂糖凝胶

称取琼脂糖 1.5 g,溶解于 100 mL 0.5×TAE 电泳缓冲液中。加热至完全融化,待冷至 50℃～ 60℃时,加入溴化乙锭(EB)溶液 5 μL,摇匀,倒入电泳板上,凝固后取下梳子,备用。

A.9 1×TAE 缓冲液

A.9.1 0.5 mol/L 乙二胺四乙酸二钠(EDTA-Na₂)溶液(pH 8.0)

称取二水乙二胺四乙酸二钠(EDTA-Na$_2$·2H$_2$O)18.61 g,加入灭菌双蒸水 80 mL,用氢氧化钠调 pH 至 8.0 后,再加入灭菌双蒸水 100 mL,用于配制 A.9.2 中的 50×TAE。

A.9.2 50×TAE 电泳缓冲液

羟基甲基氨基甲烷(Tris)	242 g
冰乙酸	57.1 mL
0.5 mol/L 乙二胺四乙酸二钠溶液(pH8.0)	100 mL
灭菌双蒸水	加至 1 000 mL

用于配制 A.9.3 中的 1×TAE。

A.9.3 1×TAE 缓冲液

将 A.9.2 稀释 50 倍,即得到 1×TAE 缓冲液。

A.10 溴化乙锭(10μg/μL)

称取溴化乙锭 20 mg,溶解于 2 mL 灭菌双蒸水中。

附 录 B
（资料性附录）
PCR 结果对照

B.1 PCR 检测结果判定

见图 B.1。

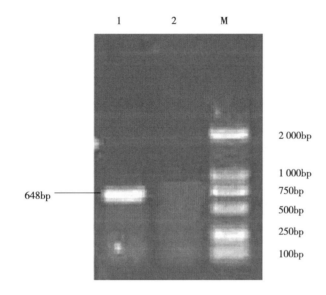

说明：

M ——DNA Marker DL2 000；

1 ——CUCC 718 菌株阳性对照；

2 ——阴性对照（大肠杆菌）。

图 B.1 兔波氏杆菌 PCR 检测结果电泳图

B.2 PCR 产物测序序列

GAATTCATGAAGCACTTTCGCCGCCACCGTGGGCTGGCGCTGGCCTGCCTGGCCAGCGCATTG
GGCCTGCACACCGCCGTCCATGCCAACGACGGCACGATCGTGATCACCGGCAACATCGTCGAC
AACACCTGCGAGGTCGTGGATCCGCCGCAGCCCAATCACATCAAGGTGGTGCATCTGCCCAAG
ATCTCGACAAGCGCGCTCAAGAAGACCGGCGATACCGCCGGCGCGACGCCGTTTTCCATCAAG
CTGCAGAACTGCCCCGAATCGCTGGGCAATGGCGTGAAGCTGTACTTCGAGCCCGGTCCGACC
ACCGACTACAGCACCAGGGACCTGACCGCCTACAAGCTGGCCTACACCGCCAACAGCACGAC
CAACAGCAACATTGCTGCCGGCCAGGTCGCGGAAGGAGTGCAGATCCGTATCGCCAACCTGGA
TGGCACCCAGATTCCCATGGGCGAAAACGCCCCGGGCCAGAATGCGCGCGGCTTCGATCCGGT
CGCGCAAACCGGGCAACAGGGCAAGAAGGAAGTCACCTTGCGCTATCTGGCCGCCTATGTGAA
GAAAGCCACAGGCACAATTTCTGCAAGCGCGATAACCACTTACTTAGGCTTTTCGGTCATCTAT
CCTTAGAAGCTTGGC

ICS 11.220
B 41

中华人民共和国农业行业标准

NY/T 2960—2016

兔病毒性出血病病毒RT-PCR检测方法

Detecting method for rabbit haemorrhagic disease virus by RT－PCR

2016-10-26 发布　　　　　　　　　　　　　　　　2017-04-01 实施

中华人民共和国农业部 发布

前　言

本标准按照 GB/T 1.1—2009 给出的规则起草。

本标准由全国动物卫生标准化技术委员会(SAC/TC 181)归口。

本标准起草单位：中国动物卫生与流行病学中心、江苏省农业科学院兽医研究所、河南牧业经济学院。

本标准主要起草人：邵卫星、王芳、魏荣、胡波、徐耀辉、魏后军、孙映雪、李卫华。

兔病毒性出血病病毒 RT-PCR 检测方法

1 范围

本标准规定了检测兔病毒性出血病病毒 RT-PCR 检测方法的技术要求。

本标准适用于检测疑似兔病毒性出血病肝脏、脾脏、肺脏等脏器及鼻腔分泌物的兔病毒性出血病病毒核酸。

2 缩略语

下列缩略语适用于本文件。

EB:溴化乙锭(ethidium bromide)。

Oligo d(T)18 Primer:含有 18 个 T 的寡聚核苷酸。

RHD:兔病毒性出血病。

RNA:核糖核酸(ribonucleic acid)。

RT‐PCR:反转录—聚合酶链式反应(reverse transcription polymerase chain reaction)。

Taq 酶:*Taq* DNA 聚合酶(*taq* DNA polymerase)。

TBE:Tris‐硼酸电泳缓冲液。

bp:碱基对(base pair)。

dNTPs:脱氧核糖核苷三磷酸(deoxyribonucleoside triphosphates)。

3 仪器设备

3.1 高速冷冻离心机:要求最大离心力在 $12\,000 \times g$ 以上。

3.2 PCR 扩增仪。

3.3 核酸电泳仪和水平电泳槽。

3.4 恒温水浴锅。

3.5 2℃~8℃冰箱和－18℃以下冰箱。

3.6 微量移液器($0.5\,\mu L \sim 10\,\mu L$;$2\,\mu L \sim 20\,\mu L$;$20\,\mu L \sim 200\,\mu L$;$100\,\mu L \sim 1\,000\,\mu L$)。

3.7 凝胶成像系统(或紫外透射仪)。

3.8 生物安全柜。

4 试剂

4.1 AMV 反转录酶或其他反转录酶。

4.2 RNA 酶抑制剂。

4.3 *Taq* DNA 聚合酶。

4.4 dNTPs。

4.5 TRIZOL RNA 提取试剂。

4.6 1.0%琼脂糖凝胶,见 A.1。

4.7 5×TBE 缓冲液,见 A.2。

4.8 DNA 染料:溴化乙锭(EB)。

警告:电泳中用到的 EB 可诱发基因突变,在操作中应戴手套和口罩。试验中被 EB 污染的物品要有专用收集处,并进行无害化处理。

4.9 焦碳酸二乙酯(DEPC)水,见 A.3。

警告:DEPC 对眼睛和呼吸道黏膜有强刺激,在操作中应在通风条件下进行。使用时戴手套和口罩,不小心沾到皮肤应立即冲洗。

4.10 异丙醇:—18℃以下预冷。

4.11 75%乙醇:—18℃以下预冷。

4.12 氯仿。

警告:氯仿毒性属中等毒性,吸入或经皮肤吸收会引起人体不适及皮肤黏膜刺激症状,在操作中应在通风条件下进行。使用时戴手套和口罩,不小心沾到皮肤应立即冲洗。

4.13 DNA 分子量标准(DL 2000 DNA Marker)。

4.14 6×电泳上样缓冲液。

5 引物

5.1 反转录引物见 B.1。

5.2 PCR 引物见 B.2。

6 操作程序

6.1 样品的采集及处理过程的注意事项

采样过程中样本不得交叉污染,采样、样品处理及 RNA 提取过程中应戴一次性手套和口罩。

6.2 样品的采集及处理

6.2.1 肝脏等脏器的采集和处理

无菌取疑似 RHD 死亡兔肝脏等脏器 5 g,分别剪碎作为检测样品。同时,以 RHD 死亡兔和正常兔肝脏等脏器分别作为阳性和阴性对照样品,同样处理。—18℃以下冰箱可保存 1 个月。运输过程中需加冰袋保存。

6.2.2 鼻腔分泌物的采集和处理

用 DEPC 水润湿棉签拭子,深入兔鼻腔内部涂抹数次,然后放到含 0.2 mL DEPC 水的 EP 管中。—18℃以下冰箱可保存 1 个月。运输过程中需加冰袋保存。

6.3 RNA 的提取

6.3.1 TRIZOL 法

实验室没有商品化 RNA 提取试剂盒采用此方法。

将 5 倍样品量的 DEPC 水加入脏器组织中,研磨成悬液,装入 DEPC 处理过的 EP 管中,—18℃以下反复冻融 3 次,5 000 g 离心 5 min,取 200 μL 上清液作为待提取样品(浸泡于 EP 管中的棉签拭子,经反复挤压 5 次后,5 000 g 离心 5 min,取 200 μL 上清液作为待提取样品)。然后,加入 700 μL TRIZOL,振荡混匀后,室温放置 10 min,加入氯仿 300 μL。振荡混匀后,室温放置 30 min,4℃ 10 000 g 离心 15 min。取上层水相 600 μL,加入等体积的异丙醇,混匀,—18℃以下放置 2 h 以上或过夜,4℃ 10 000 g 离心 15 min,去上清液,缓缓加入 75%乙醇 1 mL 洗涤,4℃ 5 000 g 离心 5 min,去上清液,室温干燥 20 min,加入 DEPC 水 10 μL,使充分溶解。

6.3.2 试剂盒法

实验室有商品化 RNA 提取试剂盒采用此方法。

6.4 反转录(RT)

6.4.1 RT 反应体系

RNA	5.75 μL
dNTPs(10 mmol/L)	1.0 μL
RNA 酶抑制剂(RNase Inhibitor)(40U/μL)	0.25 μL
AMV 反转录酶(5U/μL)	0.5 μL
5×AMV 反应缓冲液	2.0 μL
Oligo d(T)18(反转录引物)	0.5 μL
总体积(Total)	10.0 μL

6.4.2 RT 反应程序

30℃ 10 min,42℃ 30 min,99℃ 5 min,取出,可以直接作为模板进行 PCR,或者放于－18℃以下保存备用。试验中同时设立阳性对照和阴性对照。

6.5 PCR

6.5.1 PCR 反应体系

MgCl₂(25 mmol/L)	1.5 μL
反转录产物	4.0 μL
10×*Taq* DNA 聚合酶反应缓冲液	2.5 μL
dNTPs(10 mmol/L)	0.5 μL
上游引物(50 pmol/μL)	0.5 μL
下游引物(50 pmol/μL)	0.5 μL
Taq DNA 聚合酶(5U/μL)	0.5 μL
灭菌去离子水	15.0 μL
总体积(Total)	25.0 μL

6.5.2 PCR 反应程序

94℃ 5 min;94℃ 30 s,56.8℃ 30 s,72℃ 45 s,25 个循环;72℃延伸 10 min,结束反应。

6.6 扩增产物的电泳检测

6.6.1 制备 1.0%琼脂糖凝胶板,见 A.1。

6.6.2 取 10.0 μL PCR 产物与 2.0 μL 6×上样缓冲液混合,加入琼脂糖凝胶板的加样孔中,同时加入 DNA 分子量标准。

6.6.3 盖好电泳仪,插好电极,5 V/cm 恒压下电泳 30 min。

6.6.4 用紫外凝胶成像系统在 302 nm 波长的紫外下观察,并对图片拍照、存档。

6.6.5 用分子量标准比较判断 PCR 片段大小。

7 结果判定

7.1 试验结果成立条件

阳性对照的扩增产物经电泳检测,在约 591 bp 位置出现特异性条带,阴性对照的扩增产物经电泳检测均未出现约 591 bp 的特异性条带。阴、阳性对照同时成立则表明试验有效,否则试验无效。

7.2 阳性判定

在试验结果成立的前提下,如果被检测样品的 PCR 产物电泳后在约 591 bp 的位置上出现特异性条带,判定为该样品兔病毒性出血病病毒核酸阳性,如需要进一步确认,可进行测序分析(序列参见附录 C);若条带极弱,难以判定,需重新做一次试验,在约 591 bp 的位置出现特异性条带,可判定为该样品兔病毒性出血病病毒核酸阳性,如需要进一步确认,可进行测序分析(序列参见附录 C),若目的条带仍然极弱,可判定为该样品兔病毒性出血病病毒核酸可疑,需用其他方法检测。

7.3 阴性判定

在试验结果成立的前提下,在约 591 bp 位置未出现特异性条带,可判定为该样品兔病毒性出血病病毒核酸阴性。

8 案例

检测 10 份家兔肝脏样品的操作术式参见附录 D。

附　录　A
（规范性附录）
试剂的配制

A.1　1.0%琼脂糖凝胶

琼脂糖	1.0 g
0.5×TBE 电泳缓冲液	加至 100 mL

微波炉中完全融化,待冷至 50℃～60℃ 时,加溴化乙锭(EB)溶液 15 μL,摇匀,倒入电泳板上,凝固后取下梳子,备用。或者将融化的琼脂糖凝胶,冷至 50℃～60℃ 时,加溴化乙锭(EB)溶液 15 μL,摇匀,倒入电泳板上,凝固后以保鲜膜包裹胶,于 2℃～8℃ 保存备用。

A.2　5×TBE 缓冲液

二水乙二铵四乙酸二钠($Na_2EDTA \cdot 2H_2O$)	3.72 g
三羟甲基氨基甲烷(Tris)	54 g
硼酸	27.5 g
灭菌去离子水	加至 1 L

2℃～8℃保存。

A.3　DEPC 水

焦碳酸二乙酯(DEPC)	100 μL
灭菌去离子水	100 mL

室温过夜,121℃高压 15 min,分装到 DEPC 处理过的 EP 管中。
2℃～8℃保存。

附　录　B

（规范性附录）

引　物

B.1　反转录引物

见表 B.1。

表 B.1　反转录引物

引物名称	引物浓度	引物序列(5′～3′)
Oligo d(T)18	50 pmol/μL	ttttttttttttttttttt

B.2　PCR 引物(参考株为中国 CD 株,GenBank 登录号:AY523410)

见表 B.2。

表 B.2　PCR 引物

引物名称	引物浓度	引物序列(5′～3′)	片段长度
上游引物 P1	50 pmol/μL	5′- cgt gct tca gtt ttg gta - 3′	591 bp
下游引物 P2	50 pmol/μL	5′- atg agt gct gac gag tag - 3′	

附　录　C
（资料性附录）
测序分析参考序列

GenBank NO：AY523410

cgtgcttcagttttggtacgctaatgctgggtctgcaattgacaaccctatttcccaggttgcaccggatggcttccctgacatgtcattcgtgccctttaacagcccc

aacattccaaccgcggggtgggtcgggtttggtggtatttggaacagtaacaacggtgcccctgctgccacgaccgtgcaggcctatgagttaggttttgccact

ggggcaccaaataacctccagcccaccaccaacacttcaggtgcacagactgtcgccaagtccatttatgccgtggtaaccggcacaaaccaaaatccaaccg

gactgtttgtgatggcctcgggtattatctccaccccaagcgccagcgccgtcacatacacaccccaaccagacagaattgtgactacacccggcactcctgccg

ctgcacctgtgggtaagaacacacacccatcatgttcgcgtctgttgtcaggcgcaccggtgacgtcaacgtcgcagctgggtcaaccagcgggacccagtacgg

cacgggctcccaaccactgccagtaacaattggactttcgctcaacaactactcgtcagcactcat

附 录 D
（资料性附录）
案例：检测 10 份家兔肝脏样品的操作术式

D.1 无菌取 10 份待检肝脏各 5 g，RHD 阳性兔肝脏和正常兔的肝脏各 5 g，分别将 25 mL 的 DEPC 水加入各份肝脏组织中。研磨成悬液，装入 DEPC 处理过的 EP 管中，－18℃以下反复冻融 3 次，5 000 g 离心 5 min。取 200 μL 上清液作为待提取样品，共 12 份样品。

D.2 每份样品加入 700 μL TRIZOL，振荡混匀后，室温放置 10 min。加入氯仿 300 μL，振荡混匀后，室温放置 30 min。

D.3 4℃ 10 000 g 离心 15 min，取上层水相 600 μL，加入等体积的异丙醇，混匀，－18℃以下放置 2 h 以上或过夜。

D.4 4℃ 10 000 g 离心 15 min，去上清液，缓缓加入 75%乙醇 1 mL 洗涤，4℃ 5 000 g 离心 5 min，去上清液，室温干燥 20 min，加入 DEPC 水 10 μL，使充分溶解。

D.5 按本标准 7.3.1 的反转录体系配制 12 份样品和 1 份备用样品共计 13 份样品的试剂。具体为：取 13 μL dNTPs、3.25 μL RNA 酶抑制剂、6.5 μL AMV 反转录酶、26 μL 5×AMV 反应缓冲液、6.5 μL Oligo d(T)18，装入 DEPC 处理过的 EP 管中，混匀，分装于 12 支 200 μL 体积的 PCR 管中，每支 4.25 μL。分别取 5.75 μL 各肝脏样品 RNA 加入 12 支 PCR 管中，使每管总体积为 10 μL。

D.6 按本标准 7.3.2 反应条件进行反转录。结束后取出，直接作为模板进行 PCR，或者放于－18℃以下保存备用。

D.7 按本标准 7.4.1 的 PCR 体系配制 12 份样品和 1 份备用样品共计 13 份样品的试剂。具体为：取 19.5 μL MgCl₂、32.5 μL 10×Taq DNA 聚合酶反应缓冲液、6.5 μL dNTPs、6.5 μL 上游引物、6.5 μL 下游引物、6.5 μL Taq DNA 聚合酶、195 μL 灭菌去离子水，装入 EP 管中，混匀，分装于 12 支 200 μL 体积的 PCR 管中，每支 21 μL。分别取 4 μL 各肝脏反转录样品加入 12 支 PCR 管中，使每管总体积为 25 μL。

D.8 按本标准 7.4.2 反应条件进行 PCR，结束后取出。

D.9 12 份样品分别取 10.0 μL PCR 产物与 2.0 μL 6×上样缓冲液混合，加入琼脂糖凝胶板的加样孔中，同时加入 DNA 分子量标准。

D.10 盖好电泳仪，插好电极，5 V/cm 恒压下电泳 30 min。

D.11 用紫外凝胶成像系统在 302 nm 波长的紫外下观察，并对图片拍照、存档。

D.12 用分子量标准比较判断 PCR 片段大小。

D.13 兔出血病病毒 RT-PCR 检测阴阳性产物参照图（见图 D.1）。

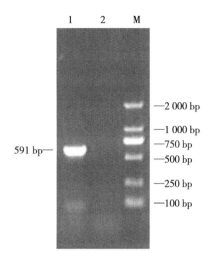

说明：

M——DNA 分子量标准(DL 2000 Marker)；

1 ——RHDV 肝脏阳性对照；

2 ——阴性肝脏对照。

图 D.1 兔出血病病毒 RT‑PCR 检测阴阳性产物参照图

ICS 11.220
B 41

中华人民共和国农业行业标准

NY/T 2961—2016

兽医实验室 质量和技术要求

Veterinary laboratory—Requirements of quality and technique

2016-10-26 发布

2017-04-01 实施

中华人民共和国农业部 发布

目　次

前　言

本标准按照 GB/T 1.1—2009 给出的规则起草。

本标准由中华人民共和国农业部提出。

本标准由全国动物卫生标准化技术委员会(SAC/TC 181)归口。

本标准起草单位:中国动物卫生与流行病学中心、中国动物疫病预防控制中心。

本标准主要起草人:王君玮、李文京、张维、刘伟、王娟、邵卫星、魏荣、洪军、宋时萍、赵格。

引　言

　　兽医实验室是动物疫病检测、监测、诊断和开展研究工作的基础,因此应满足所有相关方的需求。这些需求包括样品采集、接收、处理、检测及检测结果的报告、结果解释以及动物疫病研究等内容,涉及养殖、兽医诊疗和诊断、实验室检测、管理等多个领域的人员。由于有些兽医实验室还承担政府委派的动物疫病检测、监测或流行病学调查等行业职能,因而还应包括疫病暴发时的应急检测和积极参与针对检测或监测结果实施的动物疫病防控等工作。此外,还应考虑兽医实验室工作的安全性。

　　本标准的目的是通过借鉴国际上公认的管理理念,充分考虑兽医实验室的特点,指导实验室通过构建管理体系并安全有效运行,保证从事动物疫病检测活动的质量。从事动物疫病检测和研究的实验室应首先考虑依据国际标准运作,并考虑兽医实验室运作的专用要求。

兽医实验室 质量和技术要求

1 范围

本标准规定了兽医实验室的质量管理和技术控制要求。

本标准适用于从事动物疫病检测、监测、诊断和研究活动的兽医服务机构。

2 规范性引用文件

下列文件对于本文件的应用是必不可少的。凡是注日期的引用文件,仅注日期的版本适用于本文件。凡是不注日期的引用文件,其最新版本(包括所有的修改单)适用于本文件。

GB 19489 实验室 生物安全通用要求

GB/T 27000 合格评定 词汇和通用原则

GB/T 27025 检测和校准实验室能力的通用要求

NY/T 541 兽医诊断样品采集、保存与运输技术规范

NY/T 1948 兽医实验室生物安全要求通则

JJF 1001 通用计量术语及定义

OIE 陆生动物诊断试验与疫苗手册

3 术语和定义

GB/T 27000、JJF1001 和 OIE《陆生动物诊断实验和疫苗手册》界定的以及下列术语和定义适用于本文件。

3.1

兽医实验室 veterinary laboratory

从事兽医病原微生物和寄生虫研究,以及动物疫病诊断、检测和监测的实验室。实验室可以提供其检查范围内的咨询服务,包括解释结果和为进一步的适当检查提供建议。

3.2

客户 client

委托开展动物疫病检测的组织或个人,也包括因行业发展需要委托开展职能检测的上级管理部门。

3.3

权威实验室 authority laboratory

获得国际组织、区域组织或国家认可的实验室机构。例如:世界动物卫生组织(OIE)、世界粮农组织(FAO)设立的参考实验室,欧盟(EU)参考实验室以及国家级参考实验室、专业实验室。

3.4

母体组织 parent organization

非独立法人实验室所依托的具有明确法律地位和从事相关实验活动资格的上一级法人机构。

3.5

测量不确定度 uncertainty of measurement

表征合理地赋予被测量之值的分散性,是与测量结果相关联的一组参数。

4 质量要求

4.1 组织机构

4.1.1 兽医实验室或其母体组织应有明确的法律地位和从事相关实验活动的资格,能独立承担法律责任。如果该实验室是某个研究所、中心、大学或企业等较大组织的一部分,本身不具备独立法人资格,其从事兽医实验室活动应得到其母体组织的书面授权。

4.1.2 如果实验室负责人不是组织机构的法定代表人,应获得机构法定代表人的书面授权。

4.1.3 应明确实验室不同层级人员的岗位要求、职责和相互关系。

4.1.4 应明确实验室的组织和管理机构、实验室在母体组织中的地位,以及实验室与母体组织内其他相关部门的关系,不应因利益冲突影响检测结果的判定。

4.1.5 如果兽医实验室希望作为第三方检测机构开展检测或获得认可,应能证明其公正性,并能证明实验室及其员工不受任何不正当的商业、财务和其他可能干扰其技术判断的压力影响。

4.1.6 实验室管理层负责实验室管理体系的建立、实施维持和改进,并应:

a) 指定一名质量负责人(或其他称谓),赋予其职责和权利以保证实验室所有活动遵循管理体系要求。质量负责人应有直接向具有实验室政策或资源决策权的管理层(者)报告的畅通渠道,并能直接向具有决策权的实验室最高管理层(者)报告;

b) 指定一名技术负责人(或其他称谓),全面负责技术运作,确保实验室活动质量的技术资源需求。根据实验室规模,必要时,可设立在技术负责人领导下的技术管理层;

c) 为实验室所有人员提供履行其职责所需的适当权力和资源;

d) 建立机制以避免管理层和实验室人员受任何不利于其工作质量的压力或影响(如财务、人事或其他方面的),或卷入任何可能降低其公正性、判断力和能力的活动;

e) 制定管理规定,确保实验室工作相关机密信息受到保护;

f) 指定熟悉相关实验目的、程序和结果分析的人员,依据实验室制定的程序对实验人员(包括新进人员、在培员工)进行必要的培训、考核和监督;

g) 指定关键岗位的代理人(对规模较小的实验室,可以考虑一人兼多职)。

4.1.7 应建立沟通机制,以便适时就管理体系运行有效性等事宜进行沟通。

4.2 管理体系

4.2.1 实验室应建立、实施和保持与实验活动范围相适应的管理体系。考虑到兽医实验室工作的特殊性,管理体系应覆盖实验室在固定设施内、野外采样和解剖现场、养殖场、屠宰场、交易市场等场所,或在相关的临时或移动设施中进行的工作。

4.2.2 实验室应编制质量管理体系文件,包括质量手册、程序文件、标准操作规范等。体系文件应通过宣贯、培训等多种方式传达至相关人员,确保其已理解并有能力执行。

4.2.3 实验室应制定总体目标和质量方针,并在管理评审时加以评审。体系文件中应包含质量方针声明,且简明扼要,并在实验室最高管理者批准后发布。一般情况下,质量方针应包含以下内容:

a) 对服务质量和服务标准的承诺;

b) 要求与实验活动有关人员熟悉体系文件,并在工作中始终贯彻执行相关政策和程序;

c) 实验室对良好职业行为、实验工作质量和遵守管理体系的承诺;

d) 实验室对遵守本标准及持续改进管理体系有效性的承诺。

4.2.4 质量手册中应包含或指明含技术程序在内的支持性程序,并概述所用文件的架构。应有措施保证实验室所用质量手册为现行有效版本。

兽医实验室管理体系手册内容(目录)应简洁、全面,可包括(但不限于)以下内容:

a) 引言;

b) 兽医实验室简介;

c) 授权书;

d) 公正性声明;

e) 质量方针、目标；

f) 管理体系描述（包括组织机构、人员岗位及职责、体系文件架构等）；

g) 质量要求条款；

h) 技术要求条款；

i) 程序文件、标准操作规范目录；

j) 表单目录；

k) 参考文献等。

4.2.5 质量手册中应规定关键岗位人员的作用和职责，包括确保遵循本标准在内的相关标准的责任。

4.2.6 质量手册应包含建立、实施、更新管理体系以及持续改进其有效性的承诺。管理体系有重大变更时，最高管理层应确保其完整性和适用性。

4.3 文件和档案管理

4.3.1 实验室应制定文件档案管理程序，以便对所有管理体系文件进行有效控制。兽医实验室应纳入管理的体系文件包括质量手册、程序文件、标准操作规范、图表、项目或任务来源、研究或检测记录和结果等各类档案，以及外部文件，如标准、法规等。

4.3.2 供实验室人员使用的所有文件，包括管理规定、标准检测操作规范、记录表格等，在发布或使用前应经审核和批准。修订后的文件经审核或批准后应及时发布，确保实验室人员使用现行有效版本文件。

4.3.3 应定期评审管理体系文件，必要时进行修订，以确保体系文件持续适用，并能满足实验室使用要求。

4.3.4 存留或归档的已废止文件，如修订前的旧版本文件、出于法律或知识保存目的而保留的作废文件，应适当标注以防流入检测现场误用。

4.3.5 所有管理体系文件应有唯一性标识，并易于检索。唯一性标识包括以下内容：发布日期、修订标识、页码、总页数、表示文件结束的标记和发布机构等。

4.3.6 应有更改和控制保存在计算机系统中的电子文档的管理措施。检测设备上的数据可以拷贝后保管，也可以保存在原检测设备上。对无法拷贝的检测设备上的数据，应打印后归档保存。

4.3.7 存档文件应规定其保存期限及借阅权限。

4.3.8 文件可以用适当的媒介保存，如硬盘、光盘，不限定为纸张。

4.4 合同评审

4.4.1 实验室应建立合同评审程序，对客户（包括政府委派）委托的检测进行必要的规定。合同评审时，应对实验室能力、所用检测方法、样品来源、样品量、结果报告方式、报告时间等与客户充分沟通后予以充分规定，形成文件并获得客户认可，有任何异议应在开始检测工作前得到解决。

4.4.2 合同评审的方式可以内容详尽、规范，也可以简化。应根据客户委托的项目、方法、标准或规范状况、结果使用方式和实验室资源等与客户充分商定后选定，可以是书面正式合同，也可以是简化的口头协议，但应有记录。对工作方案明确的、持续的政府委派任务，仅需在初期调查阶段进行评审或在任务批准时进行评审。

4.4.3 合同评审的内容应包括分包给其他实验室的工作。

4.4.4 应保存合同评审记录，包括合同评审时间、参加人员、合同签订后任何重大的改动、执行合同期间与客户进行讨论的有关记录等。

4.4.5 工作开始后如果需要修改合同，应再次进行合同评审，并将修改内容通知所有相关人员。

4.4.6 涉及重大动物疫情控制时，政府委派的检测或监测项目的合同评审不仅考虑上述质量控制和技术能力能否满足要求，还应重点考虑是否具备生物安全条件。必要时，合同评审内容应征询相关专业委员会的意见或建议。

4.5 实验室工作分包

4.5.1 应制定实验室工作分包管理程序,对分包时机、分包方要求、能力评估、报告使用、监督管理等事项做出规定。

4.5.2 兽医实验室在进行检测项目分包时,应分包给具备相应资质和能力的分包方,并将分包安排以书面形式通知客户,征得其同意。

4.5.3 实验室应保存分包工作安排的所有记录。

4.5.4 实验室应对分包方提交结果的质量负责,并会同本实验室获得的实验结果做出综合判定。由客户或法定管理机构指定的分包方提交的结果除外。

4.6 外部服务与供应

4.6.1 实验室应建立外部服务和供应品采购管理程序,以保证选择和使用所购买的外部服务、供应品符合规定要求,且不会对检测结果的质量产生负面影响。一般情况下,兽医实验室购买的外部服务和供应品包括(但不限于)以下内容:

    a) 测量设备的检定和校准服务;

    b) 电镜观察、核酸测序或基因合成服务;

    c) 影响实验工作质量的设施与环境条件的设计、安装、调试服务,设备的安装、调试、维修维护和人员培训;

    d) 实验室重要消耗材料,如培养细胞或细菌用的培养基、核酸提取试剂、电泳试剂、免疫学检测试剂、SPF 鸡胚、实验动物等。

4.6.2 实验室应确保外部服务和供应品只有经检查或验证,并确认符合标准、规范或要求之后才能投入使用。应保存符合性检查或验证的所有记录。

4.6.3 实验室应制订供应品的采购计划,并经过审查和批准。

4.6.4 实验动物、SPF 鸡胚的采购应确认供应商能满足国家规定的要求,且应对每批采购的实验动物和 SPF 鸡胚进行必要的检查,确认合格后方可接收。

4.6.5 在不存在标准化试剂的情况下,实验室应要求供应商提供所用试剂的说明,以及试剂溯源的基本材料。

4.6.6 对供应品应有库存管理规定。库存管理规定应包括全部相关试剂的批号记录、实验室接收日期以及这些材料投入使用日期。

4.6.7 应定期对影响检测质量的重要试剂、耗材和服务的供应商进行评价,并保存这些评价的记录和获准使用的供应商名录。

4.7 客户服务

4.7.1 需要时,实验室可设专门人员对样品采集、包装运输、检测项目和检测方法选择等为客户提供咨询服务。适用时,应提供对检测结果的解释。

4.7.2 在检测过程中,实验室应有专业人员与客户保持沟通,及时解决客户疑惑或咨询问题。

4.7.3 实验室应主动向客户征求意见和反馈,并进行分析,以改进管理体系、实验活动及服务客户。

4.8 投诉的解决

    实验室应有解决来自客户或其他方面的投诉、反馈意见的政策和程序。应按要求保存所有投诉或反馈意见,以及实验室针对投诉或意见开展的调查记录和采取的纠正措施记录。

4.9 不符合工作的控制

4.9.1 当发现检测过程有不符合客户要求或实验室制定的管理体系要求时,实验室管理层应有政策和程序以确保:

a) 将解决问题的责任落实到个人;

b) 明确规定应采取的措施;

c) 分析产生不符合工作的原因和影响范围,并对不符合工作的严重性进行评价;

d) 必要时,停止检测,通知客户并取消工作;

e) 立即采取纠正措施;

f) 收回或适当标识已发出的不符合检测报告;

g) 明确规定恢复检测工作的授权人、相关人员职责和时限;

h) 记录不符合项及其相对应的处理过程并形成文件。

4.9.2 实验室应按规定的周期评审不符合工作报告,以便发现不符合工作出现的趋势,并采取相应预防措施。

4.9.3 当评价表明不符合检测工作可能再度发生,或对实验室的正常运作产生怀疑时,应立即实施预防措施程序。

4.10 持续改进

4.10.1 实验室管理层应定期系统地评审管理体系,以识别所有潜在的不符合项来源、识别对管理体系或技术的改进机会。适用时,应对识别的潜在不符合工作制订改进方案,并实施和监督。

4.10.2 应对采取的措施通过重点评审或审核相关范围的方式评价其效果。

4.10.3 应建立促进所有员工积极参加改进活动的机制,并提供相关的教育和培训机会。

4.11 纠正措施

4.11.1 实验室应制定纠正措施控制程序,以便在出现不符合工作时实验室能及时确定问题产生的根本原因,识别出各种可能的纠正措施,并针对根本原因选择和实施最可能消除问题和防止问题再次发生的纠正措施。

4.11.2 采取的纠正措施应与问题的严重程度和风险大小相适应。

4.11.3 应对采取的纠正措施效果进行监控,以确保所采取的纠正措施已有效解决识别出的问题。

4.11.4 实验室应将纠正措施所引起的任何变更制定成文件并加以实施。

4.11.5 在对不符合项识别或原因调查过程中,当怀疑其原因是由于实验室相关政策、程序或质量管理体系存在缺陷时,应对可能存在缺陷的方面进行审核,再采取相应措施。纠正措施的结果应提交实验室管理评审。

4.12 预防措施

4.12.1 预防措施是主动识别改进机会的过程。无论技术方面还是管理体系方面,当识别出改进机会或需采取相应的预防措施时,应制订预防措施控制计划,并实施和监控,以便降低发生这类不符合情况的可能性。

4.12.2 预防措施程序应包括(但不限于):

a) 对潜在的不符合或需改进的事项进行确定和评估;

b) 制订和实施包括预防措施的启动和控制在内的行动方案;

c) 在降低不符合工作的可能性或在提出改进的特定需求时,监测其有效性。

4.13 质量和技术记录

4.13.1 实验室应建立并实施对质量和技术记录识别、索引、存取、维护和安全处置的程序,应有管理电子记录的程序,并防止未经授权的侵入或修改。

4.13.2 原始记录应真实,并可以提供足够的信息,保证可追溯性。观察的结果、数据和计算应在产生的当时予以记录。

4.13.3 应明确规定对实验活动进行记录的要求,至少应包括记录的内容、要求、记录的档案管理、使用权限、保存期限等。记录的保存期限应符合国家和地方法规或标准的要求。

4.13.4 应提供适宜的存放环境,以防止损坏、丢失或未经授权的使用。所有记录应予安全保护和保密。兽医实验室的记录一般包括(但不限于)以下内容:

    a) 送检样品登记单;

    b) 样品接收记录;

    c) 检验结果记录和检验报告;

    d) 实验室工作记录;

    e) 人员专业档案及培训记录;

    f) 质量控制记录;

    g) 内部审核和管理评审记录;

    h) 外部质量评价、实验室间比对和能力验证记录;

    i) 仪器设备维护、检定记录;

    j) 废弃物处置等生物安全记录。

4.13.5 对原始记录的任何更改均不应影响识别被修改的内容,修改人应签字和注明日期。对电子存储的记录也应采取同等措施,以避免原始数据的丢失或改动。

4.14 内部审核

4.14.1 实验室应定期对管理体系的所有质量要素及技术要素进行内部审核,以证实体系运作持续符合管理体系和本标准的要求。内部审核应覆盖体系的所有要素,对影响实验结果的关键环节和要素应重点审核。

4.14.2 应由质量负责人(或其他称谓)或其指定的有资格的人员,按照本标准的要求和管理体系的要求以及管理层的需要策划、组织并实施内部审核。审核应由经过培训并具备资格的人员来执行,只要资源允许,审核人员不得审核自己的工作。

4.14.3 当审核中发现有导致对体系运作的有效性或对实验室检测结果的正确性产生怀疑时,实验室应及时采取适当的纠正或预防措施。如果调查表明实验室的检测结果可能已受影响时,应书面通知客户。

4.14.4 应记录审核活动、审核发现问题及采取的纠正措施。

4.14.5 通常情况下,每年应对体系的全部要素进行一次内部审核。内部审核的结果应提交实验室管理层评审。

4.15 管理评审

4.15.1 实验室管理层应对实验室质量管理体系以及与检测有关的所有活动进行评审,包括检测、咨询工作,以确保其持续适用和有效,并根据评审结果进行必要的变更或改进。评审应考虑(但不限于)以下内容:

    a) 前次管理评审输出的落实情况;

    b) 质量方针的执行和总体目标实现情况;

    c) 所采取纠正措施的状态和所需的预防措施;

    d) 政策和程序的适用性;

    e) 检测技术标准和相关法规的更新与维持情况;

    f) 管理和监督人员的报告;

    g) 近期内部审核的结果;

    h) 外部机构的评价;

    i) 实验室间比对或能力验证的结果,或其他形式的外部质量评价;

    j) 检测工作量和工作类型的变化;

k) 反馈信息,包括客户或其他相关方的投诉和相关信息;

l) 持续改进过程的结果和建议;

m) 对外部服务和供应商的评价报告;

n) 设施设备的状态报告;

o) 管理职责的落实情况;

p) 人员状态、培训、能力评估报告;

q) 必要时,实验室检测风险评估报告;

r) 实验室年度工作计划,包括检测计划、安全计划的落实情况;

s) 其他相关因素,如质量控制活动、资源以及员工培训;

t) 其他。

4.15.2 应尽可能以客观的方式评价上述要素。

4.15.3 应记录管理评审中的发现及提出拟采取的措施,应将评审发现和作为评审输出的决定列入含目标、措施的计划中,并及时告知实验室人员。实验室管理层应确保提出的改进措施在规定时限内得到实施。

4.15.4 一般情况下,应按不大于12个月的周期进行管理评审。

5 技术要求

5.1 人员

5.1.1 实验室管理层应有保证所有人员具备资格的人事规划和岗位说明,确保所有实验室人员有能力胜任所指定的工作。岗位说明至少应规定岗位职责、岗位所需的资质、结果评价和解释权限、签字权限等。

5.1.2 应保存全部人员的档案,以便查阅。档案信息应齐全,包括:

a) 教育背景;

b) 证书;

c) 继续教育及业绩记录;

d) 能力评估;

e) 以往工作背景;

f) 当前工作描述;

g) 健康检查和免疫记录(可以不包括涉及隐私的健康检查记录);

h) 接受培训记录;

i) 员工表现评价。

5.1.3 实验室负责人应具有相应的教育、专业背景和工作经历。除具备管理能力外,还应具备兽医专业技术能力,应由兽医学或相关专业人员担任。质量负责人、技术负责人应有3年以上从事动物疫病研究或检测、管理或相关从业经验,熟悉本专业理论知识和操作技能。

5.1.4 应有足够的人员,以满足兽医实验室开展工作及履行管理体系职责的需求。

5.1.5 应制订针对所有级别人员的继续教育和培训目标,应有确定培训需求和提供人员培训的政策和程序。人员培训计划应与实验室当前和预期的任务相适应。

制订人员培训计划时,应考虑(但不限于)以下内容:

a) 上岗培训,包括对较长期离岗或下岗人员的再上岗培训;

b) 实验室管理体系培训;

c) 实验室操作技能培训;

d) 实验室设施设备的安全、正确使用培训;

    e)   实验室生物安全培训。

5.1.6 从事采样、动物解剖、检测、使用实验室信息系统的计算机和操作特定类型的仪器设备(如荧光定量 PCR 仪、高速离心机、高压灭菌器等)等的人员,开展工作前应经实验室负责人授权。特殊岗位,如按照国家规定超过一定容量的高压灭菌器的操作、蒸汽发生器的操作等,应取得相关资质证书。

5.1.7 如果实验室使用临时签约人员,应确保其有能力胜任所承担的工作,了解并遵守实验室管理体系的要求。

5.1.8 培训结束后,应对人员胜任指定工作的能力进行考核与评估,之后定期评审。

5.1.9 对检测结果做专业判断和结果解释的人员,除了应具备相应的资格外,还应根据实际需要满足(但不限于)下列要求:

    a)   具有相应的兽医理论知识,尤其是兽医传染病学、兽医微生物学、免疫学和病理学方面的知识;

    b)   熟悉我国相关的国家标准、行业标准和国际标准的内容,了解我国现行法律、法规的要求;

    c)   了解相应的动物养殖、动物产品的生产工艺。

5.2 设施与环境

5.2.1 兽医实验室应配备必要的安全设备和个人防护装备,具备从事相应级别病原体操作的生物安全防护条件,满足实验室生物安全相关法律法规以及 GB 19489、GB/T 27025 和 NY/T 1948 等相关标准的要求。

5.2.2 实验室应有足够的空间,并进行合理布局。资源的配置应以能够满足实验室工作的需要为原则。在实验室固定设施以外进行样品采集、检测的场所亦应满足上述要求。

5.2.3 实验室的设施和环境应适合所从事的工作。实验设施包括(但不限于)电力、光照、通风、供水、排水、废弃物处置以及环境条件等。当环境因素可能影响检测结果时,实验室应对其相应的环境条件进行监测、控制并记录。应特别注意电力供应、压差或气流流向(如 BSL‑2 生物安全实验室、BSL‑3 生物安全实验室)和温湿度等关键要素的变化。必要时,应立即停止检测活动。

5.2.4 应对进行不同实验活动的相邻区域实施有效分隔,并采取措施防止交叉污染。

5.2.5 应在实验室工作区邻近(但应安全隔开)设计适宜且足够的空间,以安全存放样本、菌毒种、细胞株、剧毒化学试剂、记录以及用于垃圾和特定的实验室废物在处置前的存放。

5.2.6 实验室应有明确标识,除应对溶液、试剂、菌毒种、生物材料进行标识以确保材料有效、结果准确外,还应标示出紧急撤离路线、具体的危险材料、生物危险、有毒有害、腐蚀性、刺伤、易燃、高温、低温等。需要时,应同时提示必要的防护措施。

5.2.7 如果涉及动物实验,应有专门的动物饲养设施,并取得实验动物生产/使用许可证,或者取得国家实验动物机构认可的资质。

5.2.8 应对人员进出和操作可能会影响检测结果的区域进行控制。

5.2.9 应遵从良好内务规范,保持实验工作区域清洁、安全。废弃物处置应符合相关法规规定。必要时,制定专门程序并对相关人员培训。

5.3 实验设备

5.3.1 实验室应配置满足检测需要的基本设备,包括样品采集、处理、存放以及数据处理分析等。当实验室需要使用固定设施以外的设备时,应选择满足本标准要求的设备。

5.3.2 实验室管理层应制定设备管理程序,规定设备操作、使用前核查、消毒灭菌、校准或检定,定期维护、监测并证实其处于正常功能状态。

5.3.3 检测设备及其软件应当能达到准确度要求,并符合相应检测规范的要求。对检测结果有重要影响的检测设备,应建立检定/校准程序。

5.3.4 应由经过授权且具备资格的人员操作和使用实验室设备。设备使用和维护操作规程应现行有效,并便于使用。需要时,操作人员应随时可以阅读所用设备的使用和维护最新版说明书,包括由制造商提供的设备使用手册。

5.3.5 应在每台设备的显著部位标示出唯一编号、校准或检定日期、下次校准或检定日期、合格、准用或停用状态。

5.3.6 应建立设备档案,并保存设备购买、验收、使用等活动的记录。记录应包括(但不限于):

a) 设备及其软件标识;

b) 制造商名称、型号、序列号或其他唯一性标识;

c) 验收记录;

d) 设备到货日期和投入使用日期;

e) 接收时的状态,如新品、使用过、修理过;

f) 设备目前的存放地点;

g) 校准或检定记录、期间核查记录;

h) 任何损坏、故障、改装或修理记录;

i) 服务合同;

j) 设备维护记录;

k) 校准或检定计划;

l) 年度维护计划。

5.3.7 对于超负荷运转、发现设备运转不正常、产生可疑结果、出现问题或超过使用期限的仪器设备,应立即停止使用。清楚地标识后,妥善存放直至其被修复。停用设备修复后,应经校准或检定、验证或检测表明其达到规定标准后方可使用。实验室应检查上述故障对之前检测结果的影响,必要时采取纠正措施。

5.3.8 实验室应根据风险评估的结果,在设备维护、修理、报废或被移出实验室前先去污染。但可能仍然需要当事人员采取适当的防护措施。实验室应将采取的去污染措施文件提供给拟处理该设备的工作人员,或以其他适当方式告知。

5.3.9 无论什么原因,设备一旦脱离了实验室的直接控制,待该设备返回后,应在使用前对其性能进行确认并记录。必要时,应重新进行校准或检定。

5.3.10 如果使用计算机或自动化检测设备进行数据收集、处理、记录、报告、存储或检索,实验室应确保:

a) 计算机软件包括内置软件,经确认适用于该设备;

b) 建立并执行相应的管理程序,以便随时保护数据的安全性和完整性,并可随时检索;

c) 应充分保护计算机程序,以防止无意的或未经授权的访问、修改或破坏。

5.3.11 应保护实验设备安全,包括安装在设备上的硬件、软件,避免发生因调整、篡改而导致检测结果无效。

5.4 检测方法的选择与确认

5.4.1 实验室应建立选择检测方法和对方法进行确认的规定和程序。选择检测方法时,应考虑其适用性、科学性、客户检测的目的和可接受性,以及实验资源是否充足。一般应考虑以下因素:

a) 国际上通用;

b) 有科学依据;

c) 方法未过时;

d) 方法性能,如敏感性、特异性、准确性等;

e) 样品类型(如血清、组织、棉拭子)及其质量;

f) 拟分析的对象,如抗原、抗体、细菌、病毒等;

g)　实验室资源和技术水平；

h)　检测的目的，如流行病学监测、疾病诊断；

i)　客户的期望值；

j)　生物安全因素；

k)　检测成本；

l)　是否有商品化的检测试剂等。

5.4.2　应优先选择国际标准或国家标准、行业标准、地方标准发布的方法，并应确保使用标准的最新有效版本；也可使用知名技术组织或有关书籍和期刊公布的非标准方法。但仲裁检验时，应优先选择国家标准或行业标准、地方标准规定的方法。所选用的方法应在合同评审时与客户充分沟通，并得到其认可。

5.4.3　实验室在使用非标准方法、扩充或修改过的标准方法时，或者基于上述方法（包括标准方法）制备的商品化试剂盒时，应进行确认并记录使用的确认程序、所获得的结果以及该方法是否适合该项目检测的预期用途。

5.4.4　通常情况下，兽医检测方法的确认主要采用以下方式之一或下列几种方式的组合：

a)　使用来自权威实验室的标准品进行测定比较；

b)　与其他方法所得的结果进行比较；

c)　与权威实验室或已认可实验室的实验室间比对；

d)　与权威实验室使用的检测试剂盒进行检测比较；

e)　对影响检测结果的各种因素做系统分析、评审；

f)　对检测结果的不确定度进行评定。

5.4.5　应有对标准查新管理的规定，定期查新新颁布的检测技术标准或方法，以保证所使用的标准为最新有效版本。

5.5　样品的采集、接收与管理

5.5.1　实验室应按照附录A的规定。制定检测样品控制程序，确保样品符合检测要求，且使样品中病原微生物散播的风险降至可接受的程度。样品控制程序应包括（但不限于）以下内容：

a)　样品的采集；

b)　样品标识；

c)　样品接收与预处理；

d)　样品的检测；

e)　留存或备份样品；

f)　对检测样品和检测完毕剩余样品的弃置规定等。

5.5.2　应记录样品采集的全部过程，包括采集操作规程、采集人员身份、样品采集环境条件等。必要时，用图标或其他方式来表明采集部位（如采集组织样品时）。最好能记录采样程序所依据的统计学原理。

5.5.3　实验室在接收检测样品前应与客户进行充分沟通，了解检测目的和结果要求，如实记录所接收样品的数量和状态等。应根据检测项目和备份的需要尽可能获取足够量的样品，避免补送样品。

5.5.4　应制定拒收样品的程序和规定，确保收取的样品符合检测要求。如果收到样品后发现不能满足检测要求，则应详细记录，并与客户沟通评估是否需要继续检测。如果客户确认需要检测，则应在最终报告中予以说明，并在解释结果或做出结论时慎重考虑这方面的因素。

5.5.5　实验室应提供适当的设备和设施条件用于检测过程中样品的临时储存，避免样品腐败或性质的改变。

5.5.6　实验室应建立样品标识系统，以确保样品在采集、运输、接收、存放、处理、检测和备份等流转过程中样品之间不会产生混淆。

5.5.7 实验室应有防止样品交叉污染(包括病原体和核酸污染等)的措施。

5.5.8 实验室应按照规定留存备份样品,并保存一定时间以备复验。

5.5.9 不再留存的检测样品以及实验中剩余拟废弃的阳性对照、标准菌毒株等实验室废弃物处置,应满足附录B的要求。

5.5.10 适用时,实验室应对突发动物疫情样品检测的受理制订应急预案。

5.6 检测结果的溯源及不确定度分析

兽医实验室中用于检测且影响检测结果的准确性或有效性的所有仪器设备、器械、生物材料,在投入使用前均应进行校准、检定或验证。对影响检测结果的不确定度因素应进行充分的考虑和分析,并采取适当的控制措施。实验室应制定进行检测结果溯源和检测方法不确定度分析的规定或程序。

5.6.1 检测结果的量值溯源

5.6.1.1 生物材料的溯源

实验室应制定对阳性血清、标准菌株/毒株、细胞系、诊断试剂等关键要素进行溯源和管理的程序。标准对照血清、标准菌株/毒株和细胞系等生物材料应能溯源到国际标准或国家标准,或来自行业权威实验室或经认可的保藏机构。如果所用生物材料无法溯源,实验室应有相应的程序保证其质量,包括与其他试剂之间比对、与其他方法比较、相关方确认或公认。

5.6.1.2 设备的计量学溯源

实验室内具有计量功能的检测设备均应溯源到国际单位(SI)。对检测结果有影响的仪器设备、移取器械,如天平、移液器和酶标仪等,在投入使用前应进行检定或校准。

注:某些检测项目是通过测试系统或者设备完成的,其检测结果的量值溯源主要是通过对测试系统的检定或者校准实现。

5.6.2 检测结果的不确定度分析

适用且可能时,实验室应对所使用的检测方法及可能产生的结果进行不确定度分析。这些检测方法一般可以分为两类:一类是定量方法,包括ELISA方法、实时荧光定量PCR等;另一类是定性方法,如细菌培养、病毒分离、免疫印迹实验等。

定量检测方法可以参照QUAM方法进行不确定度评估;而对定性检测方法进行不确定度评估时,应根据自身经验、内部质量控制结果、比对数据等尽可能查找、分析兽医实验室工作中的不确定度分量,确定每个操作过程的关键控制点,并采取措施加以控制,降低或减少因不确定度对检测结果的影响。一般情况下,兽医实验室检测过程中常见的不确定度来源有以下几个方面:

a) 采样;
b) 交叉污染;
c) 样品的运输和存储条件;
d) 样品处理;
e) 检测试剂的质量和存储;
f) 生物参考材料的类型;
g) 样品操作量,如体积、重量;
h) 检测环境条件;
i) 设备的影响;
j) 分析人员或实验操作者的偏见或能力差异;
k) 未知或随机因素;
l) 样品的标记和如何防止标记丢失等。

5.7 结果的质量保证

5.7.1 日常运行中的质量保证

5.7.1.1 实验室应设计内部质量控制体系,并有计划地实施和定期评审,以保证检测结果达到预期的质量标准。实验室质量控制通常采用(但不限于)以下方式(一般可选用2种~3种):

    a) 与权威实验室或已认证/认可实验室的实验室间比对;
    b) 参加由上级管理部门、国内或国外权威实验室、认可机构组织的能力验证计划;
    c) 实验室内使用相同或不同的方法进行重复检测,比较分析结果差异;
    d) 使用已知性能的实验室存留样品或从权威实验室获取的已知样品进行再检测;
    e) 实验室内不同检测人员的检测结果比较。

5.7.1.2 实验室应对标准生物材料样品存储做出规定,以满足检测结果的质量保证要求。生物材料应按照供应方或生产商提供的说明书以合适的方式存储,以确保其性能。使用前,应根据规定的实验程序和要求进行预实验,以验证其有效性。

为防止生物材料被污染或变质,并保证其完整性,实验室应有安全操作、运输、存储和使用的程序。

5.7.1.3 实验室应记录所进行的质量监控活动,对获得的结果进行评估,对发现的问题或不足及时采取纠正和预防措施。

5.7.2 检测完成后结果的质量保证

检测工作完成后,授权签字人应系统地审核检测结果。对样品接收、样品处理、方法运用、试剂使用、结果出具等检测的全过程进行有效性评审。必要时,进行重复检测。经审查结果无误后,签字确认并报告结果。

鼓励实验室采用统计分析方法定期分析质控数据,了解实验室检测质量的变化及变动趋势。

5.8 检测结果报告

5.8.1 实验室管理层应负责设计规范的结果报告格式。报告的递送、接收方式可与客户协商后确定。

5.8.2 结果报告应客观、完整、清晰、明确,格式规范。兽医实验室出具的报告中应至少包含以下信息:

    a) 标题;
    b) 发布报告的兽医实验室名称;
    c) 检测的环境条件;
    d) 检测方法及标准;
    e) 报告的唯一性标识和每一页上的标识,以确保能够识别该页属于检测报告的一部分,以及表明检测报告结束的清晰标识;
    f) 客户的名称与地址;
    g) 检测样品的状态描述和明确的标识;
    h) 样品接收和检测日期;
    i) 报告发布日期;
    j) 适用时,结果的不确定度;
    k) 结果解释(必要时);
    l) 签发报告人员的标识,包括编制、审核和批准人员。

5.8.3 如果收到的原始样品质量不适于检测或可能影响检测结果时,应在合同评审时明确,并在报告中说明。

5.8.4 当检测报告中包含分包方所出具的检测结果时,应清晰标注。分包方应以书面或电子方式报告结果。

5.8.5 实验室应保存报告副本,并可迅速检索。副本保存期限应满足国家、区域或地方法规的要求,以备查询。

5.8.6 实验室应制定程序或规范,以确保通过传真、电话或其他电子方式发布的检测结果只能送达被授权接收者。口头报告检测结果后,应随后提供适当的有记录的报告。

5.8.7 如果检测结果事先已按临时报告的形式传送给客户,则应与其协商是否需要正式报告。

5.8.8 如果客户要求对检验结果做出解释,实验室应由具备能力的人员负责解释。必要时,向客户索要样品的进一步详细背景信息。

5.8.9 由于兽医实验室检测工作的特殊性,实验室应制定检测结果延迟报告情况下的政策和程序,以便及时分析延迟原因并与客户沟通,消除双方分歧。

5.8.10 实验室应有更改结果报告的规定和程序。

附 录 A

（规范性附录）

样品的采集、接收与管理要求

A.1 采样

A.1.1 采样前,应充分考虑检测的目的和拟采用的检测方法。采集的样品量和样本数量应能满足检测和复检要求。适用时,还应考虑作为参考样品备份的数量要求。

A.1.2 一般发病动物的组织样品或体液、分泌液含有大量病原。进行动物疫病诊断采样时,应考虑可能感染病原的组织嗜性、携带病原较多的病变组织器官以及病原在这些组织的可能的动态分布、持续时间、是否有抗体反应以及抗体何时能检测到。在进行群体疾病调查或监测时,还应采集未发病群动物的样品,以便对检测结果进行比较分析。

A.1.3 应根据不同的检测目的选用适宜的样品保存液,同时应考虑保存液成分可能对样品中病原的潜在影响。

A.1.4 采样过程中应尽可能详细记录发病或拟监测的动物群的背景信息,并随样品一起送交兽医实验室。一般应记录的信息包括(但不限于):

    a) 地点和联系信息;

    b) 病例信息,如可疑病原体感染、申请检测的项目、动物群状况和发病史等;

    c) 流行病学信息,如动物群的传播、发病率、死亡率、免疫情况等。

A.1.5 样品可以采集自活体动物,也可以在动物发病死亡或处死后采样。应根据不同检测目的采集动物样品。

    a) 全血。可以用于血液原虫或细菌感染的直接涂片检查、PCR检测、免疫学检测、病毒或细菌培养、临床化学等目的的检测。样品采集时,应选择适宜的抗凝剂以防止血液凝固,并遵从无菌操作规范以避免样品交叉污染。

    b) 血清。用于抗体检测。采血时不需加抗凝剂,一般采集后数小时或过夜待血细胞凝集后即可收取上面析出的血清。进行血清分离时,为避免影响实验结果,应尽可能避免血细胞破裂溶解和样品污染。

    c) 粪便。粪便样品可以用于寄生虫检查、细菌培养、病毒分离、分子生物学检测等目的。一般采集新鲜粪便,或采用棉拭子进行直肠采样或泄殖腔采样。棉拭子采样时,应事先湿润拭子,采集后尽快放入带有缓冲液的容器中。粪便样品采集后应低温运送至实验室并尽快检测,以防止样品中待检病原死亡、细菌增殖或虫卵孵化。

    d) 泪液、唾液和水泡液等分泌液。可以直接收取分泌液或用棉拭子收集。分泌液中含有大量病原体,采集后应妥善包装,防止病原体散播。

    e) 奶样。可以采集单个动物样品,也可以采集多个动物的混合奶样,根据检测目的不同实施样品采集活动。单个动物采样时,应避免清洗消毒奶头对样品的影响,且应弃去最先挤出的奶,采集随后挤出的新鲜奶样品。

    f) 组织样品。组织样品采集时,除了采集病变部位样品外,还要关注组织的病变,获取发病动物的可能致病原因信息。需要进行组织病理学检测时,样品采集、固定和保存应满足病理学检测的要求。

A.1.6 实验室制订采样方案时,应考虑采样的统计学要求。

A.1.7 采样前,应由具备资格的人员就动物群的健康状况或发病情况,采样中可能给采样人员带来的生物安全风险进行评估,并根据评估结果采取适宜的个体防护措施。

A.1.8 样品的采集方法按 NY/T 541 的规定执行。

A.2 样品接收

A.2.1 实验室应有专门用于样品接收的场所。

A.2.2 应由经培训合格并经授权的人员接收样品。

A.2.3 实验室在收到送检样品后,按照客户提供的信息填写送检样品登记单,记录样品的名称、数量、编号、来源、要求检测的项目名称,要求完成日期等内容,进行简单的合同评审。对客户有特殊检测或特殊要求的,样品接收人员应将检测合同提交管理层评审。

A.2.4 样品接收后,应按照实验室规范对送检样品重新编号,加贴唯一性识别标志和状态标识。

A.2.5 样品在送检测室检测前,应加贴注明样品保管人、样品编号、任务下达日期的未检标识。

A.2.6 必要时,应在样品接收前对样品的生物安全风险可接受程度进行评估。

A.3 检测前的样品处理

A.3.1 样品处理应由兽医实验室检验人员进行。

A.3.2 接收并打开样品包装的人员应受过防护培训(尤其是处理破裂或渗漏的容器),应知道所操作标本的潜在健康危害。操作时,要采取合适的防护措施。

A.3.3 样品的外包装应在临近生物安全柜的区域打开。同时,备有吸水材料和消毒剂,以便随时处理可能出现的样品泄漏。

A.3.4 打开外层包装后,仔细检查第二层容器的外观是否完好,样品登记是否与送检报告相符。

A.3.5 对于病原检测样品,如动物组织、体液和棉拭子,应在生物安全柜内打开内层包装。血清学检测样品可以在实验台面打开包装,但应注意实施个人防护。内层包装打开前,检查包装是否破损,标签是否完整、清晰,是否与内容物、送检登记相符,是否有污染。应记录样品检查结果和处置方法。

A.3.6 检测过程中,应对样品流转状态和检测进度进行标识,如待检、在检或已检标签,注明操作人员姓名、编号和日期。

A.4 实验室内样品的储存与流转

A.4.1 样品储存容器应当坚固,不易破碎,盖子或塞子盖好后不应有液体渗漏,可以是玻璃的,但最好采用塑料制品。应正确地贴上标签以利于识别,标签上应有样品名称、采集日期、编号等必要的信息。样品的有关表格和/或说明应单独放在防水的袋子里,以防止发生污染而影响辨识。

A.4.2 检验过程中,应及时将样品妥善保存,防止样品泄漏和污染容器外壁。

A.4.3 实验室检验完毕后,应及时将备份样品交样品保管室保管,并记录。多余样品按照实验室废弃物进行无害化处理。

A.4.4 样品流转、保存过程中,如果丢失,应及时向实验室管理层报告。涉及高致病性动物病原微生物的,应按照相关法律法规规定报告。

A.4.5 样品储存设备应足够保存所有的实验检测样本,并确保样本完整和性状稳定。在实验样本需要低温保存时,冷冻冷藏设备必须有足够的容量和满足样本保存所要求的条件。

A.4.6 应采取适当的措施保护样品及其他实验物品,防止未经授权的使用。

A.4.7 原始样品及其他实验室样品的保存应符合相关的政策,至少应保证样品的质量、安全性和相关要求规定的保存期。

A.4.8　样品的保存期限根据不同检测目的分别制定,一般不超过 3 个月。

A.4.9　样品库应卫生清洁、无鼠害,防火、防盗措施齐全,温湿度符合样品储存要求。样品架结实整齐,便于样品的存放和运输。

A.4.10　样品应分类定位存放、标识清楚。

A.4.11　样品库应由专人管理。

A.5　超过保存期样品的处置

A.5.1　应及时处理超过保存期的样品。样品处理时,应经审批,并应符合国家和地方关于废弃物处置的法规或有关废弃物管理的建议。

A.5.2　样品处置时,应有两人以上参加,以便实施有效监督。

A.5.3　样品处置方式:根据风险评估结果,对样品进行有害性分级,分别采取高压灭菌消毒、化制、焚烧等方法处理。

A.5.4　应归档保存所有样品处理记录,保存期应满足国家相关规定的要求。

附　录　B
（规范性附录）
兽医实验室的废弃物管理

B.1　应建立实验室废弃物管理规定或程序,以明确实验室内废弃物的分类原则、处理程序和方法、排放标准和监测计划等。

B.2　应按照制定的废弃物管理程序对废弃物进行科学分类,并在评估基础上,选择安全可靠的方法进行处置。兽医实验室产生的废弃物一般包括(但不限于)以下几种:
　　a)　废弃的生物材料,如血清、病毒培养液、细菌培养液等;
　　b)　动物组织,如送检发病动物的肝脏、脾脏等;
　　c)　验余样品,如棉拭子、尿、血液、血清;
　　d)　病理学废弃物,如甲醛固定的脑组织;
　　e)　分子生物学废弃物,如染液;
　　f)　细菌培养基;
　　g)　固形废弃物,如尖锐物品(剪刀、镊子、针头等)、离心管、玻璃制品、用过的手套和口罩等;
　　h)　普通垃圾,如纸张、笔、包装等物品。

B.3　兽医实验室内废弃物的管理和处置应符合国家或地方法规和标准的要求。需要时,应征询相关主管部门的意见和建议。

B.4　兽医实验室使用的病毒或细菌培养基、废弃的菌毒种、检测剩余或超过留存期的阳性样品等生物材料属于高危险废弃物,应在实验室内就地消毒灭菌后,再按照机构要求进行无害化处理。

B.5　应定期评估实验室废弃物来源、风险程度、人员能力、处理工作执行情况以及处置方法的有效性。

B.6　不应将性质不同的废弃物混合在一起,应根据废弃物的性质和危险性分开存放,并由经过培训的人员按照相关标准或规定要求,分类处理和处置实验室产生的废弃物。处理兽医实验室内产生的废弃物时,应按照风险评估的结果选择穿戴适当的个体防护装备。

B.7　实验室不应积存废弃物,至少每天清理一次。在消毒灭菌或最终处置之前,应按照所在机构要求存放在指定的安全的地方。同时,应在存放危险废弃物的容器外面清晰粘贴标签,并标注通用的生物危害标志。外部标签应包含(不限于)以下内容:
　　a)　存放日期;
　　b)　来自实验室名称;
　　c)　联系人姓名、电话;
　　d)　必要时,注明废弃物的性质,如成分、性质等;
　　e)　潜在危险,如易燃、腐蚀性和感染危害等。

B.8　未经授权允许,不应从实验室取走或排放不符合相关运输或排放要求的实验室废弃物。

B.9　如果法规许可,实验室所在机构可以委托有资质的专业单位处理废弃物。向机构外运送实验室废弃物时,废弃物的包装、运输和接收均应符合危险废弃物的运输要求。

B.10　普通办公产生的废弃物可按日常生活垃圾进行一般处理。

ICS 11.220
B 41

中华人民共和国农业行业标准

NY/T 2962—2016

奶牛乳房炎乳汁中金黄色葡萄球菌、凝固酶阴性葡萄球菌、无乳链球菌分离鉴定方法

Methods for isolation and identification *of Staphylococcus aureus*, coagulase-negative *Staphylococcus* and *Streptococcus agalactiae* in milk from dairy cow with mastitis

2016-10-26 发布
2017-04-01 实施

中华人民共和国农业部 发布

前　言

本标准按照 GB/T 1.1—2009 给出的规则起草。

本标准由中华人民共和国农业部提出。

本标准由全国动物卫生标准化技术委员会(SAC/TC 181)归口。

本标准起草单位:中国农业科学院兰州畜牧与兽药研究所。

本标准主要起草人:王旭荣、李宏胜、李建喜、杨峰、王学智、张世栋、李新圃、杨志强、王磊、罗金印。

奶牛乳房炎乳汁中金黄色葡萄球菌、凝固酶阴性葡萄球菌、无乳链球菌分离鉴定方法

1 范围

本标准规定了奶牛乳房炎乳汁中病原性金黄色葡萄球菌、凝固酶阴性葡萄球菌、无乳链球菌的分离和鉴定方法。

本标准适用于奶牛乳房炎(临床型乳房炎和隐性乳房炎)的病原菌诊断,所分离的病原菌可进一步开展药物敏感性检测,为奶牛乳房炎的治疗措施提供依据。

2 规范性引用文件

下列文件对于本文件的应用是必不可少的。凡是注日期的引用文件,仅注日期的版本适用于本文件。凡是不注日期的引用文件,其最新版本(包括所有的修改单)适用于本文件。

GB/T 6682　分析实验室用水规格和试验方法

GB 19489　实验室生物安全通用要求

3 术语和定义

下列术语和定义适用于本文件。

3.1

金黄色葡萄球菌　*Staphylococcus aureus*

一种血浆凝固酶试验为阳性、革兰氏染色为阳性的葡萄球菌,是引起奶牛乳房炎的主要病原菌之一。

3.2

凝固酶阴性葡萄球菌　coagulase negative *Staphylococcus*,CNS

一类血浆凝固酶试验为阴性、革兰氏染色为阳性的葡萄球菌,是皮肤和黏膜的常居菌,常见的 CNS 主要包括表皮葡萄球菌、溶血葡萄球菌、腐生葡萄球菌、路邓葡萄球菌、松鼠葡萄球菌、产色葡萄球菌、鸡葡萄球菌、沃氏葡萄球菌等 20 多种。

3.3

无乳链球菌　*Streptococus agalactiae*

一种 CAMP 试验为阳性、革兰染色为阳性的 B 群链球菌,是引起奶牛乳房炎的主要病原菌之一。

3.4

CAMP 试验　CAMP test

CAMP 是 Christie,Atkins,Munch-Peterson 等人名的缩写,因本试验是他们三人所创建。CAMP 试验的原理是原来不溶血或溶血不明显的无乳链球菌,在有金黄色葡萄球菌产物存在时,呈明显的 β 型溶血,可区分无乳链球菌、停乳链球菌和乳房链球菌。在本标准中,用于无乳链球菌的鉴定。

3.5

***nuc* 基因　thermonuclease gene**

耐热核酸酶是金黄色葡萄球菌的一种毒力因子,100℃作用 15 min 不失去活性,一般由致病菌产生。*nuc* 基因是编码耐热核酸酶的基因序列,在本标准中,*nuc* 基因用于金黄色葡萄球菌的 PCR 鉴定。

3.6

sip 基因 surface immunogenic protein gene

sip 蛋白是无乳链球菌的一种表面免疫相关蛋白,是暴露在菌体表面的一种具有黏附和定植作用的因子。*sip* 基因是编码 sip 蛋白的基因序列,基因序列保守。在本标准中,*sip* 基因用于无乳链球菌的 PCR 鉴定。

4 采样前检查

4.1 总则

在采集乳样前,首先对乳房外观和乳汁性状进行观察。

4.2 临床型乳房炎的检查

临床型乳房炎的检查至少包括以下 5 个方面:

a) 乳房的大小、颜色、对称性和硬度;

b) 乳房是否有发红、肿胀和发热;触摸时奶牛是否有疼痛反应及有无外伤或瘘管;

c) 乳汁的气味和颜色;

d) 乳汁有无絮片、凝块;

e) 奶产量的变化。

4.3 临床型乳房炎的判定

奶牛乳区出现红、肿、热、痛或乳汁性状改变(乳汁颜色改变,或乳汁呈水样或有絮状或有乳凝块或血乳)等症状,则可判定为临床型乳房炎。

4.4 隐性乳房炎的检查与判定

隐性乳房炎可参照 NY/T 2692 的规定进行检验判定,也可用商品化的隐性乳房炎诊断试剂进行检验判定。

5 奶牛乳房炎病牛乳样的采集

5.1 试剂与材料

乳样采集管:配制方法见 A.1;生物冰袋或冰块。

5.2 操作方法

先用温水清洗乳房,然后依次用 0.2%新洁尔灭浸泡的脱脂棉或纱布、75%酒精棉擦拭消毒乳头。每个乳头弃去初始 2 把~3 把奶,然后按无菌操作规程分别采集每个乳室的乳样约 5 mL。采集的乳样保存于乳样采集管中,立即检验。如需运输送检,在运输过程中加入生物冰袋或冰块使乳样温度保持在 2℃~8℃,并保证在 10 d 以内送到相关实验室。

5.3 样品记录

样品记录至少应包括以下 4 项内容:

a) 送检人的姓名和奶牛场的名称或地址;

b) 牛号和乳室;

c) 采样日期;

d) 送检日期。

5.4 乳样中的细菌分离鉴定流程

奶牛乳房炎乳样中金黄色葡萄球菌、凝固酶阴性葡萄球菌、无乳链球菌分离鉴定流程图见附录 B。

6 乳样接种和增菌

6.1 器材和设备

恒温培养箱(37℃)、冰箱(4℃)、洁净工作台、pH 计、接种环、天平(精度为 0.01 g)。

6.2 试剂与材料

血琼脂平板、改良营养肉汤(配制方法见 A.2)。

6.3 操作方法

将待检乳样摇匀,无菌操作,用接种环取 2 环～3 环待检乳样,间断划线接种于血琼脂平板上,置37℃恒温培养箱中培养 18 h～24 h,观察细菌生长情况。对培养 18 h～24 h 无细菌生长的血琼脂平板,培养时间延长至 48 h。若血琼脂平板上仍无菌落生长,则取该乳样 50 μL,接种到改良营养肉汤中进行增菌培养,培养 18 h～24 h。然后,将增菌培养物间断划线接种于新的血琼脂平板上,培养 24 h～48 h,再观察细菌生长情况。

6.4 结果判定

乳样在血琼脂平板上接种培养 18 h～48 h,如肉眼观察到菌落,则判定乳样中有细菌,然后对血平板上生长的菌落按照第 7 章的规定进行初步鉴定。

增菌培养物在血琼脂平板上接种培养 24 h～48 h,如肉眼观察到菌落,则判定乳样中有细菌,然后对血琼脂平板上生长的菌落按照第 7 章的规定进行初步鉴定;如培养至 48 h 仍无细菌生长,则判定乳样中无细菌。

7 初步鉴定

7.1 器材和设备

光学显微镜、恒温培养箱(37℃)、洁净工作台、冰箱(4℃)、pH 计、接种环、天平(精度为 0.01 g)。

7.2 试剂与材料

革兰氏染色液、血琼脂平板。

7.3 菌落观察

肉眼观察血琼脂平板上的菌落。

7.4 菌落观察结果判定

7.4.1 当菌落为圆形、光滑凸起、湿润、边缘整齐,颜色呈金黄色、灰白色、乳白色或柠檬色,直径 0.5 mm～1.5 mm 的大菌落,溶血或不溶血,可初步判定为葡萄球菌属。

7.4.2 当菌落为圆形、光滑凸起、湿润、边缘整齐,颜色为灰白色或毛玻璃色,透明或半透明的小菌落或针尖大小的菌落,α 溶血、β 溶血或不溶血,可初步判定为链球菌属。

7.5 革兰氏染色镜检

分别挑取步骤 7.4 中疑似菌落进行革兰氏染色,将染色菌样置于显微镜油镜下观察。

7.6 革兰氏染色镜检结果判定

如果镜检观察到菌体为革兰氏阳性(G$^+$),形态为圆形或椭圆形,成对状、丛状、葡萄串状或链状排列的细菌,初步定为 G$^+$ 球菌。

7.7 纯化培养

挑取步骤 7.6 中初步判定为 G$^+$ 球菌的单个菌落,间断划线接种于新的血琼脂平板上,置 37℃恒温培养箱中进行纯化培养 18 h～24 h 后,再次按 7.4、7.5 进行判定和革兰氏染色镜检。

如果镜检为纯净的 G$^+$ 球菌,则可进行接触酶试验。纯净的葡萄球菌属细菌镜检观察到菌体为革兰氏阳性(G$^+$),形态为圆形,成对状、丛状或葡萄串状;纯净的链球菌属细菌镜检观察到菌体为革兰氏阳性(G$^+$),形态为圆形或椭圆形,成对状或链状排列。如果不纯净,重复本步骤,直至镜检菌落纯净。

7.8 属别鉴定

7.8.1 总则

对 7.7 中镜检观察为 G$^+$ 球菌的纯净菌落进行接触酶试验。

7.8.2 试验试剂

3% H_2O_2 溶液:配制方法见 A.3。

7.8.3 接触酶试验操作方法

取 3% H_2O_2 溶液 1 滴~2 滴置于干净载玻片上,然后加一接种环被检细菌菌落,与 H_2O_2 滴液混合,立即产生气泡者为阳性,不产生气泡者为阴性。

7.8.4 结果判定

G^+ 球菌,且接触酶试验阳性(+),初步判定为葡萄球菌属;

G^+ 球菌,且接触酶试验阴性(-),初步判定为链球菌属。

8 定性鉴定

8.1 凝固酶阴性葡萄球菌的定性鉴定

8.1.1 总则

将步骤 7.8.4 中鉴定为葡萄球菌属的细菌进行兔血浆凝固酶试验。

8.1.2 器材和设备

恒温培养箱(37℃)、洁净工作台、冰箱(4℃)。

8.1.3 试剂与材料

8.1.3.1 兔血浆

配制方法见 A.4。兔血浆也可用商品化的试剂,按说明书操作。

8.1.3.2 阳性对照菌株

兔血浆凝固酶阳性葡萄球菌菌株。

8.1.3.3 阴性对照

空白兔血浆。

8.1.4 兔血浆凝固酶试验操作方法

取新鲜配置的兔血浆 0.5 mL,放入无菌小试管中,再加入待检细菌肉汤培养物 0.1 mL,总体积为 0.6 mL,震荡摇匀,置 37℃恒温培养箱中培养,同时设立阳性对照和阴性对照。每 0.5 h 观察一次,观察 6 h,如呈现凝固(即将试管倾斜或倒置时,出现凝块)或凝固体积大于总体积(0.6 mL)的一半,则判定为阳性结果。

8.1.5 结果判定

葡萄球菌属的细菌,且符合兔血浆凝固酶试验阴性(-),则判定为凝固酶阴性葡萄球菌;

葡萄球菌属的细菌,且符合兔血浆凝固酶试验阳性(+),则判定为凝固酶阳性葡萄球菌。

8.2 金黄色葡萄球菌的定性鉴定

8.2.1 Baird-Parker 琼脂平板筛选

8.2.1.1 总则

将步骤 8.1.5 中判定为凝固酶阳性葡萄球菌的细菌进行 Baird-Parker 琼脂平板筛选。

8.2.1.2 器材和设备

恒温培养箱(37℃)、洁净工作台、冰箱(4℃)。

8.2.1.3 试剂与材料

Baird-Parker 琼脂平板:配制方法见 A.5。

8.2.1.4 Baird-Parker 琼脂平板筛选操作方法

将待检细菌划线接种到 Baird-Parker 琼脂平板上,置 37℃恒温培养箱中培养 18 h~24 h 后观察菌落形态。

8.2.1.5 Baird-Parker 琼脂平板筛选结果判定

如果菌落直径为 2 mm～3 mm,颜色呈灰色到黑色,边缘为淡色,周围为一混浊带,在其外层有一透明圈,某些菌落混浊带和透明圈不明显,则初步判定为金黄色葡萄球菌。

8.2.2 金黄色葡萄球菌的聚合酶链式反应(PCR)检测

8.2.2.1 总则

将 8.2.1.5 中初步判定为金黄色葡萄球菌的细菌进行 PCR 检测,预期扩增片段 279 bp,PCR 扩增的核苷酸序列参照附录 C。

8.2.2.2 器材和设备

PCR 仪及 PCR 管、核酸电泳仪、核酸电泳槽及配套的制胶板与制胶梳、紫外凝胶成像系统或其他核酸电泳凝胶成像系统(与对应的核酸染料相适用)、冰箱(4℃)、恒温水浴锅(30℃～70℃)、微量移液器及吸头(量程为 0.1 μL～10.0 μL、20 μL～200 μL、100 μL～1 000 μL)、涡旋仪、天平(精度为 0.01 g)、医用乳胶手套和 PE 手套、接种环。

8.2.2.3 试剂与材料

8.2.2.3.1 金黄色葡萄球菌 PCR 鉴定的引物:商业合成。

上游引物 nuc1 序列:5′-GCGATTGATGGTGATACGGTT-3′;

下游引物 nuc2 序列:5′-AGCCAAGCCTTGACGAACTAAAGC-3′。

8.2.2.3.2 营养肉汤。

8.2.2.3.3 革兰氏阳性细菌 DNA 提取试剂盒。

8.2.2.3.4 Premix *Taq* 或者其他商品化的 PCR 反应预混液。

8.2.2.3.5 超纯水。

8.2.2.3.6 DNA Ladder:DL 1 000 Ladder 或者 150 bp Ladder。

8.2.2.3.7 1×TAE 电泳缓冲液:配制方法见 A.6。

8.2.2.3.8 10 mg/mL 溴化乙锭:与紫外凝胶成像系统相适应,配制方法见 A.7。或者使用与其他核酸电泳凝胶成像系统相适应的商品化核酸染料。

8.2.2.3.9 琼脂糖:电泳级。

8.2.2.3.10 阳性对照菌株:金黄色葡萄球菌标准菌株或者经鉴定确认的金黄色葡萄球菌地方分离菌株。

8.2.2.3.11 阴性对照:设置超纯水为阴性对照。

8.2.2.4 操作步骤

8.2.2.4.1 细菌基因组 DNA 的提取

将 8.2.1.5 中初步判定为金黄色葡萄球菌的待检细菌、阳性对照菌株分别在营养肉汤中增菌培养18 h～24 h 达到对数生长期,取对数生长期的细菌增殖菌液 1.5 mL,按照革兰氏阳性细菌 DNA 提取试剂盒的说明书的方法和步骤,分别提取待检细菌、阳性对照菌株的细菌总 DNA。

8.2.2.4.2 反应体系

以 8.2.2.4.1 中提取的细菌总 DNA 为模板 DNA,分别进行金黄色葡萄球菌的 *nuc* 基因 PCR 扩增鉴定。每个样品 50.0 μL 反应体系,组成如下:

Premix *Taq*	25.0 μL
(或者其他商品化的 PCR 反应预混液)	
超纯水	19.0 μL
上游引物 nuc1(100 mmol/L)	1.0 μL
下游引物 nuc2(100 mmol/L)	1.0 μL

模板 DNA $4.0 \, \mu L$(DNA 总量为 50 ng～120 ng)

总体积 $50.0 \, \mu L$

8.2.2.4.3　PCR 扩增

按照 8.2.2.4.2 中的加样顺序全部加完后,充分混匀,瞬时离心,使液体都沉降到 PCR 管底。在每个 PCR 管中加入一滴液体石蜡油(约 20 μL)。

阳性对照、阴性对照随样品同步进行 DNA 提取及 PCR 扩增。

8.2.2.4.4　金黄色葡萄球菌 nuc 基因的扩增条件

第一阶段,95℃预变性 5 min;第二阶段,94℃ 50 s,54℃ 30 s,72℃ 30 s,30 个循环;第三阶段,72℃延伸 7 min;然后将扩增产物按下述进行电泳分析和结果判定或置 4℃保存。

8.2.2.4.5　琼脂糖凝胶的制备

nuc 基因的 PCR 扩增产物需要在浓度为 15.0 g/L 的琼脂糖凝胶上进行核酸电泳,按 A.8 的方法制备琼脂糖凝胶。

8.2.2.4.6　电泳

PCR 扩增结束后,取 nuc 基因的 PCR 产物 10.0 μL 在浓度为 15.0 g/L 的琼脂糖凝胶上电泳,在与核酸染料相适应的核酸电泳凝胶成像系统上观察电泳结果。

8.2.2.4.7　电泳结果判定

在核酸电泳凝胶成像系统下观察,金黄色葡萄球菌 nuc 基因的扩增片段为 279 bp,且阳性对照、阴性对照均成立,则判定 nuc 基因扩增阳性(+)。

8.2.3　结果判定

如果待鉴定的凝固酶阳性葡萄球菌符合下列 2 项指标,则判定为金黄色葡萄球菌。

    a) Baird-Parker 平板上菌落直径为 2 mm～3 mm,颜色呈灰色到黑色,边缘为淡色,周围为一混浊带,在其外层有一透明圈,某些菌落混浊带和透明圈不明显;

    b) 金黄色葡萄球菌 nuc 基因 PCR 扩增阳性(+)。

8.3　无乳链球菌的鉴定

8.3.1　CAMP 试验

8.3.1.1　总则

将步骤 7.8.4 中鉴定为链球菌属的细菌进行 CAMP 试验。

8.3.1.2　器材和设备

恒温培养箱(37℃)、洁净工作台、冰箱(4℃)。

8.3.1.3　试剂与材料

血琼脂平板。

8.3.1.4　CAMP 试验操作方法

在血琼脂平板上用 β 溶血性金黄色葡萄球菌培养物划一条直线(竖线),然后用待检细菌培养物分别划一横线,与 β 溶血性金黄色葡萄球菌线垂直,但不要与之接触,37℃培养 20 h～24 h 判定。在 β 溶血性金黄色葡萄球菌线于被检菌线形成的直角处,呈现半圆形或三角形的 β 溶血区,似一个箭头,即为 CAMP 阳性(+)结果,不溶血者为 CAMP 阴性(-)结果。

8.3.1.5　CAMP 试验结果判定

链球菌属的细菌,且 CAMP 试验阳性(+),则判定疑似无乳链球菌。

8.3.2　无乳链球菌的 PCR 鉴定

8.3.2.1　总则

将步骤 8.3.1.5 中鉴定疑似无乳链球菌的细菌进行无乳链球菌的 PCR 鉴定,预期扩增片段 1 305

bp，PCR 扩增的核苷酸序列参照附录 D。

8.3.2.2 器材和设备

同 8.2.2.2。

8.3.2.3 试验材料

8.3.2.3.1 无乳链球菌 PCR 鉴定的引物序列为：商业合成。

上游引物 sip1：5′- ATGAAAATGAATAAAAAGGTAC - 3′；

下游引物 sip2：5′- TTATTTGTTAAATGATACGTG - 3。

8.3.2.3.2 THB 肉汤：配制方法见 A.9。

8.3.2.3.3 革兰氏阳性细菌 DNA 提取试剂盒。

8.3.2.3.4 Premix *Taq* 或者其他商品化的 PCR 反应预混液。

8.3.2.3.5 超纯水。

8.3.2.3.6 DNA Ladder：DL 2 000 Ladder。

8.3.2.3.7 琼脂糖：电泳级。

8.3.2.3.8 1×TAE 电泳缓冲液：配制方法见 A.7。

8.3.2.3.9 10 mg/mL 溴化乙锭：与紫外凝胶成像系统相适应，配制方法见 A.8。或者使用与其他核酸电泳凝胶成像系统相适应的商品化核酸染料。

8.3.2.3.10 阳性对照菌株：无乳链球菌标准菌株或者鉴定准确的无乳链球菌地方分离菌株。

8.3.2.3.11 阴性对照：阴性对照是超纯水。

8.3.2.4 操作步骤

8.3.2.4.1 细菌基因组 DNA 的提取

将 8.3.1.5 中疑似无乳链球菌的细菌、阳性对照菌株分别接种于 THB 肉汤中增菌培养 18 h～24 h 达到对数生长期，取对数生长期的细菌增殖菌液 1.5 mL，根据革兰氏阳性细菌 DNA 提取试剂盒说明书分别提取待检细菌、阳性对照菌株的细菌总 DNA。

8.3.2.4.2 反应体系

以 8.3.2.4.1 中提取的细菌总 DNA 为模板 DNA，分别进行无乳链球菌的 *sip* 基因 PCR 扩增鉴定。每个样品的 50.0 μL 反应体系，组成如下：

Premix *Taq*	25.0 μL
（或者其他商品化的 PCR 反应预混液）	
超纯水	19.0 μL
上游引物 sip1(100 mmol/L)	1.0 μL
下游引物 sip2(100 mmol/L)	1.0 μL
模板 DNA	4.0 μL(DNA 总量为 50 ng～120 ng)
总体积	50.0 μL

8.3.2.4.3 PCR 扩增

按照 8.3.2.4.2 加样顺序全部加完后，充分混匀，瞬时离心，使液体都沉降到 PCR 管底。在每个 PCR 管中加入一滴液体石蜡油(约 20 μL)。

阳性对照、阴性对照随样品同步进行 DNA 提取及 PCR 扩增。

8.3.2.4.4 无乳链球菌 *sip* 基因的循环条件

第一阶段，95℃预变性 5 min；第二阶段，94℃ 60 s，45℃ 90 s，72℃ 90 s，30 个循环；第三阶段，72℃延伸 10 min，然后将扩增产物按下述进行电泳分析和结果判定或置 4℃保存。

8.3.2.4.5 琼脂糖凝胶的制备

sip 基因的 PCR 扩增产物需要在浓度为 10.0 g/L 的琼脂糖凝胶上进行核酸电泳。按 A.9 的方法制备琼脂糖凝胶。

8.3.2.4.6 电泳

PCR 扩增结束后,取 *sip* 基因的 PCR 产物 10.0 μL 在 10.0 g/L 的琼脂糖凝胶上电泳,在与核酸染料相适应的核酸电泳凝胶成像系统上观察电泳结果。

8.3.2.4.7 电泳结果判定

在核酸电泳凝胶成像系统下观察,无乳链球菌 *sip* 基因扩增片段为 1 305 bp,且阳性对照、阴性对照均成立,则判定 *sip* 基因扩增阳性(+)。

8.3.3 结果判定

如果待鉴定的疑是无乳链球菌的细菌,且无乳链球菌 *sip* 基因 PCR 扩增阳性(+),则判定为无乳链球菌。

附　录　A
（规范性附录）
培养基和试剂

A.1 乳样采集管

A.1.1 成分

蛋白胨	10.0 g
牛肉膏	3.0 g
氯化钠	5.0 g
琼脂	15.0 g~20.0 g
蒸馏水	1 000 mL

A.1.2 制法

将 A.1.1 试剂放入烧杯中,搅拌加热煮沸至完全溶解,调节 pH 至 7.2~7.4。也可用商品化的营养琼脂,按照说明书操作。

分装入 10 mL 螺口平底塑料试管中,每管 4 mL,旋上盖子,但不能拧紧,121℃高压灭菌 20 min。灭菌完成后拧紧盖子制成斜面培养基,琼脂凝固即可使用。

注:确保乳样采集管无菌。

A.2 改良营养肉汤

A.2.1 成分

牛肉膏	10.0 g
胰蛋白胨	20.0 g
酵母浸出物	3.0 g
氯化钠	3.0 g
蒸馏水	1 000 mL

A.2.2 制法

将 A.2.1 试剂放入烧杯中,搅拌加热煮沸至完全溶解,调节 pH 至 7.2~7.4,分装入玻璃试管,每管 2 mL。121℃高压灭菌 15 min,冷却后 4℃保存备用。使用前,每管加入 50%葡萄糖 40 μL、犊牛血清 40 μL。

A.3 3% H_2O_2 溶液

A.3.1 制法

吸取 1 mL 30% H_2O_2 溶液,溶于 9 mL 蒸馏水中,摇匀,即可使用。

A.4 兔血浆

制法:取柠檬酸钠 3.8 g,加蒸馏水 100 mL,溶解后过滤,瓶装,121℃高压灭菌 15 min。

无菌取 3.8%柠檬酸钠溶液 1 份,加健康兔全血 4 份,轻轻摇匀,静置或 3 000 r/min 离心 30 min,使血细胞沉降,即可得到血浆。经细菌培养检验为阴性,即可使用。也可用商品化的兔血浆,按照说明书操作。

A.5 Baird-Parker 琼脂平板

A.5.1 成分

胰蛋白胨	10.0 g
牛肉膏	5.0 g
酵母膏	1.0 g
丙酮酸钠	10.0 g
甘氨酸	12.0 g
氯化锂	5.0 g
琼脂	20.0 g
蒸馏水	950 mL

A.5.2 增菌剂的配法

30%卵黄盐水 50 mL 与经过过滤除菌的 1%亚碲酸钾 10 mL 混合,保存于冰箱(2℃~8℃)内。

A.5.3 制法

将各成分加入到蒸馏水中,加热煮沸至完全溶解,调节 pH 至 7.0±0.2。分装每瓶 95 mL,121℃高压灭菌 15 min。临时用加热融化琼脂,冷至 47℃~50℃,每 95 mL Baird-Parker 琼脂基础培养基加入预热至 47℃~50℃的卵黄亚碲酸钾增菌剂 5 mL,摇匀后倾注平板。培养基应是紧致不透明的。使用前,在冰箱储存不得超过 48 h。也可用商品化的 Baird-Parker 琼脂基础培养基,按照说明书操作。

A.6 1×TAE 电泳缓冲液

A.6.1 50×TAE 电泳缓冲液成分

Tris	242.0 g
Na$_2$EDTA·2H$_2$O	37.2 g
醋酸	57.1 mL

A.6.2 制法

分别称取上述成分,在 800 mL 去离子水,充分搅拌溶解。加入 57.1 mL 的醋酸,充分搅拌,然后加去离子水将溶液定容至 1 000 mL,室温保存备用。将 50×TAE 电泳缓冲液进行 50 倍稀释则为制备琼脂糖凝胶和核酸电泳的 1×TAE 电泳缓冲液。

A.7 溴化乙锭(10 mg/mL)

制法:称取 0.1 g 溴化乙锭,加入到洁净的 15 mL 塑料螺口离心管中,加入 10 mL 灭菌的去离子水,充分搅拌使溴化乙锭完全溶解,将溶液室温避光保存。

溴化乙锭的工作浓度为 0.5 μg/mL。

注:溴化乙锭是一种强烈的诱变剂并具有中毒毒性,要小心操作,带医用乳胶手套或 PE 手套。

A.8 琼脂糖凝胶

制法:

a) 根据样品数量的多少和电泳槽选择制胶板的大小,并决定琼脂糖凝胶的需用量。

b) 将配套的制胶梳安置到制胶板上。

c) 然后称取需用量的琼脂糖,加入到三角瓶中,加入相应量的电泳缓冲液(见 A.7),在微波炉中加热融化。

d) 冷却至 60℃,加入溴化乙锭至终浓度(见 A.8)。或者使用其他商品化的核酸染料,按其说明书使用。

e) 将加入核酸染料的琼脂糖凝胶倒入安置好的制胶板,冷却凝固后,将制胶梳拔出准备电泳。

注:琼脂糖溶液若在微波炉里加热过长时间,溶液将过热并暴沸。

A.9 THB 培养基

A.9.1 成分

牛肉粉	10.0 g
胰蛋白胨	20.0 g
葡萄糖	2.0 g
碳酸氢钠	2.0 g
氯化钠	2.0 g
磷酸氢二钠	0.4 g

A.9.2 制法

称取上述成分,溶解于 1 000 mL 蒸馏水中,121℃高压灭菌 15 min。冷却至 47℃～50℃时,加入多黏菌素 E 10 mg 和萘啶酮酸 15 mg,混匀。分装到无菌小试管,每管 2 mL。

附　录　B

（规范性附录）

本标准的细菌分离鉴定流程图

本标准的细菌分离鉴定流程图见图 B.1。

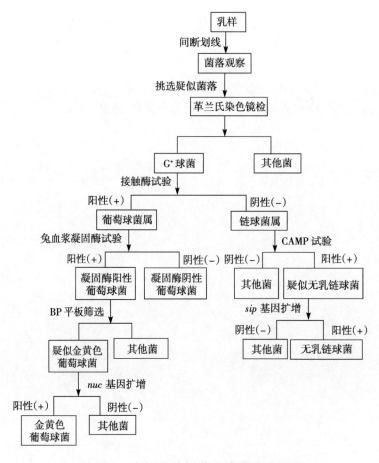

图 B.1　本标准的细菌分离鉴定流程图

附　录　C

（资料性附录）

金黄色葡萄球菌 *nuc* 基因 PCR 扩增核苷酸序列

GCGATTGATGGTGATACGGTTAAATTAATGTACAAAGGTCAACCAATGACATTCAGACTATTATTGGTTGATACACC
TGAAACAAAGCATCCTAAAAAAGGTGTAGAGAAATATGGTCCTGAAGCAAGTGCATTTACGAAAAAAATGGTAGAAA
ATGCAAAGAAAATTGAAGTCGAGTTTGACAAAGGTCAAAGAACTGATAAATATGGACGTGGCTTAGCGTATATTTAT
GCTGATGGAAAAATGGTAAACGAAGCTTTAGTTCGTCAAGGCTTGGCT

附　录　D

（资料性附录）

无乳链球菌 *sip* 基因 PCR 扩增核苷酸序列

ATGAAAATGAATAAAAAGGTACTATTGACATCGACAATGGCAGCTTCGCTATTATCAGTCGCAAGTGTTCAAGCACA
AGAAACAGATACGACGTGGACAGCACGTACTGTTTCAGAGGTAAAGGCTGATTTGGTAAAGCAAGACAATAAATCAT
CATATACTGTGAAATATGGTGATACACTAAGCGTTATTTCAGAAGCAATGTCAATTGATATGAATGTCTTAGCAAAA
ATTAATAACATTGCAGATATCAATCTTATTTATCCTGAGACAACACTGACAGTAACTTACGATCAGAAGAGTCATAC
TGCCACTTCAATGAAAATAGAAACACCAGCAACAAATGCTGCTGGTCAAACAACAGCTACTGTGGATTTGAAAACCA
ATCAAGTTTCTGTTGCAGACCAAAAAGTTTCTCTCAATACAATTTCGGAAGGTATGACACCAGAAGCAGCAACAACG
ATTGTTTCGCCAATGAAGACATATTCTTCTGCGCCAGCTTTGAAATCAAAAGAAGTATTAGCACAAGAGCAAGCTGT
TAGTCAAGCAGCAGCCAATGAACAGGTATCACCAGCTCCTGTGAAGTCGATTACTTCAGAAGTTCCAGCAGCTAAAG
AGGAAGTTAAACCAACTCAGACGTCAGTCAGTCAGTCAACAACAGTATCACCAGCTTCTGTTGCTGCTGAAACACCA
GCTCCAGTAGCTAAAGTATCACCGGTAAGAACTGTAGCAGCCCCTAGAGTGGCAAGTGCTAAAGTAGTCACTCCTAA
AGTAGAAACTGGTGCATCACCAGAGCATGTATCAGCTCCAGCAGTTCCTGTGACTACGACTTCAACAGCTACAGACA
GTAAGTTACAAGCGACTGAAGTTAAGAGCGTTCCGGTAGCACAAAAAGCTCCAACAGCAACACCGGTAGCACAACCA
GTTTCAACAACAAATGCAGTAGCTGCACATCCTGAAAATGCAGGGCTACAACCTCATGTTGCGGCTTATAAAGAAAA
AGTAGCGTCAACTTATGGAGTTAATGAATTCAGTACATACCGTGCGGGTGATCCAGGTGATCATGGTAAAGGTTTAG
CAGTTGACTTTATTGTAGGTACCAATCGAGCACTTGGTAATGAAGTTGCACAGTACTCTACACAAAATATGGCGGCA
AATAACATTTCATATGTTATCTGGCAACAAAAGTTTTACTCAAATACAAATAGTATTTATGGACCTGCTAATACTTG
GAATGCAATGCCAGATCGTGGTGGCGTTACTGCCAACCACTATGACCACGTTCACGTATCATTTAACAAATAA

ICS 65.020.30
B 42

中华人民共和国农业行业标准

NY/T 5030—2016
代替 NY 5138—2002，NY 5030—2006

无公害农产品 兽药使用准则

2016-05-23 发布

2016-10-01 实施

中华人民共和国农业部 发布

前　言

本标准按照 GB/T 1.1—2009 给出的规则起草。

本标准代替 NY 5138—2002《无公害食品　蜂蜜饲养兽药使用准则》和 NY 5030—2006《无公害食品　畜禽饲养兽药使用准则》。与 NY 5138—2002、NY 5030—2006 相比，除编辑性修改外，主要技术变化如下：

——增加了兽药购买要求，对购买兽药、兽药质量、兽药储存与运输以及产品追溯等做了规定；

——兽药使用要求增加了处方药、乡村兽医等方面的相关内容；

——用药记录档案保存期由 1 年(含 1 年)以上改为 3 年(含 3 年)以上；

——附录增加了国家有关禁用兽药、不得使用的药物及限用兽药的规定，以及兽用处方药品种目录(第一批)、乡村兽医基本用药目录和《兽药产品说明书》中储藏项下名词术语。

本标准由中华人民共和国农业部提出。

本标准由农业部农产品质量安全中心归口。

本标准起草单位：中国兽医药品监察所、农业部农产品质量安全中心、中国农业科学院蜜蜂研究所。

本标准主要起草人：汪霞、高光、梁先明、廖超子、吴黎明、孙雷、徐倩、刘艳华。

本标准的历次版本发布情况为：

——NY 5138—2002、NY 5030—2006。

无公害农产品　兽药使用准则

1　范围

本标准规定了兽药的术语和定义、使用要求、使用记录和不良反应报告。

本标准适用于无公害农产品(畜禽产品、蜂蜜)的生产、管理和认证。

2　规范性引用文件

下列文件对于本文件的应用是必不可少的。凡是注日期的引用文件,仅注日期的版本适用于本文件。凡是不注日期的引用文件,其最新版本(包括所有的修改单)适用于本文件。

兽药管理条例

中华人民共和国动物防疫法

中华人民共和国兽药典

中华人民共和国农业部公告第168号　饲料药物添加剂使用规范

中华人民共和国农业部公告第176号　禁止在饲料和动物饮用水中使用的药物品种目录

中华人民共和国农业部公告第193号　食品动物禁用的兽药及其他化合物清单

中华人民共和国农业部公告第235号　动物性食品中兽药最高残留限量

中华人民共和国农业部公告第560号　兽药地方标准废止目录

中华人民共和国农业部公告第1519号　禁止在饲料和动物饮水中使用的物质

中华人民共和国农业部公告第1997号　兽用处方药品种目录(第一批)

中华人民共和国农业部公告第2069号　乡村兽医基本用药目录

3　术语和定义

下列术语和定义适用于本文件。

3.1

兽药　veterinary drugs

用于预防、治疗、诊断动物疾病或者有目的地调节动物生理机能的物质(含药物饲料添加剂),主要包括血清制品、疫苗、诊断制品、微生态制品、中药材、中成药、化学药品、抗生素、生化药品、放射性药品及外用杀虫剂、消毒剂等。

3.2

兽用处方药　veterinary prescription drugs

由国务院兽医行政管理部门公布的、凭兽医处方方可购买和使用的兽药。

3.3

食品动物　food-producing animal

各种供人食用或其产品供人食用的动物。

3.4

休药期　withdrawal time

食品动物从停止给药到许可屠宰或其产品(奶、蛋)许可上市的间隔时间。对于奶牛和蛋鸡也称弃奶期或弃蛋期。蜜蜂从停止给药到其产品收获的间隔时间。

4 购买要求

4.1 使用者和兽医进行预防、治疗和诊断疾病所用的兽药均应是农业部批准的兽药或批准进口注册的兽药,其质量均应符合相关的兽药国家标准。

4.2 使用者和兽医在购买兽药时,应在国家兽药基础信息查询系统中核对兽药产品批准信息,包括核对购买产品的批准文号、标签和说明书内容、生产企业信息等。

4.3 购买的兽药产品为生物制品的,应在国家兽药基础信息查询系统中核对兽用生物制品批签发信息,不得购买和使用兽用生物制品批签发数据库外的兽用生物制品。

4.4 购买的兽药产品标签附有二维码的,应在国家兽药产品追溯系统中进一步核对产品信息。

4.5 使用者应定期在国家兽药基础信息查询系统中查看农业部发布的兽药质量监督抽检质量通报和有关假兽药查处活动的通知,不应购买和使用非法兽药生产企业生产的产品,不应购买和使用重点监控企业的产品以及抽检不合格的产品。

4.6 兽药应在说明书规定的条件下储存与运输,以保证兽药的质量。《兽药产品说明书》中储藏项下名词术语见附录 A。

5 使用要求

5.1 使用者和兽医应遵守《兽药管理条例》的有关规定使用兽药,应凭兽医开具的处方使用中华人民共和国农业部公告第 1997 号规定的兽用处方药(见附录 B)。处方笺应当保存 3 年以上。

5.2 从事动物诊疗服务活动的乡村兽医,凭乡村兽医登记证购买和使用中华人民共和国农业部公告第 2069 号中所列处方药(见附录 C)。

5.3 使用者和兽医应慎开具或使用抗菌药物。用药前宜做药敏试验,能用窄谱抗菌药物的就不用广谱抗菌药物,药敏实验的结果应进行归档。同时考虑交替用药,尽可能降低耐药性的产生。蜜蜂饲养者对蜜蜂疾病进行诊断后,选择一种合适的药物,避免重复用药。

5.4 使用者和兽医应严格按照农业部批准的兽药标签和说明书(见国家兽药基础信息查询系统)用药,包括给药途径、剂量、疗程、动物种属、适应证、休药期等。

5.5 不应超出兽药产品说明书范围使用兽药;不应使用农业部规定禁用、不得使用的药物品种(见附录 D);不应使用人用药品;不应使用过期或变质的兽药;不应使用原料药。

5.6 使用饲料药物添加剂时,应按中华人民共和国农业部公告第 168 号的规定执行。

5.7 兽医应按《中华人民共和国动物防疫法》的规定对动物进行免疫。

5.8 兽医应慎用拟肾上腺素药、平喘药、抗胆碱药与拟胆碱药、糖皮质激素类药和解热镇痛消炎药,并应严格按批准的作用与用途和用法与用量使用。

5.9 非临床医疗需要,不应使用麻醉药、镇痛药、镇静药、中枢兴奋药、性激素类药、化学保定药及骨骼肌松弛药。

6 兽药使用记录

6.1 使用者和兽医使用兽药,应认真做好用药记录。用药记录至少应包括动物种类、年(日)龄、体重及数量、诊断结果或用药目的、用药的名称(商品名和通用名)、规格、剂量、给药途径、疗程,药物的生产企业、产品的批准文号、生产日期、批号等。使用兽药的单位或个人均应建立用药记录档案,并保存 3 年(含 3 年)以上。

6.2 使用者和兽医应执行兽药标签和说明书中规定的兽药休药期,并向购买者或屠宰者提供准确、真实的用药记录;应记录在休药期内生产的奶、蛋、蜂蜜等农产品的处理方式。

7 兽药不良反应报告

使用者和兽医使用兽药,应对兽药的疗效、不良反应做观察、记录;动物发生死亡时,应请专业兽医进行剖检,分析是药物原因或疾病原因。发现可能与兽药使用有关的严重不良反应时,应当立即向所在地人民政府兽医行政管理部门报告。

<h1 style="text-align:center">附 录 A</h1>

（规范性附录）

《兽药产品说明书》中储藏项下名词术语

储藏项下的规定，系为避免污染和降解而对兽药储存与保管的基本要求，以下列名词术语表示：

a) 遮光：指用不透光的容器包装，如棕色容器或黑纸包裹的无色透明、半透明容器；

b) 避光：指避免日光直射；

c) 密闭：指将容器密闭，以防止尘土及异物进入；

d) 密封：指将容器密封以防止风化、吸潮、挥发或异物进入；

e) 熔封或严封：指将容器熔封或用适宜的材料严封，以防止空气与水分的侵入并防止污染；

f) 阴凉处：指不超过 20℃；

g) 凉暗处：指避光并不超过 20℃；

h) 冷处：指 2℃～10℃；

i) 常温：指 10℃～30℃。

除另有规定外，储藏项下未规定温度的一般系指常温。

附 录 B

（规范性附录）

兽用处方药品种目录（第一批）

B.1 抗微生物药

B.1.1 抗生素类

B.1.1.1 β-内酰胺类

注射用青霉素钠、注射用青霉素钾、氨苄西林混悬注射液、氨苄西林可溶性粉、注射用氨苄西林钠、注射用氯唑西林钠、阿莫西林注射液、注射用阿莫西林钠、阿莫西林片、阿莫西林可溶性粉、阿莫西林克拉维酸钾注射液、阿莫西林硫酸黏菌素注射液、注射用苯唑西林钠、注射用普鲁卡因青霉素、普鲁卡因青霉素注射液、注射用苄星青霉素。

B.1.1.2 头孢菌素类

注射用头孢噻呋、盐酸头孢噻呋注射液、注射用头孢噻呋钠、头孢氨苄注射液、硫酸头孢喹肟注射液。

B.1.1.3 氨基糖苷类

注射用硫酸链霉素、注射用硫酸双氢链霉素、硫酸双氢链霉素注射液、硫酸卡那霉素注射液、注射用硫酸卡那霉素、硫酸庆大霉素注射液、硫酸安普霉素注射液、硫酸安普霉素可溶性粉、硫酸安普霉素预混剂、硫酸新霉素溶液、硫酸新霉素粉（水产用）、硫酸新霉素预混剂、硫酸新霉素可溶性粉、盐酸大观霉素可溶性粉、盐酸大观霉素盐酸林可霉素可溶性粉。

B.1.1.4 四环素类

土霉素注射液、长效土霉素注射液、盐酸土霉素注射液、注射用盐酸土霉素、长效盐酸土霉素注射液、四环素片、注射用盐酸四环素、盐酸多西环素粉（水产用）、盐酸多西环素可溶性粉、盐酸多西环素片、盐酸多西环素注射液。

B.1.1.5 大环内酯类

红霉素片、注射用乳糖酸红霉素、硫氰酸红霉素可溶性粉、泰乐菌素注射液、注射用酒石酸泰乐菌素、酒石酸泰乐菌素可溶性粉、酒石酸泰乐菌素磺胺二甲嘧啶可溶性粉、磷酸泰乐菌素磺胺二甲嘧啶预混剂、替米考星注射液、替米考星可溶性粉、替米考星预混剂、替米考星溶液、磷酸替米考星预混剂、酒石酸吉他霉素可溶性粉。

B.1.1.6 酰胺醇类

氟苯尼考粉、氟苯尼考粉（水产用）、氟苯尼考注射液、氟苯尼考可溶性粉、氟苯尼考预混剂、氟苯尼考预混剂（50%）、甲砜霉素注射液、甲砜霉素、甲砜霉素粉（水产用）、甲砜霉素可溶性粉、甲砜霉素片、甲砜霉素颗粒。

B.1.1.7 林可胺类

盐酸林可霉素注射液、盐酸林可霉素片、盐酸林可霉素可溶性粉、盐酸林可霉素预混剂、盐酸林可霉素硫酸大观霉素预混剂。

B.1.1.8 其他

延胡索酸泰妙菌素可溶性粉。

B.1.2 合成抗菌药

B.1.2.1 磺胺类药

复方磺胺嘧啶预混剂、复方磺胺嘧啶粉(水产用)、磺胺对甲氧嘧啶二甲氧苄啶预混剂、复方磺胺对甲氧嘧啶粉、磺胺间甲氧嘧啶粉、磺胺间甲氧嘧啶预混剂、复方磺胺间甲氧嘧啶可溶性粉、复方磺胺间甲氧嘧啶预混剂、磺胺间甲氧嘧啶钠粉(水产用)、磺胺间甲氧嘧啶钠可溶性粉、复方磺胺间甲氧嘧啶钠粉、复方磺胺间甲氧嘧啶钠可溶性粉、复方磺胺二甲嘧啶粉(水产用)、复方磺胺二甲嘧啶可溶性粉、复方磺胺甲噁唑粉、复方磺胺甲噁唑粉(水产用)、复方磺胺氯达嗪钠粉、磺胺氯吡嗪钠可溶性粉、复方磺胺氯吡嗪钠预混剂、磺胺喹噁啉二甲氧苄啶预混剂、磺胺喹噁啉钠可溶性粉。

B.1.2.2 喹诺酮类药

恩诺沙星注射液、恩诺沙星粉(水产用)、恩诺沙星片、恩诺沙星溶液、恩诺沙星可溶性粉、恩诺沙星混悬液、盐酸恩诺沙星可溶性粉、乳酸环丙沙星可溶性粉、乳酸环丙沙星注射液、盐酸环丙沙星注射液、盐酸环丙沙星可溶性粉、盐酸环丙沙星盐酸小檗碱预混剂、维生素 C 磷酸酯镁盐酸环丙沙星预混剂、盐酸沙拉沙星注射液、盐酸沙拉沙星片、盐酸沙拉沙星可溶性粉、盐酸沙拉沙星溶液、甲磺酸达氟沙星注射液、甲磺酸达氟沙星溶液、甲磺酸达氟沙星粉、盐酸二氟沙星片、盐酸二氟沙星注射液、盐酸二氟沙星粉、盐酸二氟沙星溶液、噁喹酸散、噁喹酸混悬液、噁喹酸溶液、氟甲喹可溶性粉、氟甲喹粉。

B.1.2.3 其他

乙酰甲喹片、乙酰甲喹注射液。

B.2 抗寄生虫药

B.2.1 抗蠕虫药

阿苯达唑硝氯酚片、甲苯咪唑溶液(水产用)、硝氯酚伊维菌素片、阿维菌素注射液、碘硝酚注射液、精制敌百虫片、精制敌百虫粉(水产用)。

B.2.2 抗原虫药

注射用三氮脒、注射用喹嘧胺、盐酸吖啶黄注射液、甲硝唑片、地美硝唑预混剂。

B.2.3 杀虫药

辛硫磷溶液(水产用)、氯氰菊酯溶液(水产用)、溴氰菊酯溶液(水产用)。

B.3 中枢神经系统药物

B.3.1 中枢兴奋药

安钠咖注射液、尼可刹米注射液、樟脑磺酸钠注射液、硝酸士的宁注射液、盐酸苯噁唑注射液。

B.3.2 镇静药与抗惊厥药

盐酸氯丙嗪片、盐酸氯丙嗪注射液、地西泮片、地西泮注射液、苯巴比妥片、注射用苯巴比妥钠。

B.3.3 麻醉性镇痛药

盐酸吗啡注射液、盐酸哌替啶注射液。

B.3.4 全身麻醉药与化学保定药

注射用硫喷妥钠、注射用异戊巴比妥钠、盐酸氯胺酮注射液、复方氯胺酮注射液、盐酸赛拉嗪注射液、盐酸赛拉唑注射液、氯化琥珀胆碱注射液。

B.4 外周神经系统药物

B.4.1 拟胆碱药

氯化氨甲酰甲胆碱注射液、甲硫酸新斯的明注射液。

B.4.2 抗胆碱药

硫酸阿托品片、硫酸阿托品注射液、氢溴酸东莨菪碱注射液。

B.4.3　拟肾上腺素药

重酒石酸去甲肾上腺素注射液、盐酸肾上腺素注射液。

B.4.4　局部麻醉药

盐酸普鲁卡因注射液、盐酸利多卡因注射液。

B.5　抗炎药

氢化可的松注射液、醋酸可的松注射液、醋酸氢化可的松注射液、醋酸泼尼松片、地塞米松磷酸钠注射液、醋酸地塞米松片、倍他米松片。

B.6　泌尿生殖系统药物

丙酸睾酮注射液、苯丙酸诺龙注射液、苯甲酸雌二醇注射液、黄体酮注射液、注射用促黄体素释放激素 A_2、注射用促黄体素释放激素 A_3、注射用复方鲑鱼促性腺激素释放激素类似物、注射用复方绒促性素 A 型、注射用复方绒促性素 B 型。

B.7　抗过敏药

盐酸苯海拉明注射液、盐酸异丙嗪注射液、马来酸氯苯那敏注射液。

B.8　局部用药物

注射用氯唑西林钠、头孢氨苄乳剂、苄星氯唑西林注射液、氯唑西林钠氨苄西林钠乳剂(泌乳期)、氨苄西林钠氯唑西林钠乳房注入剂(泌乳期)、盐酸林可霉素硫酸新霉素乳房注入剂(泌乳期)、盐酸林可霉素乳房注入剂(泌乳期)、盐酸吡利霉素乳房注入剂(泌乳期)。

B.9　解毒药

B.9.1　金属络合剂

二巯丙醇注射液、二巯丙磺钠注射液。

B.9.2　胆碱酯酶复活剂

碘解磷定注射液。

B.9.3　高铁血红蛋白还原剂

亚甲蓝注射液。

B.9.4　氰化物解毒剂

亚硝酸钠注射液。

B.9.5　其他解毒剂

乙酰胺注射液。

注:引自中华人民共和国农业部公告第 1997 号。本标准执行期间,农业部批准的处方药新品种,按照处方药使用。

附　录　C
（规范性附录）
《乡村兽医基本用药目录》中处方药有关品种目录

C.1　抗微生物药

C.1.1　抗生素类

C.1.1.1　β-内酰胺类

注射用青霉素钠、注射用青霉素钾、氨苄西林混悬注射液、氨苄西林可溶性粉、注射用氨苄西林钠、注射用氯唑西林钠、阿莫西林注射液、注射用阿莫西林钠、阿莫西林片、阿莫西林可溶性粉、阿莫西林克拉维酸钾注射液、阿莫西林硫酸黏菌素注射液、注射用苯唑西林钠、注射用普鲁卡因青霉素、普鲁卡因青霉素注射液、注射用苄星青霉素。

C.1.1.2　头孢菌素类

注射用头孢噻呋、盐酸头孢噻呋注射液、注射用头孢噻呋钠。

C.1.1.3　氨基糖苷类

注射用硫酸链霉素、注射用硫酸双氢链霉素、硫酸双氢链霉素注射液、硫酸卡那霉素注射液、注射用硫酸卡那霉素、硫酸庆大霉素注射液、硫酸安普霉素注射液、硫酸安普霉素可溶性粉、硫酸新霉素溶液、硫酸新霉素粉（水产用）、硫酸新霉素可溶性粉、盐酸大观霉素可溶性粉、盐酸大观霉素盐酸林可霉素可溶性粉。

C.1.1.4　四环素类

土霉素注射液、盐酸土霉素注射液、注射用盐酸土霉素、四环素片、注射用盐酸四环素、盐酸多西环素粉（水产用）、盐酸多西环素可溶性粉、盐酸多西环素片、盐酸多西环素注射液。

C.1.1.5　大环内酯类

红霉素片、注射用乳糖酸红霉素、硫氰酸红霉素可溶性粉、泰乐菌素注射液、注射用酒石酸泰乐菌素、酒石酸泰乐菌素可溶性粉、酒石酸泰乐菌素磺胺二甲嘧啶可溶性粉、替米考星注射液、替米考星可溶性粉、替米考星溶液、酒石酸吉他霉素可溶性粉。

C.1.1.6　酰胺醇类

氟苯尼考粉、氟苯尼考粉（水产用）、氟苯尼考注射液、氟苯尼考可溶性粉、甲砜霉素注射液、甲砜霉素粉、甲砜霉素粉（水产用）、甲砜霉素可溶性粉、甲砜霉素片、甲砜霉素颗粒。

C.1.1.7　林可胺类

盐酸林可霉素注射液、盐酸林可霉素片、盐酸林可霉素可溶性粉。

C.1.1.8　其他

延胡索酸泰妙菌素可溶性粉。

C.1.2　合成抗菌药

C.1.2.1　磺胺类药

复方磺胺嘧啶粉（水产用）、复方磺胺对甲氧嘧啶、磺胺间甲氧嘧啶粉、复方磺胺间甲氧嘧啶可溶性粉、磺胺间甲氧嘧啶钠粉（水产用）、磺胺间甲氧嘧啶钠可溶性粉、复方磺胺间甲氧嘧啶钠粉、复方磺胺间甲氧嘧啶钠可溶性粉、复方磺胺二甲嘧啶粉（水产用）、复方磺胺二甲嘧啶可溶性粉、复方磺胺氯达嗪钠粉、磺胺氯吡嗪钠可溶性粉、磺胺喹噁啉钠可溶性粉。

C.1.2.2 喹诺酮类药

恩诺沙星注射液、恩诺沙星粉(水产用)、恩诺沙星片、恩诺沙星溶液、恩诺沙星可溶性粉、恩诺沙星混悬液、盐酸恩诺沙星可溶性粉、盐酸沙拉沙星注射液、盐酸沙拉沙星片、盐酸沙拉沙星可溶性粉、盐酸沙拉沙星溶液、甲磺酸达氟沙星注射液、甲磺酸达氟沙星溶液、甲磺酸达氟沙星粉、盐酸二氟沙星片、盐酸二氟沙星注射液、盐酸二氟沙星粉、盐酸二氟沙星溶液、噁喹酸散、噁喹酸混悬液、噁喹酸溶液、氟甲喹可溶性粉、氟甲喹粉。

C.1.2.3 其他

乙酰甲喹片、乙酰甲喹注射液。

C.2 抗寄生虫药

C.2.1 抗蠕虫药

阿苯达唑硝氯酚片、甲苯咪唑溶液(水产用)、硝氯酚伊维菌素片、阿维菌素注射液、碘硝酚注射液、精制敌百虫片、精制敌百虫粉(水产用)。

C.2.2 抗原虫药

注射用三氮脒、注射用喹嘧胺、盐酸吖啶黄注射液、甲硝唑片。

C.2.3 杀虫药

辛硫磷溶液(水产用)。

C.3 中枢神经系统药物

C.3.1 中枢兴奋药

尼可刹米注射液、樟脑磺酸钠注射液、盐酸苯噁唑注射液。

C.3.2 全身麻醉药与化学保定药

注射用硫喷妥钠、注射用异戊巴比妥钠。

C.4 外周神经系统药物

C.4.1 拟胆碱药

氯化氨甲酰甲胆碱注射液、甲硫酸新斯的明注射液。

C.4.2 抗胆碱药

硫酸阿托品片、硫酸阿托品注射液、氢溴酸东莨菪碱注射液。

C.4.3 拟肾上腺素药

重酒石酸去甲肾上腺素注射液、盐酸肾上腺素注射液。

C.4.4 局部麻醉药

盐酸普鲁卡因注射液、盐酸利多卡因注射液。

C.5 抗炎药

氢化可的松注射液、醋酸可的松注射液、醋酸氢化可的松注射液、醋酸泼尼松片、地塞米松磷酸钠注射液、醋酸地赛塞米松片、倍他米松片。

C.6 生殖系统药物

黄体酮注射液、注射用促黄体素释放激素 A_2、注射用促黄体素释放激素 A_3、注射用复方鲑鱼促性腺激素释放激素类似物、注射用复方绒促性素 A 型、注射用复方绒促性素 B 型。

C.7 抗过敏药

盐酸苯海拉明注射液、盐酸异丙嗪注射液、马来酸氯苯那敏注射液。

C.8 局部用药物

苄星氯唑西林注射液、氨苄西林钠氯唑西林钠乳房注入剂(泌乳期)、盐酸林可霉素硫酸新霉素乳房注入剂(泌乳期)、盐酸林可霉素乳房注入剂(泌乳期)、盐酸吡利霉素乳房注入剂(泌乳期)。

C.9 解毒药

C.9.1 金属络合剂

二巯丙醇注射液、二巯丙磺钠注射液。

C.9.2 胆碱酯酶复活剂

碘解磷定注射液。

C.9.3 高铁血红蛋白还原剂

亚甲蓝注射液。

C.9.4 氰化物解毒剂

亚硝酸钠注射液。

C.9.5 其他解毒剂

乙酰胺注射液。

注:引自中华人民共和国农业部公告第 2069 号。

附　录　D
（规范性附录）
国家有关禁用兽药、不得使用的药物及限用兽药的规定

D.1　食品动物禁用、在动物性食品中不得检出的兽药及其他化合物清单

见表D.1。

表D.1　食品动物禁用、在动物性食品中不得检出的兽药及其他化合物清单

序号	兽药及其他化合物名称	禁止用途	禁用动物	靶组织
1	β-兴奋剂类:克仑特罗、沙丁胺醇、西马特罗及其盐、酯及制剂	所有用途	所有食品动物	所有可食组织
2	雌激素类:己烯雌酚及其盐、酯及制剂	所有用途	所有食品动物	所有可食组织
3	具有雌激素样作用的物质:玉米赤霉醇、去甲雄三烯醇酮、醋酸甲孕酮及制剂	所有用途	所有食品动物	所有可食组织
4	雄激素类:甲基睾丸酮、丙酸睾酮、苯丙酸诺龙、苯甲酸雌二醇、群勃龙及其盐、酯及制剂	促生长	所有食品动物	所有可食组织
5	氯霉素及其盐、酯(包括琥珀氯霉素)及制剂	所有用途	所有食品动物	所有可食组织
6	氨苯砜及制剂	所有用途	所有食品动物	所有可食组织
7	硝基呋喃类:呋喃唑酮、呋喃它酮、呋喃苯烯酸钠、呋喃西林、呋喃妥因及制剂	所有用途	所有食品动物	所有可食组织
8	硝基化合物:硝基酚钠、硝呋烯腙及制剂	所有用途	所有食品动物	所有可食组织
9	硝基咪唑类:甲硝唑、地美硝唑、洛硝达唑、替硝唑及其盐、酯及制剂	促生长	所有食品动物	所有可食组织
10	催眠、镇静类:安眠酮及制剂	所有用途	所有食品动物	所有可食组织
10	催眠、镇静类:氯丙嗪、地西泮(安定)及其盐、酯及制剂	促生长	所有食品动物	所有可食组织
11	林丹(丙体六六六)	杀虫剂	所有食品动物	所有可食组织
12	毒杀芬(氯化烯)	杀虫剂	所有食品动物	所有可食组织
13	呋喃丹(克百威)	杀虫剂	所有食品动物	所有可食组织
14	杀虫脒(克死螨)	杀虫剂	所有食品动物	所有可食组织
15	酒石酸锑钾	杀虫剂	所有食品动物	所有可食组织
16	锥虫胂胺	杀虫剂	所有食品动物	所有可食组织
17	孔雀石绿	抗菌、杀虫剂	所有食品动物	所有可食组织
18	五氯酚酸钠	杀螺剂	所有食品动物	所有可食组织
19	各种汞制剂,包括氯化亚汞(甘汞)、硝酸亚汞、醋酸汞、吡啶基醋酸汞	杀虫剂	所有食品动物	所有可食组织
20	万古霉素及其盐、酯及制剂	所有用途	所有食品动物	所有可食组织
21	卡巴氧及其盐、酯及制剂	所有用途	所有食品动物	所有可食组织

注:引自中华人民共和国农业部公告第193号、第235号、第560号。本标准执行期间,农业部如发布新的《食品动物禁用的兽药及其他化合物清单》,执行新的《食品动物禁用的兽药及其他化合物清单》。

D.2 禁止在饲料和动物饮用水中使用的药物品种及其他物质目录

见表 D.2。

表 D.2 禁止在饲料和动物饮用水中使用的药物品种及其他物质目录

序号	药物名称
1	β-兴奋剂类:盐酸克仑特罗、沙丁胺醇、硫酸沙丁胺醇、莱克多巴胺、盐酸多巴胺、西马特罗、硫酸特布他林、苯乙醇胺 A、班布特罗、盐酸齐帕特罗、盐酸氯丙那林、马布特罗、西布特罗、溴布特罗、酒石酸阿福特罗、富马酸福莫特罗
2	雌激素类:己烯雌酚、雌二醇、戊酸雌二醇、苯甲酸雌二醇、氯烯雌醚
3	雄激素类:苯丙酸诺龙及苯丙酸诺龙注射液
4	孕激素类:醋酸氯地孕酮、左炔诺孕酮、炔诺酮、炔诺醇、炔诺醚
5	促性腺激素:绒毛膜促性腺激素(绒促性素)、促卵泡生长激素(尿促性素,主要含卵泡刺激 FSHT 和黄体生成素 LH)
6	蛋白同化激素类:碘化酪蛋白
7	降血压药:利血平、盐酸可乐定
8	抗过敏药:盐酸赛庚啶
9	催眠、镇静及精神药品类:(盐酸)氯丙嗪、盐酸异丙嗪、安定(地西泮)、硝西泮、奥沙西泮、苯巴比妥、苯巴比妥钠、巴比妥、异戊巴比妥、异戊巴比妥钠、唑吡旦、三唑仑、咪达唑仑、艾司唑仑、甲丙氨酯、匹莫林以及其他国家管制的精神药品
10	抗生素滤渣

注:引自中华人民共和国农业部公告第 176 号、第 1519 号。本标准执行期间,农业部如发布新的《禁止在饲料和动物饮水中使用的物质》,执行新的《禁止在饲料和动物饮水中使用的物质》。

D.3 不得使用的药物品种目录

见表 D.3。

表 D.3 不得使用的药物品种目录

序号	类别	名称/组方
1	抗病毒药	金刚烷胺、金刚乙胺、阿昔洛韦、吗啉(双)胍(病毒灵)、利巴韦林等及其盐、酯及单、复方制剂
2	抗生素	头孢哌酮、头孢噻肟、头孢曲松(头孢三嗪)、头孢噻吩、头孢拉啶、头孢唑啉、头孢噻啶、罗红霉素、克拉霉素、阿奇霉素、磷霉素、硫酸奈替米星(netilmicin)、克林霉素(氯林可霉素、氯洁霉素)、妥布霉素、胍哌甲基四环素、盐酸甲烯土霉素(美他环素)、两性霉素、利福霉素等及其盐、酯及单、复方制剂
3	合成抗菌药	氟罗沙星、司帕沙星、甲替沙星、洛美沙星、培氟沙星、氧氟沙星、诺氟沙星等及其盐、酯及单、复方制剂
4	农药	井冈霉素、浏阳霉素、赤霉素及其盐、酯及单、复方制剂
5	解热镇痛类等其他药物	双嘧达莫(dipyridamole)、聚肌胞、氟胞嘧啶、代森铵、磷酸伯氨喹、磷酸氯喹、异噻唑啉酮、盐酸地酚诺酯、盐酸溴己新、西咪替丁、盐酸甲氧氯普胺、甲氧氯普胺(盐酸胃复安)、比沙可啶(bisacodyl)、二羟丙茶碱、白细胞介素-2、别嘌醇、多抗甲素(α-甘露聚糖肽)等及其盐、酯及制剂
6	复方制剂	1. 注射用的抗生素与安乃近、氟喹诺酮类等化学合成药物的复方制剂 2. 镇静类药物与解热镇痛药等治疗药物组成的复方制剂

D.4 允许做治疗用但不得在动物性食品中检出的药物

见表 D.4。

表 D.4 允许做治疗用但不得在动物性食品中检出的药物

序号	药物名称	动物种类	动物组织
1	氯丙嗪	所有食品动物	所有可食组织
2	地西泮(安定)	所有食品动物	所有可食组织
3	地美硝唑	所有食品动物	所有可食组织
4	苯甲酸雌二醇	所有食品动物	所有可食组织
5	潮霉素 B	猪/鸡	可食组织
		鸡	蛋
6	甲硝唑	所有食品动物	所有可食组织
7	苯丙酸诺龙	所有食品动物	所有可食组织
8	丙酸睾酮	所有食品动物	所有可食组织
9	塞拉嗪	产奶动物	奶

第三部分
饲料类标准

ICS 65.120
B 46

中华人民共和国农业行业标准

NY/T 2895—2016

饲料中叶酸的测定　高效液相色谱法

Determination of folic acid in feeds—
High performance liquid chromatography

2016-05-23 发布

2016-10-01 实施

中华人民共和国农业部 发布

前　言

本标准按照 GB/T 1.1—2009 给出的规则起草。

本标准由农业部畜牧业司提出。

本标准由全国饲料工业标准化技术委员会(SAC/TC 76)归口。

本标准起草单位：北京市饲料监察所。

本标准主要起草人：冯秀燕、杨宝良、魏秀莲、徐理奇、丁美方、郑君杰、方芳、刘钧、王继彤、张亚君、吴翠玲、贾涛、孙志伟、裘燕、吕宝苹、卢春香、娄迎霞、姚婷。

NY/T 2895—2016

饲料中叶酸的测定　高效液相色谱法

1　范围

本标准规定了饲料中叶酸含量测定的高效液相色谱方法。

本标准适用于配合饲料、浓缩饲料、添加剂预混合饲料（反刍动物饲料除外）中叶酸的测定。

本标准的方法定量限为 0.3 mg/kg。

2　规范性引用文件

下列文件对于本文件的应用是必不可少的。凡是注日期的引用文件，仅注日期的版本适用于本文件。凡是不注日期的引用文件，其最新版本（包括所有的修改单）适用于本文件。

GB/T 6682　分析实验室用水规格和试验方法

GB/T 14699.1　饲料　采样

GB/T 20195　动物饲料　试样的制备

3　原理

用碳酸钠溶液提取饲料中的叶酸，提取液经阴离子交换固相萃取小柱净化富集后，注入反相高效液相色谱仪反相色谱系统中进行分离，用紫外检测器检测。

4　试剂和材料

除非另有规定，在分析中仅使用确认为分析纯的试剂和符合 GB/T 6682 规定的一级用水。

4.1　甲醇：色谱纯。

4.2　0.1 mol/L 碳酸钠溶液：称取 10.6 g 无水碳酸钠，用水溶解并定容至 1 000 mL。

4.3　0.1 mol/L EDTA 溶液：称取 37.2 g 二水合乙二胺四乙酸二钠，用水溶解并定容至 1 000 mL。

4.4　0.05 mol/L 磷酸二氢钠溶液（pH＝6.30）：称取二水合磷酸二氢钠 7.8 g，用水溶解并定容至 1 000 mL。用 0.1 mol/L 的 NaOH 调 pH 至 6.30。

4.5　固相萃取洗脱液：甲酸＋甲醇＋水＝5＋75＋20。

4.6　叶酸对照品：纯度大于等于 97.4%。

4.7　叶酸标准储备液：准确称取叶酸对照品适量，用 0.1 mol/L 碳酸钠溶液溶解，加入 100 μg 抗坏血酸并用水定容至 50 mL 棕色容量瓶中，配制成 250 μg/mL 的标准储备液。4℃避光保存，有效期为 2 个月。

4.8　叶酸标准工作液：准确量取 1 mL 叶酸标准储备液，用水定容至 50 mL 容量瓶中，稀释成 5.0 μg/mL 的标准工作溶液。现配现用。

4.9　固相萃取柱：200 mg/6 mL，混合型阴离子交换柱。

4.10　微孔滤膜（PTFE）：0.22 μm。

5　仪器和设备

5.1　高效液相色谱仪：配紫外检测器或二极管阵列检测器。

5.2　分析天平：感量 0.1 mg。

5.3　超声波振荡器。

431

5.4 离心机:转速不低于 10 000 r/min。

5.5 涡旋混合器。

5.6 pH 计:精度为 0.01。

5.7 固相萃取装置。

6 采样和试样制备

按 GB/T 14699.1 抽取有代表性的饲料样品,用四分法缩减取样,按照 GB/T 20195 制备样品,粉碎后过 0.45 mm 孔径的分析筛,充分混匀,装入磨口瓶中备用。

7 分析步骤

7.1 提取

准确称取试样适量(配合饲料及浓缩饲料 2.5 g,添加剂预混合饲料 1 g,精确到 0.000 1 g),至 50 mL 离心管中,加入 5 mL(添加剂预混合饲料需要 8 mL)0.1 mol/L EDTA 溶液,涡旋混合 2 min,加入 25 mL 甲醇,涡旋混合 2 min,全部转移至 50 mL 容量瓶中,再加入 10 mL 0.1 mol/L 碳酸钠溶液,用水定容至 50 mL,超声提取 15 min 后,取 20 mL 样于 50 mL 离心管中,10 000 r/min 离心 10 min。准确移取上清液 10 mL 于 15 mL 离心管中,在 40℃下氮气吹至约 6.5 mL。

维生素预混合饲料可以不经过净化过程直接过 0.22 μm 滤膜上机。

7.2 净化

固相萃取柱(4.9)先用 5 mL 甲醇活化,再用 5 mL 水进行平衡后,移取全部 6.5 mL 备用液(7.1)过柱。取 5 mL 水冲洗盛放上清液的离心管,充分转移至萃取柱中淋洗,再用 5 mL 甲醇淋洗,抽干 5 min,用 6 mL 洗脱液(4.5)每次 2 mL 分 3 次洗脱,流速控制在 1 mL/min,收集洗脱液;洗脱液在 40℃下氮气吹至 1.0 mL 以下,向残余物中加水至 1.0 mL,超声 2 min,混匀后过 0.22 μm 滤膜,供高效液相色谱仪测定。

7.3 液相色谱参考条件

色谱柱:C18 柱(可耐受 pH10),柱长 100 mm,内径 4.6 mm,粒径 2.7 μm 或相当者;

柱温:35 ℃;

检测器:紫外检测器或二极管阵列检测器;

检测波长:280 nm;

流速:1.0 mL/min;

进样量:10 μL;

流动相:A 相为 0.05 mol/L 磷酸二氢钠(pH=6.30),B 相为甲醇;

梯度洗脱程序:按表 1 执行。

表 1 梯度洗脱程序

时间,min	A,%	B,%
0	92	8
6	92	8
8	8	92
11	8	92
11.1	92	8
14	92	8

7.4 定量测定

在仪器正常工作条件下,分别注入叶酸标准工作溶液(4.8)和试样溶液(7.2)进行测定。用液相色谱保留时间定性,用标准工作溶液做单点校准,以色谱峰的峰面积进行定量计算。

叶酸标准溶液色谱图参见附录 A。

8 结果计算与表示

8.1 结果计算

试样中叶酸的含量 X 以质量分数计,单位为毫克每千克(mg/kg),按式(1)计算。

$$X = \frac{A \times C_s \times V \times V_2}{A_s \times m \times V_1}$$ ·· (1)

式中:

X ——试样中叶酸的含量,单位为毫克每千克(mg/kg);

A ——试样溶液中叶酸的峰面积;

C_s ——标准工作液中叶酸浓度,单位为微克每毫升(μg/mL);

V ——上机前最终定容体积,单位为毫升(mL);

V_2 ——总提取液体积,单位为毫升(mL);

A_s ——标准工作液中叶酸的峰面积;

m ——试样的质量,单位为克(g);

V_1 ——提取液分取体积,单位为毫升(mL)。

8.2 结果表示

测定结果用平行测定结果的算术平均值表示,结果保留三位有效数字。

9 重复性

在重复性条件下获得的两次独立测定结果的绝对差值不大于这两个测定值的算术平均值的 20%。

附 录 A

(资料性附录)

叶酸标准溶液色谱图

叶酸标准溶液色谱图见图 A.1。

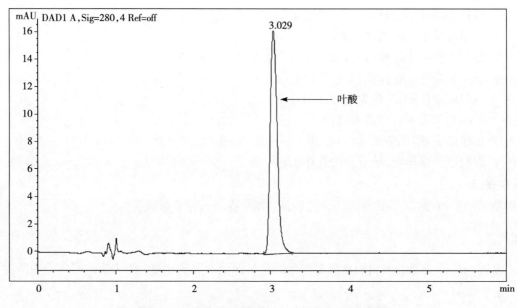

图 A.1 叶酸标准溶液(5.0 μg/mL)色谱图

ICS 65.120
B 46

中华人民共和国农业行业标准

NY/T 2896—2016

饲料中斑蝥黄的测定　高效液相色谱法

Determination of canthaxanthin in feeds—
High performance liquid chromatography

2016-05-23 发布

2016-10-01 实施

中华人民共和国农业部 发布

前　言

　　本标准按照 GB/T 1.1—2009 给出的规则起草。

　　本标准由农业部畜牧业司提出。

　　本标准由全国饲料工业标准化技术委员会(SAC/TC 76)归口。

　　本标准起草单位:华中农业大学、广州汇标检测技术中心、广州立达尔生物科技有限公司、帝斯曼(中国)有限公司。

　　本标准主要起草人:齐德生、张妮娅、陈雷、高思。

饲料中斑蝥黄的测定　高效液相色谱法

1　范围

本标准规定了饲料中斑蝥黄测定的高效液相色谱方法。

本标准适用于预混合饲料添加剂、浓缩饲料及配合饲料中斑蝥黄的测定。本标准方法的检出限为0.16 mg/kg,定量限为 0.4 mg/kg。

2　规范性引用文件

下列文件对于本文件的应用是必不可少的。凡是注日期的引用文件,仅注日期的版本适用于本文件。凡是不注日期的文件,其最新版本(包括所有的修改单)适用于本文件。

GB/T 6682　分析实验室用水规格和试验方法

GB/T 14699.1　饲料　采样

GB/T 20195　动物饲料　样品的制备

3　原理

试样中的斑蝥黄经无水乙醇和二氯甲烷提取,经氮保护浓缩后重溶,注入高效液相色谱仪中进行分离,紫外检测器检测,外标法测定样品中斑蝥黄的含量。

4　试剂和材料

除特别说明外,所有试剂均为分析纯试剂,试验用水符合 GB/T 6682 中三级用水规定,色谱用水符合 GB/T 6682 中一级用水规定。

4.1　正己烷。

4.2　二氯甲烷。

4.3　无水乙醇。

4.4　丙酮。

4.5　甲苯。

4.6　正己烷-丙酮溶液(93+7):将正己烷和丙酮按照体积比为 93：7 混合均匀。

4.7　斑蝥黄标准品:canthaxanthin,CAS 为 514-78-3,纯度大于 90%,于 4℃ 避光贮存。

4.8　斑蝥黄标准储备液:称取 20 mg 斑蝥黄标准品于 100 mL 棕色容量瓶中,先加入 20 mL 甲苯,室温条件下放入超声波清洗仪中辅助溶解 15 min,后用正己烷定容至刻度,得到浓度为 200 μg/mL 的斑蝥黄标准储备液。

4.9　斑蝥黄标准工作液:准确移取斑蝥黄标准储备液(4.8),用正己烷准确稀释成浓度为 5 μg/mL 的标准工作液,即配即用。

5　仪器

5.1　分析天平:感量 0.000 1 g。

5.2　高效液相色谱仪:配有紫外检测器。

5.3　氮吹仪。

5.4　超声波清洗仪。

5.5　0.45 μm 微孔滤膜。

5.6　分析实验室常用玻璃仪器。

6　试样的采集与制备

按 GB/T 14699.1 采集有代表性的样品,用四分法缩减取样。按 GB/T 20195 进行制备样品。粉碎后过 0.45 mm 孔径的试验筛,混合均匀,装入密闭容器中,低温保存备用。

7　分析步骤

7.1　试样溶液的制备

称取 5 g(m)左右试样,精确到 0.000 1 g,置于锥形瓶中。加入 40 mL 无水乙醇,摇匀,加入 40 mL 二氯甲烷,放在 50℃ 超声波水浴锅上处理 30 min,然后用快速定量滤纸过滤至 100 mL(V_1)容量瓶中,于避光处用二氯甲烷定容。移取 5.0 mL(V_2)滤液于 10 mL 试管中,并在 50℃ 下氮气吹干。残余物用 2.0 mL(V_3)正己烷-丙酮溶液(4.6)进行溶解,后用 0.45 μm 微孔滤膜进行过滤,制得试样溶液。以上操作均在避光通风柜内进行。

7.2　色谱参考条件

检测器:紫外检测器;

色谱柱:正相硅胶柱,长 250 mm,内径 4 mm,粒度 5.0 μm;

流动相:正己烷-丙酮溶液(93+7);

流速:1.5 mL/min;

进样量:20 μL;

检测波长:466 nm;

柱温:25℃。

7.3　测定

分别取 20 μL 斑蝥黄标准工作液和试样溶液,在高效液相色谱仪上测定斑蝥黄的峰面积,根据峰面积计算滤液中斑蝥黄的浓度。

斑蝥黄标准溶液的色谱图参见附录 A。

8　结果计算

饲料中斑蝥黄含量 X,以质量分数[毫克每千克(mg/kg)]表示,按式(1)计算。

$$X = \frac{A \times c \times V_3 \times V_1}{A_s \times V_2 \times m} \quad\cdots\cdots\cdots\cdots\cdots\cdots\cdots\cdots\cdots\cdots\cdots\cdots (1)$$

式中:

X ——样品中斑蝥黄的含量,单位为毫克每千克(mg/kg);

A ——试样溶液中斑蝥黄的峰面积;

c ——斑蝥黄标准工作液的浓度,单位为微克每毫升(μg/mL);

V_3 ——用于重溶浓缩残余物的正己烷-丙酮溶液体积,单位为毫升(mL);

V_1 ——试样提取液总体积,单位为毫升(mL);

A_s ——标准工作液中斑蝥黄的峰面积;

V_2 ——用于浓缩的提取液体积,单位为毫升(mL);

m ——称样量,单位为克(g)。

测定结果用两次平行测定后的算术平均值表示,计算结果保留一位小数。

9 重复性

在重复性条件下获得的两次独立测定结果与这两个测定值算术平均值的绝对差值,在测定结果小于或等于 15 mg/kg 时,不大于该平均值的 15%;测定结果大于 15 mg/kg 时,不大于该平均值的 10%。

附 录 A

（资料性附录）

斑蝥黄标准溶液高效液相色谱图

斑蝥黄标准溶液（2μg/mL）高效液相色谱图，见图 A.1。

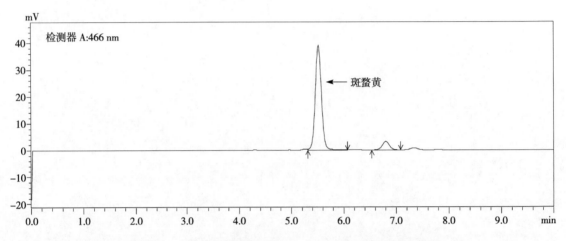

图 A.1　斑蝥黄标准溶液（2μg/mL）高效液相色谱图

ICS 65.120
B 46

中华人民共和国农业行业标准

NY/T 2897—2016

饲料中β-阿朴-8′-胡萝卜素醛的测定 高效液相色谱法

Determination of β-apo-8′-carotenal in feeds—
High performance liquid chromatography

2016-05-23 发布

2016-10-01 实施

中华人民共和国农业部 发布

前　言

本标准按照 GB/T 1.1—2009 给出的规则起草。

本标准由农业部畜牧业司提出。

本标准由全国饲料工业标准化技术委员会(SAC/TC 76)归口。

本标准起草单位:华中农业大学、广州汇标检测技术中心、广州立达尔生物科技有限公司、帝斯曼(中国)有限公司。

本标准主要起草人:张妮娅、齐德生、陈雷、高思。

饲料中 β-阿朴-8′-胡萝卜素醛的测定　高效液相色谱法

1　范围

本标准规定了饲料中 β-阿朴-8′-胡萝卜素醛的高效液相色谱测定方法。

本标准适用于添加剂预混合饲料、浓缩饲料及配合饲料中 β-阿朴-8′-胡萝卜素醛的测定。本标准的方法检出限为 0.6 mg/kg,定量限为 2.0 mg/kg。

2　规范性引用文件

下列文件对于本文件的应用是必不可少的。凡是注日期的引用文件,仅注日期的版本适用于本文件。凡是不注日期的文件,其最新版本(包括所有的修改单)适用于本文件。

GB/T 6682　分析实验室用水规格和试验方法

GB/T 14699.1　饲料采样方法

GB/T 20195　动物饲料　样品的制备

3　原理

试样中 β-阿朴-8′-胡萝卜素醛经甲醇、正己烷和乙酸乙酯提取后,在氮气保护下浓缩,用流动相重溶,注入高效液相色谱仪中进行分离,紫外检测器检测,外标法测定样品中 β-阿朴-8′-胡萝卜素醛含量。

4　试剂和材料

除特别说明外,所有试剂均为分析纯试剂,试验用水符合 GB/T 6682 中三级用水规定,色谱用水符合 GB/T 6682 中一级用水规定。

4.1　甲醇。

4.2　饱和氯化钠溶液:将氯化钠逐步加入 100 mL 水中,搅拌,直至氯化钠不再溶解,上清液即为饱和氯化钠溶液。

4.3　正己烷。

4.4　乙酸乙酯。

4.5　冰乙酸。

4.6　无水乙醇。

4.7　甲基叔丁基醚。

4.8　乙酸溶液(0.05%):取 0.5 mL 冰乙酸于 1 L 容量瓶中,用水定容。

4.9　提取剂:将甲醇、乙酸乙酯、正己烷按照体积比为 1∶1∶1 混合均匀。

4.10　甲基叔丁基醚—甲醇(1+1)溶液:将甲基叔丁基醚和甲醇按照体积比为 1∶1 混合均匀。

4.11　β-阿朴-8′-胡萝卜素醛标准品(含量大于 96%)。

4.12　β-阿朴-8′-胡萝卜素醛标准储备液:称取 β-阿朴-8′-胡萝卜素醛标准品 0.05 g(精确至 0.000 1 g),用甲基叔丁基醚—甲醇溶液(4.10)溶解,转入 100 mL 棕色容量瓶中,定容至刻度,配制成浓度为 500 mg/L 的 β-阿朴-8′-胡萝卜素醛标准储备液。4℃下避光保存,有效期为 6 个月。

4.13　β-阿朴-8′-胡萝卜素醛标准工作液:取 β-阿朴-8′-胡萝卜素醛标准储备液(4.12),用甲基叔丁基醚-甲醇溶液(4.10)逐级稀释成浓度为 0.5 μg/mL、1.0 μg/mL、2.0 μg/ml、4.0 μg/mL、8.0 μg/mL 的系列标准工作液。

5 仪器

5.1 分析天平:感量 0.000 1 g。

5.2 高效液相色谱仪:配有紫外检测器。

5.3 氮吹仪。

5.4 0.45 μm 微孔滤膜。

6 试样的采集与制备

按 GB/T 14699.1 采集有代表性的样品,用四分法缩减取样。按 GB/T 20195 制备样品,粉碎过 0.45 mm 孔径的试验筛,混合均匀,装入密闭容器中,低温保存备用。

7 分析步骤

7.1 试样溶液的制备

称取试样 0.5 g~2.0 g(m),精确到 0.000 1 g,于事先加入 10 mL 水的锥形瓶中,再分别加入饱和氯化钠溶液(4.2)2.0 mL、0.05%乙酸溶液(4.8)10.0 mL,摇匀,用提取剂(4.9)萃取 3 次,每次 15 mL,将上层萃取液合并后,加入 2.0 mL 无水乙醇(4.6),于 30℃下氮气吹干。用甲基叔丁基醚-甲醇溶液(4.10)4.0 mL(V_1)溶解残余物,通过 0.45 μm 微孔滤膜过滤,制成试样溶液。以上操作均在避光通风柜内进行。试样溶液避光冷藏,24 h 内完成上机测定。

7.2 测定

7.2.1 色谱参考条件

色谱柱:C30 柱,长 250 mm,内径 4.6 mm,粒度 5.0 μm;

流动相:A 相为甲醇、水、三乙胺混合溶液(90＋10＋0.1),B 相为甲基叔丁基醚-甲醇-水-三乙胺混合溶液(90＋6＋4＋0.1);

梯度洗脱程序:按表 1 执行;

进样量:20 μL;

流速:1 mL/min;

检测波长:462 nm;

柱温:35℃。

表 1 流动相梯度洗脱程序

时间,min	A,%	B,%
0	93.5	6.5
34	93.5	6.5
34.1	0	100
50	0	100
50.1	93.5	6.5

7.2.2 标准工作曲线的绘制

分别取 20 μL 不同浓度的 β-阿朴-8′-胡萝卜素醛标准工作液(4.13)上机测定。以浓度(c)为横坐标,峰面积(A)为纵坐标,绘制标准工作曲线,得出回归方程。

β-阿朴-8′-胡萝卜素醛标准溶液的色谱图参见附录 A。

7.2.3 样品测定

取 20 μL 试样溶液(7.1)在高效液相色谱仪上测定峰面积,根据回归方程(7.2.2)计算试样溶液中 β-阿朴-8′-胡萝卜素醛的浓度(C_0)。

8 结果计算

饲料中β-阿朴-8′-胡萝卜素醛的含量 X,以质量分数[毫克每千克(mg/kg)]表示,按式(1)计算。

$$X = \frac{C_0 \times V_1}{m} \quad\cdots\cdots\cdots\cdots\cdots\cdots\cdots\cdots\cdots\cdots\cdots\cdots\cdots\cdots\cdots\cdots\cdots\cdots\cdots\cdots\cdots\cdots\cdots (1)$$

式中:

m ——试样质量,单位为克(g);

C_0 ——由标准工作曲线查得的试样溶液中β-阿朴-8′-胡萝卜素醛的浓度,单位为毫克每升(mg/L);

V_1 ——用于溶解残余物的甲基叔丁基醚-甲醇溶液的体积(7.1),单位为毫升(mL)。

测定结果用两次平行测定后的算术平均值表示,结果保留一位小数。

9 重复性

在重复性条件下获得的两次独立测定结果与这两个测定值算术平均值的绝对差值,在测定结果小于或等于 50 mg/kg 时,不大于该平均值的 15%;测定结果大于 50 mg/kg 时,不大于该平均值的 10%。

附 录 A

（资料性附录）

β-阿朴-8′-胡萝卜素醛标准溶液高效液相色谱图

β-阿朴-8′-胡萝卜素醛标准溶液(7.2 μg/mL)的高效液相色谱图,见图 A.1。

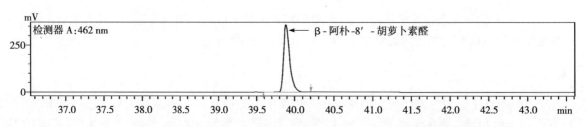

图 A.1 β-阿朴-8′-胡萝卜素醛标准溶液(7.2 μg/mL)高效液相色谱图

ICS 65.120
B 46

中华人民共和国农业行业标准

NY/T 2898—2016

饲料中串珠镰刀菌素的测定
高效液相色谱法

Determination of moniliformin in feeds—
High performance liquid chromatography

2016-05-23 发布 2016-10-01 实施

中华人民共和国农业部 发布

前　言

本标准按照 GB/T 1.1—2009 给出的规则起草。

本标准由农业部畜牧业司提出。

本标准由全国饲料工业标准化技术委员会(SAC/TC 76)归口。

本标准起草单位:华中农业大学。

本标准主要起草人:齐德生、张妮娅、高思、陈雷。

饲料中串珠镰刀菌素的测定
高效液相色谱法

1 范围

本标准规定了饲料中串珠镰刀菌素的高效液相色谱测定法。

本标准适用于谷物及其加工副产品、配合饲料、浓缩饲料和精料补充料中串珠镰刀菌素的测定。

本标准的方法检出限为 0.003 mg/kg，定量限为 0.05 mg/kg。

2 规范性引用文件

下列文件对于本文件的应用是必不可少的。凡是注日期的引用文件，仅注日期的版本适用于本文件。凡是不注日期的引用文件，其最新版本（包括所有的修改单）适用于本文件。

GB/T 6682 分析实验室用水规格和试验方法

GB/T 14699.1 饲料 采样

GB/T 20195 动物饲料 试样的制备

3 原理

试样中的串珠镰刀菌素经四丁基硫酸氢铵(TBAHS)水溶液提取、二氯甲烷萃取和强阴离子交换固相萃取柱净化后，采用反相高效液相色谱-紫外检测器进行测定，并用外标法定量。

4 试剂和材料

除特别说明外，所有试剂均为分析纯和符合 GB/T 6682 中规定的二级用水，标准溶液和流动相用水符合 GB/T 6682 中一级用水的规定。

4.1 甲醇：色谱级。

4.2 乙腈：色谱级。

4.3 四丁基硫酸氢铵(TBAHS)。

4.4 二氯甲烷。

4.5 二水合磷酸二氢钠。

4.6 氢氧化钠。

4.7 提取液：称取 5 g 四丁基硫酸氢铵(4.3)，用水溶解并定容至 1 L，制成 5 g/L 的四丁基硫酸氢铵溶液。

4.8 试剂 A：称取 40 g 四丁基硫酸氢铵(4.3)，用水溶解并定容至 100 mL，制成 400 g/L 的四丁基硫酸氢铵溶液。

4.9 试剂 B：称取 17.16 g 二水合磷酸二氢钠(4.5)，用水溶解并定容至 100 mL，制成 1.1 mol/L 的磷酸二氢钠溶液。

4.10 离子对改性剂：试剂 A(4.8)和试剂 B(4.9)按照体积比 1:2 混合均匀后即成离子对改性剂。

4.11 乙腈-水溶液 A：将乙腈(4.2)和水按照体积比 1:1 混合均匀备用。

4.12 乙腈-水溶液 B：将乙腈(4.2)和水按照体积比 8:92 混合均匀备用。

4.13 2 mol/L 氢氧化钠溶液：称取 80 g 氢氧化钠(4.6)，用水溶解并定容至 1 L。

4.14 0.05 mol/L磷酸二氢钠溶液:称取7.8 g二水合磷酸二氢钠(4.5),用水溶解并定容至1 L,pH为5.0,有效期为1个月。

4.15 流动相:取10 mL离子对改性剂(4.10),用乙腈-水溶液B(4.12)稀释至1 L,并用氢氧化钠溶液(4.13)调pH为6.5,经0.22 μm有机微孔滤膜过滤后备用。

4.16 串珠镰刀菌素标准品:串珠镰刀菌素钠盐,纯度≥98%。

4.17 串珠镰刀菌素标准储备液:取包装规格为5 mg的串珠镰刀菌素标准品,用乙腈-水溶液A(4.11)溶解定容到50 mL容量瓶中,配制成100 μg/mL的串珠镰刀菌素标准储备液,转入塑料瓶中-20℃密封保存,有效期为12个月。

> 注:其他包装规格的串珠镰刀菌素标准品可按照相应规格调整定容体积,用乙腈-水溶液A(4.11)配制成100 μg/mL的串珠镰刀菌素标准储备液。

4.18 串珠镰刀菌素标准工作液:取10 mL串珠镰刀菌素标准储备液于100 mL容量瓶中,用磷酸二氢钠溶液(4.14)稀释至刻度,配制成浓度为10 μg/mL的中间工作液。分别准确移取0.1 mL、1.0 mL、5.0 mL、10.0 mL、20.0 mL、40.0 mL的中间工作液于100 mL容量瓶中,用磷酸二氢钠溶液(4.14)稀释至刻度,配制成浓度分别为0.01 μg/mL、0.1 μg/mL、0.5 μg/mL、1.0 μg/mL、2.0 μg/mL和4.0 μg/mL的标准工作液。转入塑料瓶中4℃下密封保存,有效期为3个月。

5 仪器和设备

5.1 高效液相色谱仪:配备紫外检测器或二极管阵列检测器。

5.2 强阴离子交换固相萃取柱(SAX SPE柱):规格为100 mg/mL,柱容量1 mL。

5.3 氮吹仪。

5.4 实验室常规设备。

6 试样的采集与制备

按照GB/T 14699.1抽取有代表性的饲料样品,用四分法缩减取样。按照GB/T 20195的规定将饲料样品粉碎,过0.45 mm孔径试验筛,混匀后装入密闭容器中,避光低温保存备用。

7 分析步骤

7.1 提取

取4 g(精确到0.000 1 g)试样置于50 mL离心管中。用20.0 mL(V_1)提取液分两次提取。首先,准确加入10.0 mL提取液(4.7),涡旋提取3 min后,2 000 r/min离心5 min,吸出上清液。再次,准确加入10.0 mL提取液(4.7)重复提取一次。将两次上清液合并混匀,备用。

7.2 萃取与浓缩

准确移取3.0 mL(V_2)上清液(7.1)于离心管中,加入5 mL二氯甲烷,轻柔摇匀3 min后,5 000 r/min离心10 min,吸出全部二氯甲烷层。再次加入5 mL二氯甲烷并重复萃取一次。合并二氯甲烷于玻璃管中,在40℃下用氮气吹干。向干燥后的玻璃管中加入1 mL流动相(4.15),涡旋处理3 min,制成浓缩液。

> 注:萃取振摇过程中避免用力震荡,氮气吹干应在通风柜中进行。

7.3 固相萃取柱净化

用1 mL甲醇和1 mL流动相连续洗涤固相萃取柱,将浓缩液(7.2)全部转入固相萃取柱中。待所有浓缩液过柱后,用1 mL水清洗固相萃取柱并加压使空气过柱以排出所有清洗液。准确量取1.0 mL(V_3)磷酸二氢钠溶液(4.14)洗脱固相萃取柱中吸附的串珠镰刀菌素,并加压使所有的洗脱液过柱。用0.22 μm微孔滤膜过滤洗脱液,将滤液储于干净容器中,4℃条件下密封保存备测。

7.4 高效液相色谱检测

7.4.1 高效液相色谱参考条件

a) 色谱柱:C18 反相色谱柱,长 150 mm,内径 4.6 mm,粒径 5 μm;

b) 流动相流速:1 mL/min;

c) 检测波长:228 nm;

d) 柱温:35℃;

e) 进样量:20 μL。

7.4.2 定量测定

分别取 20 μL 标准工作液(4.18)和洗脱液(7.3),按照 7.4.1 所列色谱参考条件上机测定。以标准工作液的浓度为横坐标,以相应色谱峰面积为纵坐标,绘制标准曲线。根据洗脱液中串珠镰刀菌素的峰面积用标准曲线计算出洗脱液中串珠镰刀菌素浓度。洗脱液中的串珠镰刀菌素浓度应在标准曲线线性范围内,超出线性范围时应稀释。

串珠镰刀菌素标准溶液色谱图参见附录 A。

7.4.3 结果计算

串珠镰刀菌素的含量以质量分数 X 计,单位为毫克每千克(mg/kg),按式(1)计算。

$$X = \frac{c \times V_3 \times V_1}{V_2 \times m} \quad\dots\dots\dots\dots\dots\dots\dots\dots\dots\dots\dots\dots\dots\dots\dots\dots \quad (1)$$

式中:

c ——洗脱液中串珠镰刀菌素的浓度,单位为微克每毫升(μg/mL);

V_1——提取液总体积(7.1),单位为毫升(mL);

V_2——用于萃取浓缩的上清液体积(7.2),单位为毫升(mL);

V_3——用于洗脱的磷酸二氢钠溶液的体积(7.3),单位为毫升(mL);

m ——试样的质量,单位为克(g)。

测定结果用平行测定的算术平均值表示,计算结果保留三位小数。

8 重复性

在重复性条件下获得的两次独立测定结果与这两个测定值的算术平均值的绝对差值不大于该平均值的 15%。

附 录 A

（资料性附录）

串珠镰刀菌素参考色谱图

0.1 μg/mL 串珠镰刀菌素标准溶液高效液相色谱图，见图 A.1。

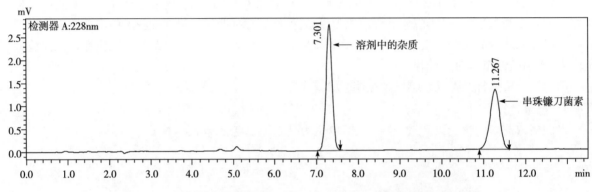

图 A.1 串珠镰刀菌素标准溶液(0.1 μg/mL)高效液相色谱图

ICS 65.120
B 46

中华人民共和国农业行业标准

NY/T 3001—2016

饲料中氨基酸的测定
毛细管电泳法

Determination of amino acids in feed—
Capillary electrophoresis

2016-11-01 发布
2017-04-01 实施

中华人民共和国农业部 发布

前　言

本标准按照 GB/T 1.1—2009 给出的规则起草。

本标准由农业部畜牧业司提出。

本标准由全国饲料工业标准化技术委员会(SAC/TC 76)归口。

本标准起草单位:中国农业科学院农业质量标准与检测技术研究所[国家饲料质量监督检验中心(北京)]。

本标准主要起草人:李丽蓓、冯忠华、王彤、饶正华、崔昂、魏书林、张苏、严明、严寒、唐健、田静、刘晓露。

饲料中氨基酸的测定 毛细管电泳法

1 范围

本标准规定了饲料中氨基酸测定的毛细管电泳法。

本标准适用于配合饲料、浓缩饲料、添加剂预混合饲料和饲料原料中氨基酸含量的测定。可测定的氨基酸种类包括胱氨酸、赖氨酸、精氨酸、天门冬氨酸、谷氨酸、组氨酸、脯氨酸、苏氨酸、丝氨酸、甘氨酸、丙氨酸、缬氨酸、亮氨酸与异亮氨酸之和、酪氨酸和苯丙氨酸的测定,不适用于蛋氨酸和色氨酸含量的测定。

2 规范性引用文件

下列文件对于本文件的应用是必不可少的。凡是注日期的引用文件,仅注日期的版本适用于本文件。凡是不注日期的引用文件,其最新版本(包括所有的修改单)适用于本文件。

GB/T 6682 分析实验室用水规格和试验方法

GB/T 14699.1 饲料 采样

GB/T 15399—1994 饲料中含硫氨基酸测定方法—离子交换色谱法

GB/T 18246—2000 饲料中氨基酸的测定

GB/T 20195 动物饲料 试样的制备

3 原理

样品需在 6 mol/L 盐酸中水解成单一氨基酸,经异硫氰酸苯酯溶液(PITC)衍生,再用毛细管电泳的方法进行分离和定量。但待测氨基酸不同,前处理方法有所不同。其中,胱氨酸必须在水解前用过甲酸氧化为磺基丙氨酸,才能衍生测定;而酪氨酸必须用未氧化的样品水解测定;其他氨基酸则可选用上述任一方法处理测定。

4 试剂和材料

除特殊注明外,本标准所用试剂均为分析纯和符合 GB/T 6682 规定的一级水。

4.1 碳酸钠溶液,$c(Na_2CO_3)=0.1$ mol/L:取(0.715 ± 0.001) g 碳酸钠,加 15 mL 水于 25 mL 的容量瓶中溶解,用水定容。溶液在塑料瓶中保存 2 个月。

4.2 异硫氰酸苯酯溶液(PITC溶液):取 0.4 mL PITC 于 25 mL 棕色容量瓶中,用 2-丙醇定容至刻度并且充分混合均匀。溶液在 2℃~8℃的冰箱中保存 2 个月。取用 PITC 溶液尽量在通风柜中进行。

4.3 氢氧化钠溶液:称取 2 g 氢氧化钠于 250 mL 玻璃杯中,用水稀释至 100 mL。在塑料瓶中保存 6 个月。

4.4 盐酸,$c(HCl)=1.0$ mol/L:吸取 8.3 mL 浓盐酸,置于容量瓶中,用水稀释并定容至100 mL。

4.5 磷酸氢二钠溶液:取(4.78 ± 0.01) g 十二水磷酸氢二钠于 100 mL 容量瓶中,溶解后定容。溶液保存 2 个月。

4.6 磷酸二氢钠溶液:取(2.28 ± 0.01) g 一水合磷酸二氢钠或(2.57 ± 0.01) g 二水合磷酸二氢钠于100 mL 容量瓶中,溶解后定容至刻度。溶液保存 2 个月。

4.7 磷酸盐缓冲液(pH 7.7~7.8):取 50 mL 磷酸氢二钠溶液(4.5)和 5 mL 磷酸二氢钠溶液(4.6)于100 mL 容量瓶中,用水定容。溶液保存 2 个月。

4.8 β-环糊精溶液:取(0.570±0.001)g β-环糊精倒入50 mL 烧杯中,加入25 mL～30 mL水并充分混合至完全溶解。若有必要,可将烧杯放在水浴锅中加热(温度不超过50℃)。溶解后转移至50 mL 的容量瓶中,用水定容并充分混合。溶液保存2个月。

4.9 背景电解液:取10 mL β-环糊精溶液(4.11)和10 mL 磷酸缓冲液(4.10)于25 mL 容量瓶中,用水定容至刻度。溶液保存2周。

4.10 13种单一氨基酸储备溶液,4.0 mg/mL:称取精氨酸盐酸盐(0.024 20±0.000 01)g,一水合组氨酸盐酸盐(0.027 00±0.000 01)g,赖氨酸盐酸盐(0.024 90±0.000 01)g,丙氨酸、天冬氨酸、缬氨酸、甘氨酸、谷氨酸、异亮氨酸、亮氨酸、脯氨酸、丝氨酸、苏氨酸各(0.020 00±0.000 01)g,分别置于10 mL 带盖瓶中,分别准确加入5 mL 水溶解。若有必要,可在水浴锅中缓慢加热60℃～70℃来充分地溶解氨基酸。天冬氨酸和谷氨酸储备液保存1个月,其他氨基酸溶液保存4个月。

4.11 苯丙氨酸和酪氨酸储备溶液,1.0 mg/mL:分别取(0.010 00±0.000 01)g的两种氨基酸,用1 mL盐酸(4.4)和9 mL水的混合液溶解。若有必要,在水浴锅缓慢加热60℃～70℃,使其完全溶解。储备液保存2个月。

4.12 磺基丙氨酸储备溶液,4.0 mg/mL:取(0.040 00±0.000 01)g 磺基丙氨酸于小玻璃瓶中,加水溶解并定容至10 mL。该储备液可保存3个月。

4.13 13种氨基酸混合标准溶液:分别取50 μL 丙氨酸、精氨酸、缬氨酸、组氨酸、甘氨酸、异亮氨酸、亮氨酸、赖氨酸、脯氨酸、丝氨酸、苏氨酸的储备液(4.10)和200 μL 苯丙氨酸和酪氨酸储备液(4.11)于带盖小瓶中,加入1 050 μL 水并充分混合。每种氨基酸的质量浓度为0.1 mg/mL。标准溶液保存2周。

4.14 3种氨基酸混合标准溶液:分别取50 μL 天冬氨酸、谷氨酸的储备液(4.10)和磺基丙氨酸储备液(4.12),加入1 850 μL 水并充分混合。每种氨基酸的质量浓度均为0.1 mg/mL。标准溶液保存2周。

5 仪器和设备

5.1 毛细管电泳仪:正极高电压组件、石英毛细管(总长75 cm,内径50 μm),波长范围为240 nm～260 nm的紫外检测器。

5.2 天平:感量0.000 01 g、0.000 1 g、0.001 g和0.01 g。

5.3 pH计:(1～14)pH±0.05 pH。

5.4 离心机:转速为5 000 r/min以上。

5.5 干燥箱:恒温精确度不大于±2℃。

5.6 热空气风扇或氮吹仪。

5.7 滤膜:0.22 μm。

6 试样的制备和保存

按GB 14699.1的规定抽取有代表性的样品,按四分法取样。按GB/T 20195的规定制备试样,粉碎过0.25 mm孔径筛,充分混匀。装入密闭容器中保存。

7 分析步骤

7.1 样品前处理

7.1.1 酸水解法

取0.1 g(精确到0.000 1 g)试样于水解管中,按GB/T 18246—2000中7.1.1.1常规酸水解法水解。水解后,取出水解管,冷却至室温,用滤纸过滤,弃去初始滤液,收集剩下滤液于带盖的容器中,待衍生、测定。

7.1.2 氧化水解法

取 0.100 0 g（精确到 0.000 1 g）试样按 GB/T 15399—1994 中 7.1 的规定执行。水解后，取出水解管冷却至室温，用滤纸过滤，弃去初始滤液，收集剩下的滤液于带盖的容器中，待衍生、测定。

7.1.3 异硫氰酸苯酯溶液（PITC）衍生

取 50 μL 上述两种水解物（7.1.1 和 7.1.2）于水解瓶中，并用热空气风扇或氮吹仪（5.6）吹干。依次加入 150 μL 碳酸钠溶液（4.1）和 300 μL PITC 溶液（4.2）并振荡直到沉淀溶解。盖上瓶盖放在室温下反应 35 min，再用热空气风扇或氮吹仪（5.6）吹干。用 500 μL 水溶解残留物，5 000 r/min 离心 5 min，上清液过 0.22 μm 滤膜（5.7）后用于上机分析。

7.2 标准曲线的制备

7.2.1 13 种混合氨基酸的标准曲线

吸取 13 种氨基酸混合标准溶液（4.13）0.10 mL、0.20 mL、0.30 mL，分别置于 3 个 1.5 mL 聚丙烯离心管中，依次加入 150 μL 碳酸钠溶液（4.1）和 300 μL PITC 溶液（4.2），涡旋或振荡，然后盖上瓶盖放在室温下反应 35 min。用热空气风扇或氮吹仪（5.6）吹干，并用 500 μL 水溶解残留物，5 000 r/min 离心 5 min，上清液过 0.22 μm 滤膜（5.7）后上机分析。该标准曲线各点的氨基酸浓度分别为 20 mg/L、40 mg/L、60 mg/L。

7.2.2 3 种混合氨基酸的标准曲线

吸取 3 种氨基酸混合标准溶液（4.14）0.10 mL、0.20 mL、0.30 mL，分别置于 3 个 1.5mL 聚丙烯离心管中，以下操作按 7.2.1 规定的方法进行。

7.3 测定

7.3.1 电泳分析条件

测试操作条件见表 1。

表 1 测试操作条件

参　数	13 种氨基酸	3 种氨基酸
波长,nm	254	
温度,℃	30	
进样：		
—压力,mb	30	
—时间,s	5	
高压,kV	25	
分析：		
—压力,mb	0	50
—时间,min	13～15	10～12

注1：13 种氨基酸的迁移出峰顺序：Arg,Lys,Tyr,Phe,His,Leu+Ile,Val,Pro,Thr,Ser,Ala,Gly。
注2：3 种氨基酸的迁移出峰顺序：Glu,Asp,Cys-Cys。

7.3.2 定量测定

按由低浓度到高浓度的顺序，分别将混合氨基酸的标准曲线加载到毛细管电泳仪上测定（所得电泳谱图见附录 A），然后测定相应的衍生化试样。以迁移出峰时间定性（识别窗口宽度 5%），外标法（以氨基酸浓度为纵坐标，峰面积为横坐标，绘制标准曲线）定量。

该法可测定各种氨基酸浓度范围见附录 A。13 种和 3 种氨基酸的毛细管电泳图谱参见附录 B。

如果一种或者几种氨基酸的质量浓度超过了标准曲线的最高点，进一步对水解后的衍生物进行稀释。

注1：每个测试溶液至少 2 张电泳图。
注2：在进行 5 个～7 个样品检测后，应在仪器进出口换上新的背景电解液。

注3:测定前后毛细管操作处理与冲洗方法参见附录C。

8 结果计算与表示

8.1 结果计算

试样中氨基酸(胱氨酸除外)含量 X_1 以质量分数(%)计,按式(1)计算。

$$X_1 = \frac{V_h \times C_{encl}}{m \times V_a \times 1000} \times D \times 100 \qquad\qquad (1)$$

式中：

V_h ——试样水解物体积,单位为毫升(mL);

C_{encl} ——每毫升上机溶液中氨基酸的质量,单位为微克每毫升($\mu g/mL$);

V_a ——用于衍生的水解物的体积,单位为毫升(mL);

D —— 稀释倍数;

m ——称取的试样质量,单位为毫克(mg);

1 000 ——转换系数;

100 ——百分比系数。

试样中胱氨酸含量 X_2 以质量分数(%)计,按式(2)计算。

$$X_2 = X_1 \times \frac{120.2}{169} \div 2 \qquad\qquad (2)$$

式中：

120.2 ——半胱氨酸分子量;

169 ——磺基丙氨酸分子量。

测定结果用平行测定的算术平均值表示,结果保留两位小数。

9 重复性

当含量小于或等于 0.5% 时,在重复性条件下获得的两次独立测定结果与其算术平均值的差值不大于这两个测定值算术平均值的 10%;

当含量大于 0.5% 时,在重复性条件下获得的两次独立测定结果与其算术平均值的差值不大于这两个测定值算术平均值的 8%。

附　录　A

（规范性附录）

测量范围

氨基酸的种类和测量范围见表 A.1。

表 A.1　氨基酸的种类和测量范围

氨基酸	缩写	测量范围，%
丙氨酸	Ala	0.25～10.0
精氨酸	Arg	0.5～10.0
天冬氨酸	Asp	0.5～10.0
缬氨酸	Val	0.5～10.0
组氨酸	His	0.5～10.0
甘氨酸	Gly	0.25～10.0
谷氨酸	Glu	0.5～10.0
亮氨酸+异亮氨酸	Leu,Ile	0.25～10.0
赖氨酸	Lys	0.25～20.0
脯氨酸	Pro	0.25～10.0
丝氨酸	Ser	0.25～10.0
酪氨酸	Tyr	0.25～10.0
苏氨酸	Thr	0.25～10.0
苯丙氨酸	Phe	0.25～10.0
胱氨酸	Cys-Cys	0.1～10.0

附　录　B

（资料性附录）

13 种和 3 种氨基酸的毛细管电泳图谱

B.1　13 种混合氨基酸标准溶液的电泳图谱

见图 B.1。

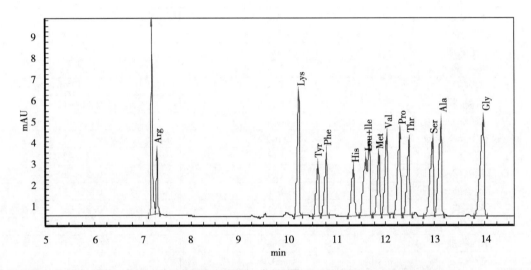

图 B.1　13 种混合氨基酸标准溶液(20 mg/L)的电泳图谱

B.2　3 种混合氨基酸标准溶液的电泳图谱

见图 B.2。

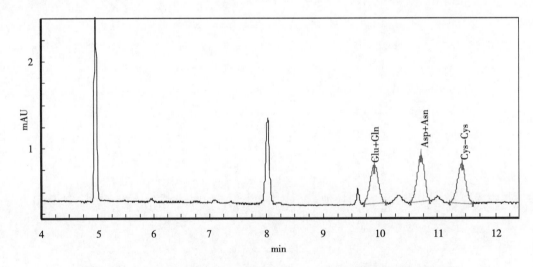

图 B.2　3 种混合氨基酸标准溶液(20 mg/L)的毛细管电泳图谱

附　录　C

（资料性附录）

毛细管的处理

C.1　新毛细管的处理

新毛细管的处理要结合毛细管电泳系统操作手册。若没有要求,依次用水、盐酸(4.4)、水、氢氧化钠溶液(4.3)、水和背景电解液(4.9)冲洗毛细管。每一步的时间为 10 min。

C.2　毛细管的日常处理

冲洗毛细管的顺序,先用水冲洗 3 min,然后用氢氧化钠溶液(4.3)冲洗 5 min,再用水冲洗 5 min,最后用背景电解液(4.9)冲洗 10 min。

C.3　试验前后毛细管的处理

每种溶液分析前,用背景电解液(4.9)冲洗毛细管 3 min。

当分析样品溶液时,可能会产生背景响应不规则的飘移。如果出现这种现象,推荐使用:增加背景电解液冲洗的时间;在加高电压的情况下用背景电解液冲洗 3 min;更换入口和出口的背景电解液;依次用水(3 min)、氢氧化钠溶液(5 min)、水(3 min)和背景电解液(10 min)冲洗毛细管。

在短时间(如过夜)放置时,用以下程序冲洗:水(2 min)、盐酸(5 min)、水(5 min)保持毛细管的底部淹没在水中。

C.4　毛细管的储存

短期的储存(不超过 1 周)毛细管应按照短期放置的情况储存。

长期的储存(超过 1 周),用以下溶液充分地冲洗:先用水冲洗 2 min,再用氢氧化钠溶液(4.3)冲洗 5 min,接着用水冲洗 5 min,然后用盐酸(4.4)冲洗 5 min,用水冲洗 10 min,最后空气吹扫 10 min,保持毛细管干燥。

ICS 65.120
B 46

中华人民共和国农业行业标准

NY/T 3002—2016

饲料中动物源性成分检测
显微镜法

Analysis for the determination of constituents of animal origin in feed—
Microscopy method

2016-11-01 发布

2017-04-01 实施

中华人民共和国农业部 发布

前　言

本标准按照 GB/T 1.1—2009 给出的规则起草。

本标准由农业部畜牧业司提出。

本标准由全国饲料工业标准化技术委员会(SAC/TC 76)归口。

本标准起草单位:中国农业大学。

本标准主要起草人:刘贤、杨增玲、韩鲁佳、陈龙健、黄光群、肖卫华、姜训鹏、吕程序。

饲料中动物源性成分检测　显微镜法

1　范围

本标准规定了饲料中动物源性成分的显微镜检测方法。

本标准适用于饲料原料以及畜禽饲料中陆生动物肉骨粉和鱼粉的显微镜定性检测。

本标准方法的检出限为 0.1%(W/W)。

2　规范性引用文件

下列文件对于本文件的应用是必不可少的。凡是注日期的引用文件，仅注日期的版本适用于本文件。凡是不注日期的引用文件，其最新版本（包括所有的修改单）适用于本文件。

GB/T 603　化学试剂　试验方法中所用制剂及制品的制备

GB/T 6003.1　试验筛　技术要求和检验　第1部分:金属丝编织网试验筛

GB/T 6682　分析实验室用水规格和试验方法

GB/T 14699.1　饲料　采样

GB/T 20195　动物饲料　试样的制备

3　原理

基于骨、软骨、肌纤维、羽毛、动物毛发以及鱼骨和鱼鳞等典型的、显微镜可识别的特征，对饲料原料和畜禽饲料中可能存在的动物源性成分进行鉴别分析。

4　试剂及制剂

除另有说明，所用试剂均为化学纯。用水符合 GB/T 6682 中三级水的规定。所用制剂制备应符合 GB/T 603 的规定。

4.1　浓缩剂

四氯乙烯。

4.2　染色剂

茜素红溶液:取 2.5 mL 1 mol/L 盐酸置于 100 mL 水中稀释，添加 0.2 g 茜素红至该溶液。

4.3　封固剂

4.3.1　丙三醇。

4.3.2　石蜡。

4.3.3　紫外固化光学胶。

4.4　染色封固剂

4.4.1　斐林溶液:称取 6.9 g 五水合硫酸铜溶于 100 mL 水中，制备溶液 A;分别称取 34.6 g 四水合酒石酸钾钠和 12 g 氢氧化钠溶于 100 mL 水中，制备溶液 B。使用前，取溶液 A 和溶液 B 按 1:1(V/V)混合。

4.4.2　胱氨酸溶液:分别称取 2 g 醋酸铅和 10 g 氢氧化钠，溶于 100 mL 水中。

4.5　清洗剂

4.5.1　乙醇:≥95%。

4.5.2　丙酮。

4.6　漂白剂

次氯酸钠溶液:8%～14%有效氯。

5 仪器和设备

5.1 分析天平:感量为 0.001 g 和 0.01 g。

5.2 样品磨或研钵。

5.3 试验筛:筛孔尺寸 1 mm、500 μm 和 250 μm,试验筛应符合 GB/T 6003.1 的要求。

5.4 锥形玻璃分液漏斗:容积 250 mL,聚四氟乙烯或磨砂玻璃活塞,活塞开口直径应≥4 mm。

5.5 生物显微镜:放大 100 倍～400 倍,明场透射光。

5.6 实验室常用玻璃器皿。

5.7 玻片:平板载玻片、单凹载玻片和盖玻片(20 mm×20 mm)。

5.8 实验室用镊子、探针。

5.9 紫外灯:波长范围 350 nm～380 nm。

5.10 电热板(50℃)或酒精灯。

5.11 涡旋混合器。

5.12 电热干燥箱。

6 采样与试样制备

6.1 采样

按 GB/T 14699.1 规定的方法采样。

6.2 试样制备

为避免交叉污染,所有重复使用的设备使用前应仔细清洁。分液漏斗应拆分清洗,先人工预清洗,后清洗机清洗。试验筛应使用硬纤维刷进行清理。筛分鱼粉等含高脂质成分样品的试验筛,宜采用丙酮和气枪进行清理。

6.2.1 样品干燥

水分含量＞14%的样品,处理前应使用电热干燥箱进行干燥[(103±2)℃]。

6.2.2 样品预筛分

为避免物流等环节可能造成的交叉污染,对于颗粒饲料和谷粒,宜采用 1 mm 试验筛进行预筛分,筛上物和筛下物宜作为独立样品进行后续制备和分析。

6.2.3 分样与粉碎

按 GB/T 20195 规定的方法,抽取有代表性的样品,用四分法缩减取样不少于 50 g。粉碎过 1 mm 试验筛,混匀备用。

6.2.4 沉淀物的提取与制备

准确称取 10 g 试样(鱼粉、其他纯动物源性产品、矿物成分或沉淀物比例高于 10%的预混料应称取 3 g),精确至 0.01 g,置于分液漏斗中,加入 50 mL 四氯乙烯,连续振荡混合至少 30 s,再量取不少于 50 mL 四氯乙烯,连续沿分液漏斗内壁倒入彻底洗净着壁试样,静置 5 min,打开活塞,分离沉淀物于滤纸过滤后风干。

准确称量风干后沉淀物(精确至 0.001 g),统一过 500 μm 试验筛。若筛上物＞5%,应采用 250 μm 试验筛进行筛分。筛上物和筛下物两部分均应进行分析。

注:上述操作应在通风柜内进行。

6.2.5 悬浮物的提取与制备

倒置分液漏斗,将提取沉淀物后剩余的悬浮物从分液漏斗倒入表面皿,风干后收集并准确称重(精确至 0.001 g),统一过 500 μm 试验筛。若筛上物＞5%,应采用 250 μm 试验筛进行筛分,筛上物和筛下物两部分均应进行分析。

    注:上述操作应在通风柜内进行。

6.3 试样染色处理与玻片制备

6.3.1 沉淀物染色

采用茜素红溶液进行染色,具体染色步骤如下:

a) 将制备的沉淀物移至玻璃试管中,加入 5 mL 乙醇清洗,涡旋混合 30 s 后,静置 1.5 min,倒出上清液,再加入 5 mL 乙醇,重复操作 1 次。

b) 加入 1 mL 次氯酸钠溶液,沉淀物脱色反应持续 10 min。加满水,静置 2 min～3 min,倒出上清液。

c) 加入茜素红溶液 2 滴～10 滴,涡旋混合。反应 30 s 后,加入 5 mL 乙醇清洗,涡旋混合 30 s,静置 1 min,倒出上清液,再加入 5 mL 乙醇,重复操作 1 次;加入 5 mL 丙酮清洗,涡旋混合 30 s,静置 1 min,倒出上清液。

d) 置染色后的沉淀物于电热干燥箱干燥(60℃,2 h)。

经染色处理,沉淀物中的动物骨、软骨组成呈红色。

6.3.2 沉淀物玻片制备

依检测需要,选择经染色处理的沉淀物制备玻片。若样品经过筛分,则筛上物和筛下物均制备玻片,>250 μm 的沉淀物使用单凹载玻片,≤250 μm 的沉淀物使用平板载玻片。

玻片制备数量应满足执行 7.1 分析流程的要求。

6.3.2.1 非永久性玻片

取清洁载玻片置于台面,加 5 滴～7 滴丙三醇(避免产生气泡),取约 10 mg 沉淀物分散其中浸透,用探针搅拌使分散均匀,加盖玻片,用石蜡密封。

6.3.2.2 永久性玻片

取清洁载玻片置于台面,加 5 滴～7 滴紫外固化光学胶(避免产生气泡),取约 10 mg 沉淀物分散其中浸透,用探针搅拌分散均匀,及时加盖玻片(1 min 内完成),移置紫外灯下照射至少 2 min。

6.3.3 悬浮物染色与玻片制备

6.3.3.1 肌纤维

采用斐林溶液进行染色。取清洁载玻片置于台面,加适量斐林溶液,取少量悬浮物分散其中浸透,用探针搅拌分散均匀,加盖玻片。为免褪色影响使用,宜尽快使用为佳。

经斐林溶液染色处理,肌纤维呈淡粉紫色。

6.3.3.2 羽毛和动物毛发

采用胱氨酸溶液进行染色。取清洁载玻片置于台面,加适量胱氨酸溶液,取少量悬浮物分散其中浸透,用探针搅拌分散均匀,加盖玻片,静置反应至明显变色。可通过使用电热板(50℃)或酒精灯加热玻片(避免沸腾)加快染色反应。

经胱氨酸溶液染色处理,羽毛和动物毛发呈深棕色。

7 显微镜观察

7.1 分析流程

应严格按规定流程进行显微镜观察分析。饲料原料以及畜禽饲料中动物源性成分镜检分析流程如图 1 所示,鱼粉中陆生动物源性成分的镜检分析流程如图 2 所示。

每个镜检玻片均应使用不同放大倍数观察。

镜检分析流程中每个步骤规定的镜检玻片数量应严格遵守。每个分析流程最多观察 6 个玻片。

依据附录 A 动物源性成分典型图谱对显微镜观察结果进行判定。

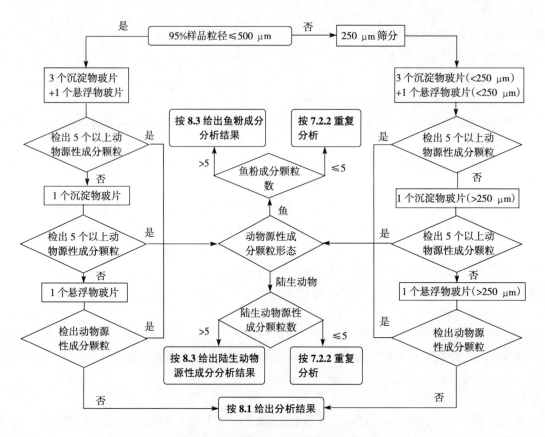

图 1　饲料原料以及畜禽饲料中动物源性成分分析流程图

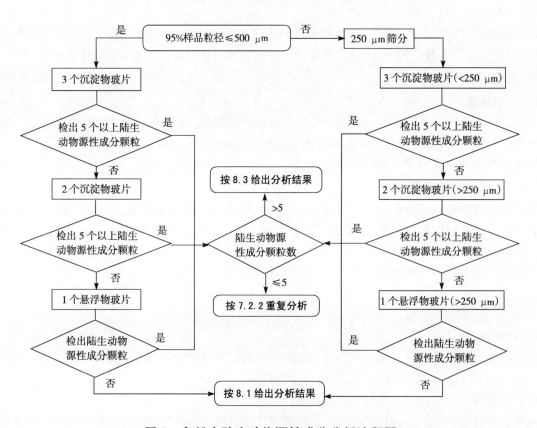

图 2　鱼粉中陆生动物源性成分分析流程图

7.2 重复分析次数

7.2.1 如果按上述分析流程未检出动物源性成分,无需重复分析,应按8.1规定给出分析结果。

7.2.2 如果按上述分析流程检出的动物源性成分颗粒数量为1个~5个,应按6.2.3重新分样与粉碎,取50 g进行重复分析。如果重复分析检出的动物源性成分颗粒数量为0个~5个,应按8.2给出分析结果;否则,应按6.2.3再重新分样与粉碎,取50 g再次进行重复分析。但是,如果前两次分析检出的动物源性成分颗粒总数大于15个,应按8.3直接给出分析结果。如果3次分析检出的动物源性成分颗粒总数大于15个,应按8.3给出分析结果;否则,应按8.2给出分析结果。

7.2.3 如果按上述分析流程检出的动物源性成分颗粒数量大于5个,也无需重复分析,应按8.3给出分析结果。

8 结果表示

注:结果表示包含制备试样的类别(沉淀物、悬浮物)、重复分析次数以及是否检出陆生动物源和鱼粉成分等信息。

8.1 未检出动物源性成分颗粒

结果表示为:采用显微镜法,在送检样品中未检出陆生动物源性成分。

或者表示为:采用显微镜法,在送检样品中未检出鱼粉成分。

8.2 平均检出1个~5个动物源性成分颗粒

结果表示为:采用显微镜法,在送检样品中检出的陆生动物源性成分颗粒平均数量≤5个,检出的颗粒判定为……(骨、软骨、肌纤维、毛发、羽毛等)。此结果低于显微镜法的检出限,不排除假阳性的可能。

或者表示为:采用显微镜法,在送检样品中检出的鱼粉成分颗粒平均数量≤5个,检出的颗粒判定为……(鱼骨、软骨、肌纤维、鱼鳞等)。此结果低于显微镜法的检出限,不排除假阳性的可能。

如果样品经过预筛分,结果表示中应说明检出的动物源性成分颗粒源自的独立样品(筛下物、颗粒或谷粒)。如果只在筛下物中检出,则不排除环境污染的可能。

8.3 平均检出5个以上动物源性成分颗粒

结果表示为:采用显微镜法,在送检样品中平均检出5个以上陆生动物源性成分颗粒,检出的颗粒判定为……(骨、软骨、肌纤维、毛发、羽毛等)。

或者表示为:采用显微镜法,在送检样品中平均检出5个以上鱼粉成分颗粒,检出的颗粒判定为……(鱼骨、软骨、肌纤维、鱼鳞等)。

如果样品经过预筛分,结果表示中应说明检出的动物源性成分颗粒源自的独立样品(筛下物、颗粒或谷粒)。如果只在筛下物中检出,则不排除环境污染的可能。

附　录　A

（资料性附录）

动物源性成分典型显微镜图谱

A.1　鱼骨

见图 A.1～图 A.4。

（100 倍；细长管状，边角锐利）

图A.1　鱼　骨

（200 倍；细长管状，边角锐利，不规则细长腔隙与丝网状导管呈黑色）

图A.2　鱼　骨

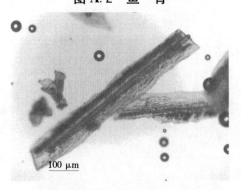

（100 倍；鱼鳃，细长管状，边角锐利，表层黑色）

图A.3　鱼　骨

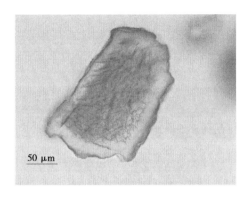

（200倍；长管形，边角锐利，不规则细长腔隙与网状导管呈黑色）

图A.4 鱼 骨

A.2 鱼鳞

见图A.5。

（200倍；鳞片状，边角锐利，似瓦片叠压排列）

图A.5 鱼 鳞

A.3 陆生动物骨

见图A.6～图A.9。

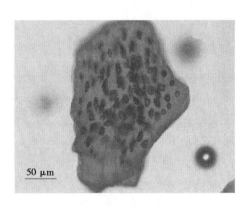

（200倍；不规则多边体，黑色腔隙密集多呈圆形，导管细短、沿腔隙分布）

图A.6 鸡 骨

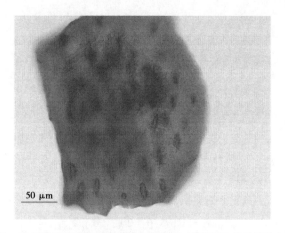

（200倍;不规则多边体,黑色腔隙呈椭圆形,导管细短、沿腔隙分布）

图 A.7　牛　骨

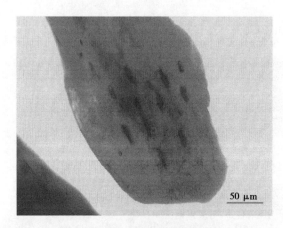

（200倍;不规则多边体,黑色腔隙呈椭圆形,导管细短、沿腔隙分布）

图 A.8　羊　骨

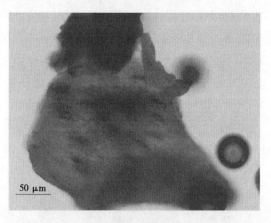

（200倍;不规则多边体,黑色腔隙呈椭圆形,导管细短、沿腔隙分布）

图 A.9　猪　骨

A.4　软骨

见图 A.10。

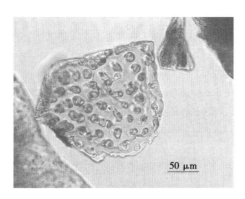

（200倍；不规则多边体，球形腔隙，无导管）

图 A.10 软 骨

A.5 肌纤维

见图 A.11。

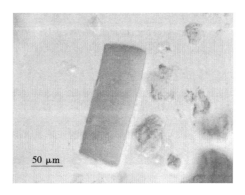

（200倍；淡粉紫色规则矩形，表面平行细纹分布规则）

图 A.11 肌纤维

A.6 羽毛

见图 A.12。

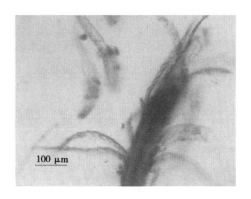

（100倍；深棕色，羽枝清晰）

图 A.12 羽 毛

A.7 哺乳动物毛发

见图 A.13。

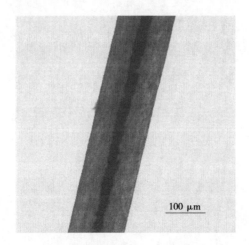

（100 倍；深棕色，光滑细长表面，中心黑色髓质清晰）

图 A.13　哺乳动物毛发

ICS 65.120
B 46

中华人民共和国国家标准

农业部 2483 号公告－1－2016

饲料中炔雌醚的测定
高效液相色谱法

Determination of quinestrol in feeds—
High performance liquid chromatography

2016-12-23 发布

2017-04-01 实施

中华人民共和国农业部 发布

农业部 2483 号公告—1—2016

前　言

本标准按照 GB/T 1.1—2009 给出的规则起草。

本标准由农业部畜牧业司提出。

本标准由全国饲料工业标准化技术委员会(SAC/TC 76)归口。

本标准起草单位:农业部饲料质量监督检验测试中心(济南)。

本标准主要起草人:宫玲玲、李会荣、张芸、战余铭、李斌、张玮、李祥明。

饲料中炔雌醚的测定
高效液相色谱法

1 范围

本标准规定了饲料中炔雌醚含量测定的高效液相色谱法。

本标准适用于配合饲料、浓缩饲料、精料补充料和添加剂预混合饲料中炔雌醚的测定。

本标准的检出限为 0.5 mg/kg,定量限为 1 mg/kg。

2 规范性引用文件

下列文件对于本文件的应用是必不可少的。凡是注日期的引用文件,仅注日期的版本适用于本文件。凡是不注日期的引用文件,其最新版本(包括所有的修改单)适用于本文件。

GB/T 6682 分析实验室用水规格和试验方法

GB/T 14699.1 饲料 采样

GB/T 20195 动物饲料 试样的制备

农业部 2483 号公告—3—2016 饲料中炔雌醚的测定 液相色谱—串联质谱法

3 原理

试样中炔雌醚用乙腈提取,提取液经固相萃取柱净化吹干后用乙腈溶解,高效液相色谱仪测定,外标法定量。

4 试剂和材料

除非另有说明,所有试剂均为分析纯和符合 GB/T 6682 规定的一级用水。

4.1 乙腈。

4.2 乙腈:色谱纯。

4.3 甲醇。

4.4 乙腈溶液:乙腈+水=1+3。

4.5 炔雌醚标准品:纯度≥99%。

4.6 炔雌醚标准储备溶液:精密称取炔雌醚标准品(4.5)100 mg,置于 10 mL 容量瓶中,用乙腈(4.2)定容,配成浓度为 10 mg/mL 的标准储备溶液。2℃～8℃冷藏保存,有效期为 6 个月。

4.7 炔雌醚标准中间溶液:准确移取炔雌醚标准储备溶液(4.6)1 mL 置于 10 mL 容量瓶中,用乙腈(4.2)定容至刻度。该溶液中炔雌醚的浓度为 1 mg/mL。2℃～8℃冷藏保存,有效期为 3 个月。

4.8 炔雌醚标准工作溶液:准确移取炔雌醚标准中间溶液(4.7)适量,用乙腈(4.2)稀释成浓度分别为 0.50 μg/mL、1.00 μg/mL、5.00 μg/mL、10.00 μg/mL、20.00 μg/mL、50.00 μg/mL 和 100.00 μg/mL 的标准工作溶液。现用现配。

4.9 固相萃取柱:C_{18},200 mg/3 mL;或其他性能类似的小柱。

4.10 微孔滤膜:0.22 μm,有机相。

5 仪器和设备

5.1 高效液相色谱仪:配有紫外检测器,波长 230 nm。

5.2 分析天平:感量为 0.1 mg。

5.3 分析天平:感量为 1 mg。

5.4 氮吹仪。

5.5 振荡器。

5.6 固相萃取装置。

5.7 旋涡混合器。

6 采样和试样制备

按 GB/T 14699.1 的规定抽取有代表性的饲料样品,用四分法缩减取样。按 GB/T 20195 的规定制备试样,粉碎过 0.45 mm 孔径筛,充分混匀,装入磨口瓶中备用。

7 分析步骤

7.1 试样提取

称取(配合饲料 5 g,浓缩饲料和预混合饲料 2 g)(精确至 0.001 g)试料于 50 mL 离心管中,准确加入 15 mL 乙腈(4.1),充分振荡 20 min,然后静置沉淀 5 min。取 4.00 mL 上清液于 20 mL 试管中,加入 12 mL 水混匀备用。

7.2 试液净化及制备

固相萃取柱依次用 3 mL 甲醇(4.3)、3 mL 水活化。将试液(7.1)过柱(流速<1 mL/min),用 3 mL 乙腈溶液(4.4)淋洗,用 3 mL 乙腈(4.1)洗脱,收集洗脱液,氮吹仪上 50℃至干,用 1.00 mL 乙腈(4.2)溶解,过 0.22 μm 滤膜后上机测定。若试液中炔雌醚的浓度超出标准工作溶液的线性范围,进样前用一定体积的乙腈(4.2)稀释,使稀释后上机试液中的炔雌醚浓度在标准工作溶液的线性范围内。

7.3 测定

7.3.1 液相色谱参考条件

色谱柱:C$_{18}$,柱长 250 mm,内径 4.6 mm,粒径 5 μm;或其他效果等同的 C$_{18}$柱。

柱温:40℃。

波长:230 nm。

流动相:乙腈(4.2)+水=80+20。

流速:1.0 mL/min。

进样量:50 μL。

7.3.2 定性测定

在仪器最佳工作条件下,样品中待测物的保留时间与炔雌醚工作溶液中对应的保留时间相对偏差在±2.5%之内,则可判定为样品中存在对应的待测物。如需进一步确认,可采用农业部 2483 号公告—3—2016 规定的方法检测。

7.3.3 定量测定

在仪器最佳工作条件下,分别上机测定标准工作溶液(4.8,从低浓度到高浓度)和试样溶液中炔雌醚的峰面积。以标准工作溶液中炔雌醚的浓度为横坐标、峰面积为纵坐标,绘制标准工作曲线多点校准或以标准工作溶液单点进行定量。试样溶液中炔雌醚的峰面积应在标准工作溶液测定的线性范围内,超出线性范围的则用乙腈(4.2)进行适当的稀释后再进样分析。炔雌醚标准工作溶液的高效液相色谱图参见附录 A。

8 结果计算

试样中炔雌醚的含量 X,以质量分数表示,单位为毫克每千克(mg/kg),按式(1)计算。

$$X=\frac{C\times V_1\times V_2}{V_3\times m} \quad\cdots\cdots\cdots\cdots\cdots\cdots\cdots\cdots\cdots\cdots\cdots\cdots\cdots\cdots\quad（1）$$

式中：

C ——试样中炔雌醚峰面积对应的浓度，单位为微克每毫升（$\mu g/mL$）；

V_1 ——试样中加入提取液的体积，单位为毫升（mL）；

V_2 ——上机前最终定容体积，单位为毫升（mL）；

V_3 ——加入固相萃取柱中提取液的体积，单位为毫升（mL）；

m ——试样的质量，单位为克（g）。

测定结果用平行测定的算术平均值表示，结果保留 3 位有效数字。

9 重复性

在重复性条件下获得的 2 次独立测定结果的绝对差值不大于这 2 个测定值的算术平均值的 20%。

附　录　A

（资料性附录）

炔雌醚标准工作溶液的高效液相色谱图

炔雌醚标准工作溶液色谱图见图 A.1。

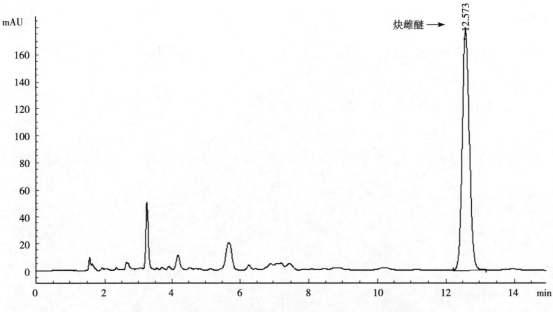

图 A.1　炔雌醚标准工作溶液(50 μg/mL)色谱图

ICS 65.120

B 46

中华人民共和国国家标准

农业部 2483 号公告－2－2016

饲料中苯巴比妥钠的测定
高效液相色谱法

Determination of phenobarbital sodium in feeds—
High performance liquid chromatography

2016-12-23 发布

2017-04-01 实施

中华人民共和国农业部 发布

前　言

本标准按照 GB/T 1.1—2009 给出的规则起草。

本标准由农业部畜牧业司提出。

本标准由全国饲料工业标准化技术委员会(SAC/TC 76)归口。

本标准起草单位:农业部饲料质量监督检验测试中心(济南)。

本标准主要起草人:李俊玲、张芸、赵学峰、李宏、孙延军、李斌。

饲料中苯巴比妥钠的测定　高效液相色谱法

1　范围

本标准规定了饲料中苯巴比妥钠含量测定的高效液相色谱法。

本标准适用于配合饲料、浓缩饲料、精料补充料和添加剂预混合饲料中苯巴比妥钠的测定。

本标准的检出限为 0.5 mg/kg,定量限为 1 mg/kg。

2　规范性引用文件

下列文件对于本文件的应用是必不可少的。凡是注日期的引用文件,仅注日期的版本适用于本文件。凡是不注日期的引用文件,其最新版本(包括所有的修改单)适用于本文件。

GB/T 6682　分析实验室用水规格和试验方法

GB/T 14699.1　饲料　采样

GB/T 20195　动物饲料　试样的制备

农业部 2483 号公告—4—2016　饲料中苯巴比妥钠的测定　液相色谱—串联质谱法

3　原理

试样中苯巴比妥钠在酸性条件下转化为苯巴比妥,经提取、净化和浓缩后,高效液相色谱仪测定,外标法定量。根据测得的苯巴比妥含量计算苯巴比妥钠含量。

4　试剂和材料

除非另有说明,所有试剂均为分析纯和符合 GB/T 6682 规定的一级水。

4.1　甲醇:色谱纯。

4.2　乙腈:色谱纯。

4.3　正己烷。

4.4　盐酸溶液:$c(\text{HCl})=0.5$ mol/L。吸取 42 mL 盐酸,用水稀释并定容至 1 000 mL。

4.5　乙酸铅溶液:22 g/L。称取 22 g 乙酸铅,用约 300 mL 水溶解并定容至 1 000 mL。

4.6　2%甲醇水溶液:取 2 mL 甲醇,用水定容至 100 mL。

4.7　20%甲醇水溶液:取 20 mL 甲醇,用水定容至 100 mL。

4.8　甲醇盐酸溶液:甲醇＋0.5 mol/L 盐酸溶液＝20＋80。

4.9　氨化甲醇:取 5 mL 氨水,加甲醇定容至 100 mL。

4.10　苯巴比妥标准品:纯度≥99.0%。

4.11　苯巴比妥标准储备溶液:称取苯巴比妥标准品 100 mg(精确至 0.01 mg),用甲醇溶解,定容至 100 mL,配成浓度为 1 mg/mL 的标准储备溶液。2℃～8℃保存,有效期 3 个月。

4.12　苯巴比妥标准中间溶液:准确移取苯巴比妥储备溶液 10 mL,用甲醇定容至 100 mL,配成浓度为 100 μg/mL 的苯巴比妥标准中间溶液。2℃～8℃保存,有效期 1 个月。

4.13　苯巴比妥标准工作溶液:分别准确移取苯巴比妥标准中间溶液适量,用 20%甲醇水溶液(4.7)稀释定容,配制成浓度分别为 0.5 μg/mL、1.0 μg/mL、2.0 μg/mL、5.0 μg/mL、10.0 μg/mL、20.0 μg/mL、50.0 μg/mL 的标准工作溶液。现用现配。

4.14　固相萃取柱:亲水亲脂平衡固相萃取柱,60 mg/3 mL;或其他性能类似的固相萃取柱。

4.15 微孔滤膜:0.22 μm,有机膜。

5 仪器和设备

5.1 高效液相色谱仪:配有紫外检测器。

5.2 分析天平:感量为 0.001 g。

5.3 分析天平:感量为 0.01 mg。

5.4 氮吹仪。

5.5 旋涡混合器。

5.6 固相萃取仪。

5.7 高速离心机:转速不低于 10 000 r/min。

6 采样和试样制备

按 GB/T 14699.1 抽取有代表性的饲料样品,用四分法缩减取样。按 GB/T 20195 的规定,制备通过 0.45 mm 实验筛的试样,充分混匀,装入磨口瓶中备用。

7 分析步骤

7.1 提取

称取试料 2 g(精确至 0.001 g)于 50 mL 离心管中,加入 20 mL 正己烷涡旋 2 min 后,10 000 r/min 离心 5 min,弃去上层正己烷,残液经氮吹 5 min 使其挥发完全。准确加入 1 mL 乙酸铅溶液(4.5)和 19 mL 甲醇盐酸溶液(4.8),旋涡 2 min,10 000 r/min 离心 5 min,上清液备用。

7.2 净化

固相萃取柱分别用 5 mL 甲醇、5 mL 水活化。准确移取提取液(7.1)5 mL 过柱,再分别用 5 mL 水、5 mL 2%甲醇水溶液(4.6)淋洗,用 5 mL 氨化甲醇(4.9)洗脱,收集洗脱液,40℃氮吹至干,准确移取 1 mL 20%甲醇水溶液(4.7)溶解残渣,过 0.22 μm 滤膜后待测。

7.3 测定

7.3.1 液相色谱参考条件

色谱柱:C_8 柱长 250 mm,内径 4.6 mm,粒径 5 μm;或其他效果等同的色谱柱。

柱温:30℃。

检测器:紫外检测器。

检测波长:215 nm。

流动相:梯度洗脱,见表 1。

流速:1.0 mL/min。

进样量:20 μL。

表 1 梯度洗脱表

时间,min	A(水),%	B(甲醇),%
0	59	41
4.0	59	41
7.0	70	30

表 1 （续）

时间,min	A(水),%	B(甲醇),%
20	70	30
20.1	59	41
23	59	41

7.3.2 定性测定

在仪器最佳工作条件下,样品中待测物的保留时间与苯巴比妥标准工作溶液中对应的保留时间相对偏差在±2.5%之内,则可判定为样品中存在对应的待测物。如需进一步确认,可采用农业部 2483 号公告—4—2016 规定的方法检测。

7.3.3 定量测定

在仪器最佳工作条件下,分别上机测定标准工作溶液(4.13,从低浓度到高浓度)和试样溶液中苯巴比妥的峰面积。以标准工作溶液中苯巴比妥的浓度为横坐标、峰面积为纵坐标,绘制标准工作曲线多点校准或以标准工作溶液单点进行定量。试样溶液中苯巴比妥的峰面积应在标准工作曲线测定的线性范围内,超出线性范围的则用 20%的甲醇水溶液(4.7)适当稀释后再进样分析。苯巴比妥标准工作溶液色谱图参见附录 A。

8 结果计算

试样中苯巴比妥钠的含量 X,以质量分数表示,单位为毫克每千克(mg/kg),按式(1)计算。

$$X = \frac{C \times V \times V_1}{V_2 \times m} \times n \times 1.095 \quad \cdots\cdots\cdots\cdots\cdots\cdots\cdots\cdots\cdots\cdots\cdots\cdots \quad (1)$$

式中:

C ——试样中苯巴比妥色谱峰面积对应的浓度,单位为微克每毫升($\mu g/mL$);

V ——加入提取液的总体积,单位为毫升(mL);

V_1 ——氮吹至干后溶解残渣用 20%甲醇水溶液的体积,单位为毫升(mL);

V_2 ——吸取 7.1 项下试液的体积,单位为毫升(mL);

m ——试样的质量,单位为克(g);

n ——上机测定的试样溶液超出线性范围后,进一步稀释的倍数;

1.095——苯巴比妥与苯巴比妥钠的换算系数。1.000 g 苯巴比妥相当于 1.095 g 的苯巴比妥钠。

测定结果用平行测定的算术平均值表示,结果保留 3 位有效数字。

9 重复性

在重复性条件下获得的 2 次独立测定结果的绝对差值不大于这 2 个测定值的算术平均值的 20%。

附　录　A

（资料性附录）

苯巴比妥标准工作溶液色谱图

苯巴比妥标准工作溶液色谱图见图 A.1。

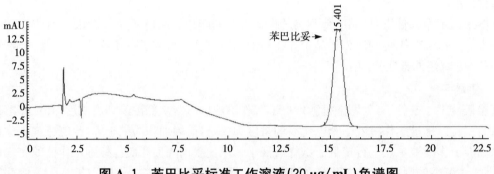

图 A.1　苯巴比妥标准工作溶液（20 μg/mL）色谱图

ICS 65.120
B 46

中华人民共和国国家标准

农业部 2483 号公告—3—2016

饲料中炔雌醚的测定
液相色谱—串联质谱法

Determination of quinestrol in feeds—
Liquid chromatography–tandem mass spectrometry

2016-12-23 发布　　　　　　　　　　　　　2017-04-01 实施

中华人民共和国农业部 发布

前 言

本标准按照 GB/T 1.1—2009 给出的规则起草。

本标准由农业部畜牧业司提出。

本标准由全国饲料工业标准化技术委员会(SAC/TC 76)归口。

本标准起草单位:农业部饲料质量监督检验测试中心(济南)。

本标准主要起草人:李会荣、李宏、杨智国、宫玲玲、朱良智、李祥明。

饲料中炔雌醚的测定　液相色谱—串联质谱法

1　范围

本标准规定了饲料中炔雌醚含量测定的液相色谱—串联质谱法。

本标准适用于配合饲料、浓缩饲料、精料补充料和添加剂预混合饲料中炔雌醚的测定。

本标准的检出限为 0.01 mg/kg,定量限为 0.05 mg/kg。

2　规范性引用文件

下列文件对于本文件的应用是必不可少的。凡是注日期的引用文件,仅注日期的版本适用于本文件。凡是不注日期的引用文件,其最新版本(包括所有的修改单)适用于本文件。

GB/T 6682　分析实验室用水规格和试验方法

GB/T 14699.1　饲料　采样

GB/T 20195　动物饲料　试样的制备

3　原理

试样中炔雌醚用乙腈提取,经固相萃取柱净化浓缩后,用甲酸甲醇溶液溶解,用液相色谱—串联质谱法测定,外标法定量。

4　试剂和材料

除非另有说明,所有试剂均为分析纯和符合 GB/T 6682 规定的一级水。

4.1　乙腈:色谱纯。

4.2　甲醇:色谱纯。

4.3　甲酸:色谱纯。

4.4　乙腈溶液:乙腈＋水＝1＋3。

4.5　0.2％甲酸溶液:取甲酸(4.3)1 mL,加水至 500 mL。

4.6　流动相:0.2％甲酸溶液＋甲醇(4.2)＝18＋82。

4.7　炔雌醚标准品:纯度≥99％。

4.8　炔雌醚标准储备溶液:准确称取炔雌醚标准品 10 mg(精确至 0.1 mg),置于 10 mL 容量瓶中,用乙腈(4.1)溶解并定容,配成浓度为 1 mg/mL 的标准储备溶液。2℃～8℃保存,有效期为 3 个月。

4.9　炔雌醚标准中间溶液:准确移取炔雌醚标准储备溶液 1 mL 置于 100 mL 容量瓶中,用乙腈(4.1)定容至刻度。该溶液炔雌醚的浓度为 10 μg/mL。2℃～8℃保存,有效期为 1 个月。

4.10　炔雌醚标准工作溶液:准确移取炔雌醚标准中间溶液适量,用流动相(4.6)稀释成浓度分别为 1.00 μg/L、5.00 μg/L、10.0 μg/L、20.0 μg/L、50.0 μg/L、100 μg/L 、200 μg/L 和 400 μg/L 的标准工作溶液。现用现配。

4.11　固相萃取柱:C_{18},200 mg/3 mL;或其他性能类似的小柱。

4.12　微孔滤膜:0.22 μm,有机相。

5　仪器和设备

5.1　液相色谱—串联质谱仪:配有电喷雾离子源(ESI)。

5.2 分析天平:感量为 0.000 1 g。

5.3 分析天平:感量为 0.01 g。

5.4 振荡器。

5.5 固相萃取装置。

5.6 氮吹仪。

5.7 旋涡混合器。

6 试样制备

按 GB/T 14699.1 的规定,抽取有代表性的饲料样品,用四分法缩减取样。按 GB/T 20195 的规定制备试样,粉碎过 0.45 mm 孔径筛,充分混匀,装入磨口瓶中备用。

7 分析步骤

7.1 提取

称取试料 2 g(精确至 0.01 g)于 50 mL 离心管中,准确加入 20 mL 乙腈(4.1),充分振荡 20 min,然后静置 5 min。取 2.00 mL 提取液于 10 mL 具塞试管中,加入 6 mL 水充分混匀,备用。

7.2 净化

固相萃取柱依次用 3 mL 甲醇(4.2)、3 mL 水活化。将试液(7.1)过柱(流速＜1 mL/min),用 3 mL 乙腈溶液(4.4)淋洗,用 3 mL 乙腈(4.1)洗脱,收集洗脱液,50℃氮吹至干,用 1.00 mL 流动相(4.6)溶解,过 0.22 μm 滤膜后上机测定。

7.3 测定

7.3.1 液相色谱参考条件

色谱柱:C_{18}柱长 100 mm,内径 2.10 mm,粒径 1.8 μm;或其他效果等同的 C_{18}柱。

柱温:30℃。

流动相:0.2%甲酸溶液＋甲醇(4.2)＝18＋82。

流速:0.20 mL/min。

进样量:5 μL。

7.3.2 质谱参考条件

离子源:电喷雾离子源(ESI)。

质谱扫描方式:正离子扫描。

检测方式:多反应监测(MRM)。

脱溶剂气、鞘气、碰撞气:均为高纯氮气或其他适合气体。

喷雾电压、碰撞能等参数:应优化至最优灵敏度。

监测离子参数参考值:见表 1。

表 1 炔雌醚监测离子参数参考值

被测物名称	保留时间 min	定性离子对 m/z	定量离子对 m/z	碰撞电压 V	碰撞能量 V
炔雌醚	11.43	365.2＞158.9	365.2＞107.1	120	20
		365.2＞107.1			20

7.3.3 定性测定

在相同试验条件下,样品中待测物的保留时间与标准工作液中的保留时间相对偏差在±2.5%之内,并且色谱图中定性离子对的相对丰度,与浓度接近的标准工作液中相应定性离子对的相对丰度进行比较,若相对偏差不超过表2规定的范围,则可判断为样品中存在对应的待测物。

表2　定性确证时相对离子丰度的最大允许偏差

相对离子丰度,%	>50	>20~50	>10~20	≤10
允许的相对偏差,%	±20	±25	±30	±50

7.3.4　定量测定

在仪器最佳工作条件下,取标准工作溶液(从低浓度到高浓度)和试样溶液分别上机测定,以标准工作液中炔雌醚峰面积为纵坐标、炔雌醚浓度为横坐标绘制标准工作曲线,对样品进行定量。试样溶液中炔雌醚的响应值应在标准工作曲线测定的线性范围内,超出线性范围的则用流动相(4.6)适当稀释后再进样分析。在上述液相色谱—串联质谱条件下,炔雌醚标准工作液特征离子的多反应监测(MRM)色谱图参见附录A。

8　结果计算

试样中炔雌醚的含量 X,以质量分数计,数值以毫克每千克(mg/kg)表示,按式(1)计算。

$$X = \frac{C \times V_1 \times V_2}{V_3 \times m \times 1000} \times n \quad\cdots\cdots\cdots\cdots\cdots\cdots\cdots\cdots (1)$$

式中:

C ——标准曲线上查得的试样中炔雌醚的浓度,单位为微克每升(μg/L);

V_1——试样中加入提取液的体积,单位为毫升(mL);

V_2——上机前最终定容体积,单位为毫升(mL);

V_3——加入固相萃取柱中提取液的体积,单位为毫升(mL);

m ——试样的质量,单位为克(g);

n ——稀释倍数。

测定结果用平行测定的算术平均值表示,结果保留3位有效数字。

9　重复性

在重复性条件下获得的2次独立测定结果的绝对差值不大于这2个测定值的算术平均值的20%。

附　录　A

（资料性附录）

炔雌醚标准工作溶液的多反应监测(MRM)色谱图

炔雌醚标准工作溶液的多反应监测(MRM)色谱图见图 A.1。

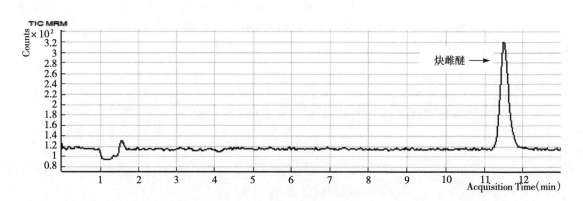

图 A.1　炔雌醚标准工作溶液(5 μg/L)的多反应监测(MRM)色谱图

ICS 65.120
B 46

中华人民共和国国家标准

农业部 2483 号公告—4—2016

饲料中苯巴比妥钠的测定
液相色谱—串联质谱法

Determination of phenobarbital sodium in feeds—
Liquid chromatography–tandem mass spectrometry

2016-12-23 发布

2017-04-01 实施

中华人民共和国农业部 发布

前　言

本标准按照 GB/T 1.1—2009 给出的规则起草。

本标准由农业部畜牧业司提出。

本标准由全国饲料工业标准化技术委员会(SAC/TC 76)归口。

本标准起草单位:农业部饲料质量监督检验测试中心(济南)。

本标准主要起草人:张芸、李俊玲、孙延军、赵学峰、杨智国、朱良智。

饲料中苯巴比妥钠的测定 液相色谱—串联质谱法

1 范围

本标准规定了饲料中苯巴比妥钠含量测定的液相色谱—串联质谱法。

本标准适用于配合饲料、浓缩饲料、精料补充料和添加剂预混合饲料中苯巴比妥钠的测定。

本标准的检出限为 0.1 mg/kg,定量限为 0.2 mg/kg。

2 规范性引用文件

下列文件对于本文件的应用是必不可少的。凡是注日期的引用文件,仅注日期的版本适用于本文件。凡是不注日期的引用文件,其最新版本(包括所有的修改单)适用于本文件。

GB/T 6682 分析实验室用水规格和试验方法

GB/T 14699.1 饲料 采样

GB/T 20195 动物饲料 试样的制备

3 原理

试样中的苯巴比妥钠在酸性条件下转化为苯巴比妥,经提取、净化和浓缩后,液相色谱—串联质谱仪测定,外标法定量。

4 试剂和材料

除非另有说明,所有试剂均为分析纯和符合 GB/T 6682 规定的一级水。

4.1 甲醇:色谱纯。

4.2 乙腈:色谱纯。

4.3 正己烷。

4.4 盐酸溶液:$c(HCl)＝0.5$ mol/L。吸取 42 mL 盐酸,用水稀释并定容至 1 000 mL。

4.5 乙酸铅溶液:22 g/L。称取 22 g 乙酸铅,用约 300 mL 水溶解并定容至 1 000 mL。

4.6 乙酸铵溶液(20 mmol/L):准确称取 0.154 2 g 乙酸铵(纯度≥99.0%)于 100 mL 容量瓶中,用水溶解并定容至刻度。

4.7 2%甲醇水溶液:取 2 mL 甲醇,用水定容至 100 mL。

4.8 20%甲醇水溶液:取 20 mL 甲醇,用水定容至 100 mL。

4.9 甲醇盐酸溶液:甲醇＋0.5 mol/L 盐酸溶液＝20＋80。

4.10 氨化甲醇:5 mL 氨水加甲醇定容至 100 mL。

4.11 苯巴比妥标准品:纯度≥99.0%。

4.12 苯巴比妥标准储备溶液:称取苯巴比妥标准品 100 mg(精确至 0.01 mg),用甲醇溶解,定容至 100 mL,配成浓度为 1 mg/mL 的标准储备液。2℃~8℃保存,有效期 3 个月。

4.13 苯巴比妥标准中间工作液:准确移取苯巴比妥储备溶液 10 mL,用甲醇定容至 100 mL,配成浓度为 100 μg/mL 的标准中间工作液。2℃~8℃保存,有效期 1 个月。

4.14 苯巴比妥标准工作溶液:分别准确移取苯巴比妥标准中间工作液适量,用 20%甲醇水溶液(4.8)稀释定容,配制成浓度分别为 0.05 μg/mL、0.10 μg/mL、0.20 μg/mL、0.50 μg/mL、1.0 μg/mL 和 2.0 μg/mL 的标准工作溶液。现用现配。

4.15 固相萃取柱:亲水亲脂平衡固相萃取柱,60 mg/3 mL;或其他性能类似的固相萃取柱。

4.16 微孔滤膜:0.22 μm。

5 仪器和设备

5.1 液相色谱—串联质谱仪:配电喷雾离子源(ESI)。

5.2 分析天平:感量为 0.001 g。

5.3 分析天平:感量为 0.01 mg。

5.4 氮吹仪。

5.5 高纯氮(纯度≥99.99%)。

5.6 旋涡混合器。

5.7 固相萃取仪。

5.8 高速离心机:转速大于 10 000 r/min。

6 采样和试样制备

按 GB/T 14699.1 的规定采样。抽取有代表性的样品,四分法缩减取样。按 GB/T 20195 的规定,制备通过 0.45 mm 实验筛的试样,充分混匀,装入磨口瓶中备用。

7 分析步骤

7.1 提取

称取试料 2 g(精确至 0.001 g)于 50 mL 离心管中,加入 20 mL 正己烷涡旋 2 min 后,10 000 r/min 离心 5 min,弃去上层正己烷,残液经氮吹 5 min 使其挥发完全。准确加入 1 mL 乙酸铅溶液(4.5)和 19 mL 甲醇盐酸溶液(4.9),旋涡 2 min,10 000 r/min 离心 5 min,上清液备用。

7.2 净化

固相萃取柱分别用 5 mL 甲醇、5 mL 水活化。准确移取提取液(7.1)5 mL 过柱,再分别用 5 mL 水、5 mL 2%甲醇水溶液(4.7)淋洗,用 5 mL 氨化甲醇(4.10)洗脱,收集洗脱液,40℃氮吹至干,准确移取 1 mL 20%甲醇水溶液(4.8)溶解残渣,过 0.22 μm 滤膜后待测。

7.3 测定

7.3.1 液相色谱参考条件

色谱柱:C_{18}柱长 100 mm,内径 2.1 mm,粒径 1.8 μm;或其他效果等同的 C_{18}柱。

柱温:40℃。

流动相:乙腈+乙酸铵溶液(4.6)=40+60。

流速:0.2 mL/min。

进样量:5 μL。

7.3.2 质谱参考条件

离子源:电喷雾离子源。

扫描方式:负离子扫描。

检测方式:多反应监测(MRM)。

毛细管电压:3.5 kV。

干燥气温度:350℃。

干燥气流速:8 L/min。

雾化气压力:40 psi。

苯巴比妥监测离子参数见表 1。

表 1　苯巴比妥监测离子参数

被测物名称	定性离子对 m/z	定量离子对 m/z	保留时间 min	毛细管出口端电压 V	碰撞能量 eV
苯巴比妥	231.0＞84.9	231.0＞188.1	2.026	90	5
	231.0＞188.1				3

7.3.3　定性测定

在相同试验条件下,样品中待测物的保留时间与标准工作液中的保留时间相对偏差在±2.5％之内,并且色谱图中定性离子对的相对丰度与浓度接近的标准工作液中相应定性离子对的相对丰度进行比较,若相对偏差不超过表 2 规定的范围,则可判断为样品中存在对应的待测物。

表 2　定性确证时相对离子丰度的最大允许误差

相对离子丰度,％	＞50	＞20～50	＞10～20	≤10
允许的相对偏差,％	±20	±25	±30	±50

7.3.4　定量测定

在仪器最佳工作条件下,将标准工作溶液(从低浓度到高浓度)和试样溶液上机测定,以标准工作液中苯巴比妥定量离子的峰面积为纵坐标、苯巴比妥浓度为横坐标绘制标准工作曲线,对样品进行定量。试样溶液中苯巴比妥的响应值应在标准工作曲线测定的线性范围内,超出线性范围的则用 20％的甲醇水溶液(4.8)适当稀释后再进样分析。在上述色谱—质谱条件下,苯巴比妥标准工作液特征离子的多反应监测(MRM)色谱图参见附录 A。

8　结果计算

试样中苯巴比妥钠的含量 X,以质量分数表示,单位为毫克每千克(mg/kg),按式(1)计算。

$$X = \frac{C \times V \times V_1}{V_2 \times m} \times n \times 1.095 \quad \cdots\cdots\cdots\cdots\cdots\cdots\cdots\cdots\cdots\cdots\cdots (1)$$

式中:

C　　——标准曲线上查得的试样中苯巴比妥的浓度,单位为微克每毫升(μg/mL);

V　　——加入提取液的总体积,单位为毫升(mL);

V_1　　——氮吹至干后溶解残渣用 20％甲醇水溶液的体积,单位为毫升(mL);

V_2　　——吸取 7.1 项下试液的体积,单位为毫升(mL);

m　　——试样的质量,单位为克(g);

n　　——超出线性范围后进一步稀释的倍数;

1.095 ——苯巴比妥与苯巴比妥钠的换算系数。1.000 g 苯巴比妥相当于 1.095 g 的苯巴比妥钠。

测定结果用平行测定的算术平均值表示,结果保留 3 位有效数字。

9　重复性

在重复性条件下获得的 2 次独立测定结果的绝对差值不大于这 2 个测定值的算术平均值的 30％。

附　录　A

（资料性附录）

苯巴比妥标准溶液的多反应监测（MRM）色谱图

苯巴比妥标准溶液的多反应监测（MRM）色谱图见图 A.1。

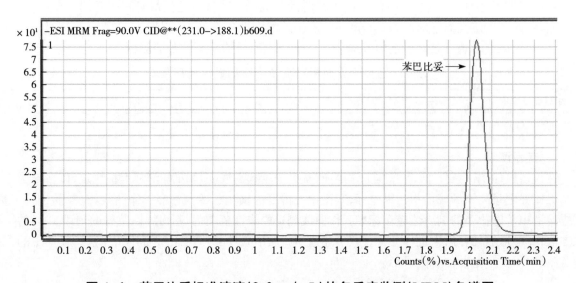

图 A.1　苯巴比妥标准溶液（2.0 μg/mL）的多反应监测（MRM）色谱图

ICS 65.120
B 46

中华人民共和国国家标准

农业部 2483 号公告—5—2016

饲料中牛磺酸的测定
高效液相色谱法

Determination of taurine in feeds—
High performance liquid chromatography

2016-12-23 发布

2017-04-01 实施

中华人民共和国农业部 发布

前　言

本标准按照 GB/T 1.1—2009 给出的规则起草。

本标准由农业部畜牧业司提出。

本标准由全国饲料工业标准化技术委员会(SAC/TC 76)归口。

本标准起草单位:农业部饲料质量监督检验测试中心(济南)、全国畜牧总站。

本标准主要起草人:武玉波、强莉、李俊玲、李桂华、杨智国、李祥明。

饲料中牛磺酸的测定 高效液相色谱法

1 范围

本标准规定了饲料中牛磺酸含量测定的高效液相色谱法。

本标准适用于配合饲料、浓缩饲料、精料补充料、添加剂预混合饲料及混合型饲料添加剂中牛磺酸的测定。

本标准的检出限为 50 mg/kg,定量限为 100 mg/kg。

2 规范性引用文件

下列文件对于本文件的应用是必不可少的。凡是注日期的引用文件,仅注日期的版本适用于本文件。凡是不注日期的引用文件,其最新版本(包括所有的修改单)适用于本文件。

GB/T 6682 分析实验室用水规格和试验方法

GB/T 14699.1 饲料 采样

GB/T 20195 动物饲料 试样的制备

3 原理

试样中的牛磺酸用水提取,加入蛋白沉淀剂后振摇、离心,上清液经丹磺酰氯衍生化,高效液相色谱仪测定,外标法定量。

4 试剂和材料

除非另有说明,所用试剂均为分析纯和符合 GB/T 6682 规定的一级水。

4.1 乙腈:色谱纯。

4.2 丹磺酰氯:色谱纯。

注:丹磺酰氯对光和湿敏感不稳定。

4.3 冰乙酸。

4.4 盐酸。

4.5 亚铁氰化钾。

4.6 乙酸锌。

4.7 碳酸钠。

4.8 盐酸甲胺。

4.9 无水乙酸钠。

4.10 牛磺酸标准品:纯度≥99%。

4.11 盐酸溶液:9+100。

4.12 亚铁氰化钾溶液:150 g/L。

4.13 乙酸锌溶液:30 g/L。

4.14 碳酸钠缓冲溶液(pH 9.50):$c(Na_2CO_3)=80$ mmol/L。称取 0.848 g 无水碳酸钠,加水 80 mL 溶解,用 pH 计加盐酸溶液(4.11)调 pH 至 9.50,用水定容至 100 mL。

4.15 丹磺酰氯溶液(1.0 mg/mL):称取 0.10 g 丹磺酰氯于 100 mL 棕色容量瓶中,用乙腈溶解并定容。现用现配。

4.16 盐酸甲胺溶液(20 mg/mL):称取 2.0 g 盐酸甲胺,用水溶解并定容至 100 mL。2℃~8℃保存,有效期 3 个月。

4.17 乙酸钠缓冲液(pH 3.70):$c(CH_3COONa)=10$ mmol/L。称取 0.820 g 无水乙酸钠,加 800 mL 水溶解,用 pH 计加冰乙酸(4.3)调节 pH 至 3.70,用水定容至 1 000 mL,经 0.45 μm 水相微孔滤膜过滤。

4.18 牛磺酸标准储备溶液(1 mg/mL):称取 0.1 g 牛磺酸标准品(精确至 0.000 1 g),用水溶解并定容至 100 mL。2℃~8℃保存,有效期 7 d。

4.19 牛磺酸标准工作溶液:分别准确移取牛磺酸标准储备溶液(4.18)适量,用水稀释并定容,配制成浓度分别为 0 μg/mL、2 μg/mL、5 μg/mL、10 μg/mL、20 μg/mL、50 μg/mL 和 100 μg/mL 的标准工作溶液。现用现配。

5 仪器和设备

5.1 高效液相色谱仪:配紫外检测器。

5.2 分析天平:感量 0.1 mg。

5.3 超声波振荡器。

5.4 离心机:转速不低于 5 000 r/min。

5.5 涡旋混合器。

5.6 pH 计:精度为 0.01。

5.7 微孔滤膜:0.45 μm,水相膜。

6 采样和试样制备

按 GB/T 14699.1 的规定抽取有代表性的饲料样品,用四分法缩减取样。按 GB/T 20195 的规定,制备通过 0.45 mm 实验筛的试样,充分混匀,装入磨口瓶中备用。

7 分析步骤

7.1 提取

称取畜禽配合饲料或浓缩饲料 2 g~5 g(精确至 0.000 1 g);水产配合饲料、混合型饲料添加剂或添加剂预混合饲料 1 g~2 g(精确至 0.000 1 g),置于 100 mL 容量瓶中,加入约 80 mL 水,充分混匀,置超声波振荡器(50℃~60℃)上振荡 20 min,冷却到室温。加 1.00 mL 亚铁氰化钾溶液(4.12),混匀,再加入 1.00 mL 乙酸锌溶液(4.13),混匀,用水定容至刻度,充分混匀。取上层溶液约 10 mL 于 5 000 r/min 离心 10 min,上清液备用。上清液需用水进一步稀释至牛磺酸浓度小于 100 μg/mL,待衍生。上清液在 4℃条件下可稳定保存 24 h。

7.2 衍生化

准确吸取上述上清液或稀释后的上清液 1.00 mL 于 10 mL 具塞玻璃试管中,准确加入 1.00 mL 碳酸钠缓冲液(4.14)、1.00 mL 丹磺酰氯溶液(4.15),涡旋混匀,避光于 60℃水浴中反应 30 min 后,立即加入 0.10 mL 盐酸甲胺溶液(4.16)涡旋混合,以终止反应。避光静置至室温。衍生后的试液过 0.45 μm 微孔滤膜,滤液上机测定。衍生后的试液在 4℃避光条件下可稳定保存 48 h。

另准确移取 1.00 mL 标准工作溶液(4.19),与上述操作同时进行衍生。

7.3 测定

7.3.1 液相色谱参考条件

色谱柱:C$_{18}$,柱长 250 mm,内径 4.6 mm,粒径 5 μm;或其他效果等同的 C$_{18}$ 柱。

柱温：30℃。

检测器：紫外检测器。

检测波长：254 nm。

流动相：乙酸钠缓冲液(4.17)＋乙腈＝70＋30(V＋V)。

流速：1.0 mL/min。

进样量：20 μL。

7.3.2 定性测定

在仪器最佳工作条件下,样品中待测物的保留时间与牛磺酸标准工作溶液中对应的保留时间相对偏差在±2.5％之内,则可判定为样品中存在对应的待测物。

7.3.3 定量测定

在仪器最佳工作条件下,分别上机测定标准工作溶液(4.19,从低浓度到高浓度)和试样溶液中牛磺酸衍生物的峰面积。以标准工作溶液中牛磺酸的浓度为横坐标、峰面积为纵坐标,绘制标准工作曲线多点校准或以标准工作溶液单点进行定量。牛磺酸标准溶液色谱图参见附录 A。

8 结果计算

试样中牛磺酸的含量 X,以质量分数表示,单位为毫克每千克(mg/kg),按式(1)计算。

$$X = \frac{c \times V \times V_2}{m \times V_1} \quad\cdots\cdots\cdots\cdots\cdots\cdots\cdots\cdots\cdots\cdots\cdots\cdots\cdots \quad (1)$$

式中：

c ——试样中牛磺酸色谱峰面积对应的浓度,单位为微克每毫升(μg/mL);

V ——试样定容体积,单位为毫升(mL);

V_1——从提取液中分取的体积,单位为毫升(mL);

V_2——提取液稀释体积,单位为毫升(mL);

m ——试样质量,单位为克(g)。

测定结果用平行测定的算术平均值表示,结果保留 3 位有效数字。

9 重复性

在重复性条件下获得的 2 次独立测定结果的绝对差值不大于这 2 个测定值的算术平均值的 20％。

附　录　A

（资料性附录）

牛磺酸标准溶液色谱图

牛磺酸标准溶液色谱图见图 A.1。

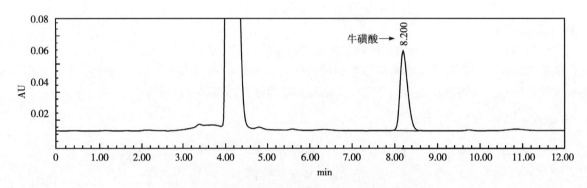

图 A.1　牛磺酸标准溶液（20 μg/mL）色谱图

ICS 65.120
B 46

中华人民共和国国家标准

农业部 2483 号公告—6—2016

饲料中金刚烷胺和金刚乙胺的测定 液相色谱—串联质谱法

Determination of amantadine and rimantadine in feeds—
Liquid chromatography–tandem mass spectrometry

2016-12-23 发布 2017-04-01 实施

中华人民共和国农业部 发布

前　言

本标准按照 GB/T 1.1—2009 给出的规则起草。

本标准由农业部畜牧业司提出。

本标准由全国饲料工业标准化技术委员会(SAC/TC 76)归口。

本标准起草单位:中国农业科学院农业质量标准与检测技术研究所。

本标准主要起草人:邱静、李丹、贾琪、范理。

饲料中金刚烷胺和金刚乙胺的测定 液相色谱—串联质谱法

1 范围

本标准规定了饲料中金刚烷胺和金刚乙胺含量测定的液相色谱—串联质谱法。

本标准适用于配合饲料、浓缩饲料、精料补充料和添加剂预混合饲料中金刚烷胺和金刚乙胺的测定。

本标准方法的检出限为 $1.0\ \mu g/kg$，定量限为 $2.0\ \mu g/kg$。

2 规范性引用文件

下列文件对于本文件的应用是必不可少的。凡是注日期的引用文件，仅注日期的版本适用于本文件。凡是不注日期的引用文件，其最新版本（包括所有的修改单）适用于本文件。

GB/T 603 化学试剂试验方法中所用制剂及制品的制备

GB/T 6682 分析实验室用水规格和试验方法

GB/T 14699.1 饲料 采样

GB/T 20195 动物饲料 试样的制备

3 方法原理

试料中的金刚烷胺和金刚乙胺用酸化乙腈提取，固相萃取净化，液相色谱—串联质谱正离子模式测定，同位素内标法定量。

4 试剂与材料

除另有说明，所有试剂均为分析纯和符合 GB/T 6682 中规定的一级水。试验中所用制剂按 GB/T 603 的规定制备。

4.1 甲醇：色谱纯。

4.2 乙腈：色谱纯。

4.3 冰乙酸。

4.4 甲酸：色谱纯。

4.5 盐酸。

4.6 氨水。

4.7 1%乙酸乙腈溶液：取冰乙酸(4.3)10 mL，用乙腈(4.2)溶解并稀释至 1 000 mL。

4.8 0.1%甲酸水溶液：取 1 000 mL 水，加入 1 mL 甲酸(4.4)。

4.9 2%盐酸水溶液：取 2 mL 盐酸(4.5)，用水溶解并稀释至 100 mL。

4.10 5%氨水甲醇溶液：取 5 mL 氨水(4.6)，用甲醇(4.1)溶解并稀释至 100 mL。

4.11 50%乙腈水溶液：取 50 mL 乙腈(4.2)，用水溶解并稀释至 100 mL。

4.12 金刚烷胺标准品：含量≥98.0%。

4.13 D_{15}-金刚烷胺标准品：含量≥99.0%。

4.14 金刚乙胺标准品：含量≥98.0%。

4.15 D_4-金刚乙胺标准品：含量≥99.0%。

4.16 金刚烷胺、D_{15}-金刚烷胺、金刚乙胺、D_4-金刚乙胺标准储备溶液：分别称取 10.00 mg 金刚烷胺

(4.12)、D₁₅-金刚烷胺(4.13)、金刚乙胺(4.14)和 D₄-金刚乙胺(4.15)标准品于 10 mL 容量瓶中,用甲醇(4.1)溶解并稀释至刻度,分别配制成浓度为 1.0 mg/mL 的标准储备溶液。－20℃以下保存,有效期为 3 个月。

4.17 金刚烷胺和金刚乙胺混合标准工作溶液:分别量取 1.0 mg/mL 的金刚烷胺、金刚乙胺标准储备溶液(4.16)适量,于 100 mL 容量瓶中用甲醇(4.1)稀释至刻度,配制成金刚烷胺、金刚乙胺浓度为 10.0 μg/mL 的混合标准工作溶液。2℃～8℃保存,有效期为 14 d。

4.18 D₁₅-金刚烷胺和 D₄-金刚乙胺混合内标工作溶液:分别量取 1.0 mg/mL 的 D₁₅-金刚烷胺和 D₄-金刚乙胺标准储备溶液(4.16)适量,于 100 mL 容量瓶中用甲醇(4.1)稀释至刻度,配制成 D₁₅-金刚烷胺和 D₄-金刚乙胺浓度为 1.0 μg/mL 的混合内标工作溶液。2℃～8℃保存,有效期为 14 d。

5 仪器和设备

5.1 液相色谱—串联质谱仪:配有电喷雾离子源(ESI)。

5.2 天平:感量 0.01 g。

5.3 分析天平:感量 0.01 mg。

5.4 振荡器。

5.5 涡旋混合器。

5.6 固相萃取仪。

5.7 高速离心机:转速≥10 000 r/min。

5.8 氮吹仪。

5.9 固相萃取柱:混合型阳离子交换固相萃取柱(60 mg,3 mL),或性能相当者。

5.10 微孔滤膜:0.22 μm,有机系。

6 采样和试样制备

采样按照 GB/T 14699.1 的规定抽取有代表性的样品,四分法缩减取样。按 GB/T 20195 的规定制备试样,将饲料样品磨碎,通过 0.45 mm 空筛,混匀,装入密闭容器中,避光低温保存备用。

7 分析步骤

7.1 提取

准确称取 2 g(精确至 0.01 g)试样至 50 mL 离心管中,加入 20 μL 1.0 μg/mL 的混合内标工作溶液(4.18),然后加入 10 mL 1%乙酸乙腈溶液(4.7),涡旋 1 min,于振荡器中室温振荡 30 min,10 000 r/min 离心 10 min,上清液转移至 50 mL 离心管中,残渣用 10 mL 1%乙酸乙腈溶液(4.7)涡旋 2 min,10 000 r/min 离心 10 min,上清液合并至 50 mL 离心管中,待净化[若样品中目标物浓度过高,可从提取液中分取 1 mL～2 mL,用 1%乙酸乙腈溶液(4.7)定容至 10 mL,混匀后待净化]。

7.2 净化

混合阳离子固相萃取柱先用 3 mL 甲醇(4.1)活化,3 mL 水平衡,然后将上清液上柱,流速控制在 2 滴/s～3 滴/s,依次用 3 mL 2%盐酸水溶液(4.9)、3 mL 甲醇(4.1)淋洗,抽干 3 min,用 5 mL 5%氨水甲醇(4.10)洗脱,收集洗脱液于 15 mL 离心管中,50℃条件下氮气吹干,1.00 mL 50%乙腈水溶液(4.11)复溶,涡旋 30 s 后过 0.22 μm 滤膜到样品瓶中,上机测定。

7.3 标准曲线绘制

准确量取适量金刚烷胺和金刚乙胺混合标准工作溶液(4.17)、D₁₅-金刚烷胺和 D₄-金刚乙胺混合内标工作溶液(4.18),用 50%乙腈水溶液(4.11)稀释配制成金刚烷胺和金刚乙胺浓度为 2.00 μg/L、

4.00 μg/L、20.0 μg/L、100.0 μg/L、200.0 μg/L、1 000.0 μg/L，D$_{15}$-金刚烷胺和D$_4$-金刚乙胺浓度均为20.0 μg/L 的系列标准工作溶液，供液相色谱—串联质谱测定。分别以金刚烷胺和D$_{15}$-金刚烷胺、金刚乙胺和D$_4$-金刚乙胺的定量离子质量色谱峰面积之比为纵坐标，对应的标准溶液浓度比为横坐标，绘制标准曲线，求回归方程和相关系数。

7.4 测定

7.4.1 液相色谱参考条件

色谱柱：C$_{18}$，柱长 150 mm，内径 2.1 mm，粒径 3.5 μm；或性能相当者。

流动相：A 为 0.1%甲酸水溶液(4.8)，B 为甲醇(4.1)。

流速：0.30 mL/min。

进样量：10 μL。

流动相梯度洗脱程序见表1。

表 1 梯度洗脱程序

时间 min	A %	B %
0	90	10
1.5	90	10
2.0	10	90
5.0	10	90
5.1	90	10
10.0	90	10

7.4.2 质谱参考条件

离子源：电喷雾离子源。

扫描方式：正离子扫描。

检测方式：多反应离子监测(MRM)。

脱溶剂气、锥孔气、碰撞气均为高纯氮气或其他合适气体。

喷雾电压、碰撞能等参数应优化至最优灵敏度。

监测离子参数情况见表2。

表 2 金刚烷胺、D$_{15}$-金刚烷胺、金刚乙胺和D$_4$-金刚乙胺特征离子参考质谱条件

化合物	定性离子对 m/z	定量离子对 m/z	去簇电压(DP) V	碰撞能(CE) eV
金刚烷胺	152.0/135.0	152.0/135.0	45	18
	152.0/93.0		48	35
D$_{15}$-金刚烷胺	167.3/150.3	167.3/150.3	48	15
金刚乙胺	180.2/163.2	180.2/163.2	40	15
	180.2/81.0		45	32
D$_4$-金刚乙胺	184.2/167.0	184.2/167.0	48	15

7.4.3 定性测定

在相同试验条件下，待测物在样品中的保留时间与标准工作溶液中的保留时间偏差在±2.5%之内，并且色谱图中各组分定性离子对的相对丰度，与浓度接近标准工作液中相应定性离子对的相对丰度进行比较，若偏差不超过表3规定的范围，则可判断为样品中存在对应的待测物。

表 3 定性测定时相对离子丰度的最大允许误差

相对离子丰度,%	>50	>20～50	>10～20	≤10
允许的相对偏差,%	±20	±25	±30	±50

7.4.4 定量测定

取试样溶液和标准溶液上机测定,以色谱峰保留时间和离子对定性,分别以金刚烷胺和 D_{15}-金刚烷胺、金刚乙胺和 D_4-金刚乙胺的色谱峰面积比做单点或标准曲线校准,用内标法定量。试样溶液中目标物与内标的峰面积比均应在仪器检测的线性范围内。在上述色谱—质谱条件下,金刚烷胺和金刚乙胺标准溶液特征离子的质量色谱图参见附录 A。按以上步骤对同一试样进行平行测定。

8 结果计算

试样中金刚烷胺或金刚乙胺的含量 X,以质量分数表示,单位为微克每千克($\mu g/kg$),按式(1)或式(2)计算。

单点校准:
$$X = \frac{C_s \times A_i \times A'_{is} \times C_{is} \times V \times 1000}{C'_{is} \times A_{is} \times A_s \times m \times 1000} \times \rho \quad \cdots\cdots\cdots\cdots\cdots\cdots\cdots\cdots\cdots (1)$$

或标准曲线校准:
$$X = \frac{C_i \times V \times 1000}{m \times 1000} \times \rho \quad \cdots\cdots\cdots\cdots\cdots\cdots\cdots\cdots\cdots\cdots\cdots\cdots (2)$$

式中:

C_i ——由标准曲线得出的试样溶液中相应的金刚烷胺或金刚乙胺浓度,单位为微克每升($\mu g/L$);

C_{is} ——试样溶液中相应的 D_{15}-金刚烷胺或 D_4-金刚乙胺浓度,单位为微克每升($\mu g/L$);

C_s ——标准溶液中相应的金刚烷胺或金刚乙胺浓度,单位为微克每升($\mu g/L$);

C'_{is} ——标准溶液中相应的 D_{15}-金刚烷胺或 D_4-金刚乙胺浓度,单位为微克每升($\mu g/L$);

A_i ——试样溶液中相应的金刚烷胺或金刚乙胺峰面积;

A_{is} ——试样溶液中相应的 D_{15}-金刚烷胺或 D_4-金刚乙胺峰面积;

A_s ——标准溶液中相应的金刚烷胺或金刚乙胺峰面积;

A'_{is} ——标准溶液中相应的 D_{15}-金刚烷胺或 D_4-金刚乙胺峰面积;

V ——残余物定容体积,单位为毫升(mL);

m ——供试试样的质量,单位为克(g);

ρ ——提取液稀释倍数;

1 000 ——换算系数。

测定结果用平行测定的算术平均值表示,计算结果保留 3 位有效数字。

9 重复性

在重复性条件下获得的 2 次独立测定结果的绝对差值不得超过算术平均值的 20%。

附　录　A

（资料性附录）

金刚烷胺和金刚乙胺标准溶液特征离子质量色谱图

金刚烷胺和金刚乙胺标准溶液特征离子质量色谱图参见图 A.1。

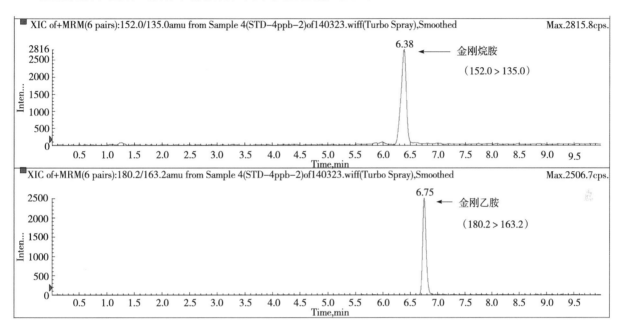

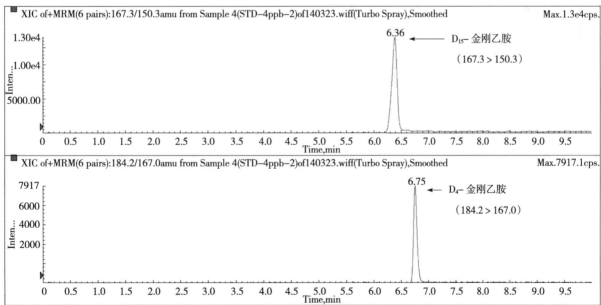

图 A.1　金刚烷胺和金刚乙胺标准溶液（金刚烷胺和金刚乙胺浓度为 4.0 μg/L，

D$_{15}$-金刚烷胺和 D$_{4}$-金刚乙胺浓度为 20.0 μg/L）特征离子质量色谱图

ICS 65.120
B 46

中华人民共和国国家标准

农业部 2483 号公告—7—2016

饲料中甲硝唑、地美硝唑和异丙硝唑的测定 高效液相色谱法

Determination of metronidazole, dimetridazole and ipronidazole in feeds—
High performance liquid chromatography

2016-12-23 发布

2017-04-01 实施

中华人民共和国农业部 发布

前　言

本标准按照 GB/T 1.1—2009 给出的规则起草。

本标准由农业部畜牧业司提出。

本标准由全国饲料工业标准化技术委员会(SAC/TC 76)归口。

本标准起草单位:南京农业大学动物医学院。

本标准主要起草人:余祖功、王延映、罗小清、彭麟。

饲料中甲硝唑、地美硝唑和异丙硝唑的测定
高效液相色谱法

1 范围

本标准规定了饲料中甲硝唑、地美硝唑和异丙硝唑含量测定的高效液相色谱方法。

本标准适用于配合饲料、浓缩饲料、添加剂预混合饲料中甲硝唑、地美硝唑和异丙硝唑的测定。

本方法检测的甲硝唑、地美硝唑和异丙硝唑在饲料中检出限均为 0.05 mg/kg,定量限均为 0.1 mg/kg。

2 规范性引用文件

下列文件对于本文件的应用是必不可少的。凡是注日期的引用文件,仅注日期的版本适用于本文件。凡是不注日期的引用文件,其最新版本(包括所有的修改单)适用于本文件。

GB/T 6682 分析实验室用水规格和试验方法

GB/T 14699.1 饲料 采样

GB/T 20195 动物饲料 试样的制备

3 方法原理

试样用乙酸乙酯提取,氮吹浓缩至近干后,溶解于磷酸溶液,经正己烷液液分配萃取和 MCX 固相萃取柱净化,用高效液相色谱仪—紫外检测器测定,外标法定量。

4 试剂和材料

除非另有说明,所有试剂均为分析纯的试剂和符合 GB/T 6682 规定的一级水。

4.1 甲醇:色谱纯。

4.2 乙腈:色谱纯。

4.3 甲酸:色谱纯。

4.4 乙酸乙酯。

4.5 正己烷。

4.6 磷酸。

4.7 氨水。

4.8 混合型阳离子交换固相萃取柱(MCX):规格为 60 mg/3 mL,或相当者。

4.9 微孔滤膜:0.22 μm,有机相。

4.10 甲硝唑对照品:纯度≥99%。

4.11 地美硝唑对照品:纯度≥99%。

4.12 异丙硝唑标准品:纯度≥99%。

4.13 磷酸溶液:取 6.4 g 磷酸于 1 L 容量瓶中,用水定容至刻度,混匀。

4.14 固相萃取柱洗脱液:氨水+水+甲醇=0.2+2+8。

4.15 初始流动相溶液:甲醇+水=33+67。

4.16 甲硝唑、地美硝唑和异丙硝唑混合标准储备液(100 μg/mL):称取甲硝唑(4.10)、地美硝唑

(4.11)和异丙硝唑(4.12)各 0.01 g(精确到 0.000 01 g),用甲醇溶解,定容至 100 mL。－20℃可保存 6 个月。

4.17 标准工作液:移取适量 100 μg/mL 甲硝唑、地美硝唑和异丙硝唑混合标准储备液(4.15),用甲醇稀释定容,配制成 0.05 μg/mL、0.1 μg/mL、0.5 μg/mL、1 μg/mL、5 μg/mL、10 μg/mL 和 25 μg/mL 的标准工作液。4℃下可保存 1 个月。

5 仪器和设备

5.1 高效液相色谱仪:配紫外检测器。

5.2 分析天平:感量 0.000 01 g。

5.3 天平:感量 0.01 g。

5.4 涡旋混合器。

5.5 离心机:转速不低于 8 000 r/min。

5.6 振荡器。

5.7 氮吹仪。

5.8 固相萃取装置。

6 采样与试样准备

按照 GB/T 14699.1 的规定抽取有代表性的饲料样品,用四分法缩减取样。按照 GB/T 20195 的规定制备样品,粉碎后过 0.45 mm 孔径的分析筛,混匀,装入磨口瓶中,备用。

7 分析步骤

7.1 提取

称取试样 2 g(精确至 0.01 g)于 50 mL 离心管中,加 15 mL 乙酸乙酯,涡旋 1 min,300 r/min 振荡 30 min,6 000 r/min 离心 10 min。取上清液于另一 50 mL 离心管中。下层残渣用 15 mL 乙酸乙酯重复提取一次,合并两次上清液,为样品提取液。

7.2 净化

将样品提取液于 35℃氮吹浓缩至近干。加 300 μL 乙酸乙酯,涡旋 10 s,再加 4 mL 正己烷,涡旋 30 s,全部转移至 10 mL 离心管中。用 1.5 mL 磷酸溶液(4.13)洗涤样品提取用离心管,洗涤液并入上述 10 mL 离心管中。盖紧,振摇萃取后,8 000 r/min 离心 10 min。取下层水相于 5 mL 离心管,上层有机相用 1.5 mL 磷酸溶液(4.13)重复萃取一次,合并水相作为固相萃取上样液。

MCX 固相萃取柱依次用 3 mL 乙腈、3 mL 磷酸溶液(4.13)活化。将固相萃取上样液加载到该小柱上,然后分别用 3 mL 磷酸溶液(4.13)和 2 mL 甲醇淋洗,抽干。用 2 mL 固相萃取柱洗脱液(4.14)洗脱。小柱加载和洗脱时,溶液流速须<1 mL/min。向洗脱液中加 20 μL 甲酸,混匀后于 35℃氮气吹干,准确加入 2 mL 初始流动相(4.15)溶解,过 0.22 μm 滤膜,供高效液相色谱仪测定。

7.3 测定

7.3.1 液相色谱参考条件

色谱柱:C_{18}柱,柱长 250 mm,内径 4.6 mm,粒径 5 μm;或性能相当者。

柱温:30℃。

检测器:紫外检测器。

检测波长:320 nm。

流速:0.8 mL/min。

进样量:10 μL。

流动相:A:甲醇,B:水,梯度洗脱程序见表1。

表 1 梯度洗脱程序

时间,min	A(甲醇),%	B(水),%
0	33	67
5.5	33	67
5.6	40	60
12.5	40	60
12.6	100	0
17.5	100	0
18.0	33	67
20.0	33	67

7.3.2 定量与定性

分别取标准工作液和试样溶液在7.3.1设定的条件下进行分析,以保留时间定性,以色谱峰面积积分值做单点校准或多点校准定量,甲硝唑、地美硝唑和异丙硝唑标准溶液色谱图参见图A.1。试样液中药物的响应值应在标准工作液的线性范围内,否则须对其浓度做出适当调整。

结果计算饲料中甲硝唑、地美硝唑和异丙硝唑的含量 X_i,以质量分数计,数值以毫克每千克(mg/kg)表示,按式(1)计算。

$$X_i = \frac{A_i \times c_i \times V}{A_{is} \times m} \quad\quad\quad\quad\quad\quad (1)$$

式中:

A_i ——试样液中甲硝唑、地美硝唑和异丙硝唑 i 的峰面积;

A_{is} ——标准工作液中甲硝唑、地美硝唑和异丙硝唑 i 的峰面积;

c_i ——标准工作液中甲硝唑、地美硝唑和异丙硝唑 i 的浓度,单位为微克每毫升(μg/mL);

V ——试样液总体积,单位为毫升(mL);

m ——试样质量,单位为克(g)。

测定结果用平行测定的算术平均值表示,结果保留3位有效数字。

8 重复性

在重复性条件下获得的2次独立测定结果的绝对差值不得超过算术平均值的20%。

附　录　A

（资料性附录）

甲硝唑、地美硝唑和异丙硝唑标准溶液色谱图

甲硝唑、地美硝唑和异丙硝唑标准溶液液相色谱图见图 A.1。

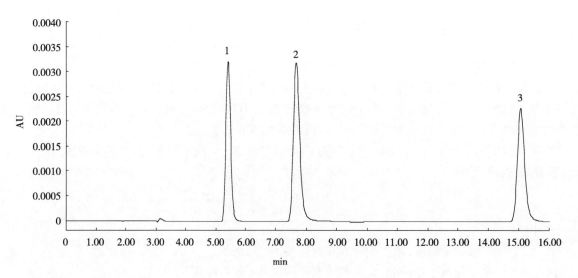

说明：

1——甲硝唑；

2——地美硝唑；

3——异丙硝唑。

图 A.1　甲硝唑、地美硝唑和异丙硝唑标准溶液(1 μg/mL)色谱图

ICS 65.120
B 46

中华人民共和国国家标准

农业部2483号公告—8—2016

饲料中氯霉素、甲砜霉素和氟苯尼考的测定 液相色谱—串联质谱法

Determination of chloramphenicol , thiamphenicol and florfenicol in feeds—
Liquid chromatography–tandem mass spectrometry

2016-12-23 发布

2017-04-01 实施

中华人民共和国农业部 发布

前 言

本标准按照 GB/T 1.1—2009 给出的规则起草。

本标准由农业部畜牧业司提出。

本标准由全国饲料工业标准化技术委员会(SAC/TC 76)归口。

本标准起草单位:南京农业大学动物医学院、天津市兽药饲料监察所。

本标准主要起草人:江善祥、张伟、彭麟、陈小秋。

饲料中氯霉素、甲砜霉素和氟苯尼考的测定
液相色谱—串联质谱法

1 范围

本标准规定了饲料中氯霉素、甲砜霉素和氟苯尼考含量测定的液相色谱—串联质谱法。

本标准适用于配合饲料、浓缩饲料、添加剂预混合饲料及水产饲料中氯霉素、甲砜霉素和氟苯尼考含量的测定。

本标准方法的检出限为 $0.3\ \mu g/kg$，定量限为 $1\ \mu g/kg$。

2 规范性引用文件

下列文件对于本文件的应用是必不可少的。凡是注日期的引用文件，仅注日期的版本适用于本文件。凡是不注日期的引用文件，其最新版本（包括所有的修改单）适用于本文件。

GB/T 6682　分析实验室用水规格和试验方法

GB/T 14699.1　饲料　采样

GB/T 20195　动物饲料　试样的制备

3 原理

饲料中的氯霉素、甲砜霉素和氟苯尼考在碱性条件下，用乙酸乙酯提取，提取液用氮气吹干，残渣以正己烷液液分配除脂，经 C_{18} 固相萃取柱净化后，以乙腈—水作为流动相，用高效液相色谱—串联质谱检测，内标法定量。

4 试剂与材料

除非另有说明，本法所用试剂均为分析纯和符合 GB/T 6682 规定的一级水。

4.1　乙腈：色谱纯。

4.2　甲醇：色谱纯。

4.3　乙酸乙酯。

4.4　正己烷。

4.5　氨水。

4.6　氯霉素对照品：含量为 99.5%。

4.7　甲砜霉素对照品：含量为 99.7%。

4.8　氟苯尼考对照品：含量为 99.0%。

4.9　氘代氯霉素（d_5-氯霉素）标准溶液（$100\ \mu g/mL$）。

4.10　氘代甲砜霉素（d_3-甲砜霉素）标准品（1 mg）。

4.11　氘代氟苯尼考（d_3-氟苯尼考）标准品（1 mg）。

4.12　氯霉素类药物标准储备液（$100\ \mu g/mL$）：称取适量的氯霉素、甲砜霉素和氟苯尼考对照品，分别用甲醇溶解定容配成 $100\ \mu g/mL$ 的标准储备液，$-20℃$ 保存可使用 6 个月。

4.13　氯霉素类药物标准工作液：移取适量 $100\ \mu g/mL$ 氯霉素类药物标准储备液，用甲醇进行稀释，配制成 $1\ \mu g/L$、$2\ \mu g/L$、$5\ \mu g/L$、$10\ \mu g/L$、$20\ \mu g/L$ 的标准工作液，现配现用。

4.14 混合内标工作液:将购得的 3 种内标标准物质用甲醇进行溶解稀释得到 100 µg/L 的混合内标工作液,4℃保存备用,可使用 3 个月。

4.15 乙腈—水溶液:乙腈(4.1)和水按体积比 17+83 混匀。

4.16 甲醇—水溶液:甲醇(4.2)和水按体积比 5+95 混匀。

4.17 甲醇—水溶液饱和的正己烷:足够的甲醇—水(4.16)和正己烷充分振荡混合,静置分层,上层即为甲醇—水(5+95)溶液饱和的正己烷。

4.18 有机滤膜:0.22 µm。

4.19 C₁₈固相萃取柱:C₁₈(200 mg,3 mL)或与之性能相当者。

5 仪器

5.1 液相色谱—串联质谱仪:配备电喷雾离子源(ESI)的液相色谱—串联质谱仪。

5.2 分析天平:感量 0.000 01 g。

5.3 天平:感量 0.01 g。

5.4 高速冷冻离心机:转速为 6 000 r/min 或以上。

5.5 涡旋混合仪。

5.6 超声波清洗器。

5.7 氮吹浓缩仪。

6 试样的制备

按 GB/T 14699.1 的规定抽取有代表性的样品,用四分法缩减取样,按照 GB/T 20195 的规定制备样品,粉碎过 0.45 mm 孔径筛,混合均匀,装入磨口瓶中备用。

7 测定

7.1 提取

取试样 2 g(精确至 0.01 g),置于 50 mL 离心管中,加入 100 µL 混合内标工作液(4.14),再加入 0.3 mL 氨水(4.5)和 10 mL 乙酸乙酯(4.3),涡旋混匀 2 min,振荡提取 10 min,6 000 r/min 离心 10 min,转移上清液于 50 mL 离心管中。再加 10 mL 乙酸乙酯(4.3)重复提取 1 次后合并上清液,45℃水浴氮气吹干。

7.2 净化

向 7.1 项下残渣中加 4 mL 甲醇—水溶液(4.16)复溶,再加 4 mL 经甲醇—水溶液饱和过的正己烷(4.17),涡旋 1 min,6 000 r/min 离心 10 min,弃去上层正己烷,重复除脂 1 次。取固相萃取柱(4.19),依次用 3 mL 甲醇(4.2)、3 mL 水活化,上样后用 3 mL 水淋洗,3 mL 甲醇(4.2)洗脱,收集洗脱液于 45℃氮气吹干。用 1 mL 乙腈—水(4.15)溶液复溶,混匀,0.22 µm 有机滤膜(4.18)过滤,待测。

7.3 液相色谱—质谱/质谱测定

7.3.1 液相色谱参考条件

色谱柱:C₁₈柱,柱长 50 mm,内径 2.1 mm,粒径 1.7 µm;或与之相当者。

流速:0.4 mL/min。

进样量:10 µL。

柱温:40℃。梯度洗脱程序见表 1。

表 1　梯度洗脱程序

时间,min	水,%	乙腈,%
0.0	83	17
3.0	17	83
4.0	17	83
4.1	83	17
5.0	83	17

7.3.2　质谱参考条件

离子源:电喷雾离子源(ESI)。

扫描方式:负离子模式。

检测方式:多反应监测(MRM)。

毛细管电压:2 500 V。

离子源温度:500℃。各个分析物的质谱参数见表2。

表 2　各个分析物的质谱参数

分析物	母离子,m/z	子离子,m/z	锥孔电压,V	碰撞能量,eV	
氯霉素	321	152* / 257	40	18	12
甲砜霉素	354	185* / 290	40	23	12
氟苯尼考	356	336* / 185	40	9	20
氘代氯霉素(d_5-氯霉素)	326	157	40	20	
氘代甲砜霉素(d_3-甲砜霉素)	357	188	40	22	
氘代氟苯尼考(d_3-氟苯尼考)	359	339	40	10	
* 为定量离子。					

7.4　定性测定

每种被测组分选择1个母离子、2个子离子。在相同实验条件下,样品中待测物和内标物的保留时间之比,也就是相对保留时间,与标准溶液中对应的相对保留时间偏差在±2.5%之内;且样品中各组分定性离子的相对丰度与浓度接近的标准溶液中对应的定性离子的相对丰度进行比较,若偏差不超过表3规定的范围,则可以判定为样品中存在对应的待测物。

表 3　定性确证时相对离子丰度的最大允许偏差

相对离子丰度,%	>50	>20~50	>10~20	≤10
允许相对偏差,%	±20	±25	±30	±50

7.5　定量测定

本标准采用内标法定量。取适量试样溶液和相应浓度的标液,做单点或多点校准。氯霉素类药物标准溶液的特征离子色谱图参见附录 A。

8　结果计算

饲料中氯霉素、甲砜霉素和氟苯尼考的含量 X_i,以质量分数计,单位为微克每千克(μg/kg)表示,按式(1)计算。

$$X_i = \frac{c_s \times c_i \times A \times A_{si} \times V}{c_{si} \times A_s \times A_i \times m} \times \frac{1000}{1000} \quad\cdots\cdots\cdots\cdots\cdots\cdots\cdots\cdots (1)$$

式中:

c_s——标准工作溶液中被测物的浓度,单位为纳克每毫升(ng/mL);

c_i——试样溶液中内标物的浓度,单位为纳克每毫升(ng/mL);

A ——试样溶液中被测物的色谱峰面积；

A_{si} ——标准工作溶液中内标物的色谱峰面积；

V ——样液最终定容体积，单位为毫升（mL）；

c_{si} ——标准工作溶液中内标物的浓度，单位为纳克每毫升（ng/mL）；

A_s ——标准工作溶液中被测物的色谱峰面积；

A_i ——试样溶液中内标物的色谱峰面积；

m ——试样溶液所代表试样的质量，单位为克（g）；

1 000——换算系数。

测定结果用平行测定的算术平均值表示，结果保留 3 位有效数字。

9 重复性

在重复性条件下获得的 2 次独立测定结果的绝对差值不得超过算术平均值的 20%。

附 录 A

（资料性附录）

氯霉素、甲砜霉素、氟苯尼考和相应内标的多反应监测(MRM)色谱图

氯霉素、甲砜霉素、氟苯尼考和相应内标的多反应监测(MRM)色谱图见图 A.1。

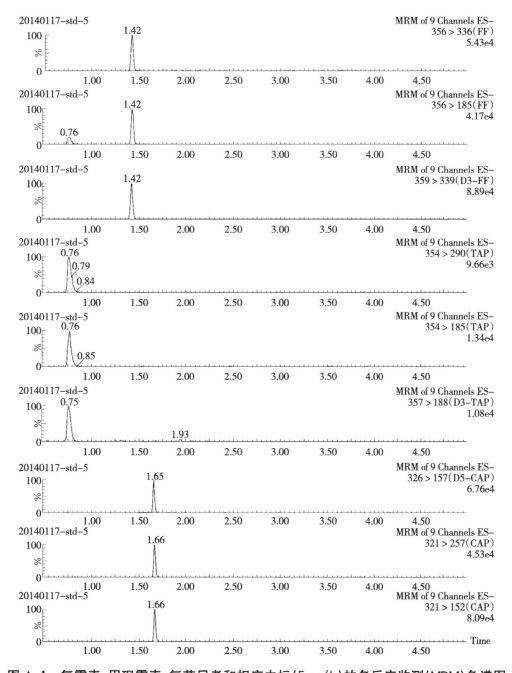

图 A.1 氯霉素、甲砜霉素、氟苯尼考和相应内标(5 μg/L)的多反应监测(MRM)色谱图

附录

中华人民共和国农业部公告
第 2377 号

《巴氏杀菌乳和 UHT 灭菌乳中复原乳的鉴定》标准业经专家审定通过,现批准发布为中华人民共和国农业行业标准,标准号为 NY/T 939—2016,代替农业行业标准 NY/T 939—2005,自 2016 年 4 月 1 日起实施。

特此公告。

农业部
2016 年 3 月 23 日

中华人民共和国农业部公告
第 2405 号

　　《农药登记用卫生杀虫剂室内药效试验及评价　第 6 部分:服装面料用驱避剂》等 97 项标准业经专家审定通过,现批准发布为中华人民共和国农业行业标准,自 2016 年 10 月 1 日起实施。

　　特此公告。

　　附件:《农药登记用卫生杀虫剂室内药效试验及评价　第 6 部分:服装面料用驱避剂》等 97 项农业行业标准目录

农业部

2016 年 5 月 23 日

附件：

《农药登记用卫生杀虫剂室内药效试验及评价
第6部分:服装面料用驱避剂》等97项农业行业标准目录

序号	标准号	标准名称	代替标准号
1	NY/T 1151.6—2016	农药登记用卫生杀虫剂室内药效试验及评价　第6部分:服装面料用驱避剂	
2	NY/T 1153.7—2016	农药登记用白蚁防治剂药效试验方法及评价　第7部分:农药喷粉处理防治白蚁	
3	NY/T 1464.59—2016	农药田间药效试验准则　第59部分:杀虫剂防治茭白螟虫	
4	NY/T 1464.60—2016	农药田间药效试验准则　第60部分:杀虫剂防治姜(储藏期)异型眼蕈蚊幼虫	
5	NY/T 1464.61—2016	农药田间药效试验准则　第61部分:除草剂防治高粱田杂草	
6	NY/T 1464.62—2016	农药田间药效试验准则　第62部分:植物生长调节剂促进西瓜生长	
7	NY/T 1859.8—2016	农药抗性风险评估　第8部分:霜霉病菌对杀菌剂抗药性风险评估	
8	NY/T 1860.1—2016	农药理化性质测定试验导则　第1部分:pH	NY/T 1860.1—2010
9	NY/T 1860.2—2016	农药理化性质测定试验导则　第2部分:酸(碱)度	NY/T 1860.2—2010
10	NY/T 1860.3—2016	农药理化性质测定试验导则　第3部分:外观	NY/T 1860.3—2010
11	NY/T 1860.4—2016	农药理化性质测定试验导则　第4部分:热稳定性	NY/T 1860.4—2010
12	NY/T 1860.5—2016	农药理化性质测定试验导则　第5部分:紫外/可见光吸收	NY/T 1860.5—2010
13	NY/T 1860.6—2016	农药理化性质测定试验导则　第6部分:爆炸性	NY/T 1860.6—2010
14	NY/T 1860.7—2016	农药理化性质测定试验导则　第7部分:水中光解	NY/T 1860.7—2010
15	NY/T 1860.8—2016	农药理化性质测定试验导则　第8部分:正辛醇/水分配系数	NY/T 1860.8—2010
16	NY/T 1860.9—2016	农药理化性质测定试验导则　第9部分:水解	NY/T 1860.9—2010
17	NY/T 1860.10—2016	农药理化性质测定试验导则　第10部分:氧化/还原:化学不相容性	NY/T 1860.10—2010
18	NY/T 1860.11—2016	农药理化性质测定试验导则　第11部分:闪点	NY/T 1860.11—2010
19	NY/T 1860.12—2016	农药理化性质测定试验导则　第12部分:燃点	NY/T 1860.12—2010
20	NY/T 1860.13—2016	农药理化性质测定试验导则　第13部分:与非极性有机溶剂混溶性	NY/T 1860.13—2010
21	NY/T 1860.14—2016	农药理化性质测定试验导则　第14部分:饱和蒸气压	NY/T 1860.14—2010
22	NY/T 1860.15—2016	农药理化性质测定试验导则　第15部分:固体可燃性	NY/T 1860.15—2010
23	NY/T 1860.16—2016	农药理化性质测定试验导则　第16部分:对包装材料腐蚀性	NY/T 1860.16—2010
24	NY/T 1860.17—2016	农药理化性质测定试验导则　第17部分:密度	NY/T 1860.17—2010
25	NY/T 1860.18—2016	农药理化性质测定试验导则　第18部分:比旋光度	NY/T 1860.18—2010
26	NY/T 1860.19—2016	农药理化性质测定试验导则　第19部分:沸点	NY/T 1860.19—2010
27	NY/T 1860.20—2016	农药理化性质测定试验导则　第20部分:熔点/熔程	NY/T 1860.20—2010
28	NY/T 1860.21—2016	农药理化性质测定试验导则　第21部分:黏度	NY/T 1860.21—2010
29	NY/T 1860.22—2016	农药理化性质测定试验导则　第22部分:有机溶剂中溶解度	NY/T 1860.22—2010
30	NY/T 1860.23—2016	农药理化性质测定试验导则　第23部分:水中溶解度	
31	NY/T 1860.24—2016	农药理化性质测定试验导则　第24部分:固体的相对自燃温度	
32	NY/T 1860.25—2016	农药理化性质测定试验导则　第25部分:气体可燃性	

（续）

序号	标准号	标准名称	代替标准号
33	NY/T 1860.26—2016	农药理化性质测定试验导则 第26部分:自燃温度(液体与气体)	
34	NY/T 1860.27—2016	农药理化性质测定试验导则 第27部分:气雾剂的可燃性	
35	NY/T 1860.28—2016	农药理化性质测定试验导则 第28部分:氧化性	
36	NY/T 1860.29—2016	农药理化性质测定试验导则 第29部分:遇水可燃性	
37	NY/T 1860.30—2016	农药理化性质测定试验导则 第30部分:水中解离常数	
38	NY/T 1860.31—2016	农药理化性质测定试验导则 第31部分:水溶液表面张力	
39	NY/T 1860.32—2016	农药理化性质测定试验导则 第32部分:粒径分布	
40	NY/T 1860.33—2016	农药理化性质测定试验导则 第33部分:吸附/解吸附	
41	NY/T 1860.34—2016	农药理化性质测定试验导则 第34部分:水中形成络合物的能力	
42	NY/T 1860.35—2016	农药理化性质测定试验导则 第35部分:聚合物分子量和分子量分布测定(凝胶渗透色谱法)	
43	NY/T 1860.36—2016	农药理化性质测定试验导则 第36部分:聚合物低分子量组分含量测定(凝胶渗透色谱法)	
44	NY/T 1860.37—2016	农药理化性质测定试验导则 第37部分:自热物质试验	
45	NY/T 1860.38—2016	农药理化性质测定试验导则 第38部分:对金属和金属离子的稳定性	
46	NY/T 2061.5—2016	农药室内生物测定试验准则 植物生长调节剂 第5部分:混配的联合作用测定	
47	NY/T 2062.4—2016	天敌防治靶标生物田间药效试验准则 第4部分:七星瓢虫防治保护地蔬菜蚜虫	
48	NY/T 2063.4—2016	天敌昆虫室内饲养方法准则 第4部分:七星瓢虫室内饲养方法	
49	NY/T 2882.1—2016	农药登记 环境风险评估指南 第1部分:总则	
50	NY/T 2882.2—2016	农药登记 环境风险评估指南 第2部分:水生生态系统	
51	NY/T 2882.3—2016	农药登记 环境风险评估指南 第3部分:鸟类	
52	NY/T 2882.4—2016	农药登记 环境风险评估指南 第4部分:蜜蜂	
53	NY/T 2882.5—2016	农药登记 环境风险评估指南 第5部分:家蚕	
54	NY/T 2882.6—2016	农药登记 环境风险评估指南 第6部分:地下水	
55	NY/T 2882.7—2016	农药登记 环境风险评估指南 第7部分:非靶标节肢动物	
56	NY/T 2883—2016	农药登记用日本血吸虫尾蚴防护剂药效试验方法及评价	
57	NY/T 2884.1—2016	农药登记用仓储害虫防治剂药效试验方法和评价 第1部分:防护剂	
58	NY/T 2885—2016	农药登记田间药效试验质量管理规范	
59	NY/T 2886—2016	农药登记原药全组分分析试验指南	
60	NY/T 2887—2016	农药产品质量分析方法确认指南	
61	NY/T 2888.1—2016	真菌微生物农药 木霉菌 第1部分:木霉菌母药	
62	NY/T 2888.2—2016	真菌微生物农药 木霉菌 第2部分:木霉菌可湿性粉剂	
63	NY/T 2889.1—2016	氨基寡糖素 第1部分:氨基寡糖素母药	
64	NY/T 2889.2—2016	氨基寡糖素 第2部分:氨基寡糖素水剂	
65	NY/T 2890—2016	稻米中γ-氨基丁酸的测定 高效液相色谱法	
66	NY/T 2594—2016	植物品种鉴定 DNA分子标记法 总则	NY/T 2594—2014
67	NY/T 638—2016	蜂王浆生产技术规范	NY/T 638—2002
68	NY/T 2891—2016	禾本科草种子生产技术规程 老芒麦和披碱草	
69	NY/T 2892—2016	禾本科草种子生产技术规程 多花黑麦草	
70	NY/T 2893—2016	绒山羊饲养管理技术规范	

（续）

序号	标准号	标准名称	代替标准号
71	NY/T 2894—2016	猪活体背膘厚和眼肌面积的测定　B型超声波法	
72	NY/T 2895—2016	饲料中叶酸的测定　高效液相色谱法	
73	NY/T 2896—2016	饲料中斑蝥黄的测定　高效液相色谱法	
74	NY/T 2897—2016	饲料中β-阿朴-8′-胡萝卜素醛的测定　高效液相色谱法	
75	NY/T 2898—2016	饲料中串珠镰刀菌素的测定　高效液相色谱法	
76	NY/T 502—2016	花生收获机　作业质量	NY/T 502—2002
77	NY/T 1138.1—2016	农业机械维修业开业技术条件　第1部分:农业机械综合维修点	NY/T 1138.1—2006
78	NY/T 1138.2—2016	农业机械维修业开业技术条件　第2部分:农业机械专项维修点	NY/T 1138.2—2006
79	NY/T 1408.6—2016	农业机械化水平评价　第6部分:设施农业	
80	NY/T 2899—2016	农业机械生产企业维修服务能力评价规范	
81	NY/T 2900—2016	报废农业机械回收拆解技术规范	
82	NY/T 2901—2016	温室工程　机械设备安装工程施工及验收通用规范	
83	NY/T 2902—2016	甘蔗联合收获机　作业质量	
84	NY/T 2903—2016	甘蔗收获机　质量评价技术规范	
85	NY/T 2904—2016	葡萄埋藤机　质量评价技术规范	
86	NY/T 2905—2016	方草捆打捆机　质量评价技术规范	
87	NY/T 2906—2016	水稻插秧机可靠性评价方法	
88	NY/T 443—2016	生物制气化供气系统技术条件及验收规范	NY/T 443—2001
89	NY/T 1699—2016	玻璃纤维增强塑料户用沼气池技术条件	NY/T 1699—2009
90	NY/T 2907—2016	生物质常压固定床气化炉技术条件	
91	NY/T 2908—2016	生物质气化集中供气运行与管理规范	
92	NY/T 2909—2016	生物质固体成型燃料质量分级	
93	NY/T 2910—2016	硬质塑料户用沼气池	
94	NY/T 5010—2016	无公害农产品　种植业产地环境条件	NY 5020—2001、NY 5010—2002、NY 5023—2002、NY 5087—2002、NY 5104—2002、NY 5107—2002、NY 5110—2002、NY 5116—2002、NY 5120—2002、NY 5123—2002、NY 5181—2002、NY 5294—2004、NY 5013—2006、NY 5331—2006、NY 5332—2006、NY 5358—2007、NY 5359—2010、NY 5360—2010
95	NY/T 5030—2016	无公害农产品　兽药使用准则	NY 5138—2002、NY 5030—2006
96	NY/T 5361—2016	无公害农产品　淡水养殖产地环境条件	NY 5361—2010
97	SC/T 3033—2016	养殖暗纹东方鲀鲜、冻品加工操作规范	

中华人民共和国农业部公告
第 2406 号

根据《中华人民共和国农业转基因生物安全管理条例》规定,《农业转基因生物安全管理通用要求 实验室》等 10 项标准业经专家审定通过和我部审查批准,现发布为中华人民共和国国家标准,自 2016 年 10 月 1 日起实施。

特此公告。

附件:《农业转基因生物安全管理通用要求　实验室》等 10 项标准目录

农业部

2016 年 5 月 23 日

附　录

附件：

《农业转基因生物安全管理通用要求　实验室》等 10 项标准目录

序号	标准名称	标准号	代替标准号
1	农业转基因生物安全管理通用要求　实验室	农业部 2406 号公告—1—2016	
2	农业转基因生物安全管理通用要求　温室	农业部 2406 号公告—2—2016	
3	农业转基因生物安全管理通用要求　试验基地	农业部 2406 号公告—3—2016	
4	转基因生物及其产品食用安全检测　蛋白质 7 天经口毒性试验	农业部 2406 号公告—4—2016	
5	转基因生物及其产品食用安全检测　外源蛋白质致敏性人血清酶联免疫试验	农业部 2406 号公告—5—2016	
6	转基因生物及其产品食用安全检测　营养素大鼠表观消化率试验	农业部 2406 号公告—6—2016	
7	转基因动物及其产品成分检测　DNA 提取和纯化	农业部 2406 号公告—7—2016	
8	转基因动物及其产品成分检测　人乳铁蛋白基因(hLTF)定性 PCR 方法	农业部 2406 号公告—8—2016	
9	转基因动物及其产品成分检测　人 α-乳清蛋白基因(hLALBA)定性 PCR 方法	农业部 2406 号公告—9—2016	
10	转基因生物及其产品食用安全检测　蛋白质急性经口毒性试验	农业部 2406 号公告—10—2016	农业部 2031 号公告—16—2013

中华人民共和国农业部公告
第 2461 号

《测土配方施肥技术规程》等 110 项标准业经专家审定通过,现批准发布为中华人民共和国农业行业标准,自 2017 年 4 月 1 日起实施。

特此公告。

附件:《测土配方施肥技术规程》等 110 项农业行业标准目录

农业部

2016 年 10 月 26 日

附　录

附件：

《测土配方施肥技术规程》等 110 项农业行业标准目录

序号	标准号	标准名称	代替标准号
1	NY/T 2911—2016	测土配方施肥技术规程	
2	NY/T 2912—2016	北方旱寒区白菜型冬油菜品种试验记载规范	
3	NY/T 2913—2016	北方旱寒区冬油菜栽培技术规程	
4	NY/T 2914—2016	黄淮冬麦区小麦栽培技术规程	
5	NY/T 2915—2016	水稻高温热害鉴定与分级	
6	NY/T 2916—2016	棉铃虫抗药性监测技术规程	
7	NY/T 2917—2016	小地老虎防治技术规程	
8	NY/T 2918—2016	南方水稻黑条矮缩病防治技术规程	
9	NY/T 2919—2016	瓜类果斑病防控技术规程	
10	NY/T 2920—2016	柑橘黄龙病防控技术规程	
11	NY/T 2921—2016	苹果种质资源描述规范	
12	NY/T 2922—2016	梨种质资源描述规范	
13	NY/T 2923—2016	桃种质资源描述规范	
14	NY/T 2924—2016	李种质资源描述规范	
15	NY/T 2925—2016	杏种质资源描述规范	
16	NY/T 2926—2016	柿种质资源描述规范	
17	NY/T 2927—2016	枣种质资源描述规范	
18	NY/T 2928—2016	山楂种质资源描述规范	
19	NY/T 2929—2016	枇杷种质资源描述规范	
20	NY/T 2930—2016	柑橘种质资源描述规范	
21	NY/T 2931—2016	草莓种质资源描述规范	
22	NY/T 2932—2016	葡萄种质资源描述规范	
23	NY/T 2933—2016	猕猴桃种质资源描述规范	
24	NY/T 2934—2016	板栗种质资源描述规范	
25	NY/T 2935—2016	核桃种质资源描述规范	
26	NY/T 2936—2016	甘蔗种质资源描述规范	
27	NY/T 2937—2016	莲种质资源描述规范	
28	NY/T 2938—2016	芋种质资源描述规范	
29	NY/T 2939—2016	甘薯种质资源描述规范	
30	NY/T 2940—2016	马铃薯种质资源描述规范	
31	NY/T 2941—2016	茭白种质资源描述规范	
32	NY/T 2942—2016	苎麻种质资源描述规范	
33	NY/T 2943—2016	茶树种质资源描述规范	
34	NY/T 2944—2016	橡胶树种质资源描述规范	
35	NY/T 2945—2016	野生稻种质资源描述规范	
36	NY/T 2946—2016	豆科牧草种质资源描述规范	
37	NY/T 2947—2016	枸杞中甜菜碱含量的测定　高效液相色谱法	
38	NY/T 2948—2016	农药再评价技术规范	
39	NY/T 2949—2016	高标准农田建设技术规范	
40	NY/T 2950—2016	烟粉虱测报技术规范　棉花	
41	NY/T 2163.1—2016	盲蝽测报技术规范　第1部分:棉花	NY/T 2163—2012
42	NY/T 2163.2—2016	盲蝽测报技术规范　第2部分:果树	
43	NY/T 2163.3—2016	盲蝽测报技术规范　第3部分:茶树	

（续）

序号	标准号	标准名称	代替标准号
44	NY/T 2163.4—2016	盲蝽测报技术规范　第4部分:苜蓿	
45	NY/T 2951.1—2016	盲蝽综合防治技术规范　第1部分:棉花	
46	NY/T 2951.2—2016	盲蝽综合防治技术规范　第2部分:果树	
47	NY/T 2951.3—2016	盲蝽综合防治技术规范　第3部分:茶树	
48	NY/T 2951.4—2016	盲蝽综合防治技术规范　第4部分:苜蓿	
49	NY/T 1248.6—2016	玉米抗病虫性鉴定技术规范　第6部分:腐霉茎腐病	
50	NY/T 1248.7—2016	玉米抗病虫性鉴定技术规范　第7部分:镰孢茎腐病	
51	NY/T 1248.8—2016	玉米抗病虫性鉴定技术规范　第8部分:镰孢穗腐病	
52	NY/T 1248.9—2016	玉米抗病虫性鉴定技术规范　第9部分:纹枯病	
53	NY/T 1248.10—2016	玉米抗病虫性鉴定技术规范　第10部分:弯孢叶斑病	
54	NY/T 1248.11—2016	玉米抗病虫性鉴定技术规范　第11部分:灰斑病	
55	NY/T 1248.12—2016	玉米抗病虫性鉴定技术规范　第12部分:瘤黑粉病	
56	NY/T 1248.13—2016	玉米抗病虫性鉴定技术规范　第13部分:粗缩病	
57	NY/T 2952—2016	棉花黄萎病抗性鉴定技术规程	
58	NY/T 2953—2016	小麦区域试验品种抗条锈病鉴定技术规程	
59	NY/T 2954—2016	小麦区域试验品种抗赤霉病鉴定技术规程	
60	NY/T 2955—2016	水稻品种试验水稻黑条矮缩病抗性鉴定与评价技术规程	
61	NY/T 2956—2016	民猪	
62	NY/T 541—2016	兽医诊断样品采集、保存与运输技术规范	NY/T 541—2002
63	NY/T 563—2016	禽霍乱(禽巴氏杆菌病)诊断技术	NY/T 563—2002
64	NY/T 564—2016	猪巴氏杆菌病诊断技术	NY/T 564—2002
65	NY/T 572—2016	兔病毒性出血病血凝和血凝抑制试验方法	NY/T 572—2002
66	NY/T 1620—2016	种鸡场动物卫生规范	NY/T 1620—2008
67	NY/T 2957—2016	畜禽批发市场兽医卫生规范	
68	NY/T 2958—2016	生猪及产品追溯关键指标规范	
69	NY/T 2959—2016	兔波氏菌病诊断技术	
70	NY/T 2960—2016	兔病毒性出血病病毒RT-PCR检测方法	
71	NY/T 2961—2016	兽医实验室　质量和技术要求	
72	NY/T 2962—2016	奶牛乳房炎乳汁中金黄色葡萄球菌、凝固酶阴性葡萄球菌、无乳链球菌分离鉴定方法	
73	NY/T 708—2016	甘薯干	NY/T 708—2003
74	NY/T 2963—2016	薯类及薯制品名词术语	
75	NY/T 2964—2016	鲜湿发酵米粉加工技术规范	
76	NY/T 2965—2016	骨粉加工技术规程	
77	NY/T 2966—2016	枸杞干燥技术规范	
78	NY/T 2967—2016	种牛场建设标准	NYJ/T 01—2005
79	NY/T 2968—2016	种猪场建设标准	NYJ/T 03—2005
80	NY/T 2969—2016	集约化养鸡场建设标准	NYJ/T 05—2005
81	NY/T 2970—2016	连栋温室建设标准	NYJ/T 06—2005
82	NY/T 2971—2016	家畜资源保护区建设标准	
83	NY/T 2972—2016	县级农村土地承包经营纠纷仲裁基础设施建设标准	
84	NY/T 422—2016	绿色食品　食用糖	NY/T 422—2006
85	NY/T 427—2016	绿色食品　西甜瓜	NY/T 427—2007
86	NY/T 434—2016	绿色食品　果蔬汁饮料	NY/T 434—2007
87	NY/T 473—2016	绿色食品　畜禽卫生防疫准则	NY/T 473—2001、NY/T 1892—2010

（续）

序号	标准号	标准名称		代替标准号
88	NY/T 898—2016	绿色食品	含乳饮料	NY/T 898—2004
89	NY/T 899—2016	绿色食品	冷冻饮品	NY/T 899—2004
90	NY/T 900—2016	绿色食品	发酵调味品	NY/T 900—2007
91	NY/T 1043—2016	绿色食品	人参和西洋参	NY/T 1043—2006
92	NY/T 1046—2016	绿色食品	焙烤食品	NY/T 1046—2006
93	NY/T 1507—2016	绿色食品	山野菜	NY/T 1507—2007
94	NY/T 1510—2016	绿色食品	麦类制品	NY/T 1510—2007
95	NY/T 2973—2016	绿色食品	啤酒花及其制品	
96	NY/T 2974—2016	绿色食品	杂粮米	
97	NY/T 2975—2016	绿色食品	头足类水产品	
98	NY/T 2976—2016	绿色食品	冷藏、速冻调制水产品	
99	NY/T 2977—2016	绿色食品	薏仁及薏仁粉	
100	NY/T 2978—2016	绿色食品	稻谷	
101	NY/T 2979—2016	绿色食品	天然矿泉水	
102	NY/T 2980—2016	绿色食品	包装饮用水	
103	NY/T 2981—2016	绿色食品	魔芋及其制品	
104	NY/T 2982—2016	绿色食品	油菜籽	
105	NY/T 2983—2016	绿色食品	速冻水果	
106	NY/T 2984—2016	绿色食品	淀粉类蔬菜粉	
107	NY/T 2985—2016	绿色食品	低聚糖	
108	NY/T 2986—2016	绿色食品	糖果	
109	NY/T 2987—2016	绿色食品	果醋饮料	
110	NY/T 2988—2016	绿色食品	湘式挤压糕点	

中华人民共和国农业部公告
第 2466 号

《农药常温储存稳定性试验通则》等 83 项标准业经专家审定通过,现批准发布为中华人民共和国农业行业标准,自 2017 年 4 月 1 日起实施。

特此公告。

附件:《农药常温储存稳定性试验通则》等 83 项农业行业标准目录

农业部

2016 年 11 月 1 日

附件：

《农药常温储存稳定性试验通则》等83项农业行业标准目录

序号	标准号	标准名称	代替标准号
1	NY/T 1427—2016	农药常温储存稳定性试验通则	NY/T 1427—2007
2	NY/T 2989—2016	农药登记产品规格制定规范	
3	NY/T 2990—2016	禁限用农药定性定量分析方法	
4	NY/T 2991—2016	农机农艺结合生产技术规程 甘蔗	
5	NY/T 2992—2016	甘薯茎线虫病综合防治技术规程	
6	NY/T 402—2016	脱毒甘薯种薯（苗）病毒检测技术规程	NY/T 402—2000
7	NY/T 2993—2016	陆川猪	
8	NY/T 2994—2016	苜蓿草田主要虫害防治技术规程	
9	NY/T 2995—2016	家畜遗传资源濒危等级评定	
10	NY/T 2996—2016	家禽遗传资源濒危等级评定	
11	NY/T 2997—2016	草地分类	
12	NY/T 2998—2016	草地资源调查技术规程	
13	NY/T 2999—2016	羔羊代乳料	
14	NY/T 3000—2016	黄颡鱼配合饲料	
15	NY/T 3001—2016	饲料中氨基酸的测定 毛细管电泳法	
16	NY/T 3002—2016	饲料中动物源性成分检测 显微镜法	
17	NY/T 221—2016	橡胶树栽培技术规程	NY/T 221—2006
18	NY/T 245—2016	剑麻纤维制品含油率的测定	NY/T 245—1995
19	NY/T 362—2016	香荚兰 种苗	NY/T 362—1999
20	NY/T 1037—2016	天然胶乳 表观黏度的测定 旋转黏度计法	NY/T 1037—2006
21	NY/T 1476—2016	热带作物主要病虫害防治技术规程 芒果	NY/T 1476—2007
22	NY/T 2667.5—2016	热带作物品种审定规范 第5部分:咖啡	
23	NY/T 2667.6—2016	热带作物品种审定规范 第6部分:芒果	
24	NY/T 2667.7—2016	热带作物品种审定规范 第7部分:澳洲坚果	
25	NY/T 2668.5—2016	热带作物品种试验技术规程 第5部分:咖啡	
26	NY/T 2668.6—2016	热带作物品种试验技术规程 第6部分:芒果	
27	NY/T 2668.7—2016	热带作物品种试验技术规程 第7部分:澳洲坚果	
28	NY/T 3003—2016	热带作物种质资源描述及评价规范 胡椒	
29	NY/T 3004—2016	热带作物种质资源描述及评价规范 咖啡	
30	NY/T 3005—2016	热带作物病虫害监测技术规程 木薯细菌性枯萎病	
31	NY/T 3006—2016	橡胶树棒孢霉落叶病诊断与防治技术规程	
32	NY/T 3007—2016	瓜实蝇防治技术规程	
33	NY/T 3008—2016	木菠萝栽培技术规程	
34	NY/T 3009—2016	天然生胶 航空轮胎橡胶加工技术规程	
35	NY/T 3010—2016	天然橡胶初加工机械 打包机安全技术要求	
36	NY/T 3011—2016	芒果等级规格	
37	NY/T 3012—2016	咖啡及制品中葫芦巴碱的测定 高效液相色谱法	
38	NY/T 368—2016	种子提升机 质量评价技术规范	NY/T 368—1999
39	NY/T 370—2016	种子干燥机 质量评价技术规范	NY/T 370—1999
40	NY/T 377—2016	柴油添加剂发动机台架试验方法	NY/T 377—1999
41	NY/T 501—2016	水田耕整机 作业质量	NY/T 501—2002
42	NY/T 504—2016	秸秆粉碎还田机 修理质量	NY/T 504—2002
43	NY/T 510—2016	葵花籽剥壳机械 质量评价技术规范	NY/T 510—2002

（续）

序号	标准号	标准名称	代替标准号
44	NY/T 610—2016	日光温室　质量评价技术规范	NY/T 610—2002
45	NY/T 3013—2016	水稻钵苗栽植机　质量评价技术规范	
46	NY/T 3014—2016	甜菜全程机械化生产技术规程	
47	NY/T 3015—2016	机动植保机械　安全操作规程	
48	NY/T 3016—2016	玉米收获机　安全操作规程	
49	NY/T 3017—2016	外来入侵植物监测技术规程　银胶菊	
50	NY/T 3018—2016	飞机草综合防治技术规程	
51	NY/T 3019—2016	水葫芦综合防治技术规程	
52	NY/T 3020—2016	农作物秸秆综合利用技术通则	
53	NY/T 3021—2016	生物质成型燃料原料技术条件	
54	NY/T 3022—2016	离网型风力发电机组运行质量及安全检测规程	
55	NY/T 3023—2016	畜禽粪污处理场建设标准	
56	NY/T 3024—2016	日光温室建设标准	NYJ/T 07—2005
57	SC/T 1121—2016	尼罗罗非鱼　亲鱼	
58	SC/T 1122—2016	黄鳝　亲鱼和苗种	
59	SC/T 1125—2016	泥鳅　亲鱼和苗种	
60	SC/T 1126—2016	斑鳢	
61	SC/T 1127—2016	刀鲚	
62	SC/T 2028—2016	紫贻贝	
63	SC/T 2028—2016	大菱鲆　亲鱼和苗种	
64	SC/T 2069—2016	泥蚶	
65	SC/T 2073—2016	真鲷　亲鱼和苗种	
66	SC/T 4008—2016	刺网最小网目尺寸　银鲳	SC/T 4008—1983
67	SC/T 4025—2016	养殖网箱浮架　高密度聚乙烯管	
68	SC/T 4026—2016	刺网最小网目尺寸　小黄鱼	
69	SC/T 4027—2016	渔用聚乙烯编织线	
70	SC/T 4028—2016	渔网　网线直径和线密度的测定	
71	SC/T 4029—2016	东海区虾拖网网囊最小网目尺寸	
72	SC/T 4030—2016	高密度聚乙烯框架铜合金网衣网箱通用技术条件	
73	SC/T 5017—2016	聚丙烯裂膜夹钢丝绳	SC/T 5017—1997
74	SC/T 5061—2016	金龙鱼	
75	SC/T 5704—2016	金鱼分级　蝶尾	
76	SC/T 5705—2016	金鱼分级　龙睛	
77	SC/T 8148—2016	渔业船舶气胀式救生筏存放筒技术条件	
78	SC/T 9424—2016	水生生物增殖放流技术规范　许氏平鲉	
79	SC/T 9425—2016	海水滩涂贝类增养殖环境特征污染物筛选技术规范	
80	SC/T 9426.1—2016	重要渔业资源品种可捕规格　第1部分:海洋经济鱼类	
81	SC/T 9427—2016	河流漂流性鱼卵和仔鱼资源评估方法	
82	SC/T 9428—2016	水产种质资源保护区划定与评审规范	
83	SC/T 0006—2016	渔业统计调查规范	

国家卫生和计划生育委员会
中华人民共和国农业部
国家食品药品监督管理总局
公　告
2016 年第 16 号

　　根据《中华人民共和国食品安全法》规定,经食品安全国家标准审评委员会审查通过,现发布《食品安全国家标准食品中农药最大残留限量》(GB 2763—2016)等 107 项食品安全国家标准。其编号和名称如下:

　　GB 2763—2016(代替 GB 2763—2014)　食品安全国家标准　食品中农药最大残留限量

　　GB 23200.1—2016　食品安全国家标准　除草剂残留量检测方法　第 1 部分:气相色谱—质谱法测定粮谷及油籽中酰胺类除草剂残留量

　　GB 23200.2—2016　食品安全国家标准　除草剂残留量检测方法　第 2 部分:气相色谱—质谱法测定粮谷及油籽中二苯醚类除草剂残留量

　　GB 23200.3—2016　食品安全国家标准　除草剂残留量检测方法　第 3 部分:液相色谱—质谱/质谱法测定食品中环己烯酮类除草剂残留量

　　GB 23200.4—2016　食品安全国家标准　除草剂残留量检测方法　第 4 部分:气相色谱—质谱/质谱法测定食品中芳氧苯氧丙酸酯类除草剂残留量

　　GB 23200.5—2016　食品安全国家标准　除草剂残留量检测方法　第 5 部分:液相色谱—质谱/质谱法测定食品中硫代氨基甲酸酯类除草剂残留量

　　GB 23200.6—2016　食品安全国家标准　除草剂残留量检测方法　第 6 部分:液相色谱—质谱/质谱法测定食品中杀草强残留量

　　GB 23200.7—2016　食品安全国家标准　蜂蜜、果汁和果酒中 497 种农药及相关化学品残留量的测定　气相色谱—质谱法

　　GB 23200.8—2016　食品安全国家标准　水果和蔬菜中 500 种农药及相关化学品残留量的测定　气相色谱—质谱法

　　GB 23200.9—2016　食品安全国家标准　粮谷中 475 种农药及相关化学品残留量的测定　气相色谱—质谱法

　　GB 23200.10—2016　食品安全国家标准　桑枝、金银花、枸杞子和荷叶中 488 种农药及相关化学品残留量的测定　气相色谱—质谱法

　　GB 23200.11—2016　食品安全国家标准　桑枝、金银花、枸杞子和荷叶中 413 种农药及相关化学品残留量的测定　液相色谱—质谱法

　　GB 23200.12—2016　食品安全国家标准　食用菌中 440 种农药及相关化学品残留量的测定　液相色谱—质谱法

　　GB 23200.13—2016　食品安全国家标准　茶叶中 448 种农药及相关化学品残留量的测定　液相色谱—质谱法

　　GB 23200.14—2016　食品安全国家标准　果蔬汁和果酒中 512 种农药及相关化学品残留量的测定　液相色谱—质谱法

　　GB 23200.15—2016　食品安全国家标准　食用菌中 503 种农药及相关化学品残留量的测定　气相色谱—质谱法

GB 23200.16—2016　食品安全国家标准　水果和蔬菜中乙烯利残留量的测定　液相色谱法

GB 23200.17—2016　食品安全国家标准　水果和蔬菜中噻菌灵残留量的测定　液相色谱法

GB 23200.18—2016　食品安全国家标准　蔬菜中非草隆等15种取代脲类除草剂残留量的测定　液相色谱法

GB 23200.19—2016　食品安全国家标准　水果和蔬菜中阿维菌素残留量的测定　液相色谱法

GB 23200.20—2016　食品安全国家标准　食品中阿维菌素残留量的测定　液相色谱—质谱/质谱法

GB 23200.21—2016　食品安全国家标准　水果中赤霉酸残留量的测定　液相色谱—质谱/质谱法

GB 23200.22—2016　食品安全国家标准　坚果及坚果制品中抑芽丹残留量的测定　液相色谱法

GB 23200.23—2016　食品安全国家标准　食品中地乐酚残留量的测定　液相色谱—质谱/质谱法

GB 23200.24—2016　食品安全国家标准　粮谷和大豆中11种除草剂残留量的测定　气相色谱—质谱法

GB 23200.25—2016　食品安全国家标准　水果中噁草酮残留量的检测方法

GB 23200.26—2016　食品安全国家标准　茶叶中9种有机杂环类农药残留量的检测方法

GB 23200.27—2016　食品安全国家标准　水果中4,6-二硝基邻甲酚残留量的测定　气相色谱—质谱法

GB 23200.28—2016　食品安全国家标准　食品中多种醚类除草剂残留量的测定　气相色谱—质谱法

GB 23200.29—2016　食品安全国家标准　水果和蔬菜中唑螨酯残留量的测定　液相色谱法

GB 23200.30—2016　食品安全国家标准　食品中环氟菌胺残留量的测定　气相色谱—质谱法

GB 23200.31—2016　食品安全国家标准　食品中丙炔氟草胺残留量的测定　气相色谱—质谱法

GB 23200.32—2016　食品安全国家标准　食品中丁酰肼残留量的测定　气相色谱—质谱法

GB 23200.33—2016　食品安全国家标准　食品中解草嗪、莎稗磷、二丙烯草胺等110种农药残留量的测定　气相色谱—质谱法

GB 23200.34—2016　食品安全国家标准　食品中涕灭砜威、吡唑醚菌酯、嘧菌酯等65种农药残留量的测定　液相色谱—质谱/质谱法

GB 23200.35—2016　食品安全国家标准　植物源性食品中取代脲类农药残留量的测定　液相色谱—质谱法

GB 23200.36—2016　食品安全国家标准　植物源性食品中氯氟吡氧乙酸、氟硫草定、氟吡草腙和噻唑烟酸除草剂残留量的测定　液相色谱—质谱/质谱法

GB 23200.37—2016　食品安全国家标准　食品中烯啶虫胺、呋虫胺等20种农药残留量的测定　液相色谱—质谱/质谱法

GB 23200.38—2016　食品安全国家标准　植物源性食品中环己烯酮类除草剂残留量的测定　液相色谱—质谱/质谱法

GB 23200.39—2016　食品安全国家标准　食品中噻虫嗪及其代谢物噻虫胺残留量的测定　液相色谱—质谱/质谱法

GB 23200.40—2016　食品安全国家标准　可乐饮料中有机磷、有机氯农药残留量的测定　气相色谱法

GB 23200.41—2016　食品安全国家标准　食品中噻节因残留量的检测方法

GB 23200.42—2016　食品安全国家标准　粮谷中氟吡禾灵残留量的检测方法

GB 23200.43—2016　食品安全国家标准　粮谷及油籽中二氯喹磷酸残留量的测定　气相色谱法

附 录

GB 23200.74—2016　食品安全国家标准　食品中井冈霉素残留量的测定　液相色谱—质谱/质谱法

GB 23200.75—2016　食品安全国家标准　食品中氟啶虫酰胺残留量的检测方法

GB 23200.76—2016　食品安全国家标准　食品中氟苯虫酰胺残留量的测定　液相色谱—质谱/质谱法

GB 23200.77—2016　食品安全国家标准　食品中苄螨醚残留量的检测方法

GB 23200.78—2016　食品安全国家标准　肉及肉制品中巴毒磷残留量的测定　气相色谱法

GB 23200.79—2016　食品安全国家标准　肉及肉制品中吡菌磷残留量的测定　气相色谱法

GB 23200.80—2016　食品安全国家标准　肉及肉制品中双硫磷残留量的检测方法

GB 23200.81—2016　食品安全国家标准　肉及肉制品中西玛津残留量的检测方法

GB 23200.82—2016　食品安全国家标准　肉及肉制品中乙烯利残留量的检测方法

GB 23200.83—2016　食品安全国家标准　食品中异稻瘟净残留量的检测方法

GB 23200.84—2016　食品安全国家标准　肉品中甲氧滴滴涕残留量的测定　气相色谱—质谱法

GB 23200.85—2016　食品安全国家标准　乳及乳制品中多种拟除虫菊酯农药残留量的测定　气相色谱—质谱法

GB 23200.86—2016　食品安全国家标准　乳及乳制品中多种有机氯农药残留量的测定　气相色谱—质谱/质谱法

GB 23200.87—2016　食品安全国家标准　乳及乳制品中噻菌灵残留量的测定　荧光分光光度法

GB 23200.88—2016　食品安全国家标准　水产品中多种有机氯农药残留量的检测方法

GB 23200.89—2016　食品安全国家标准　动物源性食品中乙氧喹啉残留量的测定　液相色谱法

GB 23200.90—2016　食品安全国家标准　乳及乳制品中多种氨基甲酸酯类农药残留量的测定　液相色谱—质谱法

GB 23200.91—2016　食品安全国家标准　动物源性食品中9种有机磷农药残留量的测定　气相色谱法

GB 23200.92—2016　食品安全国家标准　动物源性食品中五氯酚残留量的测定　液相色谱—质谱法

GB 23200.93—2016　食品安全国家标准　食品中有机磷农药残留量的测定　气相色谱—质谱法

GB 23200.94—2016　食品安全国家标准　动物源性食品中敌百虫、敌敌畏、蝇毒磷残留量的测定　液相色谱—质谱/质谱法

GB 23200.95—2016　食品安全国家标准　蜂产品中氟胺氰菊酯残留量的检测方法

GB 23200.96—2016　食品安全国家标准　蜂蜜中杀虫脒及其代谢产物残留量的测定　液相色谱—质谱/质谱法

GB 23200.97—2016　食品安全国家标准　蜂蜜中5种有机磷农药残留量的测定　气相色谱法

GB 23200.98—2016　食品安全国家标准　蜂王浆中11种有机磷农药残留量的测定　气相色谱法

GB 23200.99—2016　食品安全国家标准　蜂王浆中多种氨基甲酸酯类农药残留量的测定　液相色谱—质谱/质谱法

GB 23200.100—2016　食品安全国家标准　蜂王浆中多种菊酯类农药残留量的测定　气相色谱法

GB 23200.101—2016　食品安全国家标准　蜂王浆中多种杀螨剂残留量的测定　气相色谱—质谱法

GB 23200.102—2016　食品安全国家标准　蜂王浆中杀虫脒及其代谢产物残留量的测定　气相色谱—质谱法

附 录

GB 23200.103—2016 食品安全国家标准 蜂王浆中双甲脒及其代谢产物残留量的测定 气相色谱—质谱法

GB 23200.104—2016 食品安全国家标准 肉及肉制品中2甲4氯及2甲4氯丁酸残留量的测定 液相色谱—质谱法

GB 23200.105—2016 食品安全国家标准 肉及肉制品中甲萘威残留量的测定 液相色谱—柱后衍生荧光检测法

GB 23200.106—2016 食品安全国家标准 肉及肉制品中残杀威残留量的测定 气相色谱法

特此公告。

国家卫生和计划生育委员会 农业部 国家食品药品监督管理总局

2016 年 12 月 18 日

中华人民共和国农业部公告
第 2482 号

《农村土地承包经营权确权登记数据库规范》等 82 项标准业经专家审定通过,现批准发布为中华人民共和国农业行业标准,自 2017 年 4 月 1 日起实施。

特此公告。

附件:《农村土地承包经营权确权登记数据库规范》等 82 项农业行业标准目录

农业部

2016 年 12 月 23 日

附　录

附件：

《农村土地承包经营权确权登记数据库规范》等82项农业行业标准目录

序号	标准号	标准名称	代替标准号
1	NY/T 2539—2016	农村土地承包经营权确权登记数据库规范	NY/T 2539—2014
2	NY/T 3025—2016	农业环境污染损害鉴定技术导则	
3	NY/T 3026—2016	鲜食浆果类水果采后预冷保鲜技术规程	
4	NY/T 3027—2016	甜菜纸筒育苗生产技术规程	
5	NY/T 3028—2016	梨高接换种技术规程	
6	NY/T 3029—2016	大蒜良好农业操作规程	
7	NY/T 3030—2016	棉花中水溶性总糖含量的测定　蒽酮比色法	
8	NY/T 3031—2016	棉花小麦套种技术规程	
9	NY/T 3032—2016	草莓脱毒种苗生产技术规程	
10	NY/T 3033—2016	农产品等级规格　蓝莓	
11	NY/T 886—2016	农林保水剂	NY/T 886—2010
12	NY/T 3034—2016	土壤调理剂　通用要求	
13	NY/T 2271—2016	土壤调理剂　效果试验和评价要求	NY/T 2271—2012
14	NY/T 3035—2016	土壤调理剂　铝、镍含量的测定	
15	NY/T 3036—2016	肥料和土壤调理剂　水分含量、粒度、细度的测定	
16	NY/T 3037—2016	肥料增效剂　2-氯-6-三氯甲基吡啶含量的测定	
17	NY/T 3038—2016	肥料增效剂　正丁基硫代磷酰三胺(NBPT)和正丙基硫代磷酰三胺(NPPT)含量的测定	
18	NY/T 3039—2016	水溶肥料　聚谷氨酸含量的测定	
19	NY/T 2267—2016	缓释肥料　通用要求	NY/T 2267—2012
20	NY/T 3040—2016	缓释肥料　养分释放率的测定	
21	NY/T 3041—2016	生物炭基肥料	
22	NY/T 3042—2016	国(境)外引进种苗疫情监测规范	
23	NY/T 3043—2016	南方水稻季节性干旱灾害田间调查及分级技术规程	
24	NY/T 3044—2016	蜜蜂授粉技术规程　油菜	
25	NY/T 3045—2016	设施番茄熊蜂授粉技术规程	
26	NY/T 3046—2016	设施桃蜂授粉技术规程	
27	NY/T 3047—2016	北极狐皮、水貂皮、貉皮、獭兔皮鉴别　显微镜法	
28	NY/T 3048—2016	发酵床养猪技术规程	
29	NY/T 3049—2016	奶牛全混合日粮生产技术规程	
30	NY/T 3050—2016	羊奶真实性鉴定技术规程	
31	NY/T 3051—2016	生乳安全指标监测前样品处理规范	
32	NY/T 3052—2016	舍饲肉羊饲养管理技术规范	
33	NY/T 3053—2016	天府肉猪	
34	NY/T 3054—2016	植物品种特异性、一致性和稳定性测试指南　冬瓜	
35	NY/T 3055—2016	植物品种特异性、一致性和稳定性测试指南　木薯	
36	NY/T 3056—2016	植物品种特异性、一致性和稳定性测试指南　樱桃	
37	NY/T 3057—2016	植物品种特异性、一致性和稳定性测试指南　黄秋葵(咖啡黄葵)	
38	NY/T 3058—2016	油菜抗旱性鉴定技术规程	
39	NY/T 3059—2016	大豆抗孢囊线虫鉴定技术规程	
40	NY/T 3060.1—2016	大麦品种抗病性鉴定技术规程　第1部分:抗条纹病	
41	NY/T 3060.2—2016	大麦品种抗病性鉴定技术规程　第2部分:抗白粉病	
42	NY/T 3060.3—2016	大麦品种抗病性鉴定技术规程　第3部分:抗赤霉病	

（续）

序号	标准号	标准名称	代替标准号
43	NY/T 3060.4—2016	大麦品种抗病性鉴定技术规程 第4部分:抗黄花叶病	
44	NY/T 3060.5—2016	大麦品种抗病性鉴定技术规程 第5部分:抗根腐病	
45	NY/T 3060.6—2016	大麦品种抗病性鉴定技术规程 第6部分:抗黄矮病	
46	NY/T 3060.7—2016	大麦品种抗病性鉴定技术规程 第7部分:抗网斑病	
47	NY/T 3060.8—2016	大麦品种抗病性鉴定技术规程 第8部分:抗条锈病	
48	NY/T 3061—2016	花生耐盐性鉴定技术规程	
49	NY/T 3062—2016	花生种质资源抗青枯病鉴定技术规程	
50	NY/T 3063—2016	马铃薯抗晚疫病室内鉴定技术规程	
51	NY/T 3064—2016	苹果品种轮纹病抗性鉴定技术规程	
52	NY/T 3065—2016	西瓜抗南方根结线虫室内鉴定技术规程	
53	NY/T 3066—2016	油菜抗裂角性鉴定技术规程	
54	NY/T 3067—2016	油菜耐渍性鉴定技术规程	
55	NY/T 3068—2016	油菜品种菌核病抗性鉴定技术规程	
56	NY/T 3069—2016	农业野生植物自然保护区建设标准	
57	NY/T 3070—2016	大豆良种繁育基地建设标准	
58	NY/T 3071—2016	家禽性能测定中心建设标准 鸡	
59	SC/T 3205—2016	虾皮	SC/T 3205—2000
60	SC/T 3216—2016	盐制大黄鱼	SC/T 3216—2006
61	SC/T 3220—2016	干制对虾	
62	SC/T 3309—2016	调味烤酥鱼	
63	SC/T 3502—2016	鱼油	SC/T 3502—2000
64	SC/T 3602—2016	虾酱	SC/T 3602—2002
65	SC/T 6091—2016	海洋渔船管理数据软件接口技术规范	
66	SC/T 6092—2016	涌浪式增氧机	
67	SC/T 7002.2—2016	渔船用电子设备环境试验条件和方法 高温	SC/T 7002.2—1992
68	SC/T 7002.3—2016	渔船用电子设备环境试验条件和方法 低温	SC/T 7002.3—1992
69	SC/T 7002.4—2016	渔船用电子设备环境试验条件和方法 交变湿热(Db)	SC/T 7002.4—1992
70	SC/T 7002.5—2016	渔船用电子设备环境试验条件和方法 恒定湿热(Ca)	SC/T 7002.5—1992
71	SC/T 7020—2016	水产养殖动植物疾病测报规范	
72	SC/T 7221—2016	蛙病毒检测方法	
73	SC/T 8162—2016	渔业船舶用救生衣(100N)	
74	SC/T 1027—2016	尼罗罗非鱼	SC 1027—1998
75	SC/T 1042—2016	奥利亚罗非鱼	SC 1042—2000
76	SC/T 1128—2016	黄尾鲴	
77	SC/T 1129—2016	乌龟	
78	SC/T 1131—2016	黄喉拟水龟 亲龟和苗种	
79	SC/T 1132—2016	渔药使用规范	
80	SC/T 1133—2016	细鳞鱼	
81	SC/T 1134—2016	广东鲂 亲鱼和苗种	
82	SC/T 2048—2016	大菱鲆 亲鱼和苗种	

中华人民共和国农业部公告
第 2483 号

　　根据《中华人民共和国兽药管理条例》和《中华人民共和国饲料和饲料添加剂管理条例》规定,《饲料中炔雌醚的测定　高效液相色谱法》等8项标准业经专家审定和我部审查通过,现批准发布为中华人民共和国国家标准,自2017年4月1日起实施。
　　特此公告。
　　附件:《饲料中炔雌醚的测定　高效液相色谱法》等8项标准目录

农业部

2016 年 12 月 23 日

附件：

《饲料中炔雌醚的测定　高效液相色谱法》等 8 项标准目录

序号	标准名称	标准号
1	饲料中炔雌醚的测定　高效液相色谱法	农业部 2483 号公告—1—2016
2	饲料中苯巴比妥钠的测定　高效液相色谱法	农业部 2483 号公告—2—2016
3	饲料中炔雌醚的测定　液相色谱—串联质谱法	农业部 2483 号公告—3—2016
4	饲料中苯巴比妥钠的测定　液相色谱—串联质谱法	农业部 2483 号公告—4—2016
5	饲料中牛磺酸的测定　高效液相色谱法	农业部 2483 号公告—5—2016
6	饲料中金刚烷胺和金刚乙胺的测定　液相色谱—串联质谱法	农业部 2483 号公告—6—2016
7	饲料中甲硝唑、地美硝唑和异丙硝唑的测定　高效液相色谱法	农业部 2483 号公告—7—2016
8	饲料中氯霉素、甲砜霉素和氟苯尼考的测定　液相色谱—串联质谱法	农业部 2483 号公告—8—2016

图书在版编目（CIP）数据

中国农业行业标准汇编 . 2018. 畜牧兽医分册 / 农
业标准出版分社编 . —北京：中国农业出版社，
2018.1
（中国农业标准经典收藏系列）
ISBN 978-7-109-23664-6

Ⅰ.①中⋯ Ⅱ.①农⋯ Ⅲ.①农业－标准－汇编－中
国②兽医学－药物－残留量测定－标准－汇编－中国
Ⅳ.①S-65

中国版本图书馆 CIP 数据核字（2017）第 307865 号

中国农业出版社出版
（北京市朝阳区麦子店街 18 号楼）
（邮政编码 100125）
责任编辑　刘　伟　杨晓改

北京印刷一厂印刷　新华书店北京发行所发行
2018 年 1 月第 1 版　2018 年 1 月北京第 1 次印刷

开本：880mm×1230mm 1/16　印张：35
字数：1 200 千字
定价：320.00 元

（凡本版图书出现印刷、装订错误，请向出版社发行部调换）